城市基础设施规划方法创新与实践系列丛书

城市综合环卫设施规划方法创新与实践

深圳市城市规划设计研究院 编著

唐圣钧　李　峰　丁　年　尹丽丹

中国建筑工业出版社

图书在版编目(CIP)数据

城市综合环卫设施规划方法创新与实践/深圳市城市规划设计研究院等编著. —北京：中国建筑工业出版社，2020.5（2021.1重印）

（城市基础设施规划方法创新与实践系列丛书）

ISBN 978-7-112-25035-6

Ⅰ.①城… Ⅱ.①深… Ⅲ.①城市卫生-环境卫生-基础设施 Ⅳ.①TU993

中国版本图书馆 CIP 数据核字（2020）第 066826 号

　　本书系统、全面地介绍了综合环卫设施规划的方法体系和实践案例，全书共分为基础研究篇、规划方法篇、规划管理篇和规划实践篇四个部分，既囊括了传统环卫设施的规划方法，又增加了新型环卫设施（如生活垃圾分类处理设施、再生资源循环利用设施等）和高品质环卫设施（如污染控制标准高、建筑外形美观）的规划方法。通过抓住综合环卫设施必然承担现代城市资源循环职能这一特征，本书对综合环卫设施、城市综合固体废物、资源循环利用相关的专业术语重新进行了界定，在结合国内外发达城市综合环卫设施发展概况的基础上，分类别、分层次地介绍了不同类型和不同深度的综合环卫设施专项规划编制方法，既包括新型的综合性综合环卫设施总体规划，又包括传统的单类别环卫设施专项规划和综合环卫设施基地详细规划，能满足各类环卫设施规划编制工作需求。全书还结合近年来国内外实地考察的经验，介绍了多座高品质综合环卫设施的经典案例和实际运维数据，便于在规划前期就确保后续设施建设工作的高起点和高标准。此外，本书还以深圳为典型城市具体介绍了多项综合环卫设施规划工作的实践案例，既有背景描绘和内容简介，又有创新总结和规划实施情况分析，资料详细新颖，以实用性为主，兼顾理论性。

　　本书可供环卫设施规划建设和运行管理领域、垃圾分类管理领域、"无废城市"建设领域的规划设计人员、科研人员、相关行政管理部门管理人员、基金投资公司人员或设施运行维护人员参考，也可作为相关专业大专院校师生的教学参考书。

责任编辑：朱晓瑜
责任校对：李美娜

城市基础设施规划方法创新与实践系列丛书

城市综合环卫设施规划方法创新与实践

深圳市城市规划设计研究院 编著
唐圣钧　李　峰　丁　年　尹丽丹

*

中国建筑工业出版社 出版、发行（北京海淀三里河路 9 号）
各地新华书店、建筑书店经销
北京红光制版公司制版
北京建筑工业印刷厂印刷

*

开本：787×1092 毫米　1/16　印张：22　字数：522 千字
2020 年 6 月第一版　　2021 年 1 月第二次印刷
定价：**85.00** 元
ISBN 978-7-112-25035-6
　　　（35839）

丛书编委会

主　任：司马晓

副主任：黄卫东　杜　雁　单　樑　吴晓莉　丁　年
　　　　刘应明

委　员：陈永海　孙志超　俞　露　任心欣　唐圣钧
　　　　李　峰　王　健　韩刚团　杜　兵

编　写　组

主　　编：司马晓　刘应明

执行主编：唐圣钧　李　峰　丁　年　尹丽丹

编撰人员：刘超洋　关　键　李　蕾　唐　本　夏煜宸
　　　　　韩刚团　田婵娟　石天华　杨　帆　张婷婷
　　　　　曹艳涛

丛书序言

生态环境关乎民族未来、百姓福祉。十九大报告不仅对生态文明建设提出了一系列新思想、新目标、新要求和新部署，更是首次把美丽中国作为建设社会主义现代化强国的重要目标。在美丽中国目标的指引下，美丽城市已成为推进我国新型城镇化、现代化建设的内在要求。基础设施作为城市生态文明的重要载体，是建设美丽城市坚实的物质基础。

基础设施建设是城镇化进程中提供公共服务的重要组成部分，也是社会进步、财富增值、城市竞争力提升的重要驱动。改革开放40年来，我国的基础设施建设取得了十分显著的成就，覆盖比例、服务能力和现代化程度大幅度提高，新技术、新手段得到广泛应用，功能日益丰富完善，并通过引入市场机制、改革投资体制，实现了跨越式建设和发展，其承载力、系统性和效率都有了长足的进步，极大地推动了美丽城市建设和居民生活条件改善。

高速的发展为城市奠定了坚实的基础，但也积累了诸多问题，在资源环境和社会转型的双重压力之下，城镇化模式面临重大的变革，只有推动城镇化的健康发展，保障城市的"筋骨"雄壮、"体魄"强健，才能让改革开放的红利最大化。随着城镇化转型的步伐加快，基础设施建设如何与城市发展均衡协调是当前我们面临的一个重大课题。无论是基于城市未来规模、功能和空间的均衡，还是在新的标准、技术、系统下与旧有体系的协调，抑或是在不同发展阶段、不同外部环境下的适应能力和弹性，都是保障城市基础设施规划科学性、有效性和前瞻性的重要方法。

2016年12月~2018年8月不到两年时间内，深圳市城市规划设计研究院（以下简称"深规院"）出版了《新型市政基础设施规划与管理丛书》（共包括5个分册），我有幸受深规院司马晓院长的邀请，为该丛书作序。该丛书出版后，受到行业的广泛关注和欢迎，并被评为中国建筑工业出版社优秀图书。本套丛书内容涉及领域较《新型市政基础设施规划与管理丛书》更广，其中有涉及综合专业领域，如市政工程详细规划；有涉及独立专业领域，如城市通信基础设施规划、非常规水资源规划及城市综合环卫设施规划；同时还涉及现阶段国内研究较少的专业领域，如城市内涝防治设施规划、城市物理环境规划及城市雨水径流污染治理规划等。

城，所以盛民也；民，乃城之本也。衡量城市现代化程度的一个关键指标，就在于基础设施的质量有多过硬，能否让市民因之而生活得更方便、更舒心、更美好。新时代的城市规划师理应有这样的胸怀和大局观，立足百年大计、千年大计，注重城市发展的宽度、厚度和"暖"度，将高水平的市政基础设施发展理念融入城市规划建设中，努力在共建共享中，不断提升人民群众的幸福感和获得感。

本套丛书集成式地研究了当下重要的城市基础设施规划方法和实践案例，是作者们多年工作实践和研究成果的总结和提升。希望深规院用新发展理念引领，不断探索和努力，为我国新形势下城市规划提质与革新奉献智慧和经验，在美丽中国的画卷上留下浓墨重彩！

原建设部部长、第十一届全国人民代表大会环境与资源保护委员会主任委员

2019 年 6 月

丛书前言

改革开放以来，我国城市化进程不断加快，2017 年末，我国城镇化率达到 58.52%；根据中共中央和国务院印发的《国家新型城镇化规划（2014—2020 年）》，到 2020 年，要实现常住人口城镇化率达到 60%左右，到 2030 年，中国常住人口城镇化率要达到 70%。快速城市化伴随着城市用地不断向郊区扩展以及城市人口规模的不断扩张。道路、给水、排水、电力、通信、燃气、环卫等基础设施是一个城市发展的必要基础和支撑。完善的城市基础设施是体现一个城市现代化的重要标志。与扎实推进新型城镇化进程的发展需求相比，城市基础设施存在规划技术方法陈旧、建设标准偏低、区域发展不均衡、管理体制不健全等诸多问题，这将是今后一段时期影响我国城市健康发展的短板。

为了适应我国城市化快速发展，市政基础设施呈现出多样化与复杂化态势，非常规水资源利用、综合管廊、海绵城市、智慧城市、内涝模型、环境园等技术或理念的应用和发展，对市政基础设施建设提出了新的发展要求。同时在新形势下，市政工程规划面临由单一规划向多规融合演变，由单专业单系统向多专业多系统集成演变，由常规市政工程向新型市政工程延伸演变，由常规分析手段向大数据人工智能多手段演变，由多头管理向统一平台统筹协调演变。因此传统市政工程规划方法已越来越不能适应新的发展要求。

2016 年 6 月，深规院受中国建筑工业出版社邀请，组织编写了《新型市政基础设施规划与管理丛书》。该丛书共五册，包括《城市地下综合管廊工程规划与管理》《海绵城市建设规划与管理》《电动汽车充电基础设施规划与管理》《新型能源基础设施规划与管理》和《低碳生态市政基础设施规划与管理》。该套丛书率先在国内提出新型市政基础设施的概念，对新型市政基础设施规划方法进行了重点研究，建立了较为系统和清晰的技术路线或思路。同时对新型市政基础设施的投融资模式、建设模式、运营模式等管理体制进行了深入研究，搭建了一个从理念到实施的全过程体系。该套丛书出版后，受到业界人士的一致好评，部分书籍出版后马上销售一空，短短半年之内，进行了三次重印出版。

深规院是一个与深圳共同成长的规划设计机构，1990 年成立至今，在深圳以及国内外 200 多个城市或地区完成了 3800 多个项目，有幸完整地跟踪了中国快速城镇化过程中的典型实践。市政工程规划研究院作为其下属最大的专业技术部门，拥有近 120 名市政专业技术人员，是国内实力雄厚的城市基础设施规划研究专业团队之一，一直深耕于城市基础设施规划和研究领域，在国内率先对新型市政基础设施规划和管理进行了专门研究和探讨，对传统市政工程的规划方法也进行了积极探索，积累了丰富的规划实践经验，取得了明显的成绩和效果。

在市政工程详细规划方面，早在 1994 年就参与编制了《深圳市宝安区市政工程详细规划》，率先在国内编制市政工程详细规划项目，其后陆续编制了深圳前海合作区、大空港片区以及深汕特别合作区等多个重要片区的市政工程详细规划。主持编制的《前海合作区市政工程详细规划》，2015年获得深圳市第十六届优秀城乡规划设计奖二等奖。主持编制的《南山区市政设施及管网升级改造规划》和《深汕特别合作区市政工程详细规划》，2017年均获得深圳市第十七届优秀城乡规划设计奖三等奖。在通信基础设施规划方面，2013年主持编制了国家标准《城市通信工程规划规范》，主持编制的《深圳市信息管道和机楼"十一五"发展规划》获得2007年度全国优秀城乡规划设计表扬奖，主持编制的《深圳市公众移动通信基站站址专项规划》获得2015年度华夏建设科学技术奖三等奖。在非常规水资源规划方面，编制了多项再生水、雨水等非常规水资源综合利用规划、政策及运营管理研究。主持编制的《光明新区再生水及雨洪利用详细规划》获得2011年度华夏建设科学技术奖三等奖；主持编制的《深圳市再生水规划与研究项目群》（含《深圳市再生水布局规划》《深圳市再生水政策研究》等四个项目）获得2014年度华夏建设科学技术奖三等奖。在城市内涝防治设施规划方面，2014年主持编制的《深圳市排水（雨水）防涝综合规划》，是深圳市第一个全面采用模型技术完成的规划，是国内第一个覆盖全市域的排水防涝详细规划，也是国内成果最丰富、内容最全面的排水防涝综合规划，获得了2016年度华夏建设科学技术奖三等奖和深圳市第十六届优秀城市规划设计项目一等奖。在消防工程规划方面，主持编制的《深圳市消防规划》获得了2003年度广东省优秀城乡规划设计项目表扬奖，在国内率先将森林消防纳入城市消防规划体系。主持编制的《深圳市沙井街道消防专项规划》，2011年获深圳市第十四届优秀城市规划二等奖。在综合环卫设施规划方面，主持编制的《深圳市环境卫生设施系统布局规划（2006—2020）》获得了2009年度广东省优秀城乡规划设计项目一等奖及全国优秀城乡规划设计项目表扬奖，在国内率先提出"环境园"规划理念。在城市物理环境规划方面，近年来，编制完成了10余项城市物理环境专题研究项目，在《滕州高铁新区生态城规划》中对城市物理环境进行了专题研究，该项目获得了2016年度华夏建设科学技术奖三等奖。在城市雨水径流污染治理规划方面，近年来承担了《深圳市初期雨水收集及处置系统专项研究》《河道截污工程初雨水（面源污染）精细收集与调度研究及示范》等重要课题，在国内率先对雨水径流污染治理进行了系统研究。特别在诸多海绵城市规划研究项目中，对雨水径流污染治理进行了重点研究，其中主持编制完成的《深圳市海绵城市建设专项规划及实施方案》获得了2017年度全国优秀城乡规划设计二等奖。

鉴于以上的成绩和实践，2018年6月，在中国建筑工业出版社邀请和支持下，由司马晓、丁年、刘应明整体策划和统筹协调，组织了深规院具有丰富经验的专家和工程师编著了《城市基础设施规划方法创新与实践系列丛书》。该丛书共八册，包括《市政工程详细规划方法创新与实践》《城市通信基础设施规划方法创新与实践》《非常规水资源规划方法创新与实践》《城市内涝防治设施规划方法创新与实践》《城市消防工程规划方法创新与实践》《城市综合环卫设施规划方法创新与实践》《城市物理环境规划方法创新与实践》以及《城市雨水径流污染治理规划方法创新与实践》。本套丛书力求结合规划实践，在总结经验的基础上，突出各类市政工程规划的特点和要求，同时紧跟城市发展新趋势和新要求，系统介绍了各类市政工程规划的规划方法，期望对现行的市政工程规划体系以及技术标准进行有益补充和必要创新，为从事城市基础设施规划、设计、建设以及管理人员提供亟待解决问题的技术方法和具有实践意义的规划案例。

本套丛书在编写过程中，得到了住房城乡建设部、广东省住房和城乡建设厅、深圳市规划和自然资源局、深圳市水务局等相关部门领导的大力支持和关心，得到了各有关方面专家、学者和同行的热心指导和无私奉献，在此一并表示感谢。

本套丛书的出版凝聚了中国建筑工业出版社朱晓瑜编辑的辛勤工作，在此表示由衷敬意和万分感谢！

《城市基础设施规划方法创新与实践系列丛书》编委会

2019 年 6 月

随着城市化进程的不断加快，城镇规模的持续扩大与人口规模的持续膨胀，许多地区原有的环卫设施已不能满足城镇发展和居民生活的实际需求，垃圾围城这一"城市病"在我国许多大中城市日渐凸显，如何处理好城市固体废物已经成为保障一个国家或地区长期良性发展的重大课题。快速增长的城市固体废物不仅给生态环境带来巨大污染，也占用了大量的土地资源，城市环境问题日益凸显。近年来，政府和学术界对这一问题的关注日渐升温，陆续提出了建设"循环城市"和"无废城市"的城市管理理念。此外，国家还完善了一系列城市固体废物管理相关的政策法规，如《固体废物污染环境防治法》的修订（2018）、《中华人民共和国环境保护税法》（2018）的施行、《新能源汽车动力蓄电池回收利用管理暂行办法》（2018）的发布、《进口废物管理目录》（2017）的调整、《关于加快推进部分重点城市生活垃圾分类工作的通知》（2017）的下发、全国"无废城市"建设试点工作的启动，均彰显了国家对城市固体废物管理工作的重视，城市综合环卫设施（亦可称为"资源循环设施"）规划正是在此背景下逐步形成并发展起来的。

由于我国固体废物产生强度高、利用不充分，非法转移倾倒事件频发，既污染环境，又浪费资源，与人民日益增长的优美生态环境需求还有较大差距。此外，由于部门壁垒的存在，传统的环卫规划体系难以解决城市固体废物处理设施共享共建以及协同处理等复杂问题。有别于传统环卫规划，综合环卫设施规划将服务对象由生活垃圾拓展为包括生活垃圾、一般工业废物、危险废物、城市污泥、建筑废物、再生资源在内的城市综合固体废物。因此，编制城市综合环卫设施专项规划，构建"城市大固废"治理体系，能够在城市整体层面深化固体废物综合管理改革和推动"资源循环社会"建设，切实推进固体废物减量化和资源化，实现自然资源优化配置，进而化解"邻避效应"，破解垃圾围城问题。

本书以项目经验为基础，抓住目前环卫设施建设的热点问题，以规划应用和管理为主线，分四篇进行阐述。其中，第1篇（基础研究篇）旨在让读者对于综合环卫设施的相关概念能有一个基础的认识和了解，首先总结了传统环卫设施逐步发展为综合环卫设施的趋势，然后介绍了国内外综合环卫设施的发展概况和国内外现行有效的相关政策法规和技术标准规范；第2篇（规划方法篇）旨在介绍综合环卫设施规划的方法论，在介绍了规划方法总论、固体废物分类规划等通用内容之后，依次对生活垃圾、建筑废物、城市污泥、危险废物、再生资源等各自对应的综合环卫设施的规划方法展开介绍，并基于城市固体废物统筹治理以及资源循环处理，分别介绍了环境园的规划理念和规划方法，最后对具体工作中经常遇到的设施选址工作和设施规划设计条件研究工作分别进行了介绍；第3篇（规划管理篇）旨在对环卫设施的规划管理方面进行介绍，主要包括市政环卫设施的设施属性、规划管理、建设管理以及维护管理等；第 4 篇（规划实践篇）旨在向读者直观地展示各个类别、各个层次的综合环卫设施规划实践成果，为其他城市开展同类工作提供借鉴。

深圳市城市规划设计研究院作为国内率先从事符合城市环卫设施规划设计和理论研究的专业机构，早在 2004 年就启动了针对环卫设施特征识别和规划方法的系统研究，期间多次组织技术团队赴日本、德国、我国台湾地区及我国香港地区等固体废物管理先进国家及地区进行实地考察与技术交流，至今已完成了 50 余项环卫设施专项规划研究项目，获得多项国家、省、市规划奖项，其中，《深圳市环境卫生设施系统布局规划》获全国优秀城乡规划设计表扬奖、广东省优秀城乡规划设计一等奖、深圳市优秀规划设计一等奖；《深圳市危险废物处理及处置专项规划》获深圳市优秀城乡规划设计二等奖；《深圳市建筑废弃物综合利用设施布局规划》获深圳市优秀城乡规划设计二等奖；《深圳市生活垃圾分流分类治理实施专项规划》获深圳市优秀城乡规划设计三等奖。通过十余年来的努力和积累，深圳市城市规划设计研究院已组建人员梯队完整的技术团队，逐渐形成和掌握了城市综合环卫设施规划的理论和方法。

本书是参编人员多年来对城市固体废物管理与综合环卫设施规划方法和实践工作的系统总结与凝练，希望通过本书与各位专业人士分享我们的认识和体会。由于城市综合环卫设施随管理要求的提高正在不断变革，书中缺点及不足难免，敬请读者批评指正。如有疏漏或错误，请作者直接与出版社联系，以便再版时及时补充及更正。

《城市综合环卫设施规划方法创新与实践》编写组

2020 年 4 月

目　录

第1篇

基础研究篇

开展城市固体废物的管理，首先要厘清固体废物管理工作与资源循环工作的关系。在我国现行政策法规体系中，两者暂时仍然是分离的，分别划分在环保部门和商务部门进行管理，相关事务的统筹比较薄弱，甚至在部分环节上是矛盾的、各行其是的。

本篇从城市作为资源交换集中地的原初属性入手，总结了传统环卫设施逐步发展为综合环卫设施的趋势，剖析在循环城市发展理念和无废城市试点建设方案的背景下综合环卫设施必然承担城市资源循环职能的特征，介绍了国内外综合环卫设施的发展概况、国内现行有效的相关政策法规和技术标准规范以及一些比较突出的高品质综合环卫设施，旨在让读者对于综合环卫设施这一新生事物能有一个基础的认识和了解。

第 1 章 城市与资源循环

亚里士多德曾说过："人们来到城市是为了生活，人们居住在城市是为了生活得更好。"城市是"城"与"市"的组合词——"城"主要是为了防卫，并且用城墙等围起来的地域；"市"则是指进行交易的场所。由此可见，城市最初的形成大多是为了对集中交换资源的市场进行防卫性保护而自然发生的。城市的起源从根本上来说，有因"城"而"市"和因"市"而"城"两种类型。现代城市，动辄拥有百万以上的人口规模，则更加是资源大规模输入和高效利用的集中场所。

有研究表明，城市人口仅占全球总人口数 50％左右，但创造了 70％的 GDP，消费了全球 60％的能源，产生了全球 70％的固体废物和 70％的温室气体。但以往，人们往往只重视城市活动的前端，却忽略了资源利用后所自然形成的后端——所产生固体废物的集运和处理处置。党的十八大提出要走绿色、循环、低碳发展的道路，其中循环发展主要就是指资源的节约、回收和再利用。近年来，国家领导层和学术研究界都逐步发现并关注了这一问题，并基于生态文明建设指导思想陆续提出了建设"循环城市"和"无废城市"的理念，城市综合环卫设施（亦可称为"资源循环设施"）规划方法正是在此背景下逐步形成并发展起来的，目前已经开展了大量实践活动。

随着我国城镇化进程的继续推进，固体废物与汽车尾气、城市污水一同成为城市环境质量恶化的主因，要实现城市的可持续发展、解决城市的环境问题，除了加强污染治理外，还必须要实现固体废物的循环利用，走循环发展之路。本书所介绍的内容正是为解决这些问题所开展的众多实践活动的思考与总结。

1.1 城市"垃圾围城"困境

城市是一个区域内的政治、经济和文化中心，在社会生产生活中发挥着重要作用，而城镇化则是经济社会发展到一定阶段的必然趋势。改革开放以来，我国城镇化建设取得了骄人的成绩，城市化率从 1978 年的 18％上升到 2015 年的 56％，经历了世界历史上规模最大、速度最快的城市化进程。城镇化促进社会经济和文化繁荣的同时，也衍生出人口拥挤、环境污染、垃圾围城等一系列"城市病"。随着城镇化进程的不断推进，城市人口规模急剧膨胀，城市开发强度不断加大，城市垃圾产生量急剧增长，垃圾围城这一"城市病"逐渐成为一个国家或地区长期良性发展所需要面对的重大课题。

在 21 世纪的今天，垃圾围城已成为全球趋势，日益增长的城市垃圾对当地环境所造成的破坏也越来越难以令人忽视。根据 2018 年 12 月世界银行发布的调查报告，2016 年全球城市生活垃圾产生量为 20.1 亿 t，其中 33％～40％的固体废弃物没有得到妥善处理，而是直接倾倒或露天焚烧，这对我们的生存环境带来了不容忽视的影响。如在夏威夷海岸与北美洲海岸之间形成的"太平洋垃圾大板块",可谓世界"第八大洲"。这个"垃圾洲"由数百万吨被海水冲积于此的塑料垃圾组成。它相当于 2 个美国德克萨斯州,4 个日本,1000 个中国香港特别行政区。

随着中国城镇化加速发展,"垃圾围城"已经是目前中国许多大中城市无法回避的棘手问题。根据生态环境部 2019 年 12 月公布的《2019 年全国大、中城市固体废物污染环境防治年报》,2018 年,200 个大、中城市生活垃圾产生量为 2.11 亿 t,较 2017 年增加 0.09 亿 t,2013~2018 年全国城市生活垃圾产生量增长迅速,具体如图 1-1 所示。相关研究表明,我国垃圾堆存量已达 60 亿 t,占用耕地 5 亿 m^2,全国近 700 个城市当中有 2/3 的城市已处在垃圾的包围之中。目前,大中城市"垃圾围城"现象日益严重,但目前我国整体的垃圾处理能力还远远不够,垃圾处理设施缺口仍然较大。据统计,全国每年仍有约 2000 万 t 垃圾未做无害化处理。以北京市为例,北京现有垃圾处理设施的设计总处理能力约为 1.03 万 t/d,但每天仍有 8000 余吨处理缺口,垃圾围城问题亟待解决。

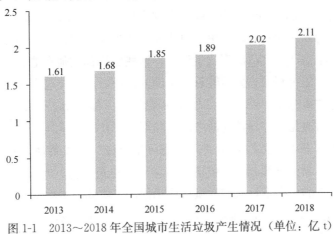

图 1-1　2013~2018 年全国城市生活垃圾产生情况(单位:亿 t)

经过多年的发展,我国逐渐形成了"填埋为主,焚烧为辅"的垃圾处理策略,垃圾处理率不断提高,但随着城镇化的不断推进,中国作为一个人均资源短缺、环境承载能力脆弱的人口大国,土地紧缺问题日益凸显,原来的垃圾填埋方式已经不能适应新时期的发展需求,如何妥善处理好生活垃圾已经成为全社会亟须解决的共同问题(图 1-2)。而对生

图 1-2　城市垃圾污染状况
图片来源:浙江在线[Online Image].[2017-4-14].
http://opinion.zjol.com.cn/bwgd/201704/t20170414_3462018.shtml.jpg

活垃圾进行资源化处理、循环再生利用是建设环境友好型、资源节约型社会的重要抓手，对实现经济社会的可持续发展意义重大。

1.2 资源循环管理创新

人类对自然环境产生重大影响之前，人融于大自然是和谐的。一切生命体通过食物链从自然界获取物质能量又返回自然界，没有废弃物也就没有污染物，各种物质是不断循环再生的。工业革命以后，情况发生了巨大变化。人类从自然界索取的越来越多，而返回自然的是自然界中原本没有但对生态系统有害或无法净化的废弃物，造成威胁人类生存和可持续发展的恶果。我们需要通过专业的工作来重建这种自然的循环，科学技术的进步已经确保有了实现这一愿望的可能。这些工作包括从设计、生产到使用全过程致力于资源减量化，固体废物的分类收集、回收、升级和再利用，最终做到零废物排放。

长期以来，"固体废物"这一术语被用作输入城市的资源被市民们废弃后的代名词，相应的管理工作称为固体废物管理。由于对于原资源持有者而言，这部分资源已失去使用价值，在注重高效率生产和生活的现代生活中，这些资源都被随意地混杂、丢弃，难以被再次得到经济价值上的再利用。为扭转这一被动的局面，应首先改变管理理念，将"固体废物管理"修正为"资源循环管理"，"固体废物"这一称呼相应调整为"废弃资源"或"综合固体废物"。为避免其与日常生活中的废品回收工作中经常使用的"再生资源"一词相混淆，特规定在本书中后者均采用"高价值再生资源"予以替换，而通称的"废弃资源"一词既包括这一高价值部分，也包括生活垃圾、建筑废物、城市污泥等低价值部分。在这一观念得以改变的前提下，人们在城市中扔出的各类固体废物就不再是通常口头上所称的"垃圾"，而是在本地或邻近地区将要循环再用的备用资源，将其收集起来进行贮存并进行必要的预处理和处理就有了充分的必要性，相应的贮存设施、预处理设施、处理设施、处置设施也就有了相应的合法建设需求。

资源循环管理是降低城市外部资源输入强度、提高资源在城市内部利用效率并促成废弃资源闭环利用的重要手段，也是建设循环城市和无废城市的重要基础工作，在满足一定的技术经济条件下是完全可行的。

1.3 循环城市和无废城市

1.3.1 循环城市

循环城市可以被定义为：能够循环利用资源、高效利用能源，并持续地恢复和改善其与所依赖的生态系统之间关系的城市。循环再生是这种城市发展的基本特征，最终目的是极大地减少资源和化石能源的消耗，使废弃物排放趋近为零，实现城市和自然的协调。如果一个城市要持续地为其居民改善生活水平并为人们发挥潜力和实现愿望提供机会，那么这个城市就必须深刻认识到其在保证地球生态系统稳定健康方面的作用。中国的城市已经在以前所未有的规模消耗和浪费着各种资源，也正在遭受着水污染、空气污染、垃圾污染等诸多严峻的环境威胁，很明显，维持现在的发展状态是不行的。跨出转型的脚步已经势在必行。这意味着要超出传统上的可持续性概念，探讨更广泛的城市发展模式，不局限于维持城市的资源环境系统，更强调促进城市生态系统的循环再生。循环城市发展理念使城市从线性的"消耗资源破坏生态"的系统转型为与周围生态环境互惠共生的系统。用加拿大建筑师 Craig Applegath 在未来城市论坛上的表述，循环再生意味着"从少破坏到多贡献"的转变。如图 1-3、图 1-4 所示。

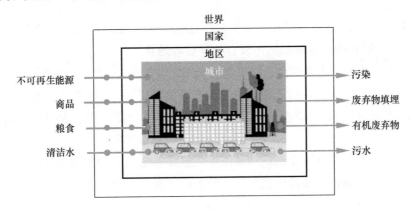

图 1-3　传统城市中资源的线性代谢模式示意图

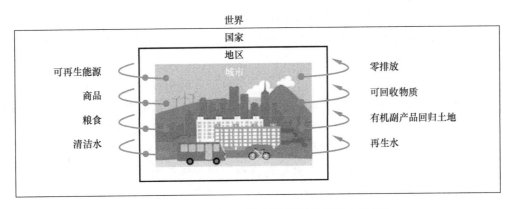

图 1-4　"循环城市"中资源的循环代谢模式示意图

1.3.2　无废城市

无废理念的核心是对于废物价值的重新定义，需要意识到废物是潜在的资源。无废理念要求的是应用一种系统整体性的方法，以全方位削减废物、降低废物管理过程中的风险为目标，关注的不仅是废物产生后的管理，其所涵盖的范畴还包括预防废物产生、废物源头减量，及供应链下游各环节的废物削减，减少废物填埋和焚烧。2018 年全球 23 个城市联合发布了"建立无废城市"的宣言等。美国旧金山市、加拿大温哥华市、日本上胜町、阿联酋马斯达尔城、意大利卡潘诺里市、澳大利亚悉尼市、斯洛文尼亚卢布尔雅那市、新西兰奥克兰市等 8 个城市已明确提出建设"无废城市"，其建设成效获国际社会认可（图 1-5）。

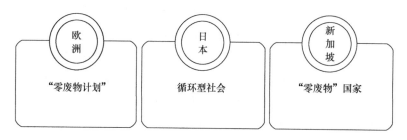

图 1-5 全球"无废城市"开展情况

杜祥琬联合钱易、陈勇、郝吉明上报院士建议，首次提出"无废社会"和"无废城市"。党的十九大报告提出要加强固体废弃物和垃圾处置。2019 年 1 月下旬，国务院办公厅发布了《"无废城市"建设试点工作方案》，2019 年 5 月 13 日，在深圳召开全国"无废城市"建设试点工作启动会，标志着我国"无废城市"建设试点工作正式启动。

"无废城市"是以创新、协调、绿色、开放、共享的新发展理念为引领，通过推动形成绿色发展方式和生活方式，持续推进固体废物源头减量和资源化利用，最大限度减少填埋量，将固体废物环境影响降至最低的城市发展模式，也是一种先进的城市管理理念。现阶段，要通过"无废城市"建设试点工作，统筹经济社会发展中的固体废物管理，大力推进源头减量、资源化利用和无害化处置，坚决遏制非法转移倾倒，探索建立量化指标体系，系统总结试点经验，形成可复制、可推广的建设模式。"无废城市"并不是没有固体废物产生，也不意味着固体废物能完全资源化利用，而是一种先进的城市管理理念，旨在最终实现整个城市固体废物产生量最小、资源化利用充分、处置安全的目标，达到这个目标，需要长期探索与实践。

"无废城市"不仅是指在收集环节和处理环节管理好城市综合固体废物，更应拓展到社会物资的供应管理，从消费环节入手提前研究物资供应过程中可能产生固体废物的类别、数量、危害度和可回收性，最终目的是建设一座"循环城市"。在理想的"循环城市"中，绝大多数物资应在城市中有机循环、梯级利用，最终整个城市只需要较少的外部资源输入就能维持正常运转。"无废城市"还是可持续发展的核心内容和重要组成部分，在建设"无废城市"过程中，政府、企业和市民应从当前的设施建设、技术研发等工作逐步走向社会共治和综合管理，将现行的固体废物被动收集处理、无偿服务转化为主动管理、部分有偿服务，通过三方的共同努力实现城市、社会的可持续发展。

"无废城市"的宗旨是实现整个城市固体废物产生量最小、资源化充分、处置安全的目标，而实现该目标可以从减量化、资源化、无害化三个方面出发，来解决各个城市目前面临的固体废物方面的问题。减量化方面，需要加强宣传教育，开展绿色低碳的生活方式、工业制造方式，研发新技术、新工艺、新设备，提高原材料的利用效率等；资源化方面，增强整体固体废物的管理，打破部门间管理、企业间物料利用的壁垒，加强固体废物的回收，提高全市固体废物的资源化水平；无害化方面，增强固体废物的分类体系，对于不能（不便）循环再利用的固体废物分别进行处置，加强无害化处理处置设施的建设，提高设施建设标准，提高各类固体废物的管理水平，增强数据信息的统计能力等。

第 2 章　环卫设施体系与发展概况

城市资源循环体系的实现需要依托于资源循环设施的建设和运行，资源循环设施的建设质量高低和运行水平将直接决定城市资源循环体系的效率。国际上不同的国家和地区在城市资源循环体系方面均开展了适宜各自国情的探索与尝试，积攒了许多宝贵的经验。

2.1　综合环卫设施的定义与发展

各类废弃资源通过资源循环设施进行收集、运输和预处理，将其中可以直接回用的部分通过出租和转让直接回到社会领域，其他部分按照各自组成和物化性质的不同进行相应的预处理后采用各自适宜的物理方法、生物化学方法、热化学方法进行资源化再生利用或最终处置。为与既往的城市规划体系和城市管理工作相衔接，我们将其并入环境卫生专业，并将这些设施统称为"综合环卫设施"，对应的管理工作既可称为资源循环管理工作，也可称为综合固体废物管理工作。

综合环卫设施，又可称为资源循环设施，是指对各类废弃资源进行收集、转运、贮存、预处理、处理及处置所建设的设施，可分为集运设施、处理设施、处置设施、配套设施和其他设施五大类，是生态文明建设背景下建设"循环城市"和"无废城市"的重要工程依托基础。综合环卫设施既包括垃圾收集点、垃圾转运站、垃圾焚烧厂、垃圾填埋场、公共卫生间等传统综合环卫设施，又包括再生资源回收站、再生资源分拣场所、大件垃圾处理厂、易腐垃圾处理厂、医疗废物处理厂等新型综合环卫设施。

综合环卫设施是从传统环卫设施发展而来，但又不同于传统环卫设施。在生态文明建设理念的引领下，有别于传统环卫设施，综合环卫设施的服务对象由单一的生活垃圾拓展为包括生活垃圾、一般工业废物、危险废物、城市污泥、建筑废物、再生资源在内的城市综合固体废物。综合环卫设施的具体分类如表 2-1 所示。

综合环卫设施（资源循环设施）分类一览表　　　　　　　　　　　　表 2-1

序号	类别	具体设施
1	集运设施	废物箱（废弃资源收集箱）、生活垃圾收集点（废弃资源收集点）、生活垃圾转运站（废弃资源转运站）、生活垃圾转运码头（资源循环转运码头）、再生资源回收站（高价值废弃资源回收站）、大件垃圾集散点等
2	处理设施	生活垃圾焚烧厂（可燃资源循环厂）、生活垃圾堆肥厂（可降解资源循环厂）、建筑废物综合利用厂（不可燃资源循环厂）、餐厨垃圾处理厂（食物资源循环厂）、园林绿化垃圾处理厂（树枝树叶资源循环厂）、大件垃圾处理厂（木材资源回用厂、电器资源回用厂）、再生资源分拣场所（高价值废弃资源预处理厂）、医疗废物处理厂、工业危险废物处理厂、城市污泥处理厂、城市粪渣处理厂、年花年桔处理厂、再生资源循环利用基地（造纸厂、钢厂、水泥厂）等

续表

序号	类别	具体设施
3	处置设施	综合固体废物填埋场、生活垃圾卫生填埋场、飞灰填埋场、安全填埋场、建筑废物受纳场、污泥填埋场等
4	配套设施	公共厕所（公共卫生间）、环卫车辆停车场、环卫工人休息场所、洒水（冲洗）车供水点等
5	其他设施	不属于上述四个类别的特种资源循环设施，如动力电池循环利用基地、报废汽车拆解厂、报废共享单车临时堆放场所

2.2 国外环卫设施发展概况

2.2.1 东京

首先，东京是一个宽泛的概念。日本的行政区划概括分为1都1道2府43县，而"1都"即指东京都。"东京都"并不是人们传统认知的"东京"，它是由23个特别区、多摩地区（26个市3个町1个村）和东京湾南面海上的伊豆群岛、小笠原群岛等（2个町7个村）构成的广域自治体。而东京都23个特别区（简称"23区"）是人们平日所指的"东京"，是东京都乃至日本的政治、经济、文化中心。东京都各组成部分关系如图2-1所示。

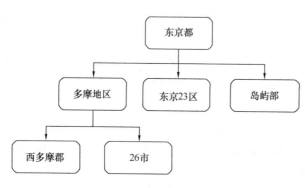

图 2-1 东京都行政区域概念

其中，东京都23区的环卫设施体系最具有鲜明特点，本书在此将着重介绍23区环卫设施体系。2000年日本政府制定颁布了《循环型社会形成推进基本法基本循环社会法》。该法为一个健全的物质循环社会提供了明确的愿景，即旨在减少自然资源消耗和环境影响。此外，它也提出了建立健全的循环社会的基本原则，包括确定合法的资源循环利用和废物管理的优先顺序。由此，23区生活垃圾全流程治理体系基本确立，具体流程如图2-2所示。

东京将生活垃圾分为可燃垃圾、不可燃垃圾、大件垃圾和可回收资源四大类。当地政府部门根据此分类模式制定不同地区的分类投放日历，居民根据分类投放日历表进行定时定点投放（即不是每一类垃圾每天都可以投放），可燃垃圾、不可燃垃圾和可回收资源为无偿投放，大件垃圾需要付费投放。23区各区自行组织或委托专门机构开展垃圾收集清运的工作。可燃垃圾的焚烧、不可燃垃圾和大件垃圾的破碎以及粪便的处理由东京23区清扫一部事务组合负责实施。由于东京采用全量焚烧的技术路线，最终填埋部分仅为焚烧灰渣和不可燃垃圾，填埋由东京都政府负责直接管辖运营。值得一提的是，东京23区清

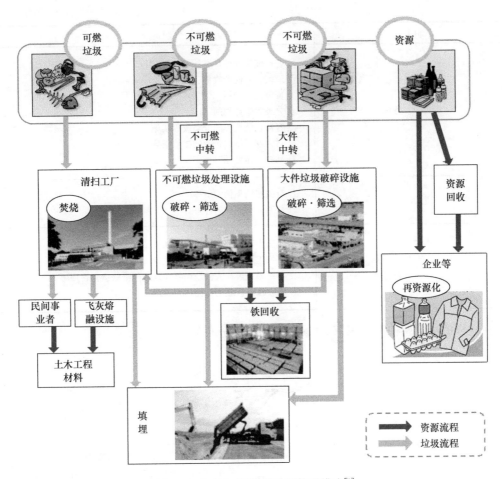

图 2-2　东京 23 区垃圾治理体系模式[1]

扫一部事务组合为地方自治团体，成立于 2004 年 4 月 1 日，是基于地方自治法（《日本地方自治体法》第 284 条）成立的特殊地方公共团体。组合及其议会承担的详细事项如表 22 所示。简而言之，该公共团体负责的内容既包括对 21 座垃圾焚烧厂的管理运营和维护，也包括对不可燃烧垃圾、大件垃圾进行回收和破碎，以及雇用垃圾收运车辆的事务。地方自治团体作为清扫事业的"面"层执行者，承担着最庞杂、技术含量最高的事项，并对 23 区实现全覆盖，统筹协调各区开展日常工作。

东京 23 区垃圾治理职责分工　　　　　　　　　　　　　表 2-2

部门	职责分工
东京都	① 废物处理计划的制定 ② 最终处理场的设置、管理、运营 ③ 财政补贴 ④ 设施的许可、申报、受理、指导 ⑤ 产业废物的相关事务

续表

部门		职责分工
特别区	各区	① 普通废物处理基本计划的制定 ② 垃圾、粪便的收集、转运 ③ 资源化再利用 ④ 分类收集计划的制定 ⑤ 容器包装垃圾的分类收集实施 ⑥ 对大规模排放企业的排放指导 ⑦ 动物尸体处理
	东京23区清扫协议会	① 有关雇佣车辆的事务 ② 普通废物处理的许可
	东京23区清扫一部 事务组合	① 普通废物处理基本计划的制定 ② 清扫工场的维修、管理、运营 ③ 不可燃垃圾、大件垃圾处理设施的维修运营管理 ④ 粪便投入设施的维修运营管理

在这样的组织架构下，东京23区的环卫设施分布如图2-3所示[2]。

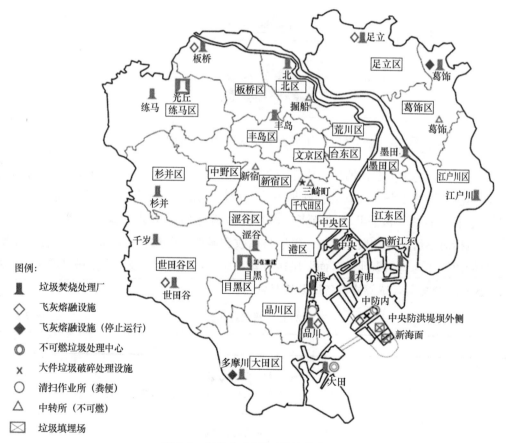

图例：

🏭 垃圾焚烧处理厂
◇ 飞灰熔融设施
◆ 飞灰熔融设施（停止运行）
◎ 不可燃垃圾处理中心
✕ 大件垃圾破碎处理设施
○ 清扫作业所（粪便）
△ 中转所（不可燃）
⊠ 垃圾填埋场

图2-3 东京23区环卫设施分布图

东京 23 区有 21 座垃圾焚烧厂，包括 2 座正在重建的焚烧厂（目黑、光丘垃圾焚烧处理厂正在重建），总处理规模达 12300t/d。而目前 23 区生活垃圾产生量约 7500t/d（包括可燃、不可燃、大件和可回收），且呈现逐年递减的趋势，其中填埋规模仅约 950t/d，占总产生量比例约 12%，如表 2-3 及图 2-4 所示。

名称	建成时间	用地面积（m²）	处理规模（t/d）	烟囱高度（m）
有明	1995	24000	400	140
千岁	1996	17000	600	130
江户川	1997	27000	600	150
墨田	1998	18000	600	150
北	1998	19000	600	120
新江东	1998	61000	1800	150
港	1999	29000	900	130
丰岛	1999	12000	400	210
涩谷	2001	9000	200	150
中央	2001	29000	600	180
板桥	2002	44000	600	130
多摩川	2003	32000	300	100
足立	2005	37000	700	130
品川	2006	47000	600	90
葛饰	2006	52000	500	130
世田谷	2008	30000	300	100
大田	2014	92000	600	47
练马	2015	15000	500	100
杉并	2017	36000	600	160

东京 23 区各焚烧厂信息汇总[3]　　　　　表 2-3

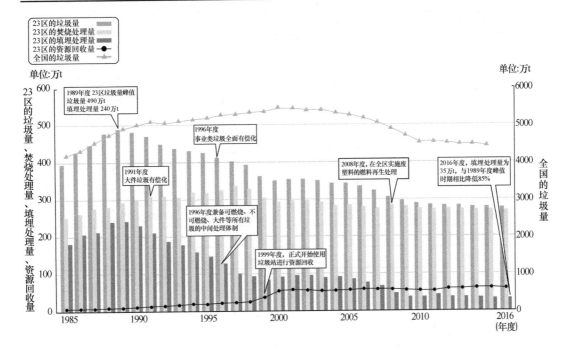

图 2-4　东京 23 区生活垃圾产生量及处理去向图

2.2.2 新加坡

新加坡固体废物属于新加坡国家环境局（The National Environment Agency，NEA）下属19个部门之一的环保事业部（Environmental Protection Division）管理。环保事业部主要职责除了运营新加坡的四个海上焚烧厂和一个海上垃圾填埋场外，还实施监测、减少和防止环境污染的计划。主要分为发展管制及牌照部、辐射防护与核科学部、资源保护部、污染控制部、废物和资源管理部。

新加坡固体废物管理基础设施主要包括：废物焚烧设施、大士（Tuas）转运站、实马高（Semakau）填埋场、综合废物管理设施、固体废物管理基础设施、垃圾处理设施。新加坡的固体废物管理始于家庭和企业；在收集固体废物之前，可回收物品被分类和回收用于加工以延长可回收材料的寿命；然后收集剩余的固体废物并送到各个废物转化能源工厂进行焚烧；最后将焚烧的灰渣和其他不可焚烧的废物运往大士海上转运站（TMTS）进行驳船作业，并将其运往实马高垃圾填埋场进行处置。

新加坡综合固体废物管理设施可以有效处理的固体废物包括每天5800t可焚烧废物；根据国家回收计划（NRP）收集的每天250t家庭可回收物品；每天400t源隔离食物垃圾；每天800t来自TWRP的脱水污泥。

根据新加坡NEA网站上发布的成果，2018年新加坡固体废物回收利用率达到60%，各个类别固体废物的回收利用率情况如表2-4所示。

新加坡各类固体废物回收利用情况一览表　　　表2-4

固体废物类型	处置总量（t）	回收总量（t）	总发电量（t）	再循环率（%）
建筑废物	6600	1617900	1624500	99
黑色金属	9300	1260200	1269500	99
有色金属	1700	169600	171300	99
用过的矿渣	2300	178900	181200	99
报废轮胎	3200	29300	32500	90
园艺	151100	370100	521200	71
木材	131800	187900	319700	59
纸/纸板	467400	586400	1053800	56
玻璃	51500	12200	63700	19
食物	636900	126200	763100	17
灰烬和污泥	215200	24600	239800	10
纺织品/皮革	205800	14000	219800	6
塑料	908600	40700	949300	4
其他（石头、陶瓷、橡胶等）	274300	11400	285700	4
总数	3065700	4629400	7695100	60

1. 垃圾收集系统

公共废物收集者（PWC）由NEA通过公开招标任命，按地理区域为新加坡的国内和贸易场所提供服务。招标对符合资格预审标准的公司开放，中标者可获得为各自行业提供废物和可回收物品收集服务的许可证，为期 7～8 年。目前，新加坡在运营四个 PWC，分别服务于六个区域。

2. 垃圾转运系统

大士海上转运站（TMTS）是垃圾发电厂灰渣和非焚烧垃圾到填埋场的中间收集点，负责将垃圾运往实马高垃圾填埋场。它与实马高填埋场同时建造，毗邻大士南焚烧厂。携带不可焚烧废物的所有具有进入许可的收集车辆在进入转移建筑物之前首先要在称重桥上称重，将焚烧灰烬运送至 TMTS 的车辆也要称重。

3. 生活垃圾焚烧处理设施

新加坡总共 4 座焚烧厂，分别是大士焚烧厂、大士南焚烧厂、森诺科垃圾焚烧厂、吉宝·西格斯·大土垃圾焚烧发电厂，合计处理能力达到 7600t/d（表 2-5）。

表 2-5

新加坡焚烧厂情况表

名称	建成时间	占地面积（hm²）	处理规模（t/d）	装机容量（MW）
大士焚烧厂（TIP）	1986 年	6.3	1700	30
大士南焚烧厂（TSIP）	2000 年	10.5	3000	80
森诺科垃圾焚烧发电厂（SWTE）	1992 年	—	2100	36
吉宝·西格斯·大士垃圾焚烧发电厂（KSTP）	2009 年	1.6	800	22

4. 生活垃圾填埋场

实马高填埋场位于新加坡以南约 8km 处。一个 7km 长的岩石围堤包围了实马高岛和 Sakeng 岛附近的部分海域，为垃圾填埋场创造了空间。实马高填埋场于 1999 年 4 月 1 日开放，目前是新加坡唯一的垃圾填埋场。占地 350hm²，预计将满足该国 2035 年及以后的固体废物处理需求。2016 年，垃圾填埋场每天平均接收处理 2189t 垃圾焚烧厂灰渣和不可燃垃圾。

实马高填埋场外滩衬有不透水膜和一层海洋黏土，确保垃圾渗滤液不会泄露至海洋中。配套了辅助设施以确保垃圾填埋场运营的可持续性。

Sarimbun 回收公园（SPR）主要目的是促进当地的资源回收产业发展。SRP 位于新加坡西北部，曾经是被称为 Lim Chu Kang Dumping Ground 垃圾填埋场的一部分。Lim Chu Kang Dumping Ground 填埋作业始于 1976 年，最终于 1992 年 9 月关闭。土地需要 30～40 年能稳定下来后才能用于更长久的开发。SRP 在资源回收方面发挥着重要作用，占新加坡回收废物总量的 25% 左右。SPR 由 NEA 管理，回收公园内分为较小的土地，分别租给回收公司。

2.2.3　柏林

1. 城市概况[4]

柏林市是德国的首都，也是德国占地面积最大、人口最多的城市。柏林市占地约 892km²，现有人口 340 万人，人口密度约 3811.7 人/km²。柏林位于德国东北部，四面被勃兰登堡州环绕，施普雷河和哈维尔河流经该市。根据现有的行政改革，柏林并不完全属于一个独立的都市，它也是德国 16 个联邦州之一，因此，也称为柏林州，它和汉堡、不来梅三个城市同为德国的城市州，下设 12 个地区。

2. 现状环卫设施[5]

柏林生活垃圾的收集和处置由四个 BSR（Berliner Stadtreinigung）公司的分部负责，该公司每天大约进行 194 次生活垃圾的收集，以及 42 次生物垃圾的收集。BSR 每年在柏林从企业和家庭中收集约 82 万 t 的"其他垃圾"以及 62 万 t 的可生物降解垃圾，"其他垃圾"最终进入资源回用系统以及能源回用系统，而可生物降解垃圾则进入发酵厂进行发酵。BSR 公司在柏林有 15 家资源回收厂家以及 6 个危险废物回收点，分别收集 20 种可回收物以及 30 类有害垃圾。另外，BSR 公司还承担柏林的街道清扫业务，并对街道清扫垃圾以及公共垃圾桶的垃圾进行清理。进入冬天以后，BSR 还为柏林提供道路扫雪业务。除了为政府服务，BSR 公司也为家庭、学校、企业等小型个体提供垃圾分类、回收、处理等的咨询服务。

据资料显示，经过长期努力，柏林的生活垃圾由 1992 年的 259.4 万 t 下降至 2012 年的 148.1 万 t，下降了将近 43%。同时，末端垃圾处理设施的垃圾处理量由 1992 年的 232.5 万 t 下降至 2012 年的 82.2 万 t，回收量由 1992 年的 26.9 万 t 增长至 2012 年的 64.4 万 t。

根据 2012 年统计数据，柏林的生活垃圾主要包括：家庭生活垃圾、贸易垃圾、商业垃圾、家庭大件垃圾、街道清扫物。其中，被回收利用的家庭生活垃圾占城市生活垃圾总量的 28.4%，商业垃圾为 3.1%，大件垃圾为 7.0%，街道清扫物为 3.7%，故柏林城市生活垃圾的回收率共计 42.2%。

（1）MHKW（Müllheizkraftwerk）Ruhleben

MHKW Ruhleben 垃圾焚烧发电厂的废物处置能力为 52 万 t/a，是柏林最主要的垃圾处置手段（图 2-5）。该厂建于 1967 年，先后进行了多次扩建和改装。2012 年，该厂的

图 2-5　MHKW 焚烧发电厂入口

A 号焚烧线开始调试运行，同时 5～8 号焚烧线停止运行。如今，MKHW 有 5 条焚烧线路正常使用（A 焚烧线路以及 1～4 号焚烧线路），并采用连续三班制运行。

该厂主要接收 BSR 公司运送过来的垃圾，同时也接收一小部分其他公司运送来的垃圾。垃圾进入 MHKW 之后需要先进行检查、称重，随后再被运输至焚烧线路，在移动格栅上焚烧，燃烧产生的烟气大约有 850℃。焚烧的热量被用来生产高压过热蒸汽，蒸汽被输送至邻近的 Reuter 发电站用来发电以及提供区域的供暖。

1～4 号焚烧线路的烟气处理采用传统干式吸附以及氮氧化物选择性催化还原法（脱硝装置），A 号焚烧线路的烟气处理系统则包括干湿结合吸附、闭式循环洗涤以及脱硝装置。经过处理后干净的烟气通过一个 102m 的烟囱排入大气中。该厂污染物的排放水平远低于《联邦环境污染法》第 17 条条例规定的限值，其中二噁英和呋喃的排放仅为 $0.1ng/m^3$。

焚烧后，约有进场垃圾重量 25% 的灰渣，这些灰渣将会进一步在灰渣处理厂中处理，提取其中的废金属。每年，该厂的灰渣中能提取出约 1.2 万 t 的铁废料给金属商们。剩余的灰渣被 BSR 公司用来做填埋场封场覆盖物的组成材料。

有害物质在烟气过滤器中以粉尘的形式收集，这部分不可回收的废物，约占进场垃圾总重量的 2.2%，会被安全填埋处置。

（2）机械物理稳定厂（Mechanical-Physical Stabilisation plants）

在公私合作（PPP）的背景下，BSR 和私人公司 ALBA 于 2004 年合资建立了运行机械物理稳定厂，分别在柏林的 Pankow 和 Reinickendorf 两个区经营，其中 Pankow 区的稳定厂完全归 BSR 公司所有。

机械稳定法是一个处理垃圾的创新方法。垃圾进入机械稳定厂后，经传送通过一系列的分选和处理设备（接收、干燥、检测）。有价值的金属、大件以及其他会影响垃圾分选及处理过程的物质都会被事先移除。之后垃圾会进入干燥过程，该过程可减少垃圾约 30% 的重量。垃圾经过干燥后，接下来是将不可燃垃圾（矿物、灰渣、玻璃等）和可燃垃圾（纸、塑料、纺织品等）分开。可燃部分被用来做燃料发电或者做水泥中的松茸毛，同时实现能量的回用。MPS 处理过程可以将 95% 的垃圾转化成燃料，只有 5% 的垃圾会被直接填埋。

柏林的这两个 MPS 处理厂的设计处理规模皆为 22 万 t/a，现阶段每年分别处理 19 万 t 的垃圾，分别产生 9 万～9.5 万 t 的垃圾衍生燃料。

（3）沼气发酵厂

BSR 公司从城市的有机垃圾桶中每年收集约 6 万 t 的易腐垃圾。自 2013 年夏天起，这些易腐垃圾都在柏林 Ruhleben 区新建的沼气发酵厂中处理。与堆肥处理易腐垃圾相比，沼气发酵可以减少温室气体的排放。

该沼气发酵厂采用的技术是干式发酵法。来自易腐垃圾中的有机微生物会产生沼气，这种方法十分适合含水率 60%～80% 的易腐垃圾，与柏林各个家庭产生的易腐垃圾的含水率相符。

沼气经过富集、清洁处理之后，将会含有 98% 的甲烷，在化学性质上和天然气相同。

这些气体将会被用来作为 BSR 垃圾收集车的燃料,据预测,未来 BSR 公司将会有约 150 辆天然气汽车。

(4) Neukölln 的纸类分选厂

2011 年,BSR 和 Remondis 合建了 Wertstoff-Union Berlin GmbH(WUB)公司,2012 年 9 月,该公司名下的一家纸类分选厂开始在柏林的 Neukölln 区投产,这是柏林最现代化的纸类分选厂之一。该厂采用两班制运行,废纸、卡片和纸板被分为不同的质量等级,然后压缩、销售。这些废纸都是从小企业、商店、制造商和私人家庭收集的,大多来自柏林和勃兰登堡。

该厂的允许经营能力为 225000 t/a,除了周日以及法定节假日外,该厂每天运行 24h。

(5) Köpenick 机械处理厂

自 2005 年以来,Otto-Rüdiger Schulze GmbH&Co KG 一直在柏林的 Köpenick 经营一家机械废物处理厂,该厂主要负责分类处理以及再利用柏林的城市垃圾和建筑废物。

该厂有两条运营线路。第一条线处理混合建筑废物、大件垃圾、低品位建筑废物以及分类后留下的废物,每年约 7.8 万 t,之后还有多达 10 万 t 的垃圾运往其他地点进行进一步处理。垃圾首先通过格栅和振动筛,然后通过磁铁分离器下面的皮带。在分类舱中,废物也会被手动分类。在建筑和拆除废物、木材、大件垃圾的接收区,对较小货物进行分类和分批,以形成较大的运输单元运送至别处。

另一条线每年处理的城市垃圾多达 10 万 t。这些垃圾大部分由 BSR 运送至该厂。该线路首先对进入的垃圾进行检查,并分离出大的或不需要的物品。然后,物料通过碎纸机、磁铁分离器,去除黑色金属。最后,滚筒筛将材料分离为矿物生物部分和高热量部分。处理过程中产生的灰尘和气味由两个独立的系统吸收,并通过湿处理和生物过滤系统进行处理。

仅小部分在机械处理厂预处理后的废物需要继续处理,而大部分还是可以用作勃兰登堡 RDF 工厂的垃圾衍生燃料的。

(6) 可回收材料分类厂

自 2005 年以来,ALBA 公司一直在运营欧洲最现代化的轻包装废物分拣处理厂,如塑料、金属和复合包装物等。这家工厂技术含量很高、标准严格,具有各种光电和近红外控制操作。

首先,可回收物在送到分拣厂后,进行初步分拣并通过破碎机。然后,这些材料经过三个筛鼓,再经过一个复杂的传送带系统以及 15 个分离器,将还原后的包装垃圾分类成不同的部分。箔材料由气动分离器除去,黑色金属则由传送带上方的磁铁除去。弹道分离器可区分扁平塑料和成型塑料。各种近红外扫描仪分离出更多的部分(如四包体)。最后是手工筛选。个别类型的材料(金属、木材、卡片/纸、各种类型的塑料或箔)被压缩并放入容器中。这些有价值的物质随后被运送到相关的回收厂。剩余 50% 的废物被分离成高热值组分,储存并运输到工厂,在那里它被用作垃圾衍生燃料。分拣厂每年可处理多达

14 万 t 的废物。对于各种废物分选纯度高达 95%。

（7）冰箱拆解和电器回收厂

冰箱中含有有害物质的成分比例很高。例如，旧冰箱的制冷循环系统包含约 150～200g 对环境有害的二氯二氟甲烷 300g 压缩机油，冰箱的泡沫聚氨酯（PUR）绝缘材料包含大约 500g 对环境有害的三氯氟甲烷（新的冰箱基本上不含氟氯化碳，而是使用氨或戊烷作为冷却剂）。冰箱还含有各种有价值的材料，如黑色金属、有色金属、塑料、玻璃以及电子技术部件。

电子电器（如电脑、电视、吸尘器、洗衣机、影印机）和小电器（如烤面包机、熨斗、吹风机、电话）也可以拆卸，有价值的部件也可以回收利用。同时，有害物质也可以被分离出来。

柏林有两个较大的工厂，用于拆卸冰箱和回收电子电器。自 1996 年起，BRAL-Rest-stoff-Bearbeitungs GmbH 开始在柏林的 Hohenschönhausen 运营这种回收厂。每年大约有 170000 个冰箱以及 11000t 的小型电子产品被运至该厂。在冰箱拆卸装置中，使用 CFC、氨或环戊烷冷却的冰箱可以分批拆卸。首先，根据制冷剂类型、外壳绝缘等对电器进行分类，然后进行拆卸。该工厂每小时可处理 40 台冰箱和 25 台冷冻柜。

自 1996 年以来，在柏林的 Neukölln 区，Remondis 公司运营了另一个用于拆卸冰箱和冷冻柜以及回收电气和电子设备的工厂。该厂每年处理 30 万台冰箱以及大约 12000t 的电气和电子废弃物。这些电器大多是在半自动传送带上拆卸或手动拆卸的。各种类型的材料被分离后，有害物质被识别和去除。按照与 Hohenschönhausen 工厂相同的程序，通过若干步骤拆卸冰箱。Neukölln 工厂每小时可处理多达 45 台冰箱。

2.3 国内环卫设施发展概况

2.3.1 北京

北京是中华人民共和国的首都，全国政治、文化、国际交往、科技创新的中心，是首批国家历史文化名城和世界上拥有世界文化遗产数最多的城市。北京位于华北平原北部，背靠燕山，毗邻天津和河北，总面积 16410.54km²。下辖东城区、西城区、朝阳区、丰台区、石景山区、海淀区、顺义区、通州区、大兴区、房山区、门头沟区、昌平区、平谷区、密云区、怀柔区、延庆区 16 个区，2018 年末，北京市常住人口达到 2154.2 万人。

1. 生活垃圾处理设施建设情况

北京市目前共有垃圾卫生填埋场 12 座，合计处理能力为 10241t/d，共有垃圾焚烧厂 7 座，合计处理能力 9800t/d，共有垃圾堆肥厂 7 座，合计处理能力 5000t/d。各个类别生活垃圾处理设施情况如表 2-6～表 2-8 所示[6]，所有垃圾处理设施合计处理能力达到 25041t/d。

北京垃圾卫生填埋场一览表 表 2-6

序号	设施名称	设施位置	设计处理能力（t/d）
1	安定垃圾卫生填埋场	大兴	1400
2	阿苏卫垃圾卫生填埋场	昌平	2000
3	高安屯垃圾卫生填埋场	朝阳	1000
4	永合庄垃圾卫生填埋场	丰台	1000
5	六里屯垃圾卫生填埋场	海淀	2000
6	田各庄垃圾卫生填埋场	房山	1500
7	怀柔区垃圾卫生填埋场	怀柔	300
8	滨阳垃圾卫生填埋场	密云	300
9	小张家口垃圾卫生填埋场	延庆	150
10	永宁垃圾卫生填埋场	延庆	150
11	斋堂垃圾卫生填埋场	门头沟	41
12	顺义区垃圾综合处理中心	顺义	400
	合计		10241

北京垃圾焚烧厂一览表 表 2-7

序号	设施名称	设施位置	设计处理能力（t/d）
1	顺义区垃圾综合处理中心	顺义	200
2	高安屯焚烧一期	朝阳	1600
3	高安屯焚烧二期	朝阳	1800
4	鲁家山焚烧厂	门头沟	3000
5	海淀区大工村焚烧厂	海淀	1800
6	南宫垃圾焚烧厂	大兴	1000
7	平谷综合处理厂	平谷	400
	合计		9800

北京垃圾堆肥厂一览表 表 2-8

序号	设施名称	设施位置	设计处理能力（t/d）
1	南宫堆肥厂	大兴	2000
2	沃绿洁垃圾综合处理厂	怀柔	200
3	阿苏卫综合处理厂	昌平	1600
4	燕山综合处理厂	房山	250
5	董村综合处理厂	通州	450
6	平谷综合处理厂	平谷	200
7	延庆综合处理厂	延庆	300
	合计		5000

北京市 2017 年生活垃圾清运量为 924.77 万 t，从设施处理能力上看，填埋所占的比例最大，其次为焚烧，焚烧处理率为 38.68%，无害化处理率可以达到 98.84%（图 2-6）。

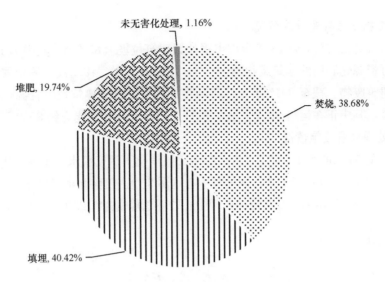

图 2-6　北京市生活垃圾处理方式占比情况

2. 工业固体废物

2017 年，北京市产生工业固体废物 599.02 万 t，综合利用量 440.19 万 t，处置量 158.83 万 t，处置利用率 100％。主要产生的工业固体废物有：尾矿、炉渣、粉煤灰、污泥、脱硫石膏和其他废物等。其中，粉煤灰和脱硫石膏全部得到综合利用，尾矿、炉渣、污泥、其他废物等全部得到利用、处置。

3. 危险废物

2017 年，北京市共有 16 家单位持有危险废物经营许可证，经营范围覆盖 43 类危险废物，核准的经营规模 31.60 万 t/a，2017 年实际处置利用危险废物（含医疗废物）16.37 万 t。所有许可证单位均依法制定了意外事故防范措施和应急预案。

在医疗废物方面，2017 年北京市医疗卫生机构共产生医疗废物 3.68 万 t，北京润泰环保科技有限公司、北京固废物流有限公司两家医疗废物处理机构，分别处置医疗废物 1.91 万 t、1.77 万 t，实现医疗废物全量无害化处置。

4. 电子废物

2017 年，北京市两家废弃电器电子产品拆解利用处置单位共接收各类废弃电器电子产品 60.92 万台，全部得到无害化处理。主要的废弃电器电子产品有：废电冰箱、废洗衣机、废电视机、废空调、废电脑等（表 2-9）。

北京市主要废弃电器电子产品种类　　　　　　　　　　　表 2-9

序号	废弃电器电子产品种类	接收量（万台）	无害化处理率（％）
1	废电冰箱	15.10	100
2	废洗衣机	14.96	100
3	废电视机	13.70	100
4	废电脑	7.21	100
5	废空调	2.01	100
合　计		52.98	—

5. 建筑废物处理处置设施情况

据北京市城管委统计，2018 年全市申报处置建筑垃圾 1.83 亿 t。其中 1.1 亿 t 可以回填的槽土，可资源化利用的建筑废物约占 1/4，北京市采用"移动式＋固定式"相结合的方式来处理建筑废物。截至 2019 年 3 月底，北京市累计建成建筑垃圾资源化综合利用设施点位 103 个，其中正在运行 88 个，正在运行点位年设计处置能力约 8500 万 t。

6. 污泥处理处置设施情况

"十二五"以来，北京市确定了"热水解＋厌氧消化＋深度脱水＋土地利用"为主的污泥处理处置技术路线，建成了五大污泥处理中心（图 2-7）。目前北京市共有 12 座再生水厂，污水处理规模为 413 万 m^3/d，5 座污泥处理中心处理总规模为 6128 t/d（80％含水率）。

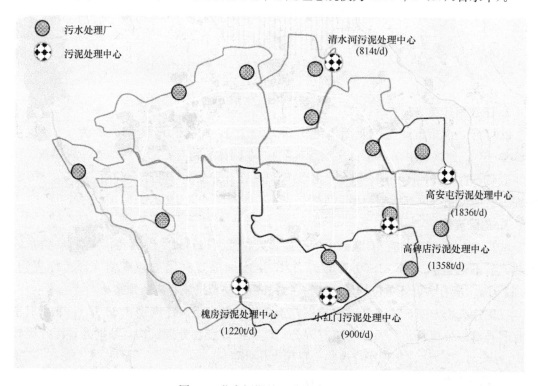

图 2-7　北京污泥处理设施分布情况

7. 公共厕所建设情况

截至 2017 年末，北京市共有公共厕所 5275 座。北京市城六区（东城区、西城区、海淀区、朝阳区、丰台区、石景山区）公厕密度达到 6.7 座/km^2，超过国家 5 座/km^2 的标准。

2.3.2　上海

上海市，简称沪，是中国 4 个直辖市之一，是中国经济、金融、贸易、航运、科技创新中心。上海市总面积 6340.5km^2，共辖 16 个市辖区。截至 2019 年 6 月，全市辖 105 个街道、107 个镇、2 个乡，合计 214 个乡级区划。2018 年末上海市常住人口达 2423.78 万人。

2016 年，上海市生活垃圾共 876.86 万 t，其中一般生活垃圾 756.78 万 t，湿垃圾

（含餐厨、分类厨余、油脂）120.08万t。生活垃圾中无害化处理量约705.51万t，无害化处理率95％。分类湿垃圾处理量占生活垃圾处理量的11.9％；生活垃圾处理量中焚烧32.1％、卫生填埋44.3％。资源化及减量化仍有较大提升空间。

上海市黄浦、徐汇、长宁、静安、普陀、虹口、杨浦、闵行、宝山9个区及浦东新区原南汇地区的一般生活垃圾绝大部分纳入老港基地处置，其中长宁、静安、普陀三区的部分一般生活垃圾纳入江桥焚烧厂处理；浦东新区大部分区域一般生活垃圾纳入御桥、黎明焚烧厂处理。上海郊区中金山区、崇明县一般生活垃圾纳入自己辖区内的处理设施处理，嘉定、青浦区部分依托自己辖区内处理设施处理，松江区部分依托别的区的处理设施（金山焚烧厂）处理外，其余均纳入市属设施（老港基地、江桥焚烧厂）处理处置。综上所述，老港基地承担全市约50％的生活垃圾量处理处置，处理流向过于集中，处理设施布局不够合理。但所有郊区已建或在建生活垃圾焚烧处理设施将大大改善处理设施空间集中局面。

2.3.3　广州

广州处理城市生活垃圾的方式主要有卫生填埋、焚烧发电和生化堆肥三种。广州市目前在运行的共有7座生活垃圾处理设施，总处理规模为12318t/d，其中焚烧发电厂1座（设计规模1040t/d）、填埋场6座（处理规模11278t/d），维持以填埋为主、焚烧为辅的生活垃圾处理格局。中心城区、萝岗区、南沙区的生活垃圾进入兴丰生活垃圾卫生填埋场和第一资源热力电厂一分厂（李坑生活垃圾焚烧发电厂）处理，番禺区、花都区、增城区、从化区的生活垃圾分别进入各区生活垃圾处理设施[7]。

1. 卫生填埋

早在1985年，广州市政府为了改变以前垃圾简单露天堆置的旧做法，以科学有效的方式来治理城市生活垃圾，便兴建了第一座卫生填埋场——大田山填埋场。随后，为处理日益增多的城市生活垃圾，广州陆续兴建了若干座垃圾填埋场，如老虎窿填埋场（1986年）、李坑填埋场（1992年）、火烧岗填埋场（1992年）、狮岭填埋场（1995年）、棠厦填埋场（1996年）、潭口填埋场（2000年）和兴丰垃圾填埋场（2002年）。大田山填埋场、老虎窿填埋场和李坑填埋场因垃圾填埋容积已满负荷等客观原因，分别于2002年、1992年和2004年结束寿命、关闭使用。其余填埋场到目前为止依旧正常运营。

2. 焚烧发电

针对卫生填埋处理垃圾所带来的种种弊病和发展短板，在2000年广州市政府及时对《广州市环境卫生总体规划》（1999年出台）中生活垃圾的处理处置方式进行调整，提出广州市生活垃圾的处理模式应以发展焚烧技术为主，改变以卫生填埋方式为主的垃圾处理现状，通过建设垃圾焚烧发电厂，使广州城市生活垃圾处理走上绿色、循环、可持续发展的新路子。

3. 生化堆肥

2010年以前，广州处理城市生活垃圾方式的主要手段是卫生填埋和焚烧发电。从2011年开始，生化堆肥技术才成为了广州城市生活垃圾处理手段之一。目前，广州有且仅有一个餐厨垃圾处理项目——大田山餐厨废弃物循环处理项目，其位于黄埔区大田山，占地总面积约 $2.07hm^2$。

2.3.4 深圳

1. 生活垃圾产生与分类现状

深圳市 2018 年生活垃圾清运量达到 18404t/d，较上年增长 11.22%（表 2-10、图 2-8），从 2012 年至今，生活垃圾清运量年平均增长率达到 4.98%。在人均产生量方面，2018 年人均生活垃圾清运量达到 1.41kg/（人·d）[以常住人口计，未纳入深汕合作区，以管理人口计人均生活垃圾清运量达到 0.84kg/（人·d）]，生活垃圾人均产生量指标持续增长。

深圳市近年生活垃圾清运情况表　　　　　　　　　　　　　　　表 2-10

年份	2010	2011	2012	2013	2014	2015	2016	2017	2018
清运量（t/d）	13129	13200	13795	14293	14826	15748	15636	16548	18404
人均量 kg/（人·d）	1.26	1.26	1.31	1.34	1.38	1.38	1.31	1.32	1.41

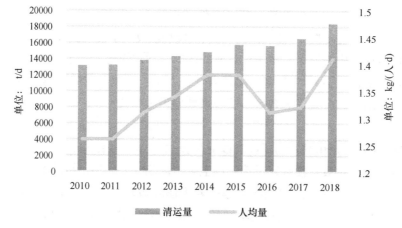

图 2-8　深圳市近年生活垃圾增长情况
注：数据来源自深圳市城市管理与综合执法局

作为全国首批 8 个生活垃圾分类试点城市之一，自 2000 年始，深圳市持续探索推进生活垃圾分类，坚持社会化和专业化相结合的双轨战略，运用"大分流、细分类"的推进策略，建立了生活垃圾分类的"深圳模式"。

2013 年 7 月 1 日，全国首个生活垃圾分类管理专职机构——深圳市生活垃圾分类管理事务中心挂牌成立。随后，各区生活垃圾分类管理机构也相继成立，新成立的生活垃圾分类管理事务中心将全面开展生活垃圾的推广、宣传、引导等工作，从而推动垃圾分类和减量工作走向深入，深圳市生活垃圾分类工作也从此进入快车道。

围绕将居民知晓率转化为行动力，深圳进行了一系列探索。2015 年起，将每周六定为"资源回收日"，在全市 3478 个住宅小区和城中村配备了 5913 组生活垃圾分类投放设施，形成了住宅区垃圾分类 1.0 版本。

2018 年上半年开始，通过建立集中的垃圾分类投放点，安排志愿者定时定点督导，小区居民的参与率和准确率持续提升，达到 80% 以上，由此形成了"楼层撤桶＋定时定点督导"的住宅区垃圾分类 2.0 版本，目前正在全市大力推广。

在此基础上，2019 年上半年全市有 805 个小区率先开展垃圾分类 3.0 版本，即增加了定时定点分类回收厨余垃圾。深圳住宅区垃圾分类的"3.0 版本"，即集中分类投放，定时定点督导，垃圾分类设施旁配洗手池，分类回收厨余垃圾（图 2-9、图 2-10）。

图 2-9　深圳市生活垃圾分类 3.0 体系

图片来源：〔Online Image〕. http://cgj.sz.gov.cn/xsmh/ljfl/xczlk/2019xctp/201906/P020190624419526376160.pdf

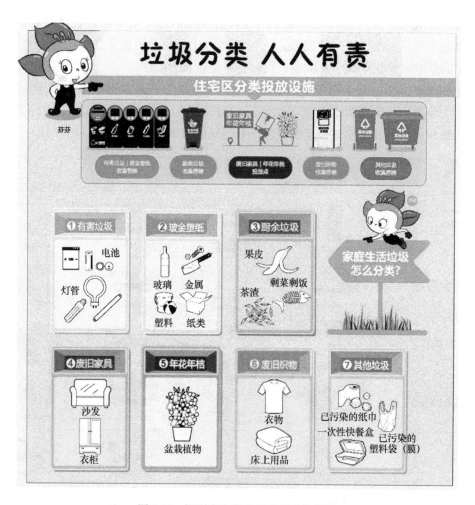

图 2-10　深圳市生活垃圾分类投放指引

图片来源：［Online Image］. http://cgj.sz.gov.cn/xsmh/ljfl/xczlk/2019xctp/201906/P020190624419526376160.pdf

为破解垃圾分类难题，深圳坚持社会化和专业化相结合的双轨战略，健全完善九大类垃圾分流分类收运处理体系，已建立起"大分流、细分类"的垃圾收运处理体系。对产生量大、产生源相对集中、处理技术工艺相对成熟稳定的绿化垃圾、果蔬垃圾、餐厨垃圾实行大类别专项分流处理。根据家庭生活垃圾的性质和回收利用情况，要求居民对玻璃、金属、塑料、纸张和有害垃圾、大件垃圾、废旧织物、年花年桔进行分类，最大限度为末端焚烧与填埋"减负"。截至 2018 年，生活垃圾分流分类回收处理量达到 2200t/d，生活垃圾回收利用率达到 27%。

2. 生活垃圾收集运输

深圳市各区生活垃圾收运主要以车载桶装模式为主，垃圾收运大多都按照"垃圾收运点收运—垃圾转运站处理—运往末端垃圾处理厂"收运路径。截至 2018 年底，深圳市已有垃圾中转站 962 座。

从垃圾收运流程层级的角度，深圳市目前的收运模式主要分为两种：第一种是垃圾收运点收运，经过小型垃圾转运站集中转运后，运往末端垃圾处理厂；第二种是垃圾收运点收运，不经过垃圾转运站集中，直接运往末端垃圾处理厂。收运装备方面，目前主要采用集装箱式压缩转运模式，在转运站内配置垃圾压缩机进行压缩装箱作业，具体过程为是塑料桶运贮—平板车清运—小型压缩式集装箱转运站—勾臂车转运模式，流程如图 2-11 所示。

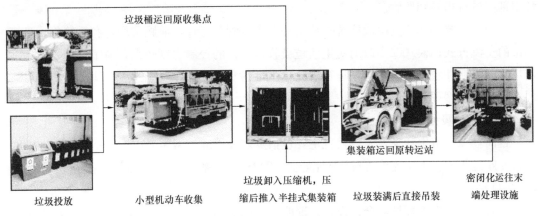

图 2-11 深圳市生活垃圾收集转运流程示意图

　　小型转运站建设方面，一般分为单箱和双箱两类，均为压缩式转运站。单箱转运站设计转运能力为 30t/d，双箱转运站设计转运能力为 60t/d，服务半径则基本为 0.6~1km。小型压缩式转运站内大多附建有公共厕所和环卫工人休息房，一般位于转运站的二楼和三楼。为保障周边环境质量，小型压缩式转运站内也配套建设了污水预处理装置和废气处理装置（图 2-12）。

图 2-12 深圳市小型垃圾转运站外观图

深圳市各区生活垃圾分类收运的主体有4种模式：①由区环卫部门统一进行社会化招标，购买服务，由中标的社会化清洁服务公司负责生活垃圾的收运清扫工作；②由区下辖的各街道办作为招标主体，购买服务，进行生活垃圾收运工作的外包；③由区环卫部门自有的垃圾收运队伍开展垃圾收运清扫工作；④由小区自行招标，采购生活垃圾收运服务，环卫部门进行指导和监管。

其中，模式①和②是由政府统一购买并负责监管和考评，兼顾市场化和统筹化，是深圳市的主流方式；模式③中政府对生活垃圾收运工作的控制力度较大，易于管理实施，但市场化和灵活性较差；模式④是进行多元化生活垃圾收运的有益探索，市场化程度较高，但不易于统筹管理。

3. 生活垃圾处理处置

目前，深圳市生活垃圾末端处置主要包括焚烧及填埋。截至2019年11月，深圳市在运行9座垃圾焚烧厂，合计设计处理能力17425t/d，基本实现生活垃圾全量焚烧处理（表2-11）。

另有2座卫生填埋场，合计设计处理能力4340t/d，仅作为应急备用和焚烧灰渣受纳场所，逐步减少原生垃圾进场，接近实现"原生垃圾零填埋"的目标。

2019年深圳市生活垃圾处理处置设施一览表 表2-11

处置方式	序号	处置设施	处理量（t/d）
焚烧	1	南山能源生态园（南山垃圾焚烧发电厂一期、二期）	2300
	2	盐田能源生态园（盐田垃圾焚烧发电厂）	450
	3	宝安能源生态园（宝安垃圾焚烧发电厂一期、二期、三期）	8000
	4	平湖能源生态园（平湖垃圾焚烧发电厂一厂、二厂）	1675
	5	龙岗能源生态园（东部环保电厂）	5000
		已投产焚烧处理量小计	17425
填埋	1	下坪环境园（下坪填埋场，灰渣填埋和应急备用）	3500
	2	宝安老虎坑环境园（宝安老虎坑填埋场，灰渣填埋和应急备用）	840
		填埋小计	4340

2.3.5 宁波

宁波市市区范围包括海曙、江东、江北、鄞州、镇海、北仑六个行政区。面积9816km²，2018年常住人口为820.2万。

1. 分类体系

自2013年启动世行贷款宁波市城镇生活废弃物收集循环利用示范项目以来，垃圾分类收运体系不断完善，基础设施建设加快推进，居民分类意识逐步提高。宁波市垃圾分类体系构建如下：

（1）分类模式构建。宁波市已构建了厨余垃圾，可回收物，有害垃圾，其他垃圾四分类模式，其对应的垃圾桶颜色分别是绿、蓝、红、黑。黑色指其他类：俗称干垃圾，主要包括一次性纸杯、复写纸、卫生纸、面巾纸、湿巾纸、尿片、烟蒂、渣土灰尘、陶瓷制品、普通一次性电池、保鲜袋（膜）、妇女卫生用品、海绵等难以回收以及暂无回收利用价值的废弃物；红色是有害垃圾：主要包括废镍镉电池和氧化汞电池、移动电话、优盘、废荧光灯管、过期药品、废杀虫剂、废水银温度计、废硒鼓墨盒等；蓝色代表可回收垃圾：是指经过加工可以成为生产原料或者经过整理可以再利用的物品，主要包括废纸、塑料、金属、玻璃等；绿色是指厨余垃圾：俗称"湿垃圾"，主要包括居民家庭产生的剩菜剩饭、菜根菜叶、瓜果皮核渣、动物内脏、过期食品等食品类废物以及农贸市场的有机垃圾。

（2）政策法规体系。自 2013 年来，宁波分别出台《宁波市生活垃圾分类处理与循环利用工作实施方案（2013—2017 年）》和《宁波市生活垃圾分类实施方案（2018—2022年)》，并每年编制年度实施方案，《宁波市生活垃圾分类管理条例》已在 2019 年 10 月施行。

（3）基础设施建设。规划的 6 座生活垃圾分类转运站基本竣工，建立了厨余垃圾、有害垃圾单独收运专线，中心城区已设立厨余垃圾收运专线 8 条，有害垃圾集中储存点 8处；在住宅小区配套设置四类垃圾专用桶，引导居民分类投放。

（4）管理创新探索。宁波积极推动社会化运作，全面启动第三方评价咨询服务单位参与生活垃圾分类考核评估的工作，加强对各区生活垃圾分类工作的专业化指导和监督；注重信息技术应用，试点推进智慧收集，如鄞州区以东柳街道为试点，推出智能化垃圾分类系统，通过线上 APP 和线下子系统结合；探索"一对一"引导机制，如北仑区新碶街道米兰社区试点引入"客户联系制"，由垃圾分类督导员、志愿者主动对接服务社区居民，实行积分制管理，提升了垃圾分类成效。

如图 2-13 所示。

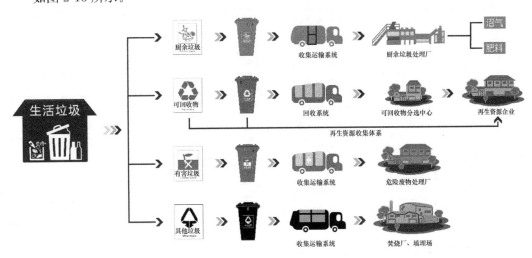

图 2-13　宁波市生活垃圾分类体系流程图

图片来源：［Online Image］. https：//ljfl. guoguoliao. com/Public/order/head. aspx

2. 转运设施

垃圾收运体系统规划提出宁波市区采用以"集中转运为主，分散转运为辅"的垃圾转运方式，即依托大型转运站集中转运和依托中小型转运站分散转运相结合。

城市内部环卫服务设施规划基于功能整合和资源集约利用的理念，对城市内部各类环卫设施进行了整合。在集中转运区域，建设以集中转运站和环卫服务站为核心的环卫服务设施体系；在分散转运区域，赋予转运站新的功能，原则上将其他城市环卫设施功能整合进转运站，统一设计，集中建设。

值得一提的是，《宁波市城市环境卫生设施专项规划》对传统小型垃圾转运站进行转型改造。①条件较差、用地规模较小、环境影响较大的现状转运站予以拆除，改造为绿地或停车场等；②原则上所有的现状转运站升级改造，转换为环卫综合服务站，为全面推行垃圾分类预留空间场所；③选址站址较为独立的规划转运站，按一定的服务半径转换为环卫综合服务站，其余规划转运站予以取消，重新确定用地功能。

3. 处理设施

《宁波市城市环境卫生设施专项规划》对生活垃圾处理设施进行了统筹布局规划，规划建立以静脉产业园为核心的城市垃圾分类处理设施系统，宁波市区规划 3 座静脉产业园和 1 座垃圾焚烧厂为主体的垃圾处理设施布局。目前，《宁波市城市环境卫生设施专项规划》中的生活垃圾处理设施建设任务基本完成，形成了处理能力足够、布局合理、处理方式多样的生活垃圾处理设施格局，生活垃圾基本实现无害化处理。

截至 2019 年年底，宁波市已建成投用"三厂六站"，"三厂"指海曙区生活垃圾焚烧发电厂、厨余垃圾处理厂和餐厨垃圾处理厂，"六站"指全市六座分类转运站，具体设施及信息如表 2-12 所示。

宁波市"三厂六站"设施一览表   表 2-12

处置方式	序号	处置设施	规模（t/d）
分类转运	1	海曙区生活垃圾分类转运站	300
	2	江北区生活垃圾分类转运站	790
	3	鄞州区生活垃圾分类转运站	680
	4	鄞州区江东生活垃圾分类转运站	610
	5	镇海区生活垃圾分类转运站	750
	6	东钱湖生活垃圾分类转运站	220
		转运能力小计	3350
焚烧	1	海曙区生活垃圾焚烧发电厂	2250
易腐处理	1	宁波市厨余垃圾处理厂	800（一期 400t/d 已建成投产）
	2	宁波市餐厨垃圾处理厂	600

2.3.6　香港特别行政区

2017 年香港特别行政区（简称"香港特区"）每日产生废物 15516t，其中 41%（6404t）为居民家庭产生的生活垃圾，28%（4329t）为工商业废物，27%（4207t）为整体建筑废物，4%（575t）为特殊废物即危险废物。其中生活垃圾及工商业废物主要不同的废物进入对应的收运系统，再运送至相应的处理设施进行处理处置。

1. 填埋设施

香港特区普通生活垃圾主要依靠填埋进行处置。目前，香港特区在运行填埋场共计 3 座，分别是新界西堆填区、新界东南堆填区、新界东北堆填区（表 2-12），设计库容分别为 6100 万 m^3、4300 万 m^3、3500 万 m^3，合计库容 13900 万 m^3。

香港特区在运行填埋场情况表　　　　　　　　　　　　表 2-13

序号	名称	建成时间	设计库容（万 m^3）
1	新界西堆填区（WENT）	1993 年 11 月 19 日	6100
2	新界东南堆填区（SENT）	1994 年 9 月 26 日	4300
3	新界东北堆填区（NENT）	1995 年 6 月 1 日	3500

注：其中新街东南堆填区自 2016 年 1 月起只接收建筑废物。

除了目前在运行的 3 座填埋场之外，香港特区还有 13 处已经关闭的填埋场，占地共计 300hm²。为了减少对环境的潜在不良影响和确保安全，并开发以后的使用潜力，香港特区对 13 座填埋场进行了修复，修复工程在 1997～2006 年间完成，建成的修复设施已经全面投入服务，已关闭的填埋场至少需要 30 年才能全面修复，在此期间，填埋场的土地将持续下沉，不宜发展建筑业，为了确保 30 年期内的安全性，并进行符合环保标准的合适的土地利用，目前已修复的填埋场陆续发展成为游乐场、运动设施、休憩公园等。

2. 特殊废物处理设施

香港特区的特殊废物处理设施主要指处理禽畜废物、污泥、危险废物的设施，如表 2-14 所示。

香港特区特殊废物处理设施　　　　　　　　　　　　表 2-14

序号	名称	建成时间	设计处理量
1	沙岭禽畜废物堆肥厂及禽畜废物收集服务	1991 年（2010 年 10 月起停止运作）	20t/d
2	化学废物处理中心	1993 年 4 月 13 日	10 万 t/a
3	低放射性废物贮存设施	2005 年 7 月 19 日	148m
4	牛潭尾动物废料堆肥厂及禽畜废物收集服务	2008 年 4 月 29 日	40t/d
5	源区	2015 年 4 月 1 日	2000t/d

3. 再生资源

目前，香港特区相当部分的固体废物已经进行回收，2017 年，香港特区再生资源回收系统总共回收 183 万 t 固体废物，其中 3％在本地进行循环再利用，其余 97％运往内地及其他国家进行循环再利用。主要处理点在香港特区环保园（EcoPark），目前环保园内主要回收对象包括：废食用油、非金属、废木料、废电气电子产品、废塑胶、废电池、建筑废料、废玻璃、废轮胎及厨余垃圾。相应循环再造工艺如表 2-15 所示。

香港特区再生资源典型循环再造工艺列表   表 2-15

物料种类	典型的循环再造工序
电池	机械/人手分类、切碎、（将电解液）中和
电子零件	分类及测试、切碎、电磁及静电分类、人手拆除
玻璃	人手/自动分类、压碎、熔化、铸模、定形及加工
有机食物废物	密封式堆肥
含铁金属	分类及捆扎、剪切及切碎
有色金属	分类及捆扎、剪切及切碎、熔化、精制及铸成合金
废纸	分类及捆扎、制成纸浆、清洁、脱墨、非氯漂白程序、压平及弄干
塑胶	分类/压碎及捆扎、削成薄片/切碎及切割、混合、铸模及挤压、制造塑胶合成木（PWC）
纺织品	分类及捆扎
橡胶轮胎	除去胎圈、切碎、弄碎、处理、翻新
木类	拆除及分类、压实、剪切、翻垫木、刨削、非氯漂白程序、生产橡胶合成木
废铜及侵蚀剂	电解

4. 转运设施

产生的垃圾主要通过几座转运站运送至相应的设施。共计 8 座转运设施，分别为九龙湾废物转运站（已停止运营）、港岛东废物转运站、港岛西废物转运站、沙田废物转运站、西九龙废物转运站、北大屿山废物转运站、离岛废物转运设施、新界西北废物转运站，其中在运行的 6 座转运站转运能力达到 9681t/d。具体建成时间以及转运量如表 2-16 所示。

香港特区转运设施列表   表 2-16

序号	名称	建成时间	设计转运量（t/d）
1	九龙湾废物转运站（KBTS）	—	—
2	港岛东废物转运站（IETS）	1992 年 11 月 16 日	1200
3	港岛西废物转运站（IWTS）	1997 年 5 月 1 日	1000
4	沙田废物转运站（STTS）	1994 年 10 月 29 日	1200
5	西九龙废物转运站（WKTS）	1997 年 6 月 19 日	2500
6	北大屿山废物转运站（NLTS）	1998 年 6 月 1 日	650（一期）；1200（二期）
7	离岛废物转运设施（OITF）	1998 年 3 月 13 日	611
8	新界西北废物转运站（NWNTTS）	2001 年 9 月 14 日	1320
	合计	—	9681

2.3.7 台湾地区

台湾地区从 1990 年就实行垃圾"焚烧为主，填埋为辅"，目前已实现垃圾处理零填埋。垃圾焚烧厂从规划、设计、征地到施工建设都由政府负责，保证建设的高标准。垃圾焚烧厂建成后的运营管理实行多元化，部分由政府运营，更多的是通过市场竞争由民营公司运营管理。目前，台湾地区有 24 座政府投资建设的焚烧厂，保持公有公营的有 5 家，其余全部实行公有民营[8]。设计垃圾处理量为 24650t/d，年处理生活垃圾 600 万 t。2013
年 24 座垃圾焚化厂总发电量占台湾地区发电量 1.47%，垃圾焚化率 97.07%，垃圾填埋
率 2.93%。

另外，对垃圾焚化后续的终端产物（如飞灰）也是由政府提供掩埋场地进行规范处
置，垃圾焚化运营企业只负责焚烧飞灰的螯合与运输，这种做法既为垃圾焚化有害废弃物
的处置提供了场地，也保证了有害废弃物处置结果的有效监管，确保垃圾焚化对环境的影
响降到最低程度（表 2-17）。

台湾地区焚烧厂情况表

表 2-17

序号	名称	运营情形	设计规模（t/d）	炉数	单炉设计规模（t/d）
1	基隆市厂	公有民营	600	2	300
2	台北市内湖厂	公有民营	900	3	300
3	台北市木栅厂	公有民营	1500	4	375
4	台北市北投厂	公有民营	1800	4	450
5	新北市新店厂	公有民营	900	2	450
6	新北市树林厂	公有民营	1350	3	450
7	新北市八里厂	公有民营	1350	3	450
8	宜兰县利泽厂	公有民营	600	2	300
9	桃园县厂	民有民营	1350	2	675
10	新竹市厂	公有民营	900	2	450
11	苗栗县厂	民有民营	500	2	250
12	台中市文山厂	公有民营	900	3	300
13	台中市后里厂	公有民营	900	2	450
14	台中市鸟日厂	民有民营	900	2	450
15	彰化县溪州厂	公有民营	900	2	450
16	嘉义市厂	公有民营	300	2	150
17	嘉义县鹿草厂	公有民营	900	2	450
18	台南市城西厂	公有民营	900	2	450
19	台南市永康厂	公有民营	900	2	450
20	高雄市中区厂	公有民营	900	3	300
21	高雄市南区厂	公有民营	1800	4	450
22	高雄市冈山厂	公有民营	1350	3	450
23	高雄市仁武厂	公有民营	1350	3	450
24	屏东县崁顶厂	公有民营	900	2	450

1987 年，台湾地区开始筹建第一座现代化垃圾焚烧厂——台北市内湖垃圾焚烧厂。
台湾地区垃圾焚烧技术在发展之初也遭遇周边居民的强烈抵制，目前，台湾地区垃圾焚烧
高标准建设、公开化运行，真正实现了垃圾"无害化"处理。优美的环境、丰富的回馈设
施创造了与周边居民的和谐氛围。

位于台湾地区新北市八里的八里垃圾焚烧厂，2008 年建成，坐落在绵延的海岸线上，
毗邻美丽的八里海岸公园，工厂由著名建筑设计师贝聿铭团队设计，整体外观是白色加绿

色，与周围依山傍海的环境相得益彰；焚烧厂还建了休闲中心，有温水游泳池，3km登山步道、环保小木屋、环保梦工场、低碳中心，以及参访中心，都供市民免费使用；焚烧厂负责人表示，当初选址在这里时，附近居民反应非常激烈，不过现在一步一步与他们拉近了距离，如今居然还有居民来这里办婚宴，一次可以摆30多桌（图2-14）。

图2-14　八里焚烧厂回馈设施

2.4　国内外高品质综合环卫设施

所谓高品质综合环卫设施，是与传统普通各类环卫设施相比，其建设标准更高、外形更美观、建筑风格更亲民、对周边环境影响更低、能承担传统环卫设施的功能任务外还兼具一些公共服务的设施。高品质综合环卫设施并不是一类环卫设施，而是现有各类环卫设施的提升与改进，旨在树立标杆、倡导先进。

2.4.1　指标体系

传统环卫设施的直观特征是处理工艺不够先进、排放标准偏低、设施设备陈旧、建筑外观刻板、厂区环境普通。造成此现象的原因往往是规划设计前瞻性不足、投资偏低、管理运行水平低下。与之相反的是，高品质环卫设施工艺技术先进、排放标准国际先进、设施设备保养维护较好、建筑外观采用去工业化设计、整体环境优美。

高品质设施的分类，大体可分为"大场站"和"小设备"两类。"大场站"主要包括大型转运站、生活垃圾焚烧厂、污泥焚烧厂、餐厨垃圾处理厂等场站，此类设施是中后端环卫设施，往往离居民区和城市核心区较远，占地较大，其执行的环境保护标准较高，外观设计优美，还具有较多综合功能，是同类设施的标杆和典范，可以概括为"大而美"。而后者一般指气力管道收集系统（垃圾真空管道收集系统）、小型转运站、生态公厕、小型就地资源化设备、智能垃圾桶等设施设备，此类设施往往在前端，在日常生活中随处可见，通过精致的外观设计、智能化的科技应用，人性化使用运营，能为社区、城市增添色彩，可概括为"小而精"。

高品质设施区别于传统设施的指标体系，主要有生产区域环境控制、投资与运营费用、环境和谐依存度、监管透明度、公众参与度、公益服务功能这六方面维度，具体的评价因子如表 2-18 所示。此指标体系基本涵盖排放标准、污染控制、投资强度、各功能空间保洁、设施与社会的关系、设施与公众的关系等内部和外部的逻辑关系，通过该指标体系能定性和定量地对比分析高品质设施与传统设施的区别。

指标体系表　　　　　　　　　　　　　　　　　表 2-18

一级要素（5 项）	二级评价因子（20 项）	评价等级
生产区域环境控制	排放标准	★（国标） ★★（欧盟 2010） ★★★（更严的本地或本厂标准）
	作业车间	★（异味，设备表面积灰） ★★（无异味，无积灰） ★★★（无异味，洁净）
	烟气处理车间	★（异味，设备表面积灰） ★★（无异味，表面积灰日清） ★★★（无异味，表面积灰时清）
	臭气处理车间	★（较重异味） ★★（轻微异味） ★★★（无异味）
	污水处理车间	★（较重异味，出水不达标） ★★（轻微异味，出水达标） ★★★（无异味，出水达标）
	卸料车间	★（较重异味，未及时清理滴漏渗滤液） ★★（轻微异味，及时清理） ★★★（无异味，及时清理）
	渗滤液车间	★（较重异味，未及时清理滴漏渗滤液） ★★（轻微异味，及时清理） ★★★（无异味，及时清理）
	噪声环境控制	★（较大，无降噪设施） ★★（较小，配有降噪设施） ★★★（无噪声，配有降噪设施）

一级要素（5项）	二级评价因子（20项）	评价等级
投资与运营费用	单位处理规模投资强度	★（低，低于国内平均） ★★（中，与国内平均持平） ★★★（高，高于国内平均30%）
	单吨规模处理费	★（低，低于国内平均） ★★（中，与国内平均持平） ★★★（高，高于国内平均30%）
	设备投资构成	环保设施占设备总投资的比重
环境和谐依存度	外观设计	★（容易引起厌恶感） ★★（设计合理，外观不引起厌恶感） ★★★（外观优美，可作为城市地标）
	设计重点	★（生产实用性） ★★（兼有生产实用性、建筑景观性） ★★★（兼有生产实用性、建筑景观性及娱乐功能性）
	建筑材料	★（常规建筑材料） ★★（环保材料使用率达20%） ★★★（环保材料使用率达40%）
	清洁能源	★（基本无应用） ★★（有使用，应用范围较小） ★★★（创新，范围较大，种类较多）
	厂区生态景观	★（单一） ★★（丰富，有专门景观设计） ★★★（丰富优美且具有创新性）
监管透明度	在线检测	★（无） ★★（具备） ★★★（齐全，具有突破性指标）
	监管部门定期取样检测	★（不具备） ★★（偶尔：1~2次/年） ★★★（经常：3~4次/年）
	监管部门不定期取样检测	★（不具备） ★★（偶尔） ★★★（经常）
	定期自行检测	★（很少） ★★（偶尔） ★★★（经常）
	电子屏幕公示	★（无） ★★（部分） ★★★（全部）

一级要素（5项）	二级评价因子（20项）	评价等级
监管透明度	环保信息网络公开	★（无） ★★（部分） ★★★（全部）
	环保数据实时 网络公开	★（无） ★★（部分） ★★★（全部）
	民众参与监督	★（不具备） ★★（被动监督：交流信箱） ★★★（主动宣传：发放垃圾处理报等）
	环保设备视频监控	★（无） ★★（部分） ★★★（全方位）
公众参与度	时间	★（不开放） ★★（限定时间开放） ★★★（全天候开放）
	展示厅	★（单一：图片） ★★（丰富：图片、模型、影视等） ★★★（创新：影视、音乐、漫画、游戏机等，科技含量高）
	参观通道	★（无专门设置） ★★（部分区域设置） ★★★（全流程设置）
	生产区域	★（不开放） ★★（部分开放） ★★★（全部开放）
	厂区	★（封闭式） ★★（部分开放） ★★★（公园式免费开放）
	互联网参观	★（无） ★★（图片展示） ★★★（影视或VR技术全景参观）
公益服务功能	接待方式	★（不接待） ★★（部分开放式自由参观） ★★★（设计参观线路、专人指引参观）
	参观教育基地	★（不具备） ★★（具备，一般） ★★★（整体设计，展示效果优良）

续表

一级要素（5项）	二级评价因子(20项)	评价等级
公益服务功能	市民休闲	★（不具备） ★★（具备，小规模，感官一般） ★★★（规模较大，感官宜人，人流较多）
	娱乐健身	★（不具备） ★★（具备，小规模，设备陈旧） ★★★（设备齐全，维护较好，实用性强，人流较多）
	工业旅游	★（不具备） ★★（具备，一般） ★★★（项目设置新颖独特，流连忘返）
	城市地标	★（不具备） ★★（具备，一般） ★★★（较为突出，访客较多）
	区域供热供冷	★（不具备） ★★（具备，小范围） ★★★（大范围）

2.4.2 案例展示

1. 东京练马清扫工场

（1）基本概况

在东京 23 个区大部分都有一处被称为"清扫工场"的垃圾焚烧厂，整体而言，焚烧厂与居民区和谐共处。以练马清扫工场为例，其位于东京市练马区谷原六丁目 10 番 11 号，最早于昭和 33 年（1958 年）8 月竣工建成，负责焚烧处理练马区的生活垃圾，处理规模为 500t/d。练马清扫工场总共经历一次修缮和两次改建，从原来外观陈旧、给人较强不舒适感和污染与噪声问题突出的垃圾焚烧厂，蜕变成景观优美、清洁先进、与周边和谐相融的清扫工场。其改造主要历程如下：

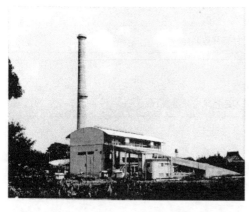

图 2-15　第五清扫工场初始外观现场照片（1958 年）

初建：练马垃圾焚烧厂最早的名字为第五清扫工场，于 1958 年 8 月竣工，1961 年更名为石井清扫工场，如图 2-15 所示。

第一次改建：由于烟囱里的烟气问题和噪声干扰，年石井清扫工场于 1966～1969 年进行第一次改建，并于 1983 年改名为练马清扫工场，如图 2-16 所示。

大规模修缮：练马清扫工场于 1989～1992 年进行大规模修缮。

第二次改建：2010～2015 年，练马清扫工场进行了改头换面的改造，从外观建筑、焚烧炉更换、厂区景观绿化、集花园和太阳能发电的屋顶升级、厂内参观场所和科普教育基地等方面进行彻底重建，如图 2-17～图 2-19 所示。

图 2-16　石井清扫工场第一次
改建后现场照片（1969 年）

图 2-17　练马清扫工场绿化屋顶实景照片

图 2-18　练马清扫工场内部
干净整洁的参观通道

图 2-19　练马清扫工场内宽敞
舒适的多媒体宣教大厅

（2）亮点体现

1）环境和谐依存度

厂内环境方面，厂区进行了专门的景观设计，在高度集约的用地上腾挪了一定比例的绿化面积，使厂区环境与周围的城市景观相协调；同时将厂房打造成绿色建筑，对屋顶和墙壁进行了绿化，不仅减少了空调的耗能，而且能减缓厂区周边的热岛现象。

在烟气排放标准上，练马清扫工场制定了比日本本国排放标准更严的本厂标准，部分排放指标对比如表 2-19 所示。场区的部分排放限值远低于法规限制，主动执行更严标准，从侧面能反映本厂的工艺技术、设施设备、管理水平的高标准和先进性。

练马清扫工场部分厂制排放指标与法规指标对比　　　　　表 2-19

指标	本厂制定排放限制	法规排放限制
粉尘 [g/（m³·N）]	0.01	0.04
硫化物（ppm）	10	91
氮氧化物（ppm）	50	85
氯化氢（ppm）	10	430

练马清扫工场还有一大亮点，即厂区四周外 10m 处散布有较多的生态菜地，系周边居民种植维护的菜园，所产菜品可直接流通进入市场（图 2-20、图 2-21）。

图 2-20　练马清扫工场现状外观　　　　图 2-21　练马清扫工场外围生态菜地

2）室内参观空间营造

室内参观场所营造上，采用较为简约明亮的色彩风格和装饰材质，并及时保洁，长期维持干净清洁的形象。厂区设有较为宽敞的参观走廊，并配备了模拟炉排炉工况和垃圾分类互动游戏的全息投影、多国语言的参观节点多媒体介绍、多媒体宣教室等，在科普宣教上做得无微不至、创新和富有人性化（图 2-22）。

图 2-22　练马清扫工场室内宣教基地一角

简而言之，练马清扫工场已成为一座集"城市固体废弃物处理""科普教育""工业旅游"多功能复合的现代化生活垃圾焚烧厂。

2. 香港特区 T·Park【源·区】

（1）基本概况

T·Park【源·区】是香港特区实践"转废为能"理念的一个重要里程碑项目，也是全球目前最先进与规模最大的污泥焚烧处理基地。该园区可处理污泥（含水率约 70%）量达 2000t/d，目前实际处理量为 1180t/d。因其绿色建筑特色以及可持续发展的建设理念，成为香港特区引以为傲的地标。T·Park 通过面向公众的教育平台、休闲及自然生态设施，向市民展示"转废为能"的理念，同时也消除了市民对废弃物处理设施的抵触心理，成功将设施"邻避效应"转化为"邻利效应"。

（2）亮点体现

1）环境和谐依存度

建筑外观设计上，与周围景观高度融合，从视觉感官上大幅降低抵触心理。T•Park 是由法国已故建筑大师 Claude Vasconi（1940 年 6 月 24 日～2009 年 12 月 8 日）设计，屋顶流线和波浪形的设计概念源自四周的山峦海岸，高度与周围景观融合，和深圳隔海相望。每当夜幕降临，园区内亮起沿建筑外立面镶嵌的灯效，流光溢彩，恰与对岸的深圳湾交相辉映，灵动绚烂，如图 2-23 所示。

图 2-23　T•Park 园区现场实景图

(a) T•Park 正面外观及烟囱；(b) 夜景灯效；(c) T•Park 与深圳湾隔海相望

T•Park 外观设计的精妙还体现在烟囱处，焚烧车间中通过巧妙的建筑设计，将行政楼和隐蔽的烟道构建在一起，行政楼一共有 10 层，外观上看不出传统烟囱的形象。

景观方面，园区有 70％的园林绿化面积和喷泉水池，面积约 9800m²，包括一个由五组主题组成的户外花园、绿化屋顶，以及供野生雀鸟栖息的园林湿地。园内种植约 1200 棵树，350000 株灌木，展示着香港特区本地较具观赏性的绿植。

在节能环保方面，园区建筑设施善用天然光、自然通风和天台绿化，有效发挥节能作用。与此同时，园区内所有饮用水及设施用水均由内部配套的海水淡化厂供应，并收集雨水作为非饮用水用途。为实现园区"零排放"的目标，设施内污水经处理后循环再用，作为灌溉、冲厕及清洁用途。

因此，在环境和谐依存度方面，T·Park 造型优美，与周围环境和谐相融，从外观上几乎看不出来是污泥焚烧设施，同时低碳节能，是可持续设计的代表之作，并获得了香港特区绿建环评最高铂金级认证。

2）为城市提供丰富的回馈设施，减少邻避效应

园区同时建有环境教育中心（Environmental Education Center，EEC），包括展览厅、观景台、报告厅和一个温水游泳池。展览报告厅通过图片、模型、影响和开放部分焚烧厂控制台的方式，实现公众参与。此外，焚烧厂内部还设有休闲咖啡厅、SPA 和景观花园，可供市民预约使用，进行游览和休闲放松。在 70 余米高的观景台上可以饱览深圳湾的海景和远眺深圳特区（图 2-24）。

图 2-24　T·Park 园区环保宣教展示厅现场实景图

3）采用国际上先进的工艺和标准，并严格落实污染物监测

烟气处理采用干式废气处理方式，主要设备有多级旋风除尘器和布袋除尘器，最终达到欧盟和香港特区烟气排放标准的要求。园区的排放监测系统会持续收集数据，确保废弃排放符合严格的国际标准，此外，园区附近的屯门公共图书馆也设有空气质量监测站。所以监测数据都实现在线对公众开放。

3. 宁波海曙区生活垃圾分类转运站

（1）基本概况

宁波市海曙区生活垃圾分类转运站，位于范江岸路北侧、规划路西侧、蔡江河南侧、

双杨河东侧，项目于 2014 年启动，2016 年 9 月 10 日开工建设。转运规模为 300t/d，其中厨余垃圾为 140t/d，其他垃圾 160t/d，建筑面积达 3153m²，其中地上建筑面积 2756m²，地下建筑面积 397m²。海曙区生活垃圾分类转运站主要功能定位包括生活垃圾分类转运、辅助生产设施、配套管理设施。

（2）亮点体现

该转运站是高品质垃圾转运站的典范，体现在如下几方面：

1）空间利用效率高

海曙区生活垃圾分类转运站主要采用竖直式压入装箱工艺，并采用"平进平出"的工艺布置方案，可简单描述为"收集车位于一层卸料，压缩装箱区局部下沉，位于负一层，通过提升装置将箱体提升至一层完成与转运车的对接"，该转运工艺系统方案见图 2-25。相较于传统的横推式处理方式，竖直式处理方式的优点十分明显：一是节省了装置的占用空间；二是操作更加灵活方便；三是解决了站内的渗滤污水问题，渗滤液将直接随垃圾容器一起运往下游垃圾处理场进行处理。

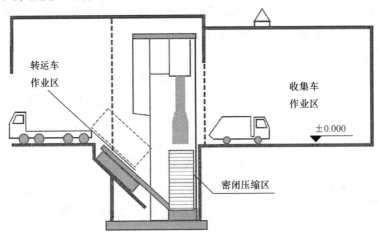

图 2-25　半地下"平进平出"承建式剖面图

该转运站除了常规转运作业功能外，还利用竖向空间增设辅助性功能。转运站二层设置垃圾分类宣教基地和工作坊，向学生、家长等公众展示宁波市垃圾分类的历史沿革、最新理念模式，并提供学生进行"变废为宝"手工制作坊的场所。

2）环境和谐依存度

在建筑外观上，该转运站采用石砌墙＋木栅条＋纯白墙框的材质，组合成二层错台结构，色彩搭配与周围环境相融，建筑风格贴合当下时尚，改变了传统转运站刻板冰冷的形象（图 2-26）。

在屋顶设计上，营造怡人景观。该转运站选取高低错落的绿植装饰屋顶，并利用色彩鲜艳的花品点缀，形成自然、美观的空中迷你花园。将屋顶打造成雨水花园，通过植被含蓄净化部分雨水，达到调节屋顶温度的作用。通过步行小路和花圃的流线型构造，呈现动感的造型。同时，增设了茶几、椅子、遮阳伞，为转运站空中花园增添几分人性化的细节设置。

图 2-26 宁波市海曙区生活垃圾分类转运站实景图

在转运站作业车间，采用了新型的离子氧除臭装置，并通过微负压控制车间内部臭气，防止臭气逸散，污染周边环境。在卸料大厅进出口及卸料坑都加装自动化卷帘门，将卸料瞬时产生的局部臭气污染冲击有效隔绝，并通过抽送风系统及时吸至除臭系统，从而达到密闭化作业、改善环境卫生条件的目的。

3）功能复合型场所

前文提及该转运站二层设置了垃圾分类宣教基地和工作坊，这在国内转运站中较为创新。从区位上看，该转运站位处市区，相对焚烧厂等末端处理设施，区位优势凸显，可达性更强，便于市民闲暇时间来参观。从内部分区和布置上看，整个宣教基地营造了较为活泼和轻松的怡人氛围，宣教基地分为垃圾清运处理发展史展览、宁波市垃圾分类模式、工作坊和作品展示区等主体空间，配套触屏游戏界面、全息投影、多媒体讲解等多样化的现代化设备，能较好地提高受众对垃圾分类环保科普的兴趣，达到寓教于乐的目的。

图 2-27 升降式垃圾分类收集点外观

4. 地埋式分类收集点

（1）基本介绍

升降式垃圾分类收集点，是通过电动升降式设备，在非清运状态下，将收集容器置于地面以下，投放口露出地面，在清运工作状态下，通过控制开关将地下的容器抬升，完成收集清运工作。此类小型分类设施适宜在居民区、商业办公区、公共服务区等较为前端的场所，便于公众投放使用，如图 2-27 所示。

另外一类适用于较为前端的中小型高品质收运设施的是地埋式转运站。地埋式转运站同样采用可升降式垃圾分类收集点的工艺原理，通过升降设备将收集箱体置于地面以下，投放口露出地面，通过控制开关实现收集转运箱的升降，完成收集清运工作。此类设施一次收运能力为 8～10t，适宜布局在街区一角、绿地、公园，可起到替代传统小型转运站的作用，如图 2-28 所示。

（2）亮点体现

升降式垃圾分类收集点的一大优势是密闭化、智能化程度高，能有效防止蚊虫进入垃圾桶，地面平整美观，无视觉、臭气污染，配合周边的景观美化设计，改变传统环卫收集作业脏、乱、臭的现象。同时配备较为齐全的配套设施设备，包括雨水导排系统、渗滤液收集系统、灭火系统、满溢报警系统等，使得整体环境污染得到有效控制。

由于是地埋升降式，能充分利用地下空间，因此在用地上较为集约，占地视分类桶设置类别和数量而定（一般为 $5\sim8m^2$），是高品质环卫设施"小而精"的典型代表。

地埋式转运站也配备较为齐全的配套设施设备，包括雨水、排污系统，渗滤液收集系统，冲洗设备，除臭系统，灭火系统，满

图 2-28　地埋式垃圾转运站外观

溢报警系统等，在密闭性、智能化和环境污染控制方面也存在较大优势。同时地埋式转运站用地上也较为集约，相较于传统转运站节约 $40\%\sim60\%$ 的占地，且设施布局较为灵活，能适应多种场景需求。

（3）案例应用

此类地埋式收运设施在欧洲地区有较多应用，如瑞士伯尔尼街头随处可见此类可升降式垃圾分类收集点，密闭化、智能化的收集，对维护干净、清洁、富有艺术感和美观度的城市街头起到极大帮助作用。该类设施在国内也逐步开始应用，目前在深圳市福田保税区联合金融大厦和大鹏新区政府大院有应用案例（图 2-29、图 2-30）。

图 2-29　升降式垃圾分类收集点在欧洲的应用场景

图 2-30　升降式垃圾分类收集点国内应用场景

5. 真空管道收集系统

真空管道收集系统是采用重力原理和真空负压抽吸原理，将建筑楼宇产生的生活垃圾通过真空管道抽至中央收集站进行收集，其主要设施由投放系统、管网系统和中央收集站

三大部分构成。该系统能全微机自动控制，也可选择自动和人工操作，实现定时和定量收集模式同时应用。全系统配置远程遥感监控系统，通过互联网反馈到中控室，实现异地监控系统运行。真空管道收集系统适宜住宅社区、城市综合体、超高层建筑、办公楼宇、医院等区域投用，对改善周边环境质量有较为显著的效果。

真空管道收集系统的主要应用价值与优势体现在以下几方面：

（1）环境效益

1）实现全过程密闭式收集及运输，使垃圾完全"隐形"，杜绝二次污染，避免了垃圾车产生的噪声、异味、污水、废气对社区环境的影响，改善社区/建筑环境；

2）免除垃圾在温湿环境中产生恶臭异味和蚊蝇鼠蚁的滋扰，极大地降低疾病传播的风险；

3）有效地支持从源头上进行垃圾分类收集，可实现多类垃圾源头分类投放，并实现分类装箱装车和分类收运，杜绝分类后混装混收的现象。

（2）经济效益

1）极大地提升了物业的品质和智慧化程度，从而提高品牌知名度和提升物业价值；

2）提高工作效率，降低劳动强度，节省人力资源；

3）避免垃圾收集运输过程中对电梯及公共区域的占用，节省宝贵土地资源和建筑空间。

（3）社会效益

1）符合建设"生态环保"社区的发展方向，真正将清洁高效的智慧环卫落实到公众端；

2）有利于提高垃圾分类的参与积极性，提高覆盖率，提升准确分类度；

3）避免人员与垃圾直接接触，杜绝对人体造成污染，改善物业保洁人员和环卫工人的工作环境，使环卫工作更体面、更人性化；

图 2-31　哈默比生态城真空管道收集点

4）减少小范围区域内垃圾收集车的敞口污染运输，减少对交通和行人的影响。

真空管道收集系统在欧洲有较成熟的应用。其中，瑞典斯德尔摩市的哈默比生态城就采用了该系统（图 2-31）。该项目服务范围占地约 2km²，共有 1.1 万座公寓，有 2.6 万居民及外来 1 万人工作，覆盖了当地 2400 户住户。投放口数量达 688 个，管道总长 30100m，收集规模达 26.7t/d。此处生活垃圾分三类：可回收垃圾、不可回收垃圾、有机垃圾。该项目已成为联合国生态居住示范项目，国家领导人习近平及俞正声都分别于 2010 年及 2013 年到此参观考察。

第 3 章 政策法规与标准规范

3.1 国内法律法规体系

3.1.1 法规政策

1. 固体废物管理方面法律

我国的固体废物管理法律主要分为四个层次，首先是我国的根本大法《宪法》，第二层次是国家性法律，第三层次是法规，最后是部门规章。《宪法》中明确了保护和改善生活环境和生态环境，防止其他污染的重要性，在国家法律中，《环境保护法》作为环保方面的基本法，进一步提出为了保护和改善环境，防治污染和其他公害公众、企业和国家应尽的义务。其次，《清洁生产促进法》和《循环经济促进法》分别提出了源头削减、减量化、资源化的指导思想，《固体废物污染环境防治法》则对固体废物污染环境的防治提出具体各方责任义务，以及具体防治措施；在行政法规层面主要有《排污费征收使用管理条例》《城市市容和环境卫生管理条例》《畜禽规模养殖污染防治条例》《废弃电器电子产品回收处理管理条例》《医疗废物管理条例》《危险化学品安全管理条例》《海洋倾废管理条例》《防止拆船污染环境管理条例》《危险废物经营许可证管理办法》，分别对各个类别的固体废物的管理进行界定，其主要关系示意如图 3-1 所示。

在国家法律以及行政法规之下即第四层次为相应的规章，主要有：《固体废物鉴别导则》《固体废物进口管理办法》《城市生活垃圾管理办法》《废弃电器电子产品处理资格许可管理办法》《国家危险废物名录》《危险废物出口核准管理办法》《秸秆禁烧和综合利用管理办法》《医疗废物管理行政处罚办法》《废弃危险化学品污染环境防治办法》《危险废物转移联单管理办法》等。

2. 环卫设施规划方面法律法规

为了加强城乡规划管理，协调城乡空间布局，改善人居环境，促进城乡经济社会全面协调可持续发展，制定《中华人民共和国城乡规划法》。对城乡规划的制定、城乡规划的实施、城乡规划的修改、监督检查及法律责任做出具体规定。

为规范城市规划以及城市、镇控制性详细规划的编制工作，提高城市规划的科学性和严肃性，根据国家有关法律法规的规定制定《城市规划编制办法》《城市、镇控制性详细规划编制审批办法》。

为了加强对规划的环境影响评价工作，提高规划的科学性，从源头预防环境污染和生态破坏，促进经济、社会和环境的全面协调可持续发展，根据《中华人民共和国环境影响评价法》，制定《规划环境影响评价条例》，规定国务院有关部门、设区的市级以上地方人

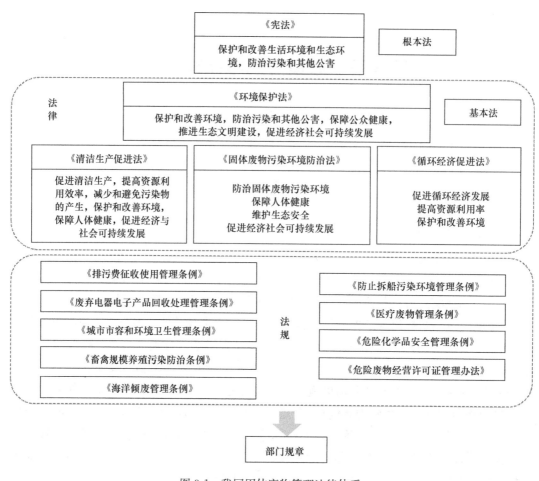

图 3-1　我国固体废物管理法律体系

民政府及其有关部门，对其组织编制的土地利用的有关规划和区域、流域、海域的建设、开发利用规划（以下称综合性规划），以及工业、农业、畜牧业、林业、能源、水利、交通、城市建设、旅游、自然资源开发的有关专项规划（以下称"专项规划"），应当进行环境影响评价。

　　在《中华人民共和国城乡规划法》之下，各省、市针对各自情况，制定城市规划条例，以深圳市为例，有《广东省城市控制性详细规划管理条例》和《深圳市城市规划条例》。其中，《广东省城市控制性详细规划管理条例》对省内设市城市和省人民政府指定编制城市控制性详细规划的镇，其城市控制性详细规划的编制、审批和实施适用。该条例所称城市控制性详细规划，是指以经批准的城市总体规划或分区规划为依据，对建设地区的土地使用性质、使用强度、道路、工程管线和配套设施以及空间环境等控制要求作出的规划。此外，深圳市为了科学地制定城市规划，合理进行城市建设，加强城市规划管理和环境的保护，保障城市规划的实施，根据《中华人民共和国城市规划法》以及其他有关法律、法规的基本原则，结合深圳市的实际，制定《深圳市城市规划条例》，对城市规划委员会、城市规划编制与审批、法定图则、城市设计、建设用地规划管理、建设工程规划管理以及相关法律责任进行规定。全国性的相关法律法规具体见表 3-1。

国内现行政策法规一览表　　　　　　　　　　表 3-1

实施时间	政策法规名称	发布单位	文号
2015 年 01 月 01 日	《环境保护法》	全国人大常委会	主席令第 9 号
2012 年 07 月 01 日	《清洁生产促进法》	全国人大常委会	主席令第 54 号
2009 年 01 月 01 日	《循环经济促进法》	全国人大常委会	主席令第 4 号
2016 年 11 月 07 日	《固体废物污染环境防治法》[9]	全国人大常委会	主席令第 57 号
2018 年 01 月 01 日	《排污费征收使用管理条例》	国务院	国务院令第 693 号
2011 年 01 月 01 日	《废弃电器电子产品回收处理管理条例》	国务院	国务院令第 551 号
1992 年 08 月 02 日	《城市市容和环境卫生管理条例》	国务院	国务院令第 101 号
2011 年 01 月 08 日	《医疗废物管理条例》	国务院	国务院令第 588 号
2014 年 01 月 01 日	《畜禽规模养殖污染防治条例》	国务院	国务院令第 643 号
2017 年 03 月 01 日	《海洋倾废管理条例》	国务院	国务院令第 676 号
1988 年 06 月 01 日	《防止拆船污染环境管理条例》	国务院	国发〔1998〕31 号
2013 年 12 月 07 日	《危险化学品安全管理条例》	国务院	国务院第 647 号
2004 年 07 月 01 日	《危险废物经营许可证管理办法》	国务院	国务院第 408 号
2006 年 04 月 01 日	《固体废物鉴别导则》	环保总局、发改委、商务部、海关总署、质检总局	公告 2006 年第 11 号
2011 年 08 月 01 日	《固体废物进口管理办法》	环保部、商务部、海关总署、质检总局	环保部令第 12 号
2011 年 01 月 01 日	《废弃电器电子产品处理资格许可管理办法》	环保部	环保部令第 13 号
2016 年 08 月 01 日	《国家危险废物名录》	环保部	环保部令第 39 号
2008 年 03 月 01 日	《危险废物出口核准管理办法》	环保总局	环保总局令第 47 号
1999 年 04 月 16 日	《秸秆禁烧和综合利用管理办法》	环保总局	环发〔1999〕98 号
2012 年 12 月 22 日	《医疗废物管理行政处罚办法》	卫生部、环保总局	环保总局令第 21 号
2005 年 10 月 01 日	《废弃危险化学品污染环境防治办法》	环保总局	环保总局令第 27 号
1999 年 10 月 01 日	《危险废物转移联单管理办法》	环保总局	环保总局令第 5 号
2000 年 05 月 29 日	《城市生活垃圾处理及污染防治技术政策》	环保总局	建城〔2000〕120 号
1997 年 02 月 03 日	《城市环境卫生质量标准》	建设部	建城〔1997〕21 号
2007 年 04 月 10 日	《城市生活垃圾管理办法》	建设部	建设部令第 157 号
1991 年 01 月 01 日	《城市公厕管理办法》	建设部	建设部令第 9 号
2005 年 06 月 01 日	《城市建筑垃圾管理规定》	建设部	建设部令第 139 号

注：1. "环境保护部"于 2018 年 3 月 22 日更名为"生态环境部"；

　　2. "建设部"于 2008 年 3 月 15 日更名为"住房和城乡建设部"。

3.1.2 标准规范

1. 标准分类

标准规范按照制定的主体和作用范围可以分为企业标准、地方标准、行业标准、国家标准、区域标准。一般来说需要遵守的是国家标准、行业标准和地方标准。

（1）国家标准指对在全国范围内需要统一的技术要求，有国务院标准化行政主管部门制定并在全国范围内实施的标准。国家标准根据实施约束力的大小又分为三类：强制性标准（GB）、推荐性标准（GB/T）和指导性标准（GB/Z）。

（2）行业标准指在没有国家标准而又需要在全国某个行业范围内统一的技术标准，由国务院有关行政主管部门制定并报国务院标准化行政主管部门备案的标准。

（3）地方标准是指在没有国家标准和行业标准而又需要在省、自治区、直辖市范围内统一的工业产品的安全、卫生要求，由省、自治区、直辖市行政主管部门制定并报国务院标准化行政主管部门和有关行业行政主管部门备案的标准。

一般来说，地方标准严于国家标准/行业标准，应该优先满足地方标准，若没有地方标准则参考国家标准/行业标准。

2. 环卫设施规划方面标准

在环卫设施规划方面通常参考的标准分为以下几种：一是针对城市综合固体废物的标准规范，如《城市环境卫生设施规划标准》GB/T 50337、《环境卫生设施设置标准》CJJ 27 等，涉及的固体废物种类较全面；二是针对单独类别城市固体废物的标准规范，如针对生活垃圾有《生活垃圾填埋场污染控制标准》GB 16889、《生活垃圾焚烧污染控制标准》GB 18485、《生活垃圾生产量计算及预测方法》CJ/T 106 等，针对危险废物有《危险废物贮存污染控制标准》GB 18597、《危险废物焚烧污染控制标准》GB 18484、《危险废物填埋污染控制标准》GB 18598 等；三是地方标准，部分地区由于经济社会发展情况以及生态环境的需求不同，需要执行更严格的标准，因此制定地方标准，以深圳市为例，在生活垃圾管理以及建筑废物管理方面都制定了一系列的标准规范。

近年来深圳在环卫设施管理等方面形成的标准如下所示：

《深圳市城市规划标准与准则》；

《生活垃圾分类设施设备配置标准》SZDB/Z 152；

《住宅区生活垃圾分类操作规程》SZDB/Z 153；

《深圳市附设式垃圾转运站规划与建设指引》；

《深圳市生活垃圾转运站清洁作业指引（试行）》；

《深圳市生活垃圾减量分类达标居民小区（居民区）申报及验收细则》；

《深圳市公园绿化垃圾循环利用和分类处理指引》；

《生活垃圾分类标志》；

《深圳市住宅区（城中村）生活垃圾分类设施设置及管理要求》；

《深圳市大件垃圾回收利用管理办法》；

《深圳市废旧织物回收与综合利用技术要求》。

3.2　日本法律法规体系

日本的环保立法以严谨、全面、有效并且强制执行而为世人称道。日本的环保法律可分为三个层次，一部基本法《环境基本计划》，两部综合性法律《再生资源有效利用法》《废物处理法》，六部专门法（根据各种产品的性质制定的具体法律法规）《包装回收再利用法》《家电回收再利用法》《建筑及材料回收再利用法》《食品回收再利用法》《汽车回收再利用法》《小型家电回收再利用法》，界限清晰[10]。三个层面的法律互相呼应，运用这些法律充分建立起遏制废弃物大量产生、推动资源再生利用和防止随意投弃废物的管理体系。其法律体系示意如图 3-2 所示。

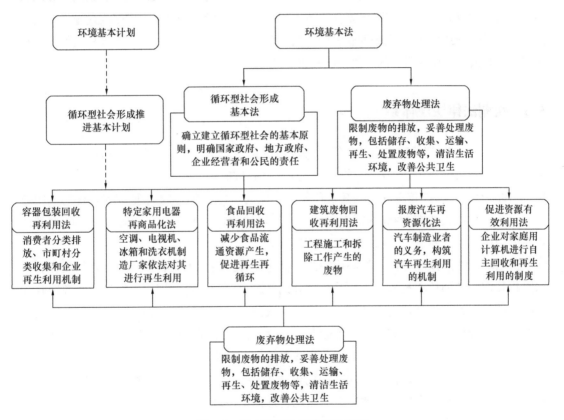

图 3-2　日本环保法律体系示意图

日本的环保法律体系是目前比较完整规范的法律体系，具有相当的借鉴意义。在基本的废弃物处理法之下是比较完善的针对个别物品的特性所制定的规章制度，基本囊括了生活垃圾中所有的可回收物品，做到任何废物的处理基本有法可依。

在相关法律法规的基础上，日本环境省环境再生资源循环局制定一系列指导方针，指导各个类别固体废物的管理以及固体废物处理处置设施的建设运营管理。具体包括：《感染性废弃物处理手册》《废弃物处理中的新型流感对策指南》《为推进有关居家医疗废弃物处理工作的指南》《关于搬家废弃物的处理》《最终处理场剩余容量计算手册》《处理 POPs 废农药的技术注意事项》《关于使用过的铅蓄电池的适当处理》《含石棉废弃物等处理手册（第 2 版）》《工业废弃物检定方法相关分析操作手册》《最终处理场遗迹地形质变更相关的施行指南》《最终处理场维护管理公积金相关的维护管理费用计算指南》《关于提供废物信息的准则》《废弃物处理设施生活环境影响调查指南》《不适当处理场的土壤污染防止对策手册（案）（平成 19 年 3 月）》《设施维修手册（能源回收能力增强篇）》《废弃物类生物量利用导入手册》《甲烷气化设施整备手册（修订版）》《废弃物能源利用计划制定指南》《废弃物能源利用高级化手册》《能源回收型废弃物处理设施维修手册》《能源回收型废弃物处理设施整备手册》《高效垃圾发电设施维修手册》《高效垃圾发电设施维修手册》《废弃物处理设施的基本设备改良手册》《废弃物处理设施的基本设备改良事业》《废弃物最终处理场等的太阳能发电的导入运用指南》《废弃物最终处理场的太阳能发电引进事例集》《车辆对策指南-废弃物领域的温室效应对策》《含 PFOS 废弃物的处理技术注意事项》《废弃物热回收设施设置者认定手册》《从粪便净化槽污泥中回收磷的活用指南（平成 25 年 3 月）》《以推进从粪便净化槽污泥中回收磷的利用为目的的小册子（平成 25 年 3 月）》等。

3.3　欧洲法律法规体系

1972 年，前联邦德国出台德国第一部环境保护相关的法律《垃圾处理法》，随后，陆续出台《控制大气排放法》（1974 年）、《控制水污染防治法》（1976 年）、《控制燃烧污染法》（1983 年），1986 年建立了联邦及各州的环保局，接着在 1994 年把环保责任写入国家基本大法。德国大约有 8000 部联邦和各州的环境法律，除此之外，欧盟还有 400 多部法规在德国执行，政府有 50 万人在管理环保法律。

德国环境法规众多，但其核心均围绕着促进循环经济发展，合理处理废弃物展开。德国废物管理法案的核心是五级废物等级，分别是废物预防、再利用、再循环、能源回收和废物处理，即废物管理首先从减量入手，减少或防止产生废弃物；其次尽可能回收利用废弃物；再者焚烧不可回收的垃圾产生能源；最后，已经不能利用的废物进行最终填埋并进行无害化处理。因此，德国的废物管理实践系统旨在最大限度地减少废物产生并最大限度地回收利用，同时确保以符合共同福利的方式处理剩余的废物[11]。德国废物管理法案的核心也符合欧盟基于全生命周期理念的法规管理体系设计。

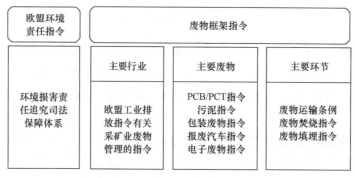

图 3-3　欧盟基于全生命周期理念的法规管理体系设计

　　欧盟除了有废物框架指令这一总的框架外，它在工业产品主要废物及废物管理的主要环节都有具体的指令。另外，欧盟还设有环境损害责任追究司法保障体系，法律体系非常健全。

　　欧盟对从事工业活动的企业颁发运行许可证，许可证根据装置技术特征、地理位置和当地环境条件提出基于最佳可行技术的排放要求。企业必须设置最佳可行技术，有效利用能源的条款，避免造成环境污染事故，减少废物产生，装置应在最佳可行技术的参数范围内运行。石油及天然气炼制工业的最佳可行技术共涉及 58 项，在环境管理体系、能源效率、监测技术、源头控制、过程控制、末端（水气声固）污染防治等方面均提出详细的技术要求。

　　国外环卫相关法律法规情况详见表 3-2。

国外有关法律法规一览表　　表 3-2

国家	法律法规名称	发布年份
日本	《推进循环型社会形成基本法》	2000 年
	《废弃物处理法》	1991 年
	《资源有效利用促进法》	1991 年
	《容器与包装物再生利用法》	1995 年
	《特种家用电器再生利用法》	1998 年
	《建筑材料再生利用法》	1999 年
	《食品资源再生利用法》	2000 年
	《汽车资源再生利用法》	2002 年
	《小型家电回收利用法》	2013 年
	《多氯联苯废弃物妥善处置特别措施法》	2001 年
	《绿色采购法》	2001 年
欧盟	《废弃物框架指令》	1975 年
	《包装和包装废弃物指令》	1994 年
	《废弃物减量框架指令法案》	2007 年
美国	《1969 年国家环境政策法》	1969 年
	《资源回收法》	1970 年

第 2 篇

规划方法篇

　　根据组织编制主体的不同和编制内容的不同，城市环卫设施规划可分为综合性规划和单类别规划。综合环卫设施规划是指面向所有类别城市综合固体废物（整体废弃资源）管理的综合性规划，必须系统考虑不同类别固体废物的统一管理和设施统筹规划，不同类别的固体废物之间可能会出现综合管理和协同处置的关系，整个设施体系会跨管理部门进行考虑；单类别环卫设施规划则是依具体情况面向单个类别固体废物管理的规划。一般来说，综合环卫设施规划由环保部门或规划部门组织编制，单类别环卫设施规划由对应固体废物的管理部门组织编制。

　　为便于规划编制单位灵活按照具体要求开展工作，本篇将在介绍完规划方法总论、固体废物分类规划等通用内容之后，依次介绍生活垃圾、建筑废物、城市污泥、危险废物、再生资源等各自对应的综合环卫设施规划中的关键技术方法。同时，由于环境园是综合环卫设施的集中建设区域，是资源循环的重要展示基地，对于其在城市中的总体布局和各个环境园内部的详细安排，本章单独进行介绍。最后，对于具体工作中经常遇到的设施选址工作和设施规划设计条件研究工作，因这些工作具有许多特定的政策要求和技术要求，本篇也对应安排了单独章节分别进行介绍。

第4章 城市综合环卫设施规划概述

4.1 国内现有城市规划体系概述

城市规划是政府调控城市空间资源、指导城乡发展与建设、维护社会公平、保障公共安全和公众利益的重要公共政策之一。城市规划体系是进行城市改造建设的基础。2018年3月，《深化党和国家机构改革方案》提出明确组建自然资源部，统一行使全民所有自然资源资产所有者职责，统一行使所有国土空间用途管制和生态保护修护职责，着力解决自然资源所有者不到位、空间规划重叠等问题。自然资源部设25个内设机构，其中，国土空间规划局核心职责是建立国土空间规划体系并监督实施。根据中共中央、国务院发布的《关于建立国土空间规划体系并监督实施的若干意见》（中发〔2019〕18号），经依法批准的国土空间规划是各类开发建设活动的基本依据，已经编制国土空间规划的，不再编制土地利用总体规划和城市总体规划。随着自然资源部的组建以及国土空间规划局的设立，开启了我国空间规划的新纪元，也形成了全新的国土空间规划体系。

目前，全国统一、相互衔接、分级管理、责权清晰、依法规范、高效运行的国土空间规划体系基本形成。

我国国土空间规划体系框架为"五级三类"。"五级"是指按照"一级政府、一级事权、一级规划"的总原则，将规划层级分为五层，对应我国的行政管理体系，即国家级、省级、市级、县级、乡镇级。"三类"是指规划的类型分为总体规划、详细规划和专项规划，具体见图4-1。

从分级上看，国家级国土空间规划是对全国国土空间作出的全局安排，是全国国土空间保护、开发、利用、修复的政策和总纲，侧重战略性，由自然资源部会同相关部门组织编制，由党中央、国务院审定后印发。

省级国土空间规划是对全国国土空间规划的落实，指导市县国土空间规划编制，侧重协调性，由省级政府组织编制，经同级人大常委会审议后报国务院审批。

市县和乡镇国土空间规划是本级政府对上级国土空间规划要求的细化落实，是对本行政区域开发保护作出的具体安排，侧重实施性。需报国务院审批的城市国土空间总体规划，由市政府组织编制，经同级人大常委会审议后，由省级政府报国务院审批；其他市县及乡镇国土空间规划由省级政府根据当地实际，明确规划编制审批内容和程序要求。各地可因地制宜，将市县与乡镇国土空间规划合并编制，也可以几个乡镇为单元编制乡镇级国土空间规划。

从分类上看，总体规划强调的是规划的综合性，是对一定区域，如行政区全域范围涉及的国土空间保护、开发、利用、修复做的全局性安排。

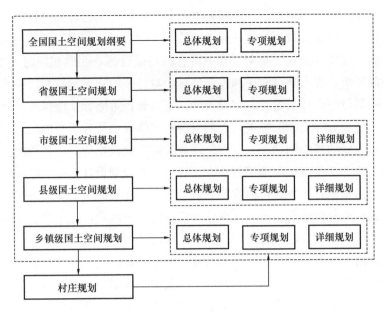

图 4-1　国土空间规划"五级三类"体系示意图

　　详细规划是对具体地块用途和开发建设强度等作出的实施性安排，是开展国土空间开发保护活动、实施国土空间用途管制、核发城乡建设项目规划许可、进行各项建设等的法定依据。详细规划在市县及以下区域进行编制。在城镇开发边界内的详细规划，由市县自然资源主管部门组织编制，报同级政府审批；在城镇开发边界外的乡村地区，以一个或几个行政村为单元，由乡镇政府组织编制"多规合一"的实用性村庄规划，作为详细规划，报上一级政府审批。

　　专项规划是指在特定区域（流域）、特定领域，为体现特定功能，对空间开发保护利用作出的专门安排，是涉及空间利用的专项规划。国土空间总体规划是详细规划的依据、相关专项规划的基础；相关专项规划要相互协同，并与详细规划做好衔接。专项规划强调的是专门性，一般是由自然资源部门或者相关部门来组织编制，可在国家级、省级和市县级层面进行编制，根据需要在特定的区域或者流域也可进行编制。涉及空间利用的某一领域专项规划，如交通、能源、水利、农业、信息、市政等基础设施，公共服务设施，军事设施，以及生态环境保护、文物保护、林业草原等专项规划，由相关主管部门组织编制。不同层级、不同地区的专项规划可结合实际选择编制的类型和深度。专项规划作为落实国土空间总体规划的重要技术支撑，在完善国土空间规划体系和解决某一类或若干类专门问题上具有重要作用，是深化和落实总体规划的一项重要工作。它与详细规划一起构成落实国土空间规划、指导国土空间建设和生产的重要依据。

4.2　规划任务

　　城市综合环卫设施规划的主要任务是根据城市发展目标和国土空间规划布局，科学预测城市运转和居民生活过程中预计将产生的固体废物（废弃资源）类别、规模和空间分布，结合城市产业结构及周边城市产业机构制订各类固体废物循环利用的技术路线和空间流向，合理安排"从源头投放、收集—到中端转运、贮存—再到后端循环利用、回用于社会生产—最后到末端填埋处置"整个过程中所有的基础设施，明确相应的设施布局方案、规划规模和空间需求，提出建设时序和投资估算，对设施的建设标准和污染排放标准提出原则性要求，并制订综合环卫设施的建设策略、空间管控策略和实施保障措施。

随着近年来垃圾分类工作的推进，人们发现对固体废物管理所需的用地空间的限制正在成为限制城市发展的核心问题。一方面垃圾分类需要建设相应分门别类的各种设施，另一方面这样的设施由于没有提前预留用地也没有对应的规划设计标准，遭到明的邻避运动或暗的邻避意识的抵制；一方面可回收物（再生资源）需要就地贮存、分拣和回收利用，另一方面由于这些产业经济收益小，且存在一定消防安全风险，设施在实际落地过程中总是困难重重；一方面，社区定时定点扔垃圾需要提前预留更大的收集空间，但另一方面开发商在建设小区时并没有预留对应匹配的用地；一方面新的固体废物类别不断涌现，如废弃动力电池、废弃共享单车，但另一方面由于国土空间规划中并没有实现预留相应的土地指标，到了城市建设的中后期往往已无法落实相应的用地。由此可见，城市综合环卫设施的任务十分艰巨，其规划编制的质量好坏和实施的成效高低将在很大程度上决定日后城市的可持续发展水平。

4.3 规划层次

根据国土空间规划体系的"三类"划分，城市综合环卫设施规划属于其中的专项规划。根据规划的深度不同，城市综合环卫设施规划又分为总体规划、详细规划两个层次。

1. 总体规划层次

考虑到城市资源循环利用体系（固体废物集运处理体系）的系统性和整体性，城市综合环卫设施总体规划一般在市级及以上层面开展，规划范围为相应的行政区划范围，开展的主要工作包括规划范围内固体废物产生类别的梳理、产生规模调查、产生规模预测、分类类别规划、分类体系规划、环境园设置规划、主要设施布局规划、主要设施空间需求规划、中小型设施发展方向论证等，是指导区域综合环卫设施规划和建设的纲领性文件。综合环卫设施总体规划又分为两类，一类针对所有固体废物，另一类针对单一类别固体废物。

城市综合环卫设施总体规划主要是为了议定规划期限年全市总体的设施类别、设施总规模和设施布局方案，为了避免陷入个别的细节问题一般不开展具体的选址工作，只划定环境园的大致用地范围，特殊情况下可开展个别重大设施的选址工作。

2. 详细规划层次

综合环卫设施详细规划一般分为三类，分别是分区规划、环境园详细规划和针对单个设施的选址研究和规划设计条件研究。综合环卫设施分区规划一般在区、镇或街道级层面开展，开展的主要工作包括相应规划范围内固体废物产生规模的核实、分类类别的细化、大中型设施用地的落实、小型设施的布点规划、其他设施的发展方向论证等。综合环卫设施分区规划中一般将本区大中型设施的用地落实作为核心工作内容，以纳入相应的国土空间规划及详细规划，确保用地提前预控以及用地的合法性。

环境园详细规划一般在综合环卫设施总体规划批准后开展。在总体规划所划定的大致用地范围的基础上，环境园详细规划将通过与总体规划、专项规划、控制性详细规划、法定图则等成果的协调，明确该环境园具体的空间边界和用地规模，结合综合环卫设施总体规划明确的服务范围内各类固体废物实际产生量的核实和未来产生量的预测，开展入园项目筛选、工艺技术研究、功能分区划分、用地细化分类、用地标准研究、规划布局与指标控制、道路交通规划、生态建设与污染防治、市政工程规划等内容，是指导环境园实际建设的法定蓝图。

设施选址研究一般是在综合环卫设施总体规划、综合环卫设施分区规划和环境园详细规划批准后应生态环境部门、城市管理部门等的工作要求而具体开展，必须以相应的规划成果和批准文件作为工作依据。设施选址研究的工作内容包括设施服务范围研究、设施规模的核定、设施选址原则、备选场址筛选、比选因子研究、场址比选、选址研究结论等，核心目的是为了提出对应设施的推荐场址和用地红线坐标，是规划管理部门核发设施选址意见书的技术依据。

设施规划设计条件研究一般在设施选址意见书核发之后开展或直接连同设施选址研究工作同步开展，是为了应对控制性详细规划或法定图则尚未全覆盖但综合环卫设施建设工作必须提前启动的工作需求而开展的。设施规划设计条件研究的工作内容包括设施规模核定、用地边界核定、工艺流程分析、场地功能分区、人员配置分析、分区空间指标论证、总平面布置、总体建设指标研究等，核心目的是为了提出对应设施的建筑总面积、容积率、建筑覆盖率、红线后退距离、初步建设方案等技术指标，是规划管理部门核发设施建设工程规划许可证的技术依据。如图 4-2 所示。

总体上，城市综合环卫设施总体规划、详细规划两个层次工作是逐层深化、逐层完善的，是上层次依序指导下层次的关系，例如城市综合环卫设施总

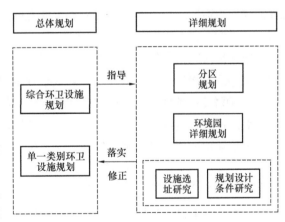

图 4-2　综合环卫设施规划体系示意图

体规划是城市综合环卫设施详细规划的依据，起指导作用，而城市综合环卫设施详细规划是对城市综合环卫设施总体规划的深化和落实。同时，下层次规划也可对上层次规划不准确的地方进行优化、微调，从而使综合环卫设施规划整体上更具科学性、合理性和可操作性。

4.3.1　与法定规划的关系

城市综合环卫设施总体规划与国土空间总体规划或城市总体规划相对应，其规划期限

应与最新的国土空间规划保持一致，依据国土空间规划确定的发展目标和空间布局方案，分析与城市发展相匹配的综合环卫设施类别，科学预测与国土空间规划确定的人口规模、经济规模和用地规模相对应的固体废物产生规模，合理安排大中型综合环卫设施的空间布局方案和环境园的设置方案，确保在总体的用地安排策略和空间布局上与国土空间规划保持一致。

城市综合环卫设施分区规划与国土空间分区规划或城市分区规划相对应，其规划期限应与最新的国土空间分区规划、城市分区规划保持一致，依据分区规划确定的发展目标和空间布局方案，分析与分区发展相匹配的综合环卫设施类别，科学预测与分区规划确定的人口规模、经济规模和用地规模相对应的固体废物产生规模，合理安排大中型综合环卫设施的空间布局方案，并逐个落实相应的用地位置，确保在设施的空间布局和用地落实上与分区规划保持一致。在必要时，城市综合环卫设施分区规划还需要与控制性详细规划或法定图则进行充分的协调，确定设施选址符合法定性规划或形成对法定性规划的调整意见。由于在综合环卫设施规划体系中，主要总体规划和分区规划的区别在于分区规划对中小型环境卫生设施的编制深度更加深入，因此在后续章节中主要介绍综合环卫设施总体规划，不再对分区规划进行详细介绍。

环境园详细规划是一种特殊类型的控制性详细规划和修建性详细规划工作，正式通过相关部门的审定之后，即为一种法定规划。环境园由于一般设置在生态控制保护区域，全市或分区层面开展的控制性详细规划全覆盖工作往往并不会涵盖这一区域，但环境园内部建设的设施也需要进行技术上的协同和空间上的统筹，环境园详细规划正是为了应对这一需求而开展的。

设施选址研究是与控制性详细规划相对应，其用地选址坐标应纳入对应的控制性详细规划成果，或直接依据控制性详细规划成果划定用地边界。

设施规划设计条件研究是依据各省控制性详细规划管理条例要求，在控制性详细规划尚未覆盖的地区开展综合环卫设施建设之前开展的一项规划管理技术性工作，确保在控制性详细规划缺位的情况下为规划管理工作提供技术依据。

4.3.2 与其他城市规划成果的关系

城市综合环卫设施规划由于涉及生活垃圾、工业固体废物、建筑废物、城市污泥、危险废物、再生资源等众多固体废物，牵涉或相关的其他城市规划成果也相当之多。

生活垃圾的产生除了与人口规模和居民生活品质相关，还牵涉到集贸市场、城市公园、郊野公园、餐饮机构等的建设以及共享单车、年花年桔活动的开展。因此，在进行相应类别分析和规模预测时应加强对集贸市场建设专项规划、城市公园建设专项规划、郊野公园建设专项规划等的解读和分析。

工业固体废物的产生与第二产业的规划发展密切相关，在进行相应类别分析和规模预测时应重点加强对工业发展专项规划、战略高新产业专项规划、高新技术产业园区规划、电动汽车发展专项规划等的解读和分析。

建筑废物的产生与轨道交通工程建设、综合管廊建设、地下空间开发、地下市政道路建设、城市更新工作等密切相关，建筑废物的处理处置则与城市大尺度上的竖向调整、填海造地等密切相关，也需要开展充分的论证协调，因此在进行相应规划工作时应加强对轨道交通建设专项规划、综合管廊建设专项规划、地下空间开发利用专项规划、干线路网规划、城市竖向规划、填海工程规划等的解读和分析。

城市污泥的产生与水厂的建设、污水厂的建设、河道的清淤整治、下水道的清淤保洁等密切相关，在进行相应规模预测时应重点加强对城市给水厂专项规划、污水厂专项规划、河道整治专项规划、下水道清淤保洁专项规划等的解读和分析。

医疗废物的产生与大中医院的建设、社康中心的建设和医疗水平的提高密切相关，在进行相应规模预测时应重点加强对医疗机构设置专项规划的解读和分析。

再生资源的利用与钢铁企业、水泥企业、造纸企业、橡胶企业、塑料企业等工业的发展密切相关，在分析相应的物质流向分析和规模论证时，应重点加强对本地及周边地区这些产业发展规划成果的收集、解读，并进行充分的协调。

4.4　规划编制程序

4.4.1　工作程序

综合环卫设施专项规划的工作程序一般包括前期准备、现状调研、规划方案编制和规划成果形成等四个阶段。

前期准备阶段是指专项规划正式启动之前的准备工作，包括明确规划目的、规划目标、工作内容、成果需求、费用预算、资金申请、招标资格要求、招标需求文件以及实际的招投标工作、中标公示、合同签订等。

现状调研阶段是指规划编制单位开展的现状情况调研工作，包括调查城市现状自然环境、社会经济、城市规划、行业管理等的情况，收集行业主管部门、生态环境部门和其他相关政府部门及骨干企业的发展规划、统计公报、管理台账、设施清单及意见建议等。工作的形式包括现场踏勘、资料收集、部门走访和问卷调查等。

规划方案编制阶段是指规划编制单位基于现状调研阶段收集到的资料和数据分析现状的基本特征和主要问题，并依据国土空间规划（或城市总体规划）、环境保护规划和行业发展规划，编制专项规划的送审方案。

规划成果形成阶段是指对专项规划送审成果进行技术审查和行政审批的工作，组织召开专家评审会对送审成果进行技术审查，召开规划部门行政审查会和城市规划技术委员会（或授权城市规划策略委员会、市政府办公会议），对通过专家评审后的修改成果进行行政审议，根据技术审查意见和行政审议的成果进行修改完善，完成最终成果并按规定归档。

4.4.2　编制主体

由于目前固体废物的管理职责普遍由多个政府部门承担，包括环卫部门、环保部门、建设部门、水务部门和商务部门，综合环卫设施专项规划的编制主体应根据具体情况的需要可由上述部门的一个或多个委托，也可由规划管理部门联合上述部门共同组织编制。根据编制主体的不同，综合环卫设施专项规划的工作内容也可能会发生具体的调整，例如城市管理部门为编制主体时，综合环卫设施专项规划的工作内容往往偏向生活垃圾管理；而住房建设部门为编制主体时，综合环卫设施专项规划的工作内容往往偏向建筑废物。各部门之间的固体废物管理职责分工情况如表4-1所示。总体来说，全市性综合环卫设施规划由环保部门或规划部门组织编制，单类别环卫设施规划由对应固体废物的管理部门负责组织编制。

各部门间固体废物管理职责分工情况一览表 表4-1

政府部门	固体废物管理职责					
	生活垃圾	工业固体废物	建筑废物	城市污泥	再生资源	危险废物
环卫部门	✓			✓ 粪渣		✓ 生活源
环保部门		✓				✓工业源、医疗源
建设部门			✓			✓ 建设源
水务部门			✓ 水务工程	✓		✓ 水务源
商务部门					✓	
交通部门			✓ 交通工程			✓ 交通源

4.4.3 审批主体

综合环卫设施总体规划一般由市城市规划委员会（可授权其下设的市城市规划策略委员会）或市政府审批；综合环卫设施分区规划一般由区规划管理部门或区政府审批；环境园详细规划一般由城市规划委员会或其授权的城市规划策略委员会审批；设施选址研究和设施规划设计条件一般都由规划管理部门负责审批。

4.5 成果形式

综合环卫设施规划的成果包括规划文本、图纸和附件。规划文本是对规划的各项指标和内容提出规划控制要求或提炼规划说明书中重要结论的文件，规划图纸是规划设施的图示化表述文件，规划文件和图纸共同构成规划的法定文件。规划附件依据具体工作要求可包括规划说明书、现状调研报告、专题报告等，其中规划说明书为必要文件，现状调研报告和专题报告可根据工作需要具体确定是否需要编制。

根据《中华人民共和国环境影响评价法》的要求，开展综合环卫设施总体规划编制工作时应同步组织编制该专项规划的环境影响评价报告。在报送审批时，综合环卫设施总体规划成果应与规划环境影响评价成果一同提交审批机关。

第 5 章　城市综合环卫设施规划方法总论

5.1　指导思想及基本原则

5.1.1　指导思想

坚持绿色低碳循环发展，以生活垃圾、建筑废物、危险废物和城市污泥为重点，实现源头大幅减量、充分资源化利用和安全处置，为全面加强生态环境保护、建设美丽中国做出贡献。

5.1.2　重大意义

综合环卫设施规划是解决城市固体废物处理的重要基础，是城市发展的根基和命脉。规划建设综合环卫设施具有重要意义：

（1）是坚决贯彻落实习近平生态文明思想的需要。习近平总书记在党的十九大报告中强调："要牢固树立社会主义生态文明观""推进资源全面节约和循环利用"。编制城市综合环卫设施专项规划，构建"城市大固体废物"治理体系，是全面贯彻习近平生态文明思想，践行绿色发展理念，促进生态文明建设，保障城市可持续发展的需要。行政部门理应顺应社会发展，把城市综合环卫设施建设工作作为强化城市资源循环的重要基础平台，进一步理顺治理体系，推进生态文明体制改革取得实质性成果。

（2）是提升生态文明、建设美丽中国的重要举措。党的十八大以来，党中央、国务院深入实施大气、水、土壤污染防治行动计划，把禁止洋垃圾入境作为生态文明建设标志性举措，持续推进固体废物进口管理制度改革，加快垃圾处理设施建设，实施生活垃圾分类制度，固体废物管理工作迈出坚实步伐。同时，我国固体废物产生强度高、利用不充分，非法转移倾倒事件仍呈高发频发态势，既污染环境，又浪费资源，与人民日益增长的优美生态环境需要还有较大差距。编制城市综合环卫设施专项规划，是深入落实党中央、国务院决策部署的具体行动，是从城市整体层面深化固体废物综合管理改革和推动"资源循环社会"建设的有力抓手，是提升生态文明、建设美丽中国的重要举措。

（3）是切实推进固体废物减量化和资源化，实现自然资源优化配置的有效途径。城市综合固体废物的减量化和资源化原则已贯彻多年，但实际工作中受可操作性的影响一直成效不佳。编制城市综合环卫设施专项规划，能切实推动地方政府从法律法规、政府规章细则和管理体制调整方案入手，具体研究各个产业领域固体废物减量化和资源化的实操方案。同时，城市综合固体废物具备协同处理的可行性，应准确把握城市综合固体废物产、排特点和内在联系，按照物质流和关联度统筹布局，推进回收体系有效融合，加强基础设施共建、项目有效衔接和物质循环利用，大力提高城市综合固体废物协同处理效能，大幅减少行政和经济成本，节约土地资源。同时，通过统一平台管理和调度，可提高城市综合固体废物的前瞻动态管理和应变能力，实现城市综合固体废物的全生命周期监管。

（4）是化解"邻避效应"、建设邻利效益，破解垃圾围城问题的关键举措。面对垃圾围城与"邻避"效应双重困局，编制城市综合环卫设施专项规划，普遍推行城市综合固体废物分类管理制度，构建以分类为核心的"城市大固废"治理体系是破局的关键举措。通过提高战略定位，以全局思维统筹协调，可有效避免各职能部门"自扫门前雪"，城管部门"一头热""干着急"，单打独斗的管理乱象，进而发挥集群协同效应，解决设施难落地等一揽子问题。

5.1.3　基本原则

（1）综合环卫设施规划以运筹学、系统论为理论指导，结合国内外各城市经验充分论证综合环卫设施设备的发展方向，提高设施的处理能力和处理标准，降低人员劳动强度，充分体现科学发展观。

（2）注重规划与城市发展总体规划及其他相关规划的协调，继承、吸收、发展这些规划中的合理观点和创新思路，借鉴、检讨这些规划中未能达到或实现的目标和内容，通过协商和沟通提出现实可行的规划方案。

（3）打破行政区划限制，从全市层面统筹（部分设施可进行区域统筹，如危险废物处理设施）完成处理设施布局，避免设施重复建设、设施闲置等现象出现。

（4）相对集中与适度分散相结合，刚性与弹性相结合，提倡"标准设施"的概念，既确保统筹力度，又便于规划实施。

（5）注重环境保护，始终坚持以环保为主导，从规划源头即确保设施布局的综合环境影响最小，实现综合环卫设施与城市的和谐共处。

5.2　现状调研及资料收集

5.2.1　现状调研

城市综合环卫设施规划涉及多个政府部门，包括环卫部门、环保部门、建设部门、水务部门、商务部门、规划部门、统计部门、农业部门等。同时，这项工作还与多个企事业单位相关，包括各焚烧设施运营管理单位、填埋设施运营管理单位、堆肥设施运营管理单位、大件垃圾处理设施运营管理单位、在运行设施监管监测单位。在现状调研过程中应根据具体情况，灵活确定所需要调研走访的政府部门和相关企事业单位。

5.2.2　资料收集

城市综合环卫设施规划需要收集的资料包括废弃资源（固体废物）现状产生资料、废弃资源（固体废物）现状处理资料、综合环卫设施建设统计资料、综合环卫设施运行统计资料、相关专项规划成果、综合性基础资料等六大类，具体如表 5-1 所示。

综合环卫设施规划资料清单一览表   表 5-1

序号	资料类型	资料内容	相关部门
1	废弃资源（固体废物）现状产生资料	①最近 5～10 年总体产生量统计情况； ②最近 5～10 年源头产生组分统计情况； ③最近 5～10 年分区产生量统计情况； ④最近 5～10 年高峰日产生统计情况； ⑤最近 5～10 年分行业产生统计情况； ⑥最近 3 年重点产生源统计情况	环卫部门 环保部门 建设部门 水务部门 商务部门 交通部门
2	废弃资源（固体废物）现状处理资料	①最近 5～10 年总体处理量统计情况； ②最近 5～10 年末端组分统计情况； ③最近 5～10 年分区处理量统计情况； ④最近 5～10 年高峰日处理统计情况； ⑤最近 5～10 年分类别处理统计情况	
3	综合环卫设施建设统计资料	①集运设施资料； ②处理设施资料； ③处置设施资料； ④环卫公共设施资料； ⑤其他综合环卫设施资料	环卫部门 环保部门 建设部门 水务部门 商务部门
4	综合环卫设施运行统计资料	①集运设施资料； ②处理设施资料； ③处置设施资料； ④环卫公共设施资料； ⑤其他综合环卫设施资料	
5	相关规划成果	①国土空间规划、分区总体规划； ②上版综合环卫设施规划、单类别固体废物专项规划； ③国民经济发展规划； ④污水处理专项规划； ⑤道路交通专项规划； ⑥产业发展专项规划； ⑦环境保护专项规划； ⑧医疗卫生专项规划	规划部门 发展改革部门 环卫部门 环保部门 建设部门 水务部门 商务部门 交通部门
6	综合性基础资料	①规划区及相邻区域地形图（1/10000～1/2000）； ②卫星影像图； ③统计年鉴； ④实际人口统计资料； ⑤道路交通路网图； ⑥饮用水源保护区划图； ⑦生态红线区划图； ⑧大气功能区划图	发展改革部门 规划部门 国土部门 交通部门 环保部门

5.3 城市综合环卫设施总体规划编制指引

5.3.1 工作任务

根据城市的社会经济实力、空间结构和行政管理体制，确定全市固体废物的集运模式、资源化途径、处理技术、处置方式与环境园的布局方案，并进行控制用地规模划定；预测各类固体废物的产生量，确定集运设施、工程设施的规模和数量，确保所有固体废物处理处置的物流平衡；确定集运设施、工程设施的布局，提出相应的用地要求和防护要求；提出资源循环配套设施的提升改造方向和建设控制的总数量，把握其建设水平与城市水平相匹配；提出规划实施的保障与措施，确保规划科学可行。

根据委托编制主体和编制要求的不同，城市综合环卫设施总体规划还可分为综合性总体规划和单类别总体规划。综合性总体规划是指面向所有类别城市综合固体废物（整体废弃资源）管理的综合性规划，必须系统考虑不同类别固体废物的统一管理和设施统筹规划，不同类别的固体废物之间可能会出现综合管理和协同处置的关系，整个设施体系会跨管理部门进行考虑；单类别总体规划则是依具体情况面向单个类别固体废物管理的总体规划，例如城市管理局通常委托的环卫设施专项规划实际上就是单独面向生活垃圾管理的总体规划，住房建设局通常委托的建筑废物处理处置专项规划实际上就是单独面向建筑废物管理的总体规划，生态环境局通常委托的危险废物处理处置专项规划实际上就是单独面向工业危废管理的总体规划。目前，社会上实际委托开展的总体规划工作绝大多数都属于后者。

5.3.2 工作内容

在总体规划层次，综合环卫设施规划主要工作内容包括：①综合环卫设施现状分析及问题总结；②城市综合发展概况分析；③相关规划解读及上版规划实施评估；④城市固体废物（城市废弃资源）产生量预测；⑤环境园布局规划；⑥集运模式论证及集运设施规划；⑦处理技术论证及处理设施规划；⑧处置方式论证及处置设施规划；⑨资源循环配套设施（环卫公共设施）规划；⑩实施建议与保障措施。

5.3.3 文本内容要求

综合环卫设施总体规划应以国土空间规划为依据，与道路交通、产业发展、环境保护等其他相关专项规划相衔接。

1. 总则

简要介绍综合环卫设施总体规划的规划目的、规划范围及规划期限。

2. 分类体系规划

简要介绍综合环卫设施总体规划的分类体系。

3. 城市固体废物产生量预测

明确整个城市固体废物产生量的总体预测情况，包括各年度总规模、分区规模及各类别固体废弃物规模等结论。

4. 环境园布局规划及控制用地规模划定

简要介绍城市设置环境园的数量及布局方案，明确各个环境园的建设用地规模和控制用地规模等结论。

5. 集运模式及城市固体废物集运设施规划

简要介绍该城市各类固体废物的集运模式及规划方案，明确各类别固体废弃物对应处理设施的处置规模和用地规模等结论。

6. 处理技术及城市固体废物处理设施规划

明确该城市各类别固体废弃物采用处理技术，包括预处理、资源化利用和末端处理等，并给出各类处理设施的规划规模、布局方案及用地规模等结论。

7. 处置方式及城市固体废物处置设施规划

明确该城市各类别固体废弃物采用处置方式，对于等待循环利用的各类再生资源，则应确定其适宜的循环再生方式，并给出各类处置设施（循环再生工厂）的生产规模和用地规模等结论。

8. 资源循环配套设施规划（环卫公共设施规划）

明确该城市公共厕所的建设模式、市政公厕的总体需求，同时提出社会公厕的基本管理政策。明确该城市环卫停车场的建设方式、总体需求。明确环卫管理用房、环卫工人休息场所、洒水（冲洗）车供水点等设施的设置标准和建设方式。

9. 实施建议与保障措施

提出规划推进实施的相关建议，包括组织形式、建设时序、投融资模式等。同时，提出保障规划实施的措施，包括资金保障措施、用地保障措施、宣教保障措施、人才保障措施等。

5.3.4　图纸内容要求

图纸分为三类：现状图、近期规划图和远期规划图。现状图和规划图所表达的内容及要求应当与基础现状资料及规划文本的内容一致；规划图纸应符合有关图纸的技术要求，图纸比例可根据实际需要确定。

主要包括：

（1）区域位置图：说明规划范围的区域位置及区划范围。

（2）综合环卫设施（资源循环设施）现状分布图：标明现状生活垃圾转运站、再生资源回收站、生活垃圾焚烧厂、建筑废物综合利用厂、再生资源分拣场所、危险废物焚烧厂、城市污泥处理厂等各类综合环卫设施的位置与规模。

（3）分类体系规划图：用流程图的形式说明规划期末不同类别固体废物（废弃资源）的分类体系规划方案，包括分类类别和最终去向。

（4）城市固体废物（城市废弃资源）产生量预测分布图：分区标明规划范围内各类别

城市固体废物的预测产生量。

（5）大中型转运设施规划图：主要标明资源集运设施中的大中型转运设施（包括大中型再生资源回收站）的规划布局方案，包括设施名称、设施规模、用地规模、布局点位、服务范围等。

（6）城市固体废物处理设施规划图：主要标明生活垃圾焚烧厂、餐厨垃圾处理厂、大件垃圾处理厂、再生资源分拣场所、建筑废物综合利用厂、城市污泥处理厂等设施的规划布局方案，包括设施名称、设施规模、用地规模、布局点位、服务范围等。

（7）城市固体废物处置设施规划图：主要标明生活垃圾综合填埋场、灰渣处置场、建筑废物受纳场等处置设施的规划布局方案，包括设施名称、设施规模、用地规模、布局点位、规划库容、服务范围等。

（8）重大设施选址规划图：主要标明一些在规划合同中约定的重大设施的选址方案，包括具体的用地选址坐标、用地协调性分析、设施周边敏感点标识等。

（9）综合环卫设施交通运输规划图：主要标明规划保留、新建、扩建的综合环卫设施布局方案与本地交通干线路网规划的关系。

（10）综合环卫设施环境保护图：主要标明规划保留、新建、扩建的综合环卫设施布局方案与本地水环境保护功能区划、大气环境保护功能区划等的关系。

（11）近期建设规划图：主要标明近期综合环卫设施规划新建、扩建的内容，包括设施名称、设施规模、用地规模、布局点位、规划库容等。

5.3.5 说明书内容要求

（1）项目概述。梳理本次规划编制工作的背景，梳理工作的必要性。说明本次规划的目的、范围、期限和内容，明确整个报告的基本框架。说明本次规划的原则与依据，明确整个工作的高度、科学性和合理性。说明本次规划的编制历程和技术路线，便于阅读者理解。

（2）现状分析及问题总结。分析本地城市固体废物（废弃资源）近5~10年的产生量增长情况，总结其基本特征。分析本地近5~10年城市固体废物各类别的源头组分和末端组分的变化情况，总结其变化规律。简介本地所有资源循环集运设施的现状情况，分析集运设施的总体负荷情况和大中型设施的物流平衡情况。简介本地所有资源循环工程设施的现状情况，分析各类固体废物处理的物流平衡情况。简介本地所有资源循环处置设施的现状情况，分析各类固体废物处置的物流平衡情况。总结城市综合固体废物管理现状存在的主要问题，并分析其引发的主要原因。

（3）城市综合发展概况分析。以国土空间规划、城市建设近期规划等为依据，分析本地未来城市发展的定位、策略与方向，确定城市近、远期的人口控制规模和建设用地控制规模，总结、梳理其对综合环卫设施建设的要求。

（4）相关规划解读及上版规划实施评估。解读与综合环卫设施建设相关的各专项规划，包括产业发展规划、轨道交通规划、干线道路建设规划、排水专项规划、医疗卫生专项规划等，分析其对综合环卫设施建设的影响。对上版综合环卫设施专项规划的实施情况进行梳理，评估其实施建设成效并分析影响成效的主要原因。

（5）城市固体废物产生量预测。介绍对各类城市固体废物产生量预测的依据和基础数据，说明预测的技术方法和工作过程，便于对预测结果的理解。如果是综合性总体规划，应确保能对各个类别的固体废物分类进行预测，保障指导后续的集运设施规划和处理设施规划。如果是单项固体废物总体规划，对本类别固体废物的产生量进行近、远期预测即可。需要注意产生量、清运量和处理量之间的区别。

（6）环境园布局规划。基于城市空间结构和土地资源条件，明确全市设置环境园的数量及布局方案。根据固体废物的预测产生规模，结合工程设施单位用地指标及防护要求，确定各个环境园的建设用地规模和控制用地规模，划定各个环境园的控制用地范围线。

（7）集运模式论证及集运设施规划。论证该城市各类固体废物的集运模式，包括生活垃圾、工业固体废物、建筑废物、城市污泥、危险废物、再生资源等。集运模式应既包括前端的收集方案、收集设施建设形式，如果皮箱、地埋桶、小区收集点、再生资源回收点、气力收集系统；又包括终端的转运方案和转运设施建设形式，如转运站、大件垃圾集散点、再生资源回收站。确定各类固体废物对应转运设施的规划规模、布局方案及用地规模，确保转运能力能满足总体上的平均日需求和分类预测确定的高峰日需求。

（8）处理技术论证及处理设施规划。论证该城市各类固体废物适宜的处理技术，包括预处理、资源化利用和末端处理等，对于特定需要继续细分的固体废物，如废纸、大件垃圾，应依据委托情况分项具体确定其处理技术路线。确定各类处理设施的规划规模、布局方案及用地规模，包括垃圾焚烧厂、餐厨垃圾处理厂、大件垃圾处理厂、再生资源分拣中心、危险废物物化处理中心等，确保设施处理能力能满足总体上的平均日需求和分类预测确定的高峰日需求。如果是再生资源分拣中心，应论证其是否在规划范围内建设以及如果在区外建设应采用何种方式保障废弃资源回收物流工作的顺利对接。

（9）处置方式论证及处置设施规划。论证该城市各类固体废物适宜的处置方式，对于等待循环利用的各类再生资源，则应确定其适宜的循环再生方式。确定各类处置设施（循环再生工厂）的生产规模和用地规模，确保处置能力总体匹配，同时物理空间满足长远期需求（对应填埋或永久贮存）。对于玻璃、金属、废纸、塑料、橡胶等再生资源，还应确认其对应的循环再生工厂是否在规划范围内，并确认其生产需求是否与本市产生规模匹配。

（10）资源循环配套设施（环卫公共设施）规划。说明资源循环配套设施总体发展方向的基本依据和案例对标情况，分析其总体需求规模论证的方法和过程。说明本市对于资源循环配套设施的用地供给政策，对文本中提出的设置标准和建设方式予以佐证。

（11）实施建议与保障措施。说明提出规划实施建议与保障措施的基本思路和依据。

5.4　城市综合环卫设施详细规划编制指引

5.4.1　工作任务

在城市综合环卫设施详细规划层次，应以综合环卫设施总体规划为指导，结合分区内各控制性详细规划成果、法定图则规划成果和城市更新项目规划成果，对城市固体废物产生量预测结果进行细化；对资源循环集运设施、资源循环工程设施的布局方案进行优化，并提出设施提升改进思路；对资源循环集运设施和资源循环工程设施进行选址，总结现状建设用地存在的问题并提出相应的解决思路；对公共厕所、环卫停车场等资源循环配套设施提出其布局方案并基本确定相应设施的点位。

5.4.2　工作内容

综合环卫设施详细规划应在总体规划的指导下，以实施落实为要求进行布局选址及相关综合环卫设施的布置工作，主要工作内容应包括：①综合环卫设施现状分类分析及问题总结；②分区综合发展概况分析；③相关规划解读及上版规划实施评估；④城市固体废物（城市废弃资源）分类产生量预测；⑤集运设施布局规划及选址方案；⑥处理设施布局规划及选址方案；⑦处置去向规划；⑧公共厕所布局规划；⑨环卫停车场布局规划；⑩其他资源循环配套设施规划；⑪实施建议与保障措施。

5.4.3　文本内容要求

综合环卫设施详细规划应以国土空间规划、综合环卫设施总体规划为依据，与道路交通、产业发展、环境保护等其他相关专业总体规划相衔接。

1. 总则

简要介绍综合环卫设施总体规划的规划目的、规划范围及规划期限。

2. 分类体系规划

简要介绍本次综合环卫设施总体规划的分类体系。

3. 城市固体废物产生量预测

明确整个城市固体废物产生量的总体预测结果，包括各年度总规模、分区规模及各类别固体废弃物规模等结论。

4. 集运设施布局规划及选址方案

明确本区域内各类大中型集运设施的布局规划及选址方案，包括设施布局、设施规模和用地规模、建设场址等结论。

5. 处理设施布局规划及选址方案

明确本区域内各类资源循环工程设施的布局规划及选址方案，包括处理设施布局、设施规模、用地规模以及建设场址等结论。

6. 处置去向规划

明确本区域内各类固体废物的最终处置去向。

7. 公共厕所布局规划

明确本区域公共厕所的建设模式和总体需求，提出本区域内公共厕所的布局方案和建设标准、基本管理政策。

8. 环卫停车场布局规划

明确本区域环卫停车场的建设方式和总体需求。提出本区域内环卫停车场的布局方案和建设标准。

9. 其他资源循环配套设施规划

明确环卫管理用房、环卫工人休息场所、洒水（冲洗）车供水点等设施的设置标准和建设方式。

10. 实施建议与保障措施

提出规划推进实施的相关建议，包括组织形式、建设时序、投融资模式等。同时，提出保障规划实施的措施，包括资金保障措施、用地保障措施、宣教保障措施、人才保障措施等。

5.4.4　图纸内容要求

图纸分为三类：现状图、近期规划图和远期规划图。现状图和规划图所表达的内容及要求应当与基础现状资料及规划文本的内容一致；规划图纸应符合有关图纸的技术要求，图纸比例可根据实际需要确定。

主要包括：

（1）区域位置图：说明规划范围的区域位置及区划范围。

（2）综合环卫设施（资源循环设施）现状分布图：标明现状生活垃圾转运站、再生资源回收站、生活垃圾焚烧厂、建筑废物综合利用厂、再生资源分拣场所、危险废物焚烧厂、城市污泥处理厂等各类综合环卫设施的位置与规模。

（3）分类体系规划图：用流程图的形式说明规划期末不同类别固体废物（废弃资源）的分类体系规划方案，包括分类类别和最终去向。

（4）城市固体废物（城市废弃资源）产生量预测分布图：分区标明规划范围内各类别城市固体废物的预测产生量。

（5）大中型转运设施规划图：主要标明资源集运设施中的大中型转运设施（包括大中型再生资源回收站）的规划布局方案，包括设施名称、设施规模、用地规模、布局点位、服务范围等。

（6）综合环卫工程设施规划图：主要标明生活垃圾焚烧厂、餐厨垃圾处理厂、大件垃圾处理厂、再生资源分拣场所、建筑废物综合利用厂、城市污泥处理厂等设施的规划布局方案，包括设施名称、设施规模、用地规模、布局点位、服务范围等。

（7）综合环卫处置设施规划图：主要标明生活垃圾综合填埋场、灰渣处置场、建筑废物受纳场等处置设施的规划布局方案，包括设施名称、设施规模、用地规模、布局点位、规划库容、服务范围等。

（8）规划设施选址规划图：主要标明在规划合同中约定的大中型设施的选址方案，包括具体的用地选址坐标、用地协调性分析、设施周边敏感点标识等。

（9）综合环卫设施交通运输规划图：主要标明规划保留、新建、扩建的综合环卫设施布局方案与本地交通干线路网规划的关系。

（10）综合环卫设施环境保护图：主要标明规划保留、新建、扩建的综合环卫设施布局方案与本地水环境保护功能区划、大气环境保护功能区划等的关系。

（11）近期建设规划图：主要标明近期综合环卫设施规划新建、扩建的内容，包括设施名称、设施规模、用地规模、布局点位、规划库容等。

5.4.5 说明书内容要求

（1）项目概述。梳理本次规划编制工作的背景，梳理工作的必要性。说明本次规划的目的、范围、期限和内容，明确整个报告的基本框架。说明本次规划的原则与依据，明确整个工作的高度、科学性和合理性。说明本次规划的编制历程和技术路线，便于阅读者理解。

（2）现状分析及问题总结。分析本区域城市固体废物（废弃资源）近5~10年的产生量增长情况，总结其基本特征。分析本区域近5~10年城市固体废物各类别的源头组分和末端组分的变化情况，总结其变化规律。简介本分区所有资源循环集运设施的现状情况，分析集运设施的总体负荷情况和大中型设施的物流平衡情况。简介本区域所有资源循环工程设施的现状情况，分析各类固体废物处理的物流平衡情况。简介本区域所有资源循环处置设施的现状情况，分析各类固体废物处置的物流平衡情况。总结本区域城市综合固体废物管理现状存在的主要问题，并分析其引发的主要原因。

（3）城市综合发展概况分析。以国土空间规划、城市建设近期规划等为依据，分析本分区未来城市发展的定位、策略与方向，确定本区域近、远期的人口控制规模和建设用地控制规模，总结、梳理其对综合环卫设施建设的要求。

（4）相关规划解读及上版规划实施评估。解读与综合环卫设施建设相关的各专项规划，包括产业发展规划、轨道交通规划、干线道路建设规划、排水专项规划、医疗卫生专项规划等，分析其对综合环卫设施建设的影响。对上版综合环卫设施专项规划的实施情况进行梳理，评估其实施建设成效并分析影响成效的主要原因。

（5）城市废弃物产生量预测。介绍对本分区各类城市废弃资源（固体废物）产生量预测的依据和基础数据，说明预测的技术方法和工作过程，便于对预测结果的理解。如果是综合性总体规划，应确保能对各个类别的固体废物分类进行预测，保障指导后续的集运设施规划和处理设施规划。如果是单项固体废物总体规划，对本类别固体废物的产生量进行近、远期预测即可。在进行预测时需要注意产生量、清运量和处理量之间的区别。

（6）集运设施布局规划及选址方案。说明总体规划对于本区域各类废弃资源集运模式的要求，包括生活垃圾、工业固体废物、建筑废物、城市污泥、危险废物、再生资源等。集运模式应既包括前端的收集方案、收集设施建设形式，如果皮箱、地埋桶、小区收集点、再生资源回收点、气力收集系统；又包括终端的转运方案和转运设施建设形式，如转运站、大件垃圾集散点、再生资源回收站。确定各类资源循环集运设施的规划规模和用地规模，优化这些设施的布局方案，并完成各大中型集运设施建设场址的选址工作。

（7）处理设施布局规划及选址方案。说明总体规划中对于本区域各类废弃资源处理技术模式的要求，包括生活垃圾、工业固体废物、建筑废物、城市污泥、危险废物、再生资源等。确定本分区各类资源循环设施工程的规划规模、布局方案及用地规模，包括垃圾焚烧厂、餐厨垃圾处理厂、大件垃圾处理厂、再生资源分拣中心、危险废物物化处理中心等，确保设施处理能力能满足总体上的平均日需求和分类预测确定的高峰日需求。如果是再生资源分拣中心，应论证其是否在规划范围内建设以及如果在规划区范围外建设应采用何种方式保障废弃资源回收物流工作的顺利对接。完成各资源循环工程设施建设场址的选址工作，并进行用地协调性分析。

（8）处置去向规划。说明总体规划中对于本区域各类废弃资源处理后的剩余物的去向方案，并对其可操作性进行适当评估。

（9）公共厕所布局规划。说明确定本区域公共厕所建设模式和布局方案的主要思路和过程，介绍公共厕所建设的典型示范案例。

（10）环卫停车场布局规划。说明确定本区域环卫停车场建设模式和布局方案的主要思路和过程，介绍环卫停车场建设的一些先进案例。

（11）其他资源循环配套设施规划。说明确定环卫管理用房、环卫工人休息场所、洒水（冲洗）车供水点等设施设置标准和建设方式的依据。

（12）实施建议与保障措施。说明提出规划实施建议与保障措施的基本思路和依据。

第6章 生活垃圾处理设施规划

6.1 编制内容

6.1.1 工作任务

随着国民生活质量提高，我国城市生活垃圾产生量正以每年8%～9%的速度在增长，人均生活垃圾产生量约为450～500kg，妥善解决生活垃圾问题迫在眉睫。我国城市环境卫生基础设施水平整体上较落后，历史欠账较多，目前还存在许多困难。垃圾处理必须经源头减量、物质利用、能量利用和卫生填埋等多法并举，且应少产垃圾、自产自销、就近处理，依赖完善的法律法规和先进的处理技术，合理进行处理技术路线选择以及处理设施规划，走产业化道路，才能解决城市生活垃圾问题。

生活垃圾处理设施专项规划编制内容一般包括现状调研、问题分析、产生量预测、技术路线规划、设施规划以及设施布局这几部分内容。

6.1.2 规划文本内容要求

1. 总则

简要介绍本次规划的规划目的、规划范围及规划期限。

2. 分类体系规划

简要介绍本次规划的生活垃圾分类类别及相应的分类体系。

3. 生活垃圾产生量预测

给出近远期生活垃圾产生总量、各分类类别产生量等结论。

4. 生活垃圾收运系统规划

明确城市近远期生活垃圾收运体系，包括生活垃圾转运量及转运需求等结论。

5. 生活垃圾处理设施规划

明确各类别生活垃圾处理技术路线、设施类别、规模及选址布局等结论。

6. 环卫公共设施规划

明确环卫公共设施规划的基本思路以及总体控制指标，环卫公共设施一般包含：收集点及废物箱、公共厕所、环卫停车场、环卫工人休息场所。

7. 实施保障及建议

提出设施近期建设建议，从管理体制、法规与政策、收运体系、用地保障、资金保障、奖惩措施等方面，提出有针对性的实施建议。

6.1.3　规划图纸要求

生活垃圾处理设施规划的图纸应包括：处理设施现状布局图、垃圾产生量分布图、收运设施规划图、处理设施规划布局图、大型环卫设施选址图集。

（1）处理设施现状布局图：标明现状生活垃圾处理设施的名称、位置与规模。

（2）垃圾产生量分布图：标明各分区预测城市生活垃圾产生量。

（3）收运设施规划图：标明生活垃圾处理设施的布局、规模及主要垃圾运输路线。

（4）处理设施规划图：标明规划生活垃圾处理设施的位置、处理规模及分区。

（5）设施用地选址图：标明生活垃圾处理设施的功能、规模、用地面积及防护距离等建设要求。

6.1.4　规划说明书要求

（1）项目概述：梳理本次规划编制工作的背景、必要性。指出规划的目的、范围、期限和内容，明确整个报告的基本框架。说明本次规划的原则与依据，明确整个工作的高度、科学性和合理性。

（2）现状及问题：根据调研情况，解析现状城市生活垃圾产生以及处理处置结构平衡性问题，垃圾分类的开展情况，生活垃圾收集、运输以及处理处置过程中在技术、市场、设施等方面存在的主要问题。

（3）城市综合发展概况及发展策略：以国土空间规划、城市建设近期规划等为依据，分析本地未来城市发展的定位、策略与方向，确定城市近、远期的人口控制规模和建设用地控制规模，总结、梳理其对生活垃圾处理设施建设的要求，并基于城市发展要求，提出规划区域的环卫发展的总体目标、发展的基本策略、设施布局的基本原则。

（4）相关规划解读：解读城市总体规划（国土空间规划）、上版环卫设施专项规划以及其他专项规划中区域发展战略、经济人口发展、环卫设施发展等方面内容。

（5）分类模式规划：解析并借鉴先进城市经验，结合国家、省、地方等的分类要求、当地经济状况及设施建设情况等对分类模式进行规划。

（6）生活垃圾产生量预测：对近远期生活垃圾产生总量、分类别垃圾产生量、分区垃圾产生量进行预测。

（7）生活垃圾收运体系规划：根据城市发展需求，构建合适的生活垃圾收运体系，明确相应的生活垃圾收运模式，并对转运设施规模、用地、布局及建设提出相应要求。

（8）生活垃圾处理处置设施规划：根据各类别生活垃圾产生量预测，核算各类别处理设施需求，结合相关城市规划以及规划限制因素情况，对处理处置设施进行布局规划，明确各类别处理设施规模、用地、布局。

（9）实施保障及建议：提出设施近期建设建议，从管理体制、法规与政策、收运体系、用地保障、资金保障、奖惩措施等方面，提出有针对性的实施建议。

6.2 生活垃圾分类

6.2.1 国外生活垃圾分类经验

国际上比较主流的分类体系主要有两种，其主要区别在于是否分出厨余垃圾。如日本，基本不分厨余垃圾，厨余垃圾并入可燃垃圾中直接进行焚烧处理，而德国则是分出厨余垃圾用以堆肥。下面将对日本以及德国的分类体系进行具体介绍。

1. 日本

以日本东京为例，日本东京生活垃圾主要分为四大类：一是可燃垃圾，包括厨余垃圾、无法再利用的纸屑纸巾、皮革制品和木头等；二是不可燃垃圾，包括灯泡、陶瓷、玻璃制品等生活用品；三是资源类垃圾，包括塑料容器包装、瓶罐类、书本杂志等；四是大件垃圾，包括废旧家具等较大的物品。这样的分类标准，一目了然，清晰易懂。可燃垃圾、不可燃垃圾和资源类需要市民购买专用的垃圾袋，并定时投放至指定地点（图 6-1）。资源类垃圾在丢弃前需要进行初步处理，塑料、玻璃瓶、罐头盒等要清洗干净，硬纸箱内的各种包装纸和缓冲材料务必取出，拆开并捆扎好，报纸杂志等也要用绳子捆牢，纸板箱和报纸杂志应放在室内保管，不能被雨淋湿。大件垃圾需市民购买并张贴专用回收券，通过政府公开的电话预约上门回收或自行送往指定地点交由专业企业处理。各个行政区在这大分类的基础上还会精细分类，如东京都 23 区出台了包装废弃物四类十一种分类标准。

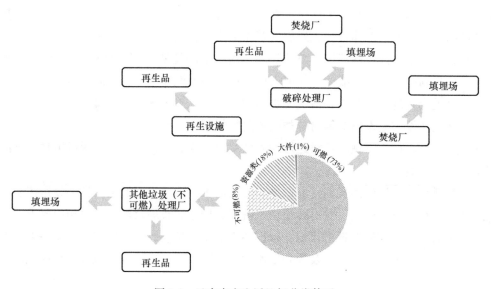

图 6-1 日本东京生活垃圾分类体系

2. 德国

德国生活垃圾分类多采用"三桶系统"或"五桶系统"（图 6-2）。三桶指的是：黑色或灰色垃圾桶，黄色垃圾桶和棕色有机垃圾桶。黑色或灰色垃圾桶用于存放不能回收利用的剩余垃圾，如煤渣、灯泡、橡皮、扫集物、无"绿点"标识的塑料桶等。黄色垃圾桶用于存放带"绿点"标志的包装废弃物，包括：铝箔包装废弃物、塑料包装废弃物、金属容器、复合包装材料。棕色有机垃圾桶用于存放有机垃圾等可以用来制作有机堆肥的垃圾。五桶是指在此基础上，增加了蓝色桶用于收集废纸；白色和绿色桶用于收集无色和有色玻璃。其中，柏林的垃圾分类按"五桶系统"。

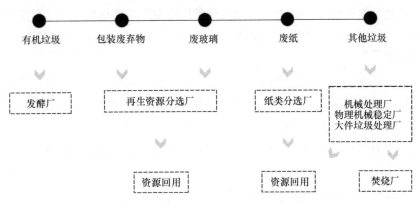

图 6-2　德国生活垃圾分类体系

6.2.2　分类体系选择

《生活垃圾分类标志》于 2019 年 12 月正式实施，在此标准中将生活垃圾类别调整为可回收物、有害垃圾、厨余垃圾及其他垃圾 4 大类和塑料、纸类、金属等 11 小类。目前国内生活垃圾分类也普遍将生活垃圾分为 4 大类，有害垃圾、可回收物、易腐垃圾（上海：湿垃圾；西安：厨余垃圾；成都：餐厨垃圾）和其他垃圾（上海：干垃圾）。具体细分小类每个城市各有不同。

结合上一节提到的日本东京和德国柏林的垃圾分类，可以初步判断，国际比较主流的两种分类体系的差异可能是生活习惯的不同导致的，日本居民产生的生活垃圾中，厨余垃圾所占比例仅为 20%，远低于中国的 60%。日本的厨余垃圾经简单减水处理后可以简单地归为可燃垃圾，不像其他地区因厨余垃圾总量大、湿度大，无法点燃。因此，在进行城市生活垃圾分类规划时，具体分类类别还应该结合国家、地区对分类的要求、城市设施配套情况、居民生活习惯以及居民素质而定。

6.2.3　分类体系规划

随着我国城市化进程的日益推进，越来越多的城市迈向了人口高度密集、产业高度发达的道路，而此类城市的固废问题亦愈发严峻。在所有城市综合固体废物中，生活垃圾的分类与人们日常生活息息相关，也最为复杂，将城市的大固废分类梳理过后，城市生活垃圾小分类的分类投放、分类收集、分类运输及分类处理皆有待探索。

1. 分类投放

随着城市人口激增带来的垃圾量激增，垃圾围城现象日益严重，对垃圾实施分类收集处理也日益成为解决垃圾围城的一项重要举措。垃圾分类可以有多种方式，例如通过垃圾的来源不同，可以将生活垃圾分为商业垃圾、办公垃圾、居民生活垃圾、园林绿化垃圾、餐厨垃圾等，这类分类方式简单易懂，清晰明了，对垃圾的追本溯源疗效甚好；根据垃圾末端处理设施的处理方式来分，又可将垃圾分为可燃垃圾、不可燃垃圾、易腐垃圾、有害垃圾以及可回收物，这类分类方式能够一定程度上减轻末端处理设施的处理压力，提高末端处理设施的处理效率和处理能力。例如将可燃垃圾与不可燃垃圾分开，提高了进入焚烧厂垃圾的热值，使得焚烧厂能够焚烧更多的可燃垃圾，同时也减少了填埋量，降低对有限填埋库容的消耗。

对于人口高度密集、产业高度发达的城市，由于土地紧缺，生活垃圾日产生量高，为满足生活垃圾"日产日清"的要求，推荐根据末端处理设施的处理类别进行分类。又因易腐垃圾处理设施占地面积大、处理周期长，不适用于土地紧缺的城市，故对于此类城市，应将生活垃圾分为不可燃垃圾、可回收物、有害垃圾以及其他垃圾（可燃）四大类。同一种垃圾具有多重属性的，则优先级按照有害＞可回收＞可燃＞不可燃来投放。通过这类分法，使每一类垃圾都能高效且妥善处理，从而解决城市垃圾围城的困局。

2. 分类收集

（1）定义垃圾类别及分类指引

分类收集首先要根据城市特性明确垃圾分类的类别以及每一类垃圾所包括的具体内容，并明确收集方式及频次，如表 6-1 所示。

城市生活垃圾总体分类指引

表 6-1

分类类别	基本定义与物品名称	总体收集频次
不可燃垃圾	能燃烧或不适宜采用焚烧方式处理的垃圾。 包括玻璃制品、陶瓷制品（茶杯、碟、花盆、泥土、灰土、玻璃眼镜……）	每天/每周/每月
可回收物	表示适宜回收和资源利用的垃圾。包括矿泉水瓶、啤酒瓶……	每天/每周/每月
有害垃圾	表示含有有害物质，包括汞干电池、荧光灯管、废弃药品、废弃油漆……	每天/每周/每月
其他垃圾（可燃）	除上述类别垃圾之外的垃圾，可以自持燃烧。其中包括纸类（纸巾、纸尿布）、橡胶和皮革（袋、鞋、拖鞋和靴）、软管和其他塑袋容器……	每天/每周/每月

（2）重点功能场景投放方式

城市大致可分为住宅区（城中村）、工业区、办公区、公共场所这几类重点功能场景。根据功能场景特性差异，垃圾分类投放方式也有所不同。例如住宅区（城中村）应注重由楼层投放调整为下楼投放，由物业配套监督员；工业区应注意由分散投放调整为集中投放，由免费处理调整为收费处理，配套办公和宿舍则参照居住小区执行等。

（3）分类投放原则

为促进分类顺利实施，提高居民分类准确率，需要采取相应的措施，遵循一定的原则来保证分类收集到的垃圾性质统一、品质相近。例如楼层撤桶、街道撤桶、按量收费、分错拒收、无处可丢、随身携带原则等。

为与楼层撤桶等工作衔接到位，提高小区业主对垃圾分类收集工作的接受度，在环境要求较高但用地紧张、难以找出合适收集点用地的小区，推荐采用升降式、隐蔽式、地埋式分类投放收集点，既提高景观观瞻，又保障收集密闭性，也便于结合互联网技术和计量手段实现智慧管理。

（4）分类投放监管

与分类投放相匹配的分类收集方式也需要逐步跟进，在居住小区、工业区、商业办公区等不同功能场景都需要由相应的管理机构设置配套人员进行分类的监察与监督。

3. 分类运输

（1）收运车辆标准

垃圾收运车辆必须规格统一、密闭性良好、作业过程中的噪声要小，做到不产生异味、不扰民，避免产生邻避效应。

（2）收运日程制定

不同区域根据自己区域的垃圾产生类别以及产生量制定相对应的垃圾收集日程表，每一类垃圾每周的收集次数、具体收集日期、具体收集时段都要有明确表述。对于本区域的垃圾产生频率等情况不熟悉的则按照全市标准收集频次执行。

4. 分类处理

生活垃圾经过分类以后可进行物质回收、能量回收以及最终处理。目前全国生活垃圾处理的主要技术手段有堆肥（物质回收）、厌氧发酵（物质回收）、焚烧（能量回收）、卫生填埋（最终处理）。最常用的手段目前仍然是卫生填埋，但卫生填埋对土地占用情况比较严重，且对所处理垃圾的类别无针对性；堆肥技术主要用于处理易腐垃圾，但该技术容易产生肥料不熟、含盐量过高而使肥料使用受限的弊端；厌氧发酵技术同样针对易腐垃圾的处理，但该技术目前尚不成熟且占地面积太大、处理周期长，与城市土地高度集约化的现状不适配；焚烧技术主要针对可燃垃圾，该技术处理周期短、时效性好，能做到对垃圾的日产日清。故对于土地高度紧缺的城市，可燃垃圾推荐以焚烧为主，不可燃垃圾以填埋为主，可回收物和有害垃圾则由相应企业分别回收以及无害化处理。

6.2.4　分类宣教规划

1. 学校教育

学校是垃圾分类教育的重点实施场所，通过学校教育使下一代形成垃圾分类的意识，再由下一代影响上一代，由孩子回家影响父母长辈，进而影响一个甚至几个家庭，从而促进全民分类的开展。因此，牢牢把握住学校这一宣教渠道，是大面积推广垃圾分类、使垃圾分类习惯代代相传的必由之路。

幼儿园阶段是养成良好学习习惯以及生活习惯的重要阶段。在这个阶段，需要老师在垃圾分类方面进行正确的引导，督促学生养成正确的分类习惯，同时也要联合家长共同参与培养，家庭与学校配合共同为学生创造良好的垃圾分类氛围，避免让学生产生时而需要分类时而不需要分类的错觉。幼儿园阶段学生对文字的识别程度较低，因此需要侧重于培养学生垃圾分类的意识，老师应手把手教学生如何分类。同时可绘制垃圾分类连环画等有意思的分类读物对幼儿园孩童进行垃圾分类教育。

小学以及中学阶段的学生在读书识字方面相比幼儿园时期有很大的进步，因而可以通过在学校发放垃圾分类课本、开设分类课程、举行垃圾分类考试等活动来引导学生做好垃圾分类。同时，学生也会通过学校学到的垃圾分类知识对父母进行影响和监督，促使父母参与到垃圾分类的活动中。将垃圾分类纳入义务教育，是推进垃圾分类的必要宣传手段。

2. 公共媒体宣传

媒体可分为新媒体以及传统媒体。传统媒体是指报刊杂志、广播、电视等；而新媒体则是利用数字技术、网络技术，通过互联网、宽带局域网、无线通信网、卫星等渠道，以及电脑、手机、数字电视机等终端，向用户提供信息和娱乐服务的传播形态。媒体渠道的受众最广泛，传播速度最快，但信息遗忘速度也很快，因此媒体渠道的宣教可以侧重于短小精悍的概念，且需要长期不断重复传播，使人印象深刻，将垃圾分类逐渐融入行为意识中。

（1）报刊杂志等纸媒体

报刊杂志等纸媒的发行量很大，触及面广，遍及城市、乡村、机关、厂矿、企业，有些报刊杂志甚至发行至海外。另外，报刊杂志的传播十分迅速，它们一般都有自己的发行网和发行对象，因而投递迅速准确。其次，纸媒的文字表现力强，多种多样，可大可小，可多可简，图文并茂，又可套色，引人注目。最后，纸媒的传播费用十分低廉，是投入较少的一种宣传方式。

报刊杂志的受众主要为小区居民、城中村居民、工厂员工以及中老年人等，根据其传播信息的特点，报刊杂志的分类宣教内容主要为指点居民该如何分类以及通报表扬或者批评一定区域范围内的公众、物业等垃圾分类的执行效果等。

（2）广播媒体

广播媒体使用语言作工具、用声音传播内容，听众不受年龄、性别、职业、文化、空间、地点、条件的限制。广播媒体传播信息的速度快，能把刚刚发生和正在发生的事情告诉听众。另外，广播媒体感染力强，广播依靠声音传播内容，声音的优势在于具有传真感，听其声能如临其境、如见其人，能唤起听众的视觉，有强劲吸引力。

广播媒体的主要受众多为小车司机以及车上的乘客，在上下班高峰期的收听频率会很高。因此，在广播中规律性重复播放创意小广告来普及垃圾分类，阐明垃圾分类误区、指出垃圾分类正确方法、强调在各类场所扔垃圾都要弄清该场所的垃圾分类指引，是高效利用广播媒体进行垃圾分类宣教的有效之法。

（3）电视媒体

电视媒体用形象和声音表达思想，视听结合传达效果好，这比报纸只靠文字符号和广播只靠声音来表达要直观得多。电视媒体具有纪实性强、有现场感的特点，能让观众直接看到事物的情境，能使观众产生身临其境的现场感和参与感，具有时间上的同时性、空间上的同位性。电视媒体与广播一样，用电波传送信号，向四面八方发射，把信号直接送到观众家里，传播速度快，收视观众多，影响面大，且由于直接用图像和声音来传播信息，因此观众完全不受文化程度的限制，适应面最广泛。

传统媒体中，电视媒体受众最广且不受年龄、文化、职业等限制，根据这一特点，可通过电视媒体播送针对不同年龄、职业、文化水平所涉及的不同类别的公益广告、宣传片等，宣传片内容应包括垃圾从分类投放、分类运输到末端处理的全过程。播送垃圾分类公益广告，推广垃圾分类的概念，强调按照垃圾分类指引进行分类。

（4）新媒体[12]

新媒体是相对于传统媒体而言，是报刊、广播、电视等传统媒体以后发展起来的新的媒体形态，是利用数字技术、网络技术、移动技术，通过互联网、无线通信网、有线网络等渠道以及电脑、手机、数字电视机等终端，向用户提供信息和娱乐的传播形态和媒体形态。新媒体具有交互性与即时性，海量性与共享性，多媒体与超文本，个性化与社群化的特征。

根据新媒体的这一特性，通过各类新媒体客户端例如微博、微信、网易新闻等适时向城市用户推送垃圾分类的小知识、广告宣传片等，使得居民逐渐意识到垃圾分类的必要性，从而身体力行开展垃圾分类。

3. 宣教基地

宣教基地是向当地居民以及外来游客普及垃圾分类知识的重要场所，承载着推广垃圾分类的重要职责。因此，宣教基地在介绍垃圾分类全链条、全过程的同时，也要融入城市的文化与特色，将垃圾分类宣教基地打造成有特色的宣传全国先进垃圾分类理念的重要窗口。另外，还可通过邀请名人明星、机关企事业单位的领导担任讲解员，向自己的员工亲自讲解垃圾分类的知识这类志愿活动，让公众有组织、有纪律地接受垃圾分类教育。

宣教素材需要从多方面考虑，例如垃圾分类现状展示、发达国家和地区垃圾分类经验、垃圾分类发展历程、垃圾分类模式、未来展望等。还可制作相应的垃圾再生纪念品等发放给访客。其中，垃圾分类现状展示需要讲述垃圾围城的危机与危害，尤其是不经科学处理的垃圾对人类生活和环境的主要影响和危害——侵占地表、传播疾病、污染土壤和水体、污染大气、安全隐患等，可通过全息投影演示结合沙盘模型、情景仿真实物经合气味体验、土壤结构模型、立体文字、屏幕及背景墙面结构等形式进行宣教；发达国家和地区垃圾分类经验需要展示发达国家和地区的分类体系、法规、处理技术、工艺、宣传教育等方面的举措与成效；垃圾分类历程需要从起步阶段、过渡阶段以及全面实施阶段这三个阶段来介绍，同时还可以介绍各辖区垃圾分类管理中的亮点举措、行动等；未来展望环节则需要参访者在宣教基地留下自己对垃圾分类的认识以及美好期望。

6.2.5　分类主管机构规划

做好垃圾分类工作，还需要一个专门的机构来进行分类管理。该部门要具备政策研究与规划职能，负责全市垃圾分类的政策研究与制定、顶层设计与规划；具备设施设备职能，负责对分类设备进行管理与管控，包括设备的更新、回用、报废等；具备统计监察职能，负责对城市每一类垃圾的产生量、清运量和处理量进行统计以及数据的储存；具备技术培育职能，负责管理研发新型分类技术以及分类收运、分类处理技术；具备集运设施管理职能，负责把控全市各类垃圾集运设施的建设落实、运营监管等；具备处理设施管理职能，负责把控全市各类垃圾处理设施的建设落实、运营监管等。

6.3 规模预测

生活垃圾产生及处理量的预测，核心是得出生活垃圾总量、分区产生量以及生活垃圾组分比例预测结果，为后续设施空间分布、设施规划规模以及设施选址提供决定性的支持作用。需要说明的是，生活垃圾产生量预测是基于现状和历史发展走势而对未来产生情况的推测值，并不一定能精准反映未来的产生量。因此，在往后实证中，预测结果和实际产生量之间的误差是合理的。

目前，有多种生活垃圾产量预测方法，也有较多标准和规范列出明确的预测方法，如《生活垃圾生产量计算及预测方法》CJ/T 106、《城市环境卫生设施规划标准》GB/T 50337 等。多种预测方法给生活垃圾产生量预测提供了基于不同已知条件下的多个预测模型和途径，同时给预测结果的未来符合性提供了更加科学全面的保障。因此，预测结果往往是多种预测方法的综合考虑值。

6.3.1 增长率预测法

增长率预测法一般是指年增长率法，采用基准年生活垃圾年产生量作为预测基数，预测年生活垃圾年产生量按公式计算[13]：

$$Y = Y_0 \times (1+r)^t \qquad (6-1)$$

式中　Y_0——基准年生活垃圾年产生量（kg）；

　　　r——生活垃圾年产生量的年平均增长率（％），宜取不少于 5 年有效数据增长率的平均值；

　　　t——预测年限，预测年份与基准年份的差值。

该方法的优势是需要历史数据样本较少，只需获取基准年前 5 年的生活垃圾产生量即可。但预测结果可能偏差较大，这取决于 r，即生活垃圾年产生量的年平均增长率。此方法默认生活垃圾产生量的年平均增长率在此后是维持不变的，但实际上生活垃圾产生量的年增长率往往各不相同，其 5 年平均值也是有所差别而不是一成不变的，尤其对于新区、开发区、新城或者人口流动性较大的城市和地区，年增长率往往差异较大，导致年增长率平均值差异较大。对于中长期预测，该方法的预测结果与实际产生量的偏差将会被放大。因此，建议此方法用于历史数据样本较小且预测年份较短的情况。

6.3.2 趋势递增法

趋势递增法是以历史产生量为样本，利用曲线（包括直线）拟合、以时间序列为变量的数学模型预测方法。趋势递增法的拟合曲线主要有线性回归、指数、线性、对数、多项式、幂函数、移动平均等数学模型，通过时间与历史样本的拟合，寻找二者的相关关系，并得出拟合方程和相关系数 R。相关系数是由统计学家卡尔·皮尔逊设计的统计指标，是研究变量之间线性相关程度的量，通过 R 值可得出自变量和因变量的相关程度。R 值越高，相关性越强，意味着拟合得出的数学模型越符合实际趋势。通过历史产生量样本得出最佳拟合预测模型（一般取 R 值最高的拟合方程），再输入预测年限进行预测计算，得到预测结果[14]。

以一元线性回归为例。根据生活垃圾产生量（基数）计算对应给定自变量 X（预测年）的因变量 Y 值（预测年生活垃圾产生量），采用逼近生活垃圾年产生量的最小二乘法计算 Y 关于 X 的回归曲线，线性回归方程如下：

$$Y = a + bX \tag{6-2}$$

式中　a，b——回归系数，需通过历年产生量 Y 与对应年份 X 求出，具体计算如下。

$$a = \frac{\sum_{i=1}^{n} y_i - b \sum_{i=1}^{n} x_i}{n} \tag{6-3}$$

$$b = \frac{n \sum_{i=1}^{n} x_i y_i - (\sum_{i=1}^{n} x_i)(\sum_{i=1}^{n} y_i)}{n \sum_{i=1}^{n} x_i^2 - (\sum_{i=1}^{n} x_i)^2} \tag{6-4}$$

式中　n——有效历史数据样本个数，不应少于 6 年；

x_i——第 i 个历史数据对应的年度；

y_i——第 i 个历史数据对应的生活垃圾年产生量（t）。

$$r = \frac{n \sum_{i=1}^{n} x_i y_i - (\sum_{i=1}^{n} x_i)(\sum_{i=1}^{n} y_i)}{\sqrt{[n \sum_{i=1}^{n} x_i^2 - (\sum_{i=1}^{n} x_i)^2][n \sum_{i=1}^{n} y_i^2 - (\sum_{i=1}^{n} y_i)^2]}} \tag{6-5}$$

通过公式代入回归方程，计算得到回归系数 a 和 b。最后通过计算得到相关系数 r 值，判别拟合程度。当 $r > 0.9$，可视为拟合度较好，即该一元线性回归方程能有效用于预测。

除了一元线性回归，趋势递增法还有指数、线性、对数、多项式、幂函数、移动平均等数学模型，在同一统计软件中可采用这些拟合方法逐一拟合，通过对比各个相关系数值，以及拟合的趋势线走势，选取最佳拟合模型；也可通过多种趋势递增拟合模型预测的结果取平均值，作为最终的预测结果。

6.3.3　人均指标法

人均指标法是通过人均垃圾产生量与预测地区人口的乘积所得的产生量预测方法，具体数学模型如下：

$$Q = R \times q \times e \times 10 \tag{6-6}$$

式中　Q——预测的固体废物产生量（t/d）；

R——规划区人口规模（万人）；

q——日人均产生量 $[kg/(d \cdot 人)]$；

e——垃圾产生量变化系数。

结合国内发达城市地区现状人均生活垃圾日产量指标和《城市环境卫生设施规划规范》GB/T 50337[15]中日人均生活垃圾产生量经验指标 $[0.8\sim1.8kg/（人 \cdot d）]$，经济越发达、人口基数越多的地区，$e$ 的取值可越高，如深圳的《深圳市城市规划标准与准则》[16]中提到，生活垃圾产生量按 $1.0\sim1.5kg/（人 \cdot d）$ 计算，并且在相关规划中，e 的取值往往不低于 $1.3kg/（人 \cdot d）$。

人均指标法是建立在以人口为核心预测因素的预测方法，该方法的思想是围绕人的经济社会活动，视其为固体废物产生的决定性因素，紧密与人口变化及人均产生量指标挂钩。在使用该方法进行预测时，需要注意人口口径的统一和换算。人口统计口径有户籍人口、常住人口和实际人口，在大多数人均预测法案例中，人均产生量是以常住人口为基数，因此大部分的产生量预测案例中是以常住人口为人口基数。但常住人口往往与区域实际人口存在较大偏差，可通过二者现状比例，结合规划常住人口进行换算，得到规划的实际人口；同时，实际人均产生量也需要以实际人口为基数进行换算，保持前后口径统一[17]。

6.3.4 灰色模型法

灰色系统即信息不完全的系统。若一个系统的系统因素、因素关系、系统结构及作用原理等不完全明确，即可称之为灰色系统。灰色系统理论研究是"部分信息已知，部分信息未知"的"小样本""贫信息"不确定性系统。通过将离散序列的数据做累加生成运算，弱化其随机性，加强其规律性，呈现系统固有的一些本质特征。灰色预测法通过鉴别系统因素之间发展趋势的相异程度，寻找系统变动的规律，生成有较强规律性的数据序列，然后建立相应的微分方程预测事物的发展趋势。

灰色系统理论将已知无规则的原始数据序列按照某种规则变换成较有规律的生成数列，进而寻找其内在规律进行建模，考虑到该模型是灰色系统的本征模型，且为近似的、非唯一的，故称之为灰色模型（Grey Model）。最常用的灰色模型为一阶单变量微分方程灰色模型，即 GM（1，1）。相对其他时间序列模拟方法具有以下优势[18]：

（1）灰色模型是一种长期预测模型，进行预测所需原始数据量小，预测精度较高。

（2）理论性强，计算方便，借助计算机及其程序设计语言或相关软件间接计算，使得数据处理简便、快速、准确性好。

（3）采用对系统的行为特征数据进行生成的方法，对杂乱无章的系统的行为特征数据进行处理，从中发现系统的内在规律。

（4）适用性强。既可进行宏观长期的预测，亦可用于微观短期的预测。

GM（1，1）模型预测流程如图 6-3 所示。

基于 GM（1，1）的预测称为灰色预测。灰色预测的特点是：允许少数据预测，允许对灰因果事件进行预测，具有可检验性。

灰色预测建模的可行性及精确度可通过灰色预测检验来实现。灰色预测检验通常包括事前检验、事中检验和事后检验。

事前检验是在建模前进行的对原始数据序列作建模的可行性检验。事中检验是在建模之后进行的对模型的精确度进行的检验。事后检验是在建模后进行的对预测可信度进行的检验，该检验是考察已建模型对数据外推的可信度。通常采用实际检验的方法，即将预测数据与实际发生的数据对比，以了解其预测精度[19]。

灰色预测模型可在数据较少的情况下对非线性、不确定系统的数据序列进行预测。但是当系统中出现了突变、切换、故障或大扰动等情况，对预测序列造成了干扰，就会出现异常数据，从而破坏预测数据的平稳性，导致预测误差大幅上升。

城市生活垃圾系统同时存在大量已知和未知信息，是典型的灰色系统。一般来说，城市生活垃圾的产生量单调递增，变化率不均匀，符合灰色理论的建模条件。

穆罕默德·马斯里等[20]以武汉市为研究对象，建立灰色模型 GM（1，1），分析得出影响垃圾产生量的三大因素分别为人口、街道清扫面积和人均可支配收入，并运用模型对武汉市生活垃圾产生量进行预测。

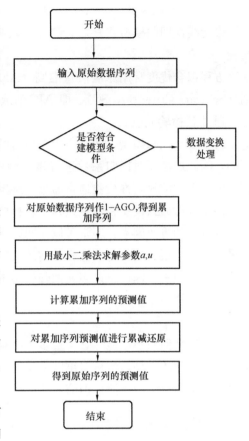

图 6-3　GM（1，1）模型预测流程图

6.3.5　多元线性回归法

回归分析是研究因变量和自变量之间数量变化规律，并通过一定的数学表达式来描述这种关系，进而确定一个或几个自变量的变化对因变量的影响程度。回归分析是常规统计预测方法中常用的一种方法。多元回归分析的依据是各种可能影响城市生活垃圾产生量的影响因素（一般为社会经济指标）对产生量的影响具有历史的延续性，利用这些影响因素作为自变量，应用数理统计回归揭示这些影响因素与城市生活垃圾产生量之间的数量关系。这一关系可应用于在确定相关指标变化趋势的前提下，对城市生活垃圾产生量的趋势进行定量分析。

多元回归分析模型的通式如下[21]：

$$y = a_0 + a_1 x_1 + a_2 x_2 + \cdots + a_k x_k \tag{6-7}$$

式中　y——城市生活垃圾产生量；

　　　x_k——各项影响城市生活垃圾的社会经济指标，$k = 1, 2, \cdots, n$；

　　　a_0——回归常数；

a_k——回归参数，$k=1,2,3,\cdots,n$。

多元线性回归模型建好后，需要对其拟合优度、方程显著性及回归系数显著性进行检验。

方程拟合优度常用赤池信息准则（Akaike Information Criterion，AIC）和施瓦茨准则（Schwarz Criterion，SC），即 AIC 值或 SC 值越小，模型拟合程度越高。方程显著性检验通过 F 检验完成。

对于多元回归模型，回归方程是显著的并不能说明每个自变量对因变量的影响都是显著的，因此还需要对回归系数进行显著性检验以确定某个自变量对因变量的影响是否显著。回归系数的显著性检验通常通过 t 检验来完成。

多元线性回归模型在建立过程中，社会经济指标的选取是与模型的精密度、预测趋势可信度有关的重要因素，通常可以在回归前和回归中对相关指标进行筛选，回归前的筛选可采用定性分析讨论，如从世界各地的实践看，人口和经济发展综合指标是废物产生量关系最密切的因素，因此也是多元回归模型中选取的基本回归变量指标。使用社会经济指标建立固体废物产生状况回归模型时，延迟（指标影响的提前或滞后出现）是普遍要修正的因素。

多元线性回归模型能综合考量多个因素对生活垃圾产生量发展变化的影响，相对单因素（时间）预测模型，能从多维因素反映产生量与其他因素的相关性，并能从多因素作用下对产生量进行综合预测，但需要从大量的各个因素的数据样本中筛选主要影响因子。

6.3.6　BP 神经网络预测法

人工神经网络是从信息处理角度对人脑神经元网络进行仿真，建立某种简单模型，按不同的连接方式组成不同的网络。人工神经网络系统由于具有信息的分布存储、并行处理以及自学习能力等优点，已经得到越来越广泛的应用。尤其是 BP 神经网络，可以以任意精度逼近任意连续函数，所以广泛地应用于非线性建模、函数逼近和模式分类等方面。

BP 神经网络可以看作是从输入层到输出层的一个非线性映射，其算法学习过程包含正向传播和反向传播[22]。输入信号 X_i 从输入层转向隐含层，输入层到隐含层的权值为 W_{ij}，阈值为 θ_i；从隐含层再传到输出层，同理得到相应权值和阈值。给定预设的目标（已有数据的目标结果）为 Y'，通过输出值 Y 与目标值 Y' 得到均方误差。当均方误差小于设定范围时，结束网络的学习和训练；否则转入反向传播，将误差信号沿原连通路径返回，逐层对权值和阈值进行修正，继续对网格进行学习和训练，直到输出值与目标值的均方误差在设定范围之内，最后得到输出结果，图 6-4 为 BP 神经网络的拓扑结构图。

BP 神经网络的运算可用 Matlab 软件实现。Matlab 集数学计算、图形计算、语言设计、计算机仿真等于一体，具有极高的编程效率。其中的神经网络工具箱是以神经网络理论为基础，用 Matlab 语言构造出的典型神经网络工具函数。运用此工具箱，可以简便地实现运算求解。

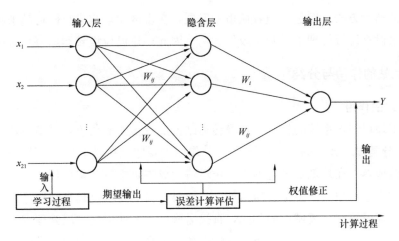

图 6-4　神经网络结构图

6.3.7　多因素 BP 神经网络预测法

由于城市生活垃圾产生量受多种因素的影响，具有较强的非线性特性，而 BP 神经网络具有自学习、自组织、自适应和较强的容错性等特点，正好是描述非线性系统的一种有效的工具，特别适用于对具有多因素性、不确定性、随机性、非线性和随时间变化特性的对象进行研究。

城市生活垃圾产生量的影响因素主要分为四类：内在影响、自然影响、个体影响、社会影响。内在影响主要是与垃圾产生量相关的部分，例如人口、经济发展水平和居民消费水平等[23]。自然的影响主要是季节和地域造成的影响，主要是和能源结构相关。个体影响是指垃圾产生个体生活习惯、环保意识等不同造成的影响。社会影响是由垃圾减量、回收利用相关法律法规对于垃圾产生量造成的影响。在这四类影响情况中，内在因素对于生活垃圾产生量的影响是最主要的。

人口因素是垃圾产生的主要因素之一，各个城市有各自人口结构特征。如深圳市工业经济中加工和高新技术占主导地位。随着经济发展，劳动力结构需求必然升级，劳动力需求也会相应增加。所以，深圳市人才的结构和经济结构决定了经济和人口是深圳市人口增长的主要动力。

以此，在进行多因素 BP 神经网络预测时，可选取人口、人口密度、居民人均消费性支出、垃圾收费等外在和内部因素作为神经网络模型的基本变量，而居民环保意识等不能够被准确量化的指标通过政策因素等来体现。

6.4　转运策略

转运是指将生活垃圾从各分散的垃圾收集点收集至转运站，随后转载到大型运输车辆，并将其远距离运至垃圾处理利用设施或处置场的过程[24]。当城市垃圾收集点距离垃圾处理利用设施或处置场不远时，采用垃圾收集车收集后直接运往垃圾处置点是最为常用且经济的垃圾清运方法。但是，随着城市的发展，在市区垃圾收集点附近越来越难以找到适合的地方来设立垃圾处理工厂和垃圾处置场。因此，建设垃圾转运站将是必然趋势。

6.4.1 转运站的作用与分类

1. 转运站的作用

作为城市垃圾转运系统的核心，垃圾转运站扮演着重要的角色，是实现垃圾存储、压缩、（中端）分类以及转运的重要区域[25]。其作用主要体现在以下几个方面：

（1）节约成本。在垃圾处理过程中，垃圾清运成本是主要成本项目之一，随着城市规模的扩大，城市生活垃圾产生量不断增加，人们对环境的要求也越来越高，大部分城市的垃圾处理设施都设置在远离城市的郊区，直接运输将极大地提高垃圾处理成本。而通过垃圾转运站的建立，可以有效减少垃圾运输的次数，提高垃圾运输效率，进而有效地缩减了垃圾运输成本[26]。

（2）缓解交通。通过设立垃圾转运站，可以实现城市不同片区生活垃圾的汇总，在一定程度上缩短了垃圾收集车的运输距离。此外，垃圾转运站能够对转运过来的垃圾进行压缩处理，极大地提高了车辆的有效运输量，降低垃圾运输的次数，进而在一定程度上缓解因为垃圾运输导致的交通堵塞问题。

（3）垃圾分类。垃圾转运站可对城市产生的生活垃圾进行简单的分类和筛选，对可二次回收利用的物品进行中前端收集，对不适合垃圾处理场处理的有害物品提前进行筛选，在垃圾处理厂正式处理垃圾前对垃圾进行"第一次"处理，在某种程度上也有助于提高末端垃圾处理设施的垃圾处理效率。

（4）环境保护。通过设立垃圾转运站，能够实现对城市片区内垃圾收集点的垃圾集中处理，同时其本身的建设标准符合环境保护要求。垃圾转运站能够有效减少垃圾的二次污染，对城市环境保护工作开展具有重要的促进作用。

2. 转运站分类

国内外垃圾转运站的形式是多种多样的，它们的主要区别在于工艺流程、主要转运设备及其工作原理和对垃圾的压实效果（减容压实程度）、环保性等（图6-5）。根据转运处理规模、转运作业工艺流程和转运设备对垃圾兼容程度的不同，转运站可分为多种类型。

图 6-5 深圳市南山区南山村小型垃圾转运站

（1）按转运能力分可分为小型、中小型、中型、大型、超大型。

1）小型转运站，转运规模<50 t/d；

2）中小型转运站，转运规模50～150 t/d；

3）中型转运站，转运规模150～450 t/d；

4）大型转运站，转运规模：450～1000 t/d；

5）超大型转运站，转运规模＞1000 t/d。

（2）按有无压实设备和压实程度分，可分为无压缩直接转运与压缩式间接转运两种。

1）无压缩直接转运

无压缩直接转运是指采用垃圾收集车将垃圾从垃圾收集点或垃圾收集站直接收集运输至终端处理设施的运输方式。

2）压缩式间接转运

压缩式间接转运是指采用垃圾收集车将垃圾从垃圾收集点或垃圾收集站集中收集至转运站，进行压缩处理后，转载至大型专用运输车运至终端处理设施的运输方式。

（3）按压缩设备作业方式分，可分为水平压缩转运和竖直压缩转运两种。

1）水平压缩是利用推料装置将垃圾推入水平放置的容器内，容器一般为长方体集装箱，然后，开启压缩机，将垃圾往集装箱内压缩。

2）竖直压缩即是将垃圾倒入垂直放置的圆筒形容器内，压缩装置由上至下垂直将垃圾压缩，垃圾在压缩装置重力和机械力同时作用下得到压缩，压缩力比较大，压缩装置与容器不接触、无摩擦。

水平压缩与竖直压缩工艺比较[27]　　　　　　　　　　　　　　表 6-2

压缩设备		水平压缩	竖直压缩
工艺	技术成熟可靠性	成熟可靠	成熟可靠
	工艺环节	垃圾卸入料仓，先经横向推料机送料，进入压缩机后通过纵向压缩机压缩装箱	垃圾直接卸入容器，至一定料位，由容器上方的压实器进行竖直压缩
	箱与机的连接要求	集装箱进料门与压缩机通过定位导向装置连接，连接可靠。在压缩机与集装箱门连接处，要求密封性好	容器与压实器之间设置定位装置。为防止收集车卸料时垃圾散落，需要设置专门的卸料溜槽
	渗滤液排水问题	平均压缩出水率约 6%～8%，高峰期压缩出水率可达 10%	平均压缩出水率 2%～3%，高峰期压缩出水率可达 5%
经济	占地要求	占地相对较大	占地相对较小
	工程投资	土建投资较为接近；压缩设备投资较高；运输设备投资较低；辅助环保设备投资较高	土建投资较为接近；压缩设备投资较低；运输设备投资较高；辅助环保设备投资较低
	能耗	能耗相对较高。大型水平压缩机功率均大于 100kW	能耗相对较低。压实器功率约 30kW
	垃圾散落	压缩机与集装箱接口处垃圾较易散落	卸料溜槽与卸料凭条和集装箱接口处容易出现垃圾散落
	污水排放	站内不可避免要排放垃圾渗滤液且尚无对垃圾渗滤液单独收集，垃圾渗滤液易与冲洗水混合	垃圾渗滤液可以装在容器内不排放，也可以采取措施在站内集中收集
	臭气扩散与控制	臭气主要散发源为垃圾槽以及压缩机与集装箱接合处，该区域体量较大，臭气收集与处理量较大	臭气主要散发源为各容器泊位，泊位所在压缩装箱区体量较小，臭气收集与处理量较小

压缩设备		水平压缩	竖直压缩
适应性	高峰期适应性	站内设置垃圾槽，可有效缓解高峰期的影响	可通过设置多个容器泊位缓解高峰期的影响
	分类收集适应性	需要设置多套压缩机转运不同类别垃圾，运行效率较低，对分类收集适应性较差	不同的容器泊位可装载不同类别垃圾，对分类收集具有良好的适应性
	设备故障下的适应性	压缩设备故障时无法转运垃圾	压缩设施故障时仍可以转运垃圾

（4）按大型运输工具分，可分为公路运输、铁路运输、水路运输、气力运输。

1）公路运输

公路转运车辆是最主要的运输工具，使用较多的公路转运车辆有半挂式转运车、车厢一体式转运车和车厢可卸式转运车。车厢可卸式转运车是目前国内外广泛采用的垃圾转运车，无论是在山区还是在填埋场，它都展现出优良和稳定的性能。该种转运车的垃圾集装箱轻巧灵活、有效容积大、净载率高、密封性好。该车型由于汽车底盘和垃圾集装箱可自由分离、组合，在压缩机压缩集装箱内压装垃圾时，司机和车辆不需要在站内停留等候，提高了转运车和司机的工作效率，因而设备投资和运行成本均较低，维护保养也更方便。

2）铁路运输

当需要远距离大量运输城市垃圾时，铁路运输是最有效的解决方法。特别是在比较偏远的地方，公路运输困难，但却有铁路线，且沿线有垃圾填埋场地时，铁路运输方式就比较实用。铁路运输城市垃圾常用的车辆有：设有专用卸车设备的普通卡车、有效负荷10～15t；大容量专用车辆，有效负荷25～30t。

3）水路运输

通过水路可廉价运输大量城市垃圾，因此也受到人们的重视。水路垃圾转运站需设在河流或者运河边，垃圾收集车可将垃圾直接卸入停靠在码头的驳船里。需要设计专用的转载和卸船码头。

4）气力输送转运

最近几年，国外在建设新型的公寓类建筑物时采用了一种新型的生活垃圾收集输送系统，及采用管道气力输送转运系统。该系统主要由中心转运站、管道和各种控制阀等组成。中心转运站内设有若干台鼓风机、消声器、手动及自动控制阀、空气过滤器、垃圾压缩机、集装箱及其他辅助设施等。管道线路上装有进气口、截流阀、垃圾卸料阀、管道清理口等。如图6-6所示。

3. 转运站类型介绍

根据装载运输车的方式不同，转运站可以分为三种常见的类型：直接装载型、先贮存再装载型、直接装载和先贮存再装载相结合型。

（1）直接装载型

在直接装载型转运站里，收集车把收集到的垃圾运至转运站，经称重后，直接倒入大

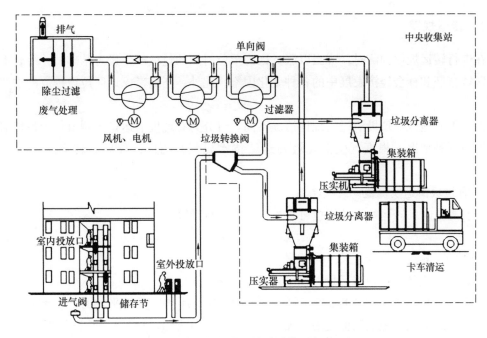

图 6-6　气力输送转运系统示意图

型运输车中，以便把垃圾运到最终的处置场，或将垃圾倒入压缩机中压缩后再装入大型运输车运至处置场。在大多数情况下，垃圾中可回收利用部分被筛选出来后，剩下的垃圾被倒入平板车，然后被推入运输工具。可以被临时贮存在平板车中的垃圾的体积被称为该转运站的临时储量或紧急储量。这种类型的转运站仅作为运输车辆（由手推车至后装式压缩车）转换的集中转换场所，而转运站内一般并不设垃圾容器存放垃圾。

（2）先贮存再装载型

在这种先贮存再装载型转运站里，垃圾收集车先把垃圾倒入一个贮存坑，然后通过各种辅助器械，将坑内的垃圾装入大型运输工具。与直接装载型转运站相比，先贮存再装载型转运站带有一定的贮存垃圾的能力，通常为 1~3 天。

（3）直接装载和先贮存再装载相结合型

在一些转运站，直接装载和卸货后再装载是结合使用的。一般情况下，与单一用途的转运设施相比，多功能的转运设施能够服务更多的用户。此外，多功能转运站还能在站内建立起一个垃圾回收利用系统，有利于提高垃圾处理效率，实现可回收资源的资源化利用。转运站内具体的操作过程为：首先，所有希望使用转运站的用户必须进入称重检查室接受检查，大型商业垃圾车经过称重后，司机会拿到一张盖章后的商业客户凭条；然后，司机将车驶入并卸载，把车内的所有垃圾倾倒入运输拖车；最后，空车返回称重室，经过再次称重后，司机返还商业客户凭条，并根据计算出的垃圾重量进行结算。

在进行转运设施选取时，应根据垃圾收集、运输、处理的要求及当地实际情况确定，垃圾转运工艺选择应减少垃圾裸露时间，保证垃圾物流转移通畅，同时应提高设备工作效率，降低能耗以及作业安全卫生风险，减轻环卫工人劳动作业强度。

6.4.2 转运规模

在进行转运规模预测时，应当以服务区内单位时间的垃圾产生量为基础，并综合考虑城乡区域特征和社会经济发展中的各种变化因素。此外，还应考虑地区垃圾排放的季节波动性。

由于不同地区对垃圾清运的统计情况不同，可分为有垃圾清运量实测值和无垃圾清运量实测值两种情况。根据《生活垃圾转运站技术规范》CJJ/T 47[28]，转运站规模预测如下。

1. 有垃圾清运实测值

有实测值时，转运站设计规模可直接按下式进行计算。

$$Q_d = K_s \cdot Q_c \tag{6-8}$$

式中　Q_d——转运站设计规模（转运量）（t/d）；

　　　Q_c——服务区垃圾清运量（年平均值）（t/d）；

　　　K_s——垃圾排放季节性波动系数，指年度最大月产生量与平均月产生量的比值，应按当地实测值选用；无实测值时，K_s可取 1.3～1.5。特殊情况下（如台风地区）可进一步增大波动系数。

2. 无垃圾清运实测值

无实测值时，服务区垃圾清运量可按下式进行计算，然后将计算所得的服务区垃圾清运量代入上式，即可得到该区域垃圾转运站设计规模。

$$Q_c = n \cdot \frac{q}{1000} \tag{6-9}$$

式中　n——服务区服务人数（人）；

　　　q——服务区内，人均垃圾排放量［kg/(人・d)］，城镇地区可取 0.8～1.0kg/(人・d)；农村地区可取 0.5～0.7kg/(人・d)。对于实行垃圾分类收集的地区，应扣除分类收集后未进入转运站的垃圾量。

此外，转运站通常由若干单元组成，在进行转运站转运单元数量确定时，通常可按照下列公式进行计算。

$$m = \left[\frac{Q_d}{Q_u}\right] \tag{6-10}$$

式中　m——转运单元的数量；

　　　Q_u——单个转运单元的转运能力（t/d）；

　　　[ ]——高斯取整函数符号。

转运单元的实际转运量应满足高峰时段要求。高峰时段垃圾转运能力 q_{gf} 和高峰时段垃圾转运量 Q_{gf} 分别按以下公式计算：

$$q_{gf} = \frac{Q_{gf}}{h_{gf}} \tag{6-11}$$

$$Q_{gf} = k_{gf} \cdot Q_d \tag{6-12}$$

式中　q_{gf}——转运单元在高峰时段内每小时的垃圾转运能力（t/h）；

Q_{gf}——转运站每日高峰时段的垃圾转运量（t）；

Q_d——转运站每天的垃圾转运量（t）；

h_{gf}——每日高峰时段时间（h），无实测值时取 2～4h；

k_{gf}——每日高峰时段转运系数，即高峰时段垃圾转运量占日转运总量的比例，无实测值时取 0.7。

6.4.3　转运模式规划

1. 转运模式

生活垃圾的运输方式分为直运和转运两种方式，其中，转运包括船舶中转、铁路中转、公路中转和密闭容器运送等，东京、大阪、北九州以及中国香港地区港岛西废物转运为船舶中转，伦敦、柏林等欧洲大城市有铁路中转基地，莫斯科应用的是密闭式容器运送系统。目前，国内普遍采用的是密闭式容器运送系统，通过在垃圾收集点以及末端处理设施之间建设转运站来实现垃圾的压缩以及转运。

根据是否设置转运站、运输距离和转运站规模的大小，生活垃圾收运模式主要分为直接收运（不压缩）、直接压缩收运（压缩）、一次转运、二次转运等。

（1）直接收运方式（不压缩），见图 6-7。

图 6-7　直接收运模式

直接收运主要利用较大吨位的转运车辆，对分散于各地的垃圾收集点的垃圾进行收集，收集后的垃圾直接运输到垃圾处理厂，这种转运方式适用于人口密度低、车辆可方便进出、垃圾收集点离垃圾处理场所不太远的地区。其优点是灵活性较大，垃圾收集点可随时变更，但由于车辆必须到垃圾收集点进行转运作业，因此，会对垃圾收集点周围环境造成一定的影响，同时，道路宽度、转弯半径、停车环境等环境条件限制了转运车的规模发展。

（2）直接压缩收运（压缩），见图 6-8。

图 6-8　直接压缩收运模式

直接压缩收运是对一种收运模式的优化，即采用压缩式垃圾车取代普通运输车进行收运，与直接收运模式相比，该收运模式单次垃圾收集量增大，但是，由于车辆仍然需要到垃圾收集点进行转运作业，因此，转运车的规模依然受到限制。

（3）一级转运，见图6-9。

小型运输车　　　　　　　大型长途运输车

垃圾收集点　　　　　　小型中转站　　　　　　垃圾处理厂

图6-9　一级转运模式

压缩转运模式（即一次中转，二次运输）是指利用设立于垃圾生产区内的固定站来进行垃圾转运的一种方法，主要是指通过人力或机动小车（1～2t）对分散于各个垃圾收集点的垃圾进行收集运输至转运站，再由较大的车辆将收运至转运站的垃圾进行二次运输，运至垃圾处理场所。目前，我国多采用5～8t车型完成垃圾的二次运输。该转运模式用于人口密度高、区内道路狭小、垃圾收集点距离垃圾处理场所较远的城区以及对噪声等污染控制要求较高或实行垃圾分类收集的地区。

（4）二级转运，见图6-10。

小型运输车　　　　　　中型运输车　　　　　大型长途运输车

垃圾收集点　　　小型中转站　　　　大型转运站　　　　　　垃圾处理厂

图6-10　二级运转运模式

二次转运模式是指在一次小规模中转运输方式的基础上，再增加一次大规模中转运输方式，其基本技术路线是：通过人力或者机动小车将垃圾收集点的垃圾运至小型中转站，然后用中型转运车辆将小型中转站的垃圾运至大型转运站，再用填装压缩装置将垃圾压入集装箱或收集容器，最后使用大型运输车将垃圾运至垃圾处理处置场所。在我国，二次转运模式主要应用于北京、上海等大城市。此类城市具有城区面积辐射大、垃圾处理处置场所距离城区较远、对垃圾转运的污染控制要求较高等特点。因此，通常在城区内设置若干个中小型中转站，在城区周边设置几座大型垃圾转运站，以实现远距离、大吨位的经济运输。

2. 转运模式规划

在进行转运模式规划时，应成分考虑不同地区的基础条件以及垃圾运输距离，对不同区域的转运模式进行合理的选择与规划。根据《城市环境卫生设施规划标准》GB/T 50337[15]，当生活垃圾运输距离超过经济运距且运输量较大时，宜设置垃圾转运站。针对不同情况，进行如下规划：

（1）针对生活垃圾平均运输距离不超过10km的区域，可采用直运模式；

（2）针对生活垃圾平均运输量较大且服务半径平均运输距离超过 10km 的区域，可采用一级转运模式，其转运站的设计规模应根据服务半径内生活垃圾实际产生量进行设计；

（3）针对生活垃圾平均运输量较大且服务区内的平均运输距离超过 20km 的区域，可采用二级转运模式，转运站的设计规模应根据实际转运量进行设计。

目前，农村对生活垃圾收运系统的研究源于生活垃圾管理由城市逐步向乡村延伸，但由于村镇地区人口密度、道路条件、聚居形式、垃圾组分、环卫设施建设情况等方面与城市地区存在较大差异[29]，因而其转运模式也不尽相同。

（1）城市转运模式规划

城市人口密集、垃圾产生量大、末端垃圾处理设施距离城区较远，通常采用中转方式对生活垃圾进行运输（图 6-11）。目前，城市常见的垃圾转运模式主要分为两种：一级转运和二级转运。根据一级转运模式中中转站的转运规模，又细分为小型转运站转运和大型转运站转运。

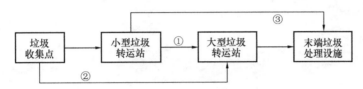

图 6-11　城市垃圾转运模式示意图

1）二级转运模式，即在垃圾收集点以及末端垃圾处理设施之间建设两个层级的转运站，垃圾收运过程为垃圾收集点—中、小型垃圾转运站—大型垃圾转运站集中—末端垃圾处理设施。如深圳市宝安区西乡街道 50% 的垃圾以及新安街道 80%～90% 的垃圾采用二级转运模式进行收运，垃圾收运频次约 2 次/d。

2）大型转运站转运，即在垃圾收集点以及末端垃圾处理设施之间建设大型转运站，垃圾收运过程为垃圾收集点—大型垃圾转运站—末端垃圾处理设施。

3）小型转运站转运，即在垃圾收集点以及末端垃圾处理设施之间建设小型垃圾转运站，垃圾收运过程为垃圾收集点—小型垃圾转运站—末端垃圾处理设施。

二级转运体系核心是建立大型转运站，将小型转运站和附近居民区分散运来的垃圾进行压缩装载，再运往末端处理设施。大型转运站通常由进站车辆称量识别、车辆卸料、压缩装箱、除臭、渗滤液处理及数字化集中控制等系统组成。能将固体废物集中压缩进封闭的专用大型集装箱，既可以减小固体废物体积、提高单车承载量、提高转运效率，又避免长距离运输途中跑冒滴漏对环境的二次污染。转运站配备的除臭系统一般由离子送风系统、植物液喷淋和生物滤池除臭等系统组成，具有良好的除臭通风条件，对周边环境影响小。固体废物压缩过程中产生的渗滤液进入渗滤液处理系统处理后达标排放，避免对水环境的污染。整个体系在数字化集中控制系统的智能化调度下运行，确保固体废物集中、压缩、装箱及发运过程的安全、环保、清洁、有序。

从超大型城市的经验来看，北京与上海城区生活垃圾主要采用二次转运模式，北京城区建有 9 个大中型转运站，上海城区建有 7 个大中型压缩转运站，另外广州也正计划建设

3个大型转运站。大型转运站的建设极大地提高了生活垃圾转运效率，缓解了垃圾转运路线的交通压力以及最终处理设施的接收管理压力。目前，深圳市垃圾转运站总数量约1000座，但除宝安区宝城垃圾转运站（设计规模1000t/d）外，其余转运站均为小型压缩式转运站，处理规模大多在20～40t/d之间。

综合上述，从经济效益和社会效益等方面综合考虑，如需实现跨区域长途运输，建议在合适区域选址建设多个二级转运站，增加二次转运模式，来实现固体废物（生活垃圾、城市污泥等）的集中转运（图6-12）。

图6-12　宁波海曙区分类转运站实景图

（2）村镇转运模式规划

农村地区由于垃圾产生源较为分散且垃圾产生量有限，单独建设末端垃圾处理设施既不环保又不经济。农村生活垃圾通常是统一运送至县、市进行统一处理，因此，垃圾转运是整个农村生活垃圾管理的重要内容（图6-13）。村镇的垃圾收运模式基本与城市生活垃圾收运模式相同，总结起来就是"村收集、镇运输、县（市）处理"，主要区别在于转运站所在的位置不同[30]。只有村收集站，不设镇转运站为直运模式；减少村收集站，以镇转运站为核心的为中转模式；既有村收集站，又有镇转运站，为组合模式[31]。

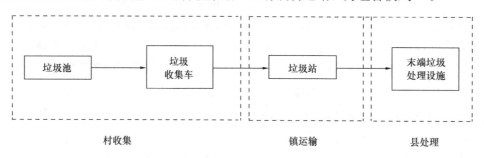

图6-13　村镇垃圾转运模式

对农村垃圾转运模式进行选择和规划时，需要结合县市自身特点，综合考虑地域范围、人口分布、垃圾量、交通情况等因素。此外，还应进行全面的经济指标测算，不仅要考虑建设投资成本，也要综合考虑运营成本。

6.5　回收利用策略

6.5.1　规划策略

　　城市垃圾的末端处理方式主要为资源回收、焚烧、生物处理以及填埋。由于多数城市都面临着人口高度密集、经济高度发达、土地高度紧缺的局面，生活垃圾处理规划，应充分考虑城市特征，遵循城市发展规律，因地制宜地提出合理的规划策略。一般城市生活垃圾的处理策略应遵循以下几点：严控处理标准，降低对城市周边环境影响；严选处理技术，实现生活垃圾清洁高效处理；严格集约用地，避免城市土地浪费；合理空间布局，确保处理设施与垃圾产生量之间的平衡。

6.5.2　技术比选

　　垃圾分类处置原则应参照分类情况：按照常见的四分（分可回收物、有害垃圾、易腐垃圾、其他垃圾）或者五分（分可回收物、有害垃圾、易腐垃圾、不可燃垃圾、其他垃圾）来说，首先是尽可能进行回收利用，其次是尽可能对易腐垃圾进行生物处理，再次是尽可能对可燃物进行焚烧处理，最后是对不能进行其他处理的垃圾进行填埋处理。在众多垃圾处理技术中，焚烧、填埋技术已经十分成熟，有害垃圾、可回收物进入专门的系统进行处理。但对于易腐垃圾，其生物处理技术是种类最多、差异最大的一类，故本书中着重对比生物处理技术。目前，可生物降解垃圾的主要处理处置方法包括餐厨垃圾粉碎直排、生物质垃圾好氧堆肥、生物质垃圾厌氧发酵、干湿压榨、低温热解和黑水虻处理技术等。

　　1. 厨房垃圾破碎机[32]

　　厨余垃圾家庭破碎设备是一种现代化的新型环保厨房电器，主要用于食物垃圾的粉碎处理。将机器安装于厨房水槽下，与排水管相连，将食物垃圾进行多次粉碎后排入排水系统。该产品可以用于粉碎残羹剩饭、肉鱼骨刺、蔬菜梗叶、瓜皮果壳、蛋壳、茶叶渣、小块玉米棒芯、禽畜小骨等有机垃圾。该技术通过改变食物垃圾的形态来进行食物垃圾的无害化处理，能够将食物垃圾粉碎成浆状液体直接排入城市排水系统，可轻松实现即时、方便、快捷的厨房清洁，避免食物垃圾因储存而滋生病菌、蚊虫，从而有效优化居家环境，解决下水道容易堵塞的问题，提高公众环境卫生，为城市生活垃圾的减量化贡献力量。厨余垃圾处理器在发达国家具有广泛的应用，国内在北京、厦门、深圳均开展过试点研究，但研究表明，厨余垃圾家庭粉碎处理可能存在以下问题：对排水系统负荷有影响；增加污水厂污泥产量及处理成本；增加污水处理厂 BOD 和 TSS 负荷。故家庭粉碎不适合作为城市厨余垃圾的主要处理方式，可在局部区域少量使用。

　　2. 生物质垃圾好氧堆肥[33]

　　垃圾堆肥是利用微生物人为地促进可生物降解的有机物向稳定的腐殖质转化的微生物反应过程。在生物化学反应过程中，垃圾中的有机物与氧气和细菌相互作用，释放出二氧化碳、水和热量，同时生成腐殖质，用作土壤改良剂。堆肥按需氧程度一般分为厌氧堆肥和好氧堆肥。厌氧堆肥是依靠专性和兼性厌氧菌的作用降解有机物的生化过程。此法有机物的分解速度慢，发酵周期长，占地面积大。好氧堆肥是依靠专性和兼性好氧菌的作用降解有机物的生化工程。此法有机物的分解速度快，堆肥所需天数短，臭气发生量少，应用较为广泛。常用的堆肥法包括高温机械堆肥法、蚯蚓堆肥、翻耕式堆肥等方式。

垃圾堆肥不仅含有丰富的有机质、氮、磷等养分，而且可以明显地起到改良土壤的作用，有望成为发展粮食、蔬菜、花卉、林木生产等方面的有效资源。一般堆肥产品只能作为土壤改良剂或腐殖土，施用垃圾堆肥后，土壤的理化性质得到改善，养分含量提高，具有一定的培肥改土效果，从而保证了植物所需养分的充分供应，促进了植物生长，提高了植物的产量。堆肥产品的销路取决于堆肥场所在地区土壤条件的适宜性，在黏性土壤地区，特别是南方的红黄黏土、砖红黏土、紫色土地区有较好的适应性。

使用垃圾堆肥工艺有一定的局限性：①堆肥产品的经济服务半径一般较小，质量较差的堆肥产品通常只能就近销售，而利用其制造的复合肥，由于成本过高也在与一般化肥和复合肥的竞争中不占优势；②堆肥产品销售有其季节性，而垃圾堆肥处理则是连续性的，生产与销售之间存在的这种"时间差"，会增加生产成本；③由于垃圾未实行分类，由电池引起的重金属以及其他有毒有害物质的混入将严重影响堆肥产品质量；④在堆肥过程中所产生的恶臭严重影响周边环境；⑤垃圾堆肥处理是针对垃圾中能被微生物分解的易腐有机物的处理，而不是全部垃圾的最终处理，仍有30%以上的堆肥残余物需要另行处置。

随着各种垃圾处理技术的不断完善，下一阶段我国垃圾管理的工作重点应放在垃圾分类管理上。随着垃圾分类的有效实施，垃圾堆肥作为垃圾填埋处理和垃圾焚烧处理的有效补充方式可在小型城镇和广大农村以厨余垃圾、植物秸秆和粪便为主要原料进行，垃圾堆肥产品宜作为土壤改良剂或腐殖土使用。

3. 生物质垃圾厌氧发酵

随着城市有机固体废弃物的产生量与日俱增，利用厌氧发酵技术处理有机固体废弃物正逐步受到重视。厌氧发酵技术可以广泛地利用各种生物质废弃物，农业有机垃圾、工业有机垃圾和城市有机生活垃圾等均可以作为发酵原料。同时，厌氧发酵技术的产物——沼气，可以作为一种清洁、环保的可再生能源，用来缓解日益紧张的能源危机。所以，厌氧发酵技术处理城市有机固体废弃物已经广泛受到国外发达国家的青睐。按照处理物料总固体的含量，可分为湿式厌氧发酵和干式厌氧发酵技术。干式厌氧发酵处理城市有机固体废弃物较湿式厌氧发酵具有诸多优点，对提高废弃物处理效率以及沼气总体产量具有重大意义。

由于厌氧干发酵过程主要是微生物作用的结果，因此，选育出高效、适应低温的厌氧发酵菌种是提高厌氧发酵效率，降低产气成本的主要途径。厌氧干发酵是一门涉及生物学、生态学、物理学、化学、数学、工程学等多个学科的综合性学科，是一项系统工程。因此，很有必要对其进行系统工程学研究。

4. 干湿压榨技术

干湿压榨技术又叫超高压分离技术，该技术在1000个大气压下，对生活垃圾进行压榨，实现干湿分离，一站式将混合垃圾分成30%的干组分和70%湿组分。干组分含水低、热值高，湿组分含水高、生物有机质含量高，能够很好地实现干湿垃圾分质分类的处理效果，并有效提升后续资源化利用的效率。后端配套以联合或单独厌氧消化、多相分解惰质（炭）化、焚烧发电、热解炭化等多种处理处置工艺对干湿分质分离产物进行进一步处理。系统工艺流程如图 6-14 所示。

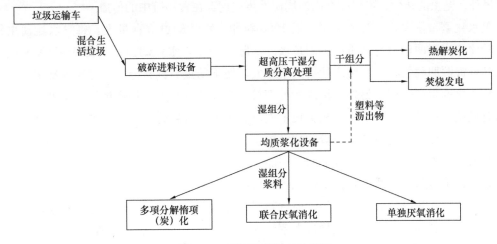

图 6-14　干湿压榨技术示意图

干湿压榨产生的干垃圾由于含水率降低，使垃圾的热值得以提高，便于进行干垃圾的焚烧发电。而压榨后产生的湿垃圾含固率高达 15%～25%，呈现半固体胶质状，富含糖类、蛋白质、脂肪和由垃圾中微生物降解营养物质产生的低分子量有机酸、胺类和氨等，因此可以通过厌氧发酵工艺产沼气，使垃圾变废为宝。经过两段式半干法厌氧发酵，可生产高甲烷含量的沼气，发酵周期短、效率高；同时发酵后的沼渣通过易腐有机质低热湿解炭质化系统可以实现最大的减量化、无害化、资源化，变成不足 8% 的可利用炭质块。生活垃圾超高压分质分离处理的单位投资费用为 20.47 万元/t，单位运行费用为 82.5 元/t。

5. 黑水虻技术[34]

传统的餐厨垃圾处理技术存在很多弊病。黑水虻是一种新型的资源昆虫，十分适宜作为餐厨垃圾处理的媒介生物。利用黑水虻处理餐厨垃圾，可以充分实现餐厨垃圾的资源化、无害化和减量化处理的目标。同其他的餐厨垃圾生物处理法相比，黑水虻处理餐厨垃圾具有成本低、效率高、资源化程度高、可操作性强等特点。

亮斑扁角水虻（Hermetia illucens），俗称黑水虻，是双翅目水虻科昆虫，幼虫腐生性，是自然界碎屑食物链中的重要一环。黑水虻原分布地为美洲，目前已经在全世界广泛分布。黑水虻幼虫在自然界以餐厨垃圾、动物粪便、动植物尸体等腐烂的有机物为食，可以将食物高效地转化为自身营养物质。黑水虻成虫不取食，不进入人类居室，也不会沾染人类食物，因此不属于卫生害虫。黑水虻作为腐食昆虫中最优秀的种类之一，能够与家蝇形成有力的竞争，防止家蝇滋生。

黑水虻在环保方面的应用十分广泛，比如用来处理餐厨垃圾、禽畜粪便、病死禽畜等。据实际测算，水虻幼虫对餐厨垃圾的转化效率很高，每吨 70% 含水率的餐厨垃圾可以生产约 250kg 的黑水虻鲜虫。据分析，4 龄的黑水虻幼虫干物质可达 35% 以上，其中蛋白质含量达 50%，脂肪含量在 20%，多项营养指标都超出豆粕。水虻幼虫可以直接用来养鸡、鸭、鱼、蛙、龟等动物，也可以干燥粉碎替代鱼粉、豆粕等作为动物的蛋白饲料源。据科研研究，黑水虻处理餐厨垃圾时，能够快速消化餐厨垃圾中的易腐败成分，强效杀死垃圾中的病菌。另外，昆虫的转化，可以完全阻断同源性蛋白病毒在食物链中的传播。

黑水虻繁殖量大，一对成虫可产近 1000 粒卵。水虻幼虫取食量大，每只水虻幼虫每天可转化相当于两倍自身体重的餐厨垃圾。实际生产中，水虻幼虫只需要 5～7 天就可以生长到可资源回收的状态。黑水虻幼虫个体大，便于幼虫与饲料分离，比较容易实现自动化和集约化的生产管理。另外，黑水虻处理餐厨垃圾的有益副产物还包括水虻虫粪，可以作为有机肥进行销售。目前已有相关技术人员通过对黑水虻处理餐厨垃圾进行研究，提供了一套成熟的黑水虻处理餐厨垃圾的技术体系。

黑水虻技术体系包括三个部分：第一部分，餐厨垃圾的预处理；第二部分，黑水虻种群的繁育；第三部分，黑水虻幼虫转化餐厨垃圾。

第一部分，餐厨垃圾的预处理，通过利用专业的设备将餐厨垃圾进行固液分离和油水分离。分离得到的餐厨垃圾固状物含水率约为 70%，经过粉碎后得到直径小于 2cm 的垃圾粉碎物，作为黑水虻饲料进入黑水虻处理环节。油水分离得到的水，经过沉淀和过滤后达到污水排放标准，同时也减少了饲料中的盐分积累。分离得到的"地沟油"则交给指定的油脂处理公司，加工成生物柴油。

第二部分，黑水虻种群的繁育，主要为餐厨垃圾处理提供足够的处理幼虫。水虻种群的繁育系统包括种成虫养殖和种幼虫养殖。建立优质的黑水虻种群维持体系，确保生产用虫的数量与质量。通过人工控制温度、湿度、光照等，模拟适宜黑水虻繁殖最理想的自然环境，达到黑水虻种群的持续、稳定、大规模增殖，为餐厨垃圾的处理提供生产保证。在黑水虻生产中，只需要保留约 1% 的黑水虻幼虫维持种群繁殖循环，其余 99% 的黑水虻幼虫都可以作为处理用虫，进行餐厨垃圾的处理。

第三部分，黑水虻幼虫转化餐厨垃圾，是利用黑水虻幼虫强大的取食和消化能力，将餐厨垃圾转化为高质量的动物蛋白。规模化的黑水虻转化需要建设专业的垃圾转化车间和转化池，并配套专业的通风、控温、除臭设备。黑水虻幼虫经过 5～7 天的处理后，将餐厨垃圾转化为虻体蛋白和虫粪，采用虫料筛分设备进行虫、粪分离。最终得到优质的黑水虻鲜虫和有机肥产品。据统计，我国餐厨垃圾的平均含水量为 80%，可分离油脂为 2%。每吨 80% 含水量的餐厨垃圾经过预处理后，可以得到 0.667t 的含水量 70% 的水虻饲料，并回收得到 20kg 的油脂原料。经过黑水虻的转化后，按 4∶1 的转化效率，可以得到约 167kg 的水虻鲜虫，并得到约 150kg 的餐厨垃圾有机肥产品。

6.6　设施布局

6.6.1　设施布局原则

在对生活垃圾转运及处理设施进行布局规划时，不仅注重经济性，还要注重其建设与运营的可操作性和方便性，并且要尽量减少在转运过程中对周围环境的影响，达到环境效益和经济效益的最优效果[35]。在对生活垃圾转运及处理设施进行布局规划时，应遵循以下几点。

1. 统筹衔接

生活垃圾转运及处理设施的布局应符合城市总体规划和城市环境卫生行业规划的要求，并符合相关法律法规、文件规划的规定。

2. 环保安全

生活垃圾转运及处理设施应满足环境保护、安全生产要求。应设置在对周边环境影响较小的地段，避免建设在人口密集的地区。减少二次污染。

3. 因地制宜

针对不同地区的实际人口数量及垃圾产生量分布、交通条件、已有生活垃圾转运及处理设施现状，结合城市发展阶段及城市定位，合理选择生活垃圾转运及处理设施，确保规划方案的可实施性和有效性。

4. 科学合理

生活垃圾转运及处理设施布局规划应有科学依据，对重大问题、关键指标以及重要技术等环节进行多方考虑，并鼓励运用先进的转运及处理设施。

6.6.2　设施布局规划

以布局原则为指导，充分考虑各方面的影响因素，对生活垃圾转运及处理设施进行布局规划。

1. 转运设施布局规划

生活垃圾转运设施宜布局在服务区域内并靠近生活垃圾产生量多且交通运输方便的场所，不宜设在公共设施集中区域和靠近人流、车流集中区段。生活垃圾转运设施的布置应满足作业要求并与周边环境协调，便于垃圾的分类收运、回收和利用。转运站的合理布局，是城市垃圾管理的核心部分，有利于减少机动车尾气排放与降低成本，提高城市生活质量，有较强的现实意义[36]。

对于城市垃圾来说，垃圾转运站一般建在小型运输车的最佳运输距离之内，在对转运设施进行选址时，应当满足以下要求：

（1）选址应符合城镇总体规划和环境卫生专业规划的基本要求；

（2）选址应综合考虑服务区域、服务人口、转运能力、转运模式、运输距离、污染控制、配套条件等因素的影响；

（3）转运站应设在交通便利、易安排清运路线的地方；

（4）转运站应满足供水、供电、污水排放、通信等方面要求；

（5）在具备铁路或水路运输条件，且运距较远时，宜设置铁路或水路运输垃圾转运站；

（6）转运站不宜设在大型商场、影剧院出入口等繁华地段以及邻近学校、商场等群众日常生活聚集场所和其他人流密集区域。

此外，垃圾转运站具有一定的服务半径，采用不同的收运工具，其服务半径略有不同，转运站的服务半径主要如下：

（1）采用人力方式运送垃圾时，收集服务半径宜小于 0.4km，不得大于 1.0km；

（2）采用小型机动车运送垃圾时，收集半径宜为 3.0km 以内，城镇范围内最大不超过 5.0km，农村地区可适量增加运距；

（3）采用中型机动车运送垃圾时，可根据实际情况扩大服务收集半径。

2. 处理设施布局规划

大型生活垃圾处理设施应避开城市建成区、水源保护地、历史文化保护区和风景名胜区，满足环卫设施的防护要求，尽可能减少对城市的环境影响；同时尊重城市垃圾处理设施现状布局，尽可能做到互利互惠、八方协同；此外还需要交通便利，便于垃圾运输。

对于不同的分类设施，处理设施布局原则如表 6-3 所示。

设施布局选址建议 表 6-3

设施	布局选址建议
焚烧厂选址建议[38]	1. 焚烧厂的选址，应符合城市总体规划、环境卫生专业规划以及国家现行有关标准的规定。 2. 应具备满足工程建设的工程地质条件和水文地质条件。 3. 不受洪水、潮水或内涝的威胁。受条件限制，必须建在受威胁区时，应有可靠的防洪、排涝措施。 4. 不宜选在重点保护的文化遗址、风景区及其夏季主导风向的上风向。 5. 宜靠近服务区，运距应经济合理。与服务区之间应有良好的交通运输条件。 6. 应充分考虑焚烧产生的炉渣及飞灰的处理与处置。 7. 应有可靠的电力供应。 8. 应有可靠的供水水源及污水排放系统。 9. 对于利用焚烧余热发电的焚烧厂，应考虑易于接入地区电力网。对于利用余热供热的焚烧厂，宜靠近热力用户
餐厨垃圾处理设施[39]	1. 工程地质与水文地质条件应满足处理设施建设和运行的要求。 2. 应有良好的交通、电力、给水和排水条件。 3. 应避开环境敏感区、洪泛区、重点文物保护区等
危险废物处理设施	1. 各类危废处理厂不允许建设在《地表水环境质量标准》中规定的地表水环境质量Ⅰ类、Ⅱ类功能区和《环境空气质量标准》GB 3095 中规定的环境空气质量一类功能区，即自然保护区、风景名胜区和其他需要特殊保护的地区。集中式危险废物焚烧厂不允许建设在人口密集的居住区、商业区和文化区。 2. 地质结构稳定，地震烈度不超过 7 度的区域内。 3. 设施底部必须高于地下水最高水位。 4. 场界应位于居民区 800m 以外，地表水域 150m 以外。 5. 应避免建在溶洞区或易遭受严重自然灾害如洪水、滑坡、泥石流、潮汐等影响的地区。 6. 应在易燃、易爆等危险品仓库、高压输电线路防护区域以外。 7. 应位于居民中心区常年最大风频的下风向。 8. 场界应由环评确定其防护距离

设施	布局选址建议
再生资源回用设施	1. 居民区回收点应为封闭式建筑。回收站应筑有围墙，分类整理场所必须有符合安全规定的顶棚。 2. 回收站、居民收点的照明、电器线路应用阻燃材料保护，配电开关应安装在阻燃材料上，并设于仓库外。 3. 配置氧割设备的经营场所，应独立设置氧气气瓶间。 4. 在交通便利、基础设施齐全的城郊接合部附近选址，并建立绿化带与居民区相对隔离

6.7　用地标准

6.7.1　转运设施用地标准

垃圾转运站的规模一般用该转运站每天处理的垃圾数量来衡量，即日转运量。《城市环境卫生设施规划标准》GB/T 50337 中根据设计日转运能力的不同将生活垃圾转运站分为大、中、小型三大类和Ⅰ、Ⅱ、Ⅲ、Ⅳ、Ⅴ小类。不同类别转运站的转运能力、用地面积以及防护距离，见表6-4。

生活垃圾转运站用地标准表　　　　表6-4

类型		设计转运量（t/d）	用地面积（m²）	与站外相邻建筑间距（m）
大型	Ⅰ	1000～3000	≤20000	≥30
	Ⅱ	450～1000	10000～15000	≥20
中型	Ⅲ	150～450	4000～1000	≥15
	Ⅳ	50～150	1000～4000	≥10
小型	Ⅴ	≤50	500～1000	≥8

注：表内用地面积不包括垃圾分类和对方作业用地；与站外相邻建筑间距自转运站用地边界起计算；Ⅱ、Ⅲ、Ⅳ类含下限值不含上限值，Ⅰ类含上、下限值。

此外，在详细规划层面，通常还需对转运站的建设模式进行明确，其建设模式可分为独立式垃圾转运站、附设式垃圾转运站和地埋式垃圾转运站。

1. 独立式垃圾转运站

在用地条件许可的情况下，宜建设独立式垃圾转运站，独立式垃圾转运站通常为大、中型垃圾转运站。规划的用地属性应为环卫设施用地，其承建方式有地上、半地下和全地下建设，同时可与环卫工人休息室、公厕及转运站管理办公场所合建。

（1）全地上式

当独立式转运站建在地上时，根据收集车作业区与转运车作业区是否在同一水平面，可分为"高进平出"和"平进平出"两种模式。

"高进平出"模式主要是指收集车位于二层卸料，压缩装箱作业位于一层，建造收集车坡道连接二层至地面，其整体位于地面，无地下空间开挖利用，如图 6-15 所示。

图 6-15　宁波鄞州分类转运站

"平进平出"模式主要是指收集车位于一层卸料，压缩装箱作业位于负一层，通过提升装置将箱体从负一层提升至一层完成与转运车的对接，如图 6-16 所示。

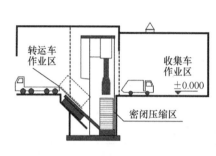

图 6-16　宁波海曙区分类转运站

（2）半地下式

收集车位于一层卸料，压缩装箱作业位于负一层，建造转运车坡道连接负一层至地面，如图 6-17 所示。

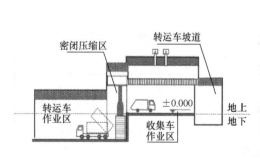

图 6-17　苏州工业园区星明街垃圾转运站

（3）全地下式

收集车进入站场后驶入负一层进行卸料，压缩装箱作业位于负二层，建造转运车坡道连接负一、负二层至地面，如图 6-18 所示。

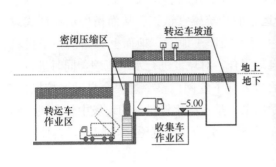

图 6-18　合肥市蜀山区民生综合服务中心垃圾站

2. 附设式垃圾转运站

在用地紧张、难以落实独立用地的地区，可建设附设式，通常为小型垃圾转运站。其主要是附建于建筑物内部，如住宅、商业、办公、商务公寓、酒店、厂房、研发用房、仓库、市政设施和交通设施等，其平面布置图如图 6-19 所示。

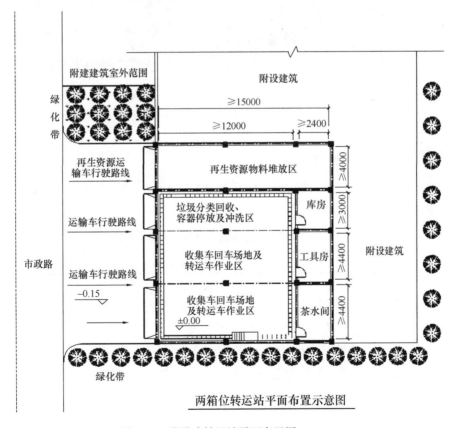

图 6-19　附设式转运站平面布置图

3. 地埋式垃圾转运站

随着人们对居住环境和生活品质要求的不断提高，"垃圾转运及垃圾处理"问题越来越受到"关注"，脏、乱、臭是人们对垃圾转运站的传统感官认识。从而衍生出地埋式垃圾中转站这一新型垃圾转运站。该转运站将一个大桶埋于地下，地面上只露出一个投料盖，运输车将垃圾倒在大桶里，然后投料盖自动闭合，对垃圾进行水平压缩，同时进行除臭处理，垃圾压缩成块后，污水经环保处理后排入地下管网。整个过程全自动遥控操作，不会产生大的噪声和异味，不会有垃圾被抛撒出来，是一种比较科学的垃圾中转方式，解决了以往传统垃圾压缩机敞开运作模式存在的异味、臭味、蚊蝇滋生等问题，具体如图6-20所示。

图 6-20　地埋垃圾转运站

6.7.2　处理设施用地标准

焚烧厂及餐厨垃圾处理设施用地标准如表6-5所示，填埋设施、危险废物处理设施及再生资源回收设施用地标准将在后续章节详细介绍。

焚烧及餐厨厨余垃圾处理设施用地标准　　　　　　　　　　表 6-5

设施	布局选址建议
焚烧厂用地标准[37]	额定处理能力为1200～2000t/d的，用地指标为4～6hm²；额定处理能力为600～1200t/d的，用地指标为3～4hm²；额定处理能力为150～600t/d的，用地指标为2～3hm²；额定处理能力为2000t/d以上的，超出部分用地面积以30m²/(t·d)计
餐厨垃圾处理设施[38]	餐厨垃圾处理设施综合用地指标应根据不同工艺合理确定，宜采用85～130m²/(t·d)。对于部分土地资源紧缺的超（特）大城市，用地标准可取50m²/(t·d)

第 7 章　建筑废物处理设施规划

7.1　建筑废物特性与危害

7.1.1　特性

建筑废物与其他类别固体废物相似，具有鲜明的时间性、空间性和持久危害性[39]。

1. 时间性

任何建筑物都有一定的使用年限，随着时间的推移，所有的建筑物最终都会变成建筑废物。因此，人类持续发展，对物质生活无止境的追求与有限的工程寿命和地理资源环境之间难以调和的矛盾，以及在有限的工程寿命及地理资源条件下，要追求符合当代人需求的生活条件就必然要不断地改旧建新，必然产生建筑废物[40]。另一方面，所谓"废弃物"仅仅相对于当时的科技水平和经济条件而言，随着时间的推移和科学技术的进步，所有的建筑废物都有可能转化为有用资源。例如，废混凝土块可作为生产再生混凝土的骨料；废屋面沥青料可回收用于道路的铺筑。

2. 空间性

从空间角度看，某一种建筑废物不能作为建筑材料直接利用，但可以作为生产其他建筑材料的原料而被利用[41]。如废木料可用于生产黏土—木料—水泥复合材料的原料，生产出一种具有质量轻、导热系数小等优点的绝热黏土—木料—水泥混凝土材料。又如沥青屋面废料可回收作为热拌沥青路面的材料。

3. 持久危害性

建筑废物主要为碎石块、废砂浆、砖瓦碎块、沥青块、废塑料、废金属料、废竹木等的混合物，如不做任何处理直接运往建筑废物堆场堆放，堆放场的建筑废物一般需要经过数十年才可趋于稳定。在堆放期间，废砂浆和混凝土块中含有的大量水合硅酸钙和氢氧化钙使渗滤水呈强碱性；废石膏中含有的大量硫酸根离子在厌氧条件下会转化为硫化氢，废纸板和废木材在厌氧条件下可溶出木质素和单宁酸并分解生成挥发性有机酸；废金属料的渗滤水含有大量的重金属离子。从而污染周边的地下水、地表水、土壤和空气，受污染的地域还可扩大至存放地之外的其他地方。此外，即使建筑废物已达到稳定状态，堆放场不再有有害气体释放，渗滤水不再污染环境，大量的无机物仍然会停留在堆放处，占用大量土地，并持久地导致环境问题。

7.1.2　危害性分析

1. 浪费土地资源，产生人地矛盾

目前，对于建筑废物处置，大多数都采取露天堆放和简易填埋的方式进行处理，近年来，随着城市建设活动如火如荼地进行，建筑废物产生量呈现爆发式增长，建筑废物主要运至建筑废物受纳场进行简单处理。据调查，我国每年产生的拆除建筑废物已达到 8 亿～15 亿 t，约 10 亿 m³，若采用堆放的方式，平均堆放高度假定为 10m，则每年需划定土地面积约 100km² 的受纳场用于堆置建筑废物[42]。而我国目前很多城市人多地少，土地资源极其匮乏，随着建筑废物的增多，余泥渣土受纳场也逐渐增多，需侵占更多的城市用地，更加激化城市的人地矛盾。

2. 影响市容环境卫生

建筑废物受纳场不但侵占城市土地，占用有限的城市空间，而且受纳场本身就会对城市景观造成伤害。露天堆放的建筑废物不仅有碍观瞻，还会污染城市的环境卫生。此外，建筑废物在运送过程出现的跑冒滴漏现象也会影响市容环境卫生[43]。

3. 污染土壤、水体、大气，破坏环境

建筑废物具有产生量大、组成成分多、性质复杂等特点，因此采取露天堆放和简易填埋的处理方式，不仅占用大量的土地资源，而且这种处理方式下产生的重金属离子和有机酸等有害污染物将会污染附近的土壤、水体、空气，破坏环境，影响居民身体健康[44]。

4. 随意堆放易产生安全隐患

施工场地临时堆放的建筑废物如果堆放过高，在没有明显的安全防范措施下，容易产生崩塌，冲向路边破坏环境，甚至是对邻近的建筑构筑物造成威胁[42]，存在安全隐患。2015 年 12 月 20 日，由于建筑废物堆积量过大，堆积坡度过陡峭，受连续降雨的影响，深圳市光明区的红坳渣土受纳场发生了严重的滑坡事故，造成重大人员伤亡和巨大经济损失。此事件暴露出我国城市在建筑废物处置方面存在建设运营管理混乱、有关部门违法违规审批、缺乏有效监管、建筑废物处理亟待规范、地方政府管理不到位、安全发展理念不牢固等问题，亟需从技术、法制、规划、管理等多方面为建筑废物寻找合理的处置途径。

7.2 编制内容

7.2.1 工作任务

随着城镇化的快速发展，建筑废物大量产生，据统计，目前全国建筑废物年均产生量已达到 35 亿 t，而建筑废物处置设施不足、建设落后与大体量建筑废物之间的矛盾已成为城市发展的潜在制约条件。因此为防患于未然，亟需构建一条全过程的建筑废物管理体系，发挥建筑废物处置设施专项规划对建筑废物收运与处置设施建设的指导性和前瞻性作用，使建筑废物得到最大减量化、充分资源化和全量无害化处理。

建筑废弃物处理设施专项规划编制内容一般包括现状调研、问题分析、产生量预测、处置策略规划、设施规划布局及全过程管理体系构建等内容。

7.2.2 文本内容要求

1. 总则

简要介绍本次规划的规划目的、规划范围及规划期限。

2. 建筑废物产生量预测

给出近远期建筑废物产生总量、各分类类别产生量等结论。

3. 建筑废物收运系统规划

明确城市近远期建筑废物收运体系，包括建筑废物转运调配量及转运调配需求，并给出建筑废物主要运输路线等结论。

4. 建筑废物处理设施规划

明确各类别建筑废物处理技术路线、设施类别、设施位置、规模、用地面积及卫生防护要求等结论。

5. 实施保障及建议

从管理体制、法规与政策、收运体系、用地保障、资金保障、奖惩措施等方面，提出有针对性的实施建议。

7.2.3　规划图纸要求

建筑废物处置设施规划的图纸包括建筑废物设施现状布局图、各类别建筑废物产生量空间分布图、规划建筑废物交通运输路线规划图、规划消纳设施和综合利用设施分布图、转运调配设施规划图、建筑废物设施用地选址图等，其具体内容要求如下：

（1）建筑废物设施现状布局图：标明现状转运调配设施、消纳设施和综合利用设施等设施的位置、设计处置规模及剩余处置规模。

（2）各类别建筑废物产生量分布图：标明各分区、各街道等单元空间预测建筑废物的产生量。

（3）交通运输路线规划图：标明建筑废物的交通运输路线（标明转运调配设施、消纳设施和综合利用设施的位置及运输方式和运输路线）。

（4）建筑废物处理设施规划图：标明规划转运调配设施、消纳设施和综合利用设施的位置、设计处理规模及服务范围。

（5）建筑废物处理设施用地选址图：标明建筑废物处理设施的功能、规模、用地面积、防护范围及建设等要求。

7.2.4　说明书内容要求

（1）项目概述：梳理本次规划编制工作的背景、必要性。指出规划的目的、范围、期限和内容，明确整个报告的基本技术路线。说明本次规划的原则与依据，明确整个工作的高度、科学性和合理性。

（2）现状及问题：根据调研情况，解析现状城市建筑废弃物产生以及处理处置结构平衡性问题，从建筑废物产生量、处置流向、支撑能力及管理等方面，对该城市建筑废弃物处理处置存在的主要问题进行分析。

（3）城市综合发展概况及发展策略：以国土空间规划、城市建设近期规划等为依据，分析本地未来城市发展的定位、策略与方向，确定城市近、远期的人口控制规模和建设用地控制规模，总结、梳理其对建筑废物处理设施建设的要求。并基于城市发展要求，提出规划区域的建筑废弃物治理的总体目标、发展的基本策略、设施布局的基本原则。

（4）相关规划解读：对该城市或区域内的城市总体规划（国土空间规划）、控制性详细规划及与建筑废物相关的规划进行分析解读。

（5）建筑废物产生量预测：运用 GIS、Matlab、Excel、SAS 及 SPASS 等软件对规划期限内建设工程产生的渣土、工程泥浆、施工建筑废物、拆除建筑废物和装修建筑废物量进行预测，并进行空间分布预测，制定出建筑废物产生量的时空分布图。

（6）建筑废物处置策略：遵从可持续发展与科学理念，结合国内外建筑废物全品种处置技术、全过程管理模式等方面的先进经验借鉴，从实施可行的角度制定各类别建筑废物处置策略，确保规划区域建筑废物全量无害化、最大减量化、充分资源化处置。

（7）建筑废物处理处置设施规划：根据各类别建筑废物产生量预测，核算各类别处理设施需求，结合相关城市规划以及规划限制因素情况，对处理处置设施进行布局规划，明确建设受纳场设施和与城市发展需求切实相符的建筑废物资源化利用设施的规模、用地、布局。

（8）实施保障及建议：从管理体制、法规与政策、收运体系、用地保障、资金保障、奖惩措施等方面，提出有针对性的实施建议。

7.3 规模预测

科学且精准地预测建筑废物的产生量及其时空分布不仅是研究建筑废物处置策略的基础，而且是合理布局集运与处置设施的重要前提，更是实现建筑废物有效管理的关键步骤。目前，国内对建筑废物产生量的预测并未形成一个统一的标准体系[45]。经对大量文献全面且细致的梳理，将建筑废物预测方法类型概括分为三类：一是按照产生源头进行预测，即根据产生建筑废物的不同建设源进行"分类别加和"预测，可明确各类建设源所产生的建筑废物在总量中的比重，从而为建设源的重点减量化工程指明方向；二是按照产生类别进行预测，根据前文定义，建筑废物分为施工建筑废物、拆除建筑废物、装修建筑废物、工程泥浆和工程渣土等五大类，按照不同类别的预测模型进行产生量的预测，此类方法的预测结果与处理技术路线和处理方式的选择息息相关；三是按照组成成分进行预测，建筑废物常见组成成分包括混凝土、砖和砌块、石材、砂浆、陶瓷和瓦片、金属、木材、塑料、纸皮、玻璃及建筑余土，不同建筑体组成成分的构成指标具有很大的差异，此种方法需要比较全面且细致的基础数据，是建筑废物资源化利用科研研究的基础。

7.3.1 建设源预测法

建筑废物是城市建设活动的必然产物，各类建设工程的建筑废物产生特征、性质及组成成分等均有特大差异，不可能通过单一方式予以精确预测，因此采用"分类预测、加和统计"的计算方法。就其来源而言，建设源可概括为六大建设工程，即房屋新建工程、房屋拆除工程、房屋装修工程、市政交通工程、水利河道工程、园林绿化工程等。

（1）房屋新建工程分为建筑主体和地下基础开挖而产生的建筑废物，施工建筑废物主要由混凝土、砂浆、砖石、模板、金属、脚手板、废劳动保护工具等构成，地下基础开挖产生的废物主要是渣土和砂石等。

（2）（房屋拆除工程）主要指旧建筑物、构筑物拆除过程产生的建筑废物，旧建筑物拆除废弃物的组成与建筑物的结构有关：旧砖混结构建筑中，砖块、瓦砾约占80%[46]，其余为木料、碎玻璃、石灰、渣土等；混凝土结构建筑中，混凝土（含砂浆）约占比60%～75%，其余为金属、砖类、砌块等。路面拆除废弃物中沥青混凝土类占比80%～90%。沥青、混凝土和砖瓦等经破碎加工后可作为生产再生建材的原材料，具有很大的资源化利用空间。

（3）（房屋装修工程）可分为居民居住类和公共建筑类工程装修，其组成成分具有不稳定性、复杂性及污染性[47]。根据性质不同，可将装修废弃物概括为三大类：一是惰性废弃物，如混凝土、砖、砌块、砂浆、陶瓷、瓦片和玻璃等；二是非惰性废弃物，如金属、木材、塑料、纸、塑料等；三是易污染或有害废弃物，如废弃油漆、废日光灯管、矿物油、涂料、胶粘剂、废有机溶剂等[48]。

（4）（市政交通工程）主要包括地铁工程、道路建设工程和市政管网工程。地铁的兴建必然造成基坑和隧道的开挖，届时将产生大量的渣土、泥浆等建筑废物。城市地铁线路的敷设方式主要分为地下线式和高架线式两种，若选择高架线式，则产生的建筑废物量非常之少，几乎可以忽略不计；若采用地下线式，则建筑废物的产生量近似等于开挖山体、挖掘隧道的体积。地铁工程的建筑废物产生量按车站和隧道两个部分计算。产生建筑废物的道路工程主要包括三个方面：道路新建、道路改造和道路路面平整。其中道路新建工程和道路改造工程产生的建筑废物以渣土为主，道路路面平整工程产生的建筑废物以拆除建筑废物为主。市政管网工程主要包括电缆隧道和综合管廊建设工程产生的建筑废物，所产生的建筑废物主要类别为渣土。市政管网所挖土方量近似等于管沟体积，即建筑废物产生量可以近似为综合管廊和电缆隧道的截面积与长度的乘积。

（5）（水利河道工程）主要是河道整治工程、给水排水及污水管网新建、改扩建等产生的建筑废物，主要类别为渣土。

（6）（园林绿化工程）主要指园林绿化过程产生的建筑废物，其产生量几乎可以不计，则在计算方式中不予论述。

五大建设工程的具体计算公式如表7-1所示。

建筑废物产生量计算公式　　　　　　　　　　表7-1

序号	建设工程类别	计算原理	计算公式
1	房屋新建工程	房屋新建工程主要分为主体施工和基础开挖产生的建筑废物，其中施工废物按每1万 m² 施工面积产生 600m³ 计算；房建工程产生的工程弃土按施工废弃物的 10 倍计算	（1）房建工程产生的施工废弃物：$$Q_{new} = 600 \times 10^{-4} \times S_{con}$$ 式中　Q_{new}——房屋建设施工废弃物的产生量（万 m³）；S_{con}——房屋建设的施工建筑面积（万 m²）。（2）房建工程产生的工程弃土：$$Q_{pit} = 10 \times 600 \times 10^{-4} \times S_{con}$$ 式中　Q_{pit}——房建工程产生的工程弃土（万 m³）

序号	建设工程类别		计算原理	计算公式
2	房屋拆除工程		房屋拆除工程的建筑废物与拆除面积息息相关，可根据拆除面积指标法进行测算	$Q_{old} = 7000 \times 10^{-4} \times S_{spull}$ 式中 Q_{old}——旧建筑物拆除废弃物的产生量（万 m^3）； $\quad\quad$ S_{spull}——旧建筑物拆除的施工建筑面积（万 m^3）
3	房屋装修工程		根据建筑行业的经验，装修废弃物的产生量一般与城市建筑总量成正比，以房屋装修周期10年计算，单位装修面积建筑废物产生量指标为 $0.05m^3/m^2$	$Q_{装修} = 0.05 \times 10^{-4} \times (A_{新建} + 0.1 \times A_{存量})$ 式中 $Q_{装修}$——装修废弃物的产生量（万 m^3）； $\quad\quad$ $A_{新建}$——新建建筑面积（m^2）； $\quad\quad$ $A_{存量}$——已建建筑面积（m^2）
4	市政交通工程	地铁工程	地铁工程按地铁隧道体积计算工程弃土产生量	$Q_{sub} = R \times [140 \times 23 \times 25 \times N + 2 \times \pi \times 3.3 \times 3.3 \times (1000L - 140N)] \times 10^{-4}$ 式中 Q_{sub}——地铁工程产生的建筑废物（万 m^3）； $\quad\quad$ N——地下车站的数量（个）； $\quad\quad$ L——地铁段的总长度（km）； $\quad\quad$ R——松散系数，取值一般在1.1~1.3之间
5		道路工程	一般来说，新建道路主要有三种施工方式：地面铺设、隧道连接及桥梁高架。桥梁高架产生的建筑废物数量较少，因此可以忽略不计。根据建筑行业经验以及现有道路施工工程实际产生土方量核算，新建地面道路工程渣土产生量一般与道路新建或改造的总面积成正比，道路隧道工程（含地下通道工程）统一取6.6m高的长方形横截面来计算，新建道路工程单位道路面积的工程渣土产生量为0.6万~0.8万 $m^3/$ 万 m^2	(1)隧道工程： $\quad\quad Q_{道路隧道} = L_{道路隧道} \times W_{道路隧道} \times 6.6 \times 10^{-4}$ 式中 $Q_{道路隧道}$——隧道工程产生的建筑废物（万 m^3）； $\quad\quad$ $L_{道路隧道}$——隧道长度（m）； $\quad\quad$ $W_{道路隧道}$——隧道宽度（m）。 (2)一般路面工程： $\quad\quad Q_{道路} = 0.6 \sim 0.8 \times S_{道路}$ 式中 $Q_{道路}$——新建道路建筑废物产生量（万 m^3）； $\quad\quad$ $S_{道路}$——新建道路面积之和（万 m^2）。 (3)路面修整工程： $\quad\quad Q_{修建} = 0.2 \times \dfrac{1}{n} \times S_{道路}$ 式中 $Q_{修建}$——道路修建建筑废物的产生量（万 m^3）； $\quad\quad$ $S_{道路}$——修建道路面积之和（万 m^2）； $\quad\quad$ n——道路修整年限，取10~15年
6		市政管网工程	市政管网工程渣土的产生量近似等于管沟体积，即渣土产生量可近似为综合管廊和电缆隧道的截面积与长度的乘积	$Q_{综合管廊}, Q_{电缆隧道} = R \times L_{里程} \times S_{横截面积} \times 10^{-4}$ 式中 $Q_{综合管廊}, Q_{电缆隧道}$——综合管廊或电缆隧道建设工程产生的建筑废物量（万 m^3）； $\quad\quad$ $L_{里程}$——综合管廊或电缆隧道的长度（m）； $\quad\quad$ $S_{横截面积}$——综合管廊或电缆隧道的横截面积（m^2）； $\quad\quad$ R——松散系数，取值一般在1.1~1.3之间

续表

序号	建设工程类别	计算原理	计算公式
7	水利河道工程	河道整治工程按照相当于河道整治改造面积挖深1m计算渣土产生量；对于新建或改建管网工程，由于给水管网埋深比较浅，所产生的建筑废物量几乎可以忽略不计，因此本书仅考虑污水、雨水等管网的新建与改造工程。管网所产生的渣土可近似于管沟体积，参照同类型的建设工程，其中折算系数取 1.5m³/m 进行同类工程数据结果的校正	(1)河道整治工程： $$Q_{河道}=L\times W\times 1\times 10^{-4}$$ 式中 $Q_{河道}$——河道建设改造建筑废物产生量(万 m³)； L——河道的长度(m)； W——河道的宽度(m)； (2)管网工程： $$Q_{管网}=1.5\times L\times 10^{-4}$$ 式中 $Q_{管网}$——管网新建或改造产生的建筑废物量(万 m³)； L——管网长度(m)

7.3.2 类别预测法

渣土是指各类建筑物、构筑物、管网等工程开挖过程中产生的渣土及石块，工程泥浆是由冲（钻）孔桩基施工、地下连续施工、泥水盾构作业施工、水平定向钻及泥水顶管等施工产生的泥浆（含未脱水处理的盾构渣土）。工程泥浆相比于渣土，主要在于含水率具有很大的差别，其经脱水、固定化处理后与渣土的组成成分类似。目前，渣土和工程泥浆的产生量预测并未具有成熟的模型，应根据现场地形、工程设计文件、施工工艺资料等综合确定。施工建筑废物、拆除建筑废物及装修建筑废物的产生量预测模型具体如下[49]。

根据建筑行业的经验，施工建筑废物产生量与施工建筑面积一般成正比关系，可按下述公式进行估算：

$$M_g = R_g m_g k_g \tag{7-1}$$

式中 M_g——某城市或区域施工建筑废物年产生量（t/a）；

R_g——城市或区域年新增建筑面积（t/a）；

m_g——单位面积建筑废物产生量基数[t/(10^4 m²)]，可取 300～800t/(10^4 m²)；

k_g——施工建筑废物产生量修正系数。经济发展较快城市或区域可取 1.10～1.20；经济发达城市或区域可取 1.00～1.10；普通城市可取 0.80～1.00。

拆除建筑废物产生量与拆除建筑面积一般成正比关系，可按下述公式进行估算：

$$M_c = R_c m_c k_c \tag{7-2}$$

式中 M_c——某城市或区域拆除建筑废物日产生量(t/d)；

R_c——城市或区域拆除建筑面积(10^4 m²)；

m_c——单位面积建筑废物产生量基数[t/(10^4 m²)]，可取 8000～13000t/(10^4 m²)；

k_c——拆除建筑废物产生量修正系数。经济发展较快城市或区域可取 1.10～1.20；经济发达城市或区域可取 1.00～1.10；普通城市可取 0.80～1.00。

装修建筑废物的产生量与装修建筑面积成正比关系，而装修建筑面积可由装修户数推导而出，值得说明的是，一般旧房屋装修产生的建筑废物量比新房屋要多，甚至呈倍数关系。可按下述公式进行估算：

$$M_z = R_z \, m_z \, k_z \tag{7-3}$$

式中　M_z——某城市或区域装修建筑废物年产生量(t/a)；

　　　R_z——城市或区域居民户数(户)；

　　　m_z——单位户数装修建筑废物产生量基数(t/户)，可取 0.5～1.0t/(户·年)；

　　　k_z——装修建筑废物产生量修正系数。经济发展较快城市或区域可取 1.10～1.20；经济发达城市或区域可取 1.00～1.10；普通城市可取 0.80～1.00。

7.3.3　组分预测法

建筑物、构筑物在施工或拆除过程中产生的建筑废物组成成分所占比例与建筑结构类型和建筑功能相关，但产生的主要成分保持不变，主要包括混凝土、砖和砌块、散落砂浆、废弃钢筋等。各类结构的建筑施工废物组成成分比例，见表 7-2，不同功能建筑物在拆除和新建过程中产生的废物组成成分，见表 7-3 和表 7-4。

不同类型结构的建筑废物组成成分所占比例(%)[50]　　　表 7-2

废物成分	建筑结构类型		
	砖混结构	框架结构	框剪结构
砖和砌块	30～50	15～30	10～20
砂浆	8～15	10～20	10～20
混凝土	8～15	15～30	15～35
桩头	—	8～15	8～20
包装材料	5～15	5～20	10～20
屋面材料	2～5	2～5	2～5
钢材	1～5	2～8	2～8
木材	1～5	1～5	1～5
其他	10～20	10～20	10～20
合计	100	100	100

新建建筑建筑废物产生量指标[51]　　　表 7-3

建筑类别	废弃物产生量指标(kg/m²)	废弃物产生量分类指标(kg/m²)	
住宅建筑	37	混凝土	18.7
		砖和砌块	1.8
		砂浆	1.3
		金属	4.0
		木材	7.8

续表

建筑类别	废弃物产生量指标(kg/m²)	废弃物产生量分类指标(kg/m²)	
商业建筑	34	混凝土	18.0
		砖和砌块	1.8
		砂浆	1.2
		金属	4.5
		木材	5.7
公共建筑	35	混凝土	18.0
		砖和砌块	2.2
		砂浆	2.1
		金属	3.0
		木材	6.3
工业建筑	31	混凝土	17.4
		砖和砌块	1.2
		砂浆	1.2
		金属	2.6
		木材	5.6

拆除建筑建筑废物产生量指标[47]　　　　表 7-4

建筑类别	废弃物产生量指标(kg/m²)	废弃物产生量分类指标(kg/m²)	
住宅建筑	1450	混凝土	880
		砖和砌块	180
		砂浆	200
		金属	65
		玻璃	3
商业建筑	1380	混凝土	880
		砖和砌块	150
		砂浆	220
		金属	60
		玻璃	3
公共建筑	1480	混凝土	950
		砖和砌块	125
		砂浆	240
		金属	90
		玻璃	2
工业建筑	1130	混凝土	830
		砖和砌块	35
		砂浆	150
		金属	60
		玻璃	3

房屋内部装修过程产生的装修建筑废物，装修建筑废物的主要成分是砖块、混凝土块、木块、刨花、灰土、废陶瓷、废五金、油漆和废杂物等，其组成成分所占比例与房子形状与状态、装修风格、装修材料的选择等因素相关。刘会友等[52]对上海旧房屋和新房屋装修过程的抽样调查，对其产生的装修建筑废物组成成分进行粗略的分析和统计。得出的结果见表7-5和表7-6。

旧住房装修建筑废物组成成分　　　　　　　　　　　　　　表 7-5

组成成分	混凝土块 （>4mm）	砖块 （>4mm）	灰土 （<4mm）	陶瓷 （>4mm）	木块、刨花、 胶合板	废五金	其他（墙纸、破布、塑料、 玻璃、石棉等）
比重（%）	18～25	19～24	10～18	7～19	10～16	3～9	6～12

新住房装修建筑废物组成成分　　　　　　　　　　　　　　表 7-6

组成成分	混凝土块 （>4mm）	砖块 （>4mm）	灰土 （<4mm）	陶瓷 （>4mm）	木块、刨花、 胶合板	废五金	其他（墙纸、破布、 塑料、玻璃、石棉等）
比重（%）	16～30	11～25	10～20	6～10	14～19	3～8	4～9

7.4　处理策略

7.4.1　建筑废物处置原则

减量化（Reduce）、再利用（Reuse）和资源化（Resource）是循环经济中关于固体废物管理的三大原则，再加上无害化基本处理原则经合理组合便可成为城市废物处理的技术路线。考虑到减量化原则涉及社会管理层面，不属于建筑废物处置规划研究范围，因此本书主要研究循环再生利用、资源化利用及无害化处置原则在建筑废物处理领域的贯彻，并寻找出适用于城市或区域的建筑废物处理策略。需要注意的是，"事前防范"始终优于"事后处理"，坚持减量化原则依然是开展废弃物管理的重要内容。

7.4.2　建筑废物处置方式

1. 作为建设工地的回填土

作为建设工地的回填土是最为常用、最为简单的建筑废物处理方法。回填本身是一种工程活动，需要从外部运入土方，这样如果甲工地需要外排建筑废物而乙工地需要回填基坑或加高地面标高，通过将建筑废物从甲工地运往乙工地则同时解决了甲工地和乙工地的需求，无论是从单个个体的角度来看还是从整个社会的角度来看都是最经济的。回填土对建筑废物的组成一般要求不高，软质部分（即弃土）、建筑废物（即废混凝土等）或混杂在一起均可。

信息沟通渠道的畅通是成功将建筑废物作为建设工地回填土的重要保障。如果没有方便、高效的沟通渠道，就很有可能出现甲、乙两个工地近在咫尺但却互不知晓对方的需求，进而导致甲工地被迫将自身产生的建筑废物外排至政府修建的受纳场，而乙工地却不得不从其他外部地区买入土方。因此，政府部门有必要建立一个建筑废物土供需沟通信息平台，由当地的建设部门共同管理。

2. 堆山造景

"堆山造景"在平原地区应用较为广泛，国内以深圳市、天津和石家庄市为典型代表，深圳市曾在南山荔香公园、中心公园等地利用堆山造景消纳建筑废物。"堆山造景"重点是结合公园建设人造山体景观，利用建筑废物堆山造景，既有利于处理建筑废物，为建设节约型社会做贡献，也可建设回馈于民、供市民休闲娱乐或健身的场所。

3. 作为市政管网系统的回填材料

作为市政管网系统的回填材料是建筑废物回用的另一种重要途径。给水、雨水、污水、电力、通信、燃气等市政行业的管网铺设、维护过程中不可避免地要实施回填作业，如果能够将建筑废物加工成合乎要求的回填材料即可大大减少建筑废物的填埋量。

当然，将建筑废物加工成为合格的回填材料需要耗费一定的经济成本，但从整个社会的综合效益来看是有价值的。中国香港地区甚至强制要求在市政管网系统建设过程中使用一定比例的 A 类填料（A 类材料包括坚硬清洁的碎炉渣、碎石、碾压的混凝土块或不发生化学变化的拆楼物料，等级不能低于表 7-7 的限制，其中 10％的细集料不小于 50kN，按英国标准《土木工程土木实验方法》BS 1377 试验，当材料通过英标和 425μm 筛时，要不具可塑性）。

A 类材料等级范围 表 7-7

BS TEST SLEVE	PERLENTAGE BY WEIGHT PASSING
METRLC	TYPE A
63mm	
37.5mm	100
20mm	
10mm	45～100
3.35mm	25～80
600μm	8～45
75μm	0～10

4. 作为填海造地替代填料

利用建筑废物作为填海造地工程的替代填料，既可以解决建筑废物无处排放的问题，也避免了大规模的开山取石造成生态环境破坏。值得注意的是，由于填海工程一般需要较为纯净的填料方可利于后期的软基处理工程，并进而确保完成填海后所获土地具有较高的承载力，软质的土方与硬质的混凝土块、石料混合在一起的建筑废物一般不能直接作为填海工程的填料。根据香港特区经验，可考虑在填海区建设必要的建筑废物分选工程，将软质部分和建筑废物有效分离并进行粒径分级后即可将其改性为合格的填海填料。

2018 年 7 月国务院下发了《关于加强滨海湿地保护严格管控围填海的通知》（以下简称

《通知》），《通知》中明确要求"完善围填海总量管控，取消围填海地方年度计划指标，除国家重大战略项目外，全面停止新增围填海项目审批"。由于填海计划的严格管控，建筑废物作为填海造地替代填料将在很长一段时间内被停滞。

5. 制造再生建材

从国内外建筑废物综合利用经验来看，利用建筑废物制造再生建材是贯彻资源化原则的重要手段，相当于在城市里建设了一个人工制造的石场。通过对建筑废物科学的分类、分拣、破碎及筛分后，结合各种产品质量要求，加入适量的水泥和添加剂，生产出各种新型环保建材。

从近年拆除建筑物的组成上看，混凝土与砂浆片占30%～40%，砖瓦占35%～45%，陶瓷和玻璃占5%～8%，其他占10%。而新建筑物建设施工废弃物主要是在建筑过程中产生的剩余混凝土、砂浆、碎砖瓦、陶瓷边角料、废木材、废纸等。在这些组成中除了废木材、废纸、金属和其他杂物外，废弃的混凝土与砂浆片、废砖瓦、陶瓷和玻璃占拆除建筑废物的70%～93%，这些组成部分经过必要的回收加工能还原为再生骨料或直接生产为再生骨料。利用建筑废物制造建材，既能消纳建筑废物，又能为社会创造效益，变废为宝，是循环经济的重要体现，适合具备条件的城市大力发展。

值得一提的是，全国市民和建筑施工单位目前对利用建筑废物再生利用制成的产品普遍信赖度不高。因此，在推广使用再生建材的过程中，政府应开展广泛宣传，依托建筑行业协会通过多种媒体形式宣传再生建材的安全性和环保性或者采取强制性条例强制将再生建材应用于建设工程中。

6. 无害化贮存

建筑废物属于惰性无机物，不同于生活垃圾可生物降解或可燃烧，因此建筑废物无害化贮存的唯一方式为陆域填埋。

陆域填埋是全国建筑废物处理的传统方法，也是目前最为成熟、最主要的处理方法。但目前继续应用陆域填埋方式存在两个方面的问题：一方面采用陆域填埋方式处理建筑废物将占用大量土地资源，这明显是一种土地资源浪费的现象，若占用建设用地贮存建筑废物显然是不合理的，且占用生态绿地处理建筑废物显然又是对生态环境的破坏；另一方面，即使在认可陆域填埋方式暂时可行、必要的前提下，由于面临着水源保护、基本农田保护、燃气管道保护、河道及水库保护和自然景观保护等的多重限制，受纳场选址对于土地资源紧缺、开发程度高的城市来说具有相当难度。因此消纳填埋不适宜作为人口集中、土地稀缺的城市的建筑废物的处置方式。

7.4.3 循环利用技术

建筑废物的循环利用是指拆除或建设活动中产生的建筑废物经过一定的工艺改造生成再生建材，以再生建材的形式应用于建设活动中。目前，建筑废物资源化利用在国内的应用主要如下：

1. 生产环保型砌块和混凝土空心隔墙板

该技术在国内比较成熟，利用废砖瓦经破碎、筛分、清洗后与普通水泥混合再添加辅助材料可生产轻质砌块或混凝土空心隔墙板；利用废混凝土、砖、石等经破碎、筛分、清洗后级配与普通水泥混合，可制作成空心砖、实心砖、广场砖和环保多孔砖等，其产品与黏土砖相比，具有抗压强度高、抗压性能强、耐磨、吸水性小、保温、隔声效果好等优点。目前国内多家建材生产企业，通过多年的实践，在利用建筑废物生产的各种再生砌块、透水砖等方面取得了一定的成果，逐渐实现了建筑废物再生产品的规模化生产，其产品已在当地建材市场广泛应用并享有一定的知名度。

2. 用于夯扩桩

利用建筑废物中的碎砖烂瓦、碎混凝土等废物材料为填料，采用特殊工艺和专利施工机具，形成夯扩超短异形桩，是针对软弱地基和松散地基的一种地基加固处理新技术。如深圳塘朗山建筑废物综合利用厂就建在堆埋厚度达 60m 的建筑废物堆体上，地质基础复杂，地基加固处理就是借助以往的经验采用夯扩超短异形桩的处理方法。

3. 加工成再生骨料

再生骨料来源于建筑废物中的废混凝土块、废砂浆、渣土等。废混凝土块经破碎筛分得到粗骨料和细骨料，粗骨料可作为碎石直接用于地基加固、道路和飞机跑道的垫层、室内地坪垫层；细骨料用于砌筑砂浆和抹灰砂浆，若将磨细的细骨料作为再生混凝土添加料可取代 10%～30% 水泥和 30% 的砂子；而废旧沥青混凝土块的再生骨料可铺在下层做垫层，也可部分掺入新的沥青混凝土中利用。该法是目前建筑废物资源化利用最普遍的方法。

4. 泥沙回收

对混凝土搅拌站的废渣，通过冲洗，将其还原为水泥浆、石子和砂进行回收；碎砖块可作为搅拌混凝土的粗骨料，也可作为地基处理、地坪垫层的材料，若将磨细的废砖粉利用硅酸盐熟料激发，经磨细免烧可制成砌筑水泥。

5. 固化多孔砖

固化多孔砖是采用土壤固化技术将含泥量较高的建筑废渣粉碎、筛分后，与普通水泥混合再添加土壤固化剂，经搅拌、静压压制生产免烧多孔砖，该项技术在广西南宁、北海、崇左多地应用，产品质量经广西建材产品质量监督检验站检验符合国家墙体材料要求。

此外，弃土可用于绿化、回填还耕和造景用土等。总之，在建筑废物的综合利用上，国内再生骨料的市场发展前景相对其他再生建筑制品的市场发展前景较广阔。目前已有多条采用再生骨料做垫层铺筑的公路，如合肥至南京的高速公路，湖南长沙机场工程的道面、道肩及平行公路，深圳市塘朗山建筑废料综合利用厂进场道路及场内硬底化等。并且经过多年的实践运行，再生骨料的性能也已逐步得到市场认可，建筑路基用再生骨料的比例在不断增加。

1990 年 7 月，上海市第二建筑工程公司在市中心的"华亭"和"霍兰"两项工程的 7 幢高层建筑（总建筑面积 13 万 m²，均为剪力墙或框剪结构）的施工过程中，将结构施工阶段产生的建筑废物，经分拣、剔除并把有用的废渣碎块粉碎后，与标准砂按 1∶1 的比例拌合作为细骨料，用于抹灰砂浆和砌筑砂浆，砂浆强度可达 5MPa 以上。

1992年6月，北京城建集团一公司先后在9万m²不同结构类型的多层和高层建筑施工过程中，回收利用各种建筑废渣840t，用于砌筑砂浆、内墙和顶棚抹灰、细石混凝土楼地面和混凝土垫层，使用面积超过3万m²。

目前，我国建筑废物基本上以拆除建筑废物为主，这就决定了建筑废物的成分较为复杂，故综合利用项目必须做到物尽其用，尽量减少最终进入填埋场的废物数量，只有这样，才能达到建筑废物综合利用的初衷。综合上述，可以概括建筑废物处理处置的总体技术方案如下：将运抵场地的建筑废物分为以下几类，分别为：可再利用类、可回收类、不可回收利用类。第一类即建筑废物类，根据其特性经处理后加以利用，第二类如高热值废物及金属等回收外卖，只有第三类再无利用价值的才进入填埋场填埋处置。其具体的技术路线如图7-1所示。

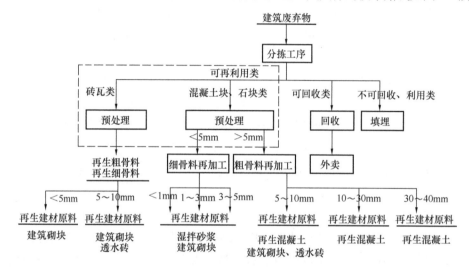

图7-1　建筑废物综合利用项目物料流程框图

1）预处理系统工艺流程

预处理系统可以对收运到设施的建筑废物经过人工初选后，再经多级破碎和筛分、磁选和弹跳分选的交错组合，获得再生建筑制品生产所需的原料。主要包括建筑废物的破碎和筛分，其工艺流程见图7-2。其工艺流程为首先将经初步分拣出各类杂质和金属的建筑废物由装载机上料，再通过振动给料机送入初级颚式破碎机初破，振动给料机为棒条间隙为10mm的棒条筛，筛出的小于10mm的细粒级部分含粉尘和含泥量较大，再利用价值不高，筛分弃之，以提高再生建筑制品的品质。经颚式破碎机初碎后，大块混凝土中的钢筋等暴露在外便于清除，大于10mm的部分经带式输送机和除铁器除铁后进入分拣站，进一步分拣出混杂其中的如塑料、织物、纸屑类杂质，随后经带式输送机和分料器，按照再生原料的使用要求分别进入圆锥破碎机或反击式破碎机，破碎后的原料再次经除铁器分离金属，随后进入四层高效振动筛分机进行整粒。经过除杂破碎筛分整粒处理，可利用建筑废物最终分为以下粒级：<5mm，5～10mm，10～20mm，20～30mm，>30mm共五个粒级，作为生产再生建筑制品的原料使用或再生粗细骨料外销。破碎设备中的反击式破碎机具有破碎和整形功能，不仅使块状的物料得以细碎，而其冲击破碎能使物料整形并将硬度相对较小的物料基本细碎，大大提高了骨料的压碎值，并有效保证了骨料的强度。经

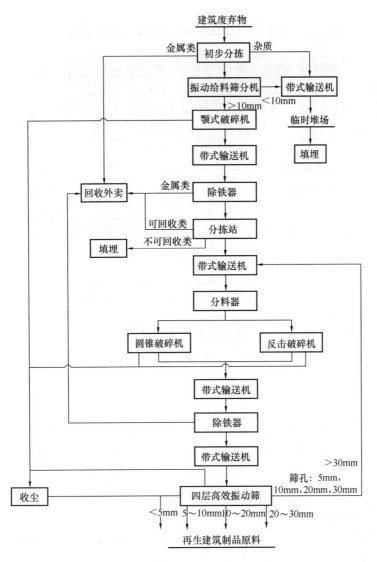

图 7-2 建筑废物破碎、筛分工艺流程图

过上述分选、破碎筛分等预处理系统，建筑废物被加工成多种粒级，分别作为再生粗细骨料外销或作为生产再生混凝土、湿拌砂浆和生态透水砖等的原料使用。二级破碎选用圆锥破碎机和反击破碎机并列，可根据再生制品对原料的级配要求调节二级破碎设备，从而满足后续生产要求。在实际运行过程中，可以根据来料的物料特性，以满足后续再生制品生产需求为原则适当调整处理工艺。

2）再生混凝土生产系统

建筑废物破碎筛选出的各粒级再生建材原料，是生产再生混凝土骨料的主要原料来源，根据所配入各粒级原料的不同，可生产出满足不同要求的再生混凝土制品。可以根据市场对石料的需求灵活调节再生混凝土的产量。其工艺流程如图 7-3 所示。再生混凝土生产所需的各级配的粗、细集料主要来自于破碎筛选预处理系统的各粒级的粗、细集料，为保证再生混凝土强度，原料掺入少量外购天然粗细骨料。根据再生混凝土的功能要求确定

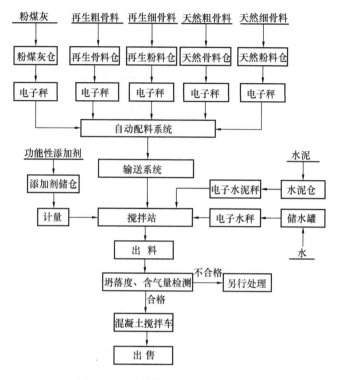

图 7-3　再生混凝土生产工艺流程图

各原料的配比和相应的级配比例，各粒级粗、细集料及辅料分别经装载机送入配料系统前的配料料斗，经下方的自动配料系统配料后经带式输送机被送到强力搅拌机，在搅拌机中加入胶凝剂—硅酸盐水泥和溶剂—水，同时根据产品的具体用途，按要求加入适量的功能性添加剂，混合料经强力搅拌混匀，检验合格后作为再生预拌混凝土外销。

3）再生混凝土砌块生产工艺

建筑制品种类繁多、品种和功能各异，其中使用面最广的是混凝土砌块，用于一般工业建筑与民用建筑的承重墙和非承重墙的砌筑，是建筑市场用量最大、销路最好的建筑制品，因此，也是本建筑废物综合利用厂的主导产品，再生建筑砌块能够消纳绝大部分的建筑废物原料。随着城市基础设施的逐步完善，道路透水砖的使用量也逐渐增加，考虑透水砖的生产设备与再生建筑砌块可以共用，只要在普通砌块生产设备中配置面层配料和布料装置即可。故本项目再生建筑制品的生产品种以混凝土砌块为主，也可根据市场需求情况增加透水砖的生产。再生混凝土砌块的生产工艺如图 7-4 所示。再生混凝土砌块生产所需的主要原料来自于综合破碎筛分车间的砖渣破碎筛分处理线，经上料系统送入自动配料系统配料，配料后的混合料经带式输送机被送到强力搅拌机，同时加入建筑胶凝材料水泥、功能性辅助添加剂和水，混合料经强力混匀后经带式输送机送到砌块成型机，砌块成型机带储料、分料、强制快速平稳布料装置等全套辅助设施，以严格控制成型机上方小料斗的储料量，防止原料受振提前液化，确保制品的顺利成型及产品质量。布料装置则做到布料均匀、快速、平稳，保证产品的密实度高、质量好。压制成型的砌块经自动堆栈装置码垛，送养护车间静养护，经最终检验，合格的成品外销。

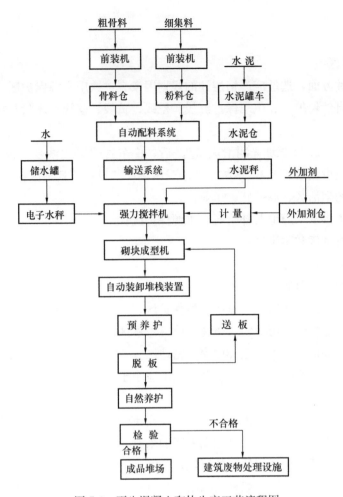

图 7-4　再生混凝土砌块生产工艺流程图

7.5　设施布局

7.5.1　受纳场布局规划

1. 功能定位

受纳场的功能定位是对建筑废物的陆域填埋、最终处置，即利用地形条件或通过工程措施（建设土方坝）填埋的建筑废物，其实质是一种临时性且不可持续使用的城市公共设施或市政基础设施，服务期限根据其库容大小的不同可从半年至几年不等，在填埋封场后应进行平整、复绿，可作为生态绿地、体育休闲用地或公园。

根据地形条件，受纳场可分为山谷形、平原形和洼地形三类；根据处理对象的不同可分为单一功能受纳场和混合功能受纳场，其中单一功能受纳场是指只接受某一类别的建筑废物，严禁接收生活垃圾、危险废物等具有高污染性质的物质；混合功能的受纳场可接收已剔除高污染或毒性物质的建筑废物，但考虑后续的回收利用，各类别建筑废物应填埋在不同单元。

2. 选址原则

（1）严禁选址区域

在规划协调性方面，选址应严格避让的规划因素有：饮用水源保护区、基本农田保护区、森林公园、自然保护区、生态保护红线、橙线、黄线、蓝线、现状及规划建成区、规划道路等。

除此之外，自"12.20深圳光明滑坡事件"后，广东省住房和城乡建设厅发布了《建筑余泥渣土受纳场建设技术规范》，该规范要求受纳场严禁设在下列地区：

1）人员密集的生活区、商务区、工业区；

2）地下水集中供水水源地及补给区、水源保护区；

3）泄洪区、行洪区和蓄洪区；

4）活动的断裂带；

5）尚未开采的地下蕴矿区；

6）珍贵动植物保护区和国家、省级自然保护区；

7）文物古迹，考古学、历史学、生物学研究考察区；

8）军事要地、基地，军工基地和国家保密地区。

此外，选址进出口距离城乡居民点和学校不应小于300m。

（2）优选区域

1）地形条件为山谷、小坡度山地（20°以下）、平地或低洼地带；

2）废弃采石场或尚在开采、计划远期关闭的采石场；

3）土地利用价值低且交通较便利的区域；

4）可优先考虑与城市公园、森林公园结合建设；

5）不具有对周边公共设施、工业企业、居民点等安全影响因素的区域。

7.5.2 综合利用设施布局规划

1. 功能定位

建筑废物的综合利用应以清洁生产、环境保护、节能减排为宗旨，遵循"减量化、资源化、无害化"原则。与建筑废物受纳场和填海区不同，建筑废物综合利用设施主要接收废弃混凝土块、废弃砖块等建筑废物，将其破碎、分选，添加再生剂、胶粘剂等后制成再生建材，建筑废物综合利用设施一般应与大型陆域受纳场相邻设置或直接设置在大型陆域受纳场内，以便于生产原料的堆放、贮存和产品的存放。

2. 布局原则

对于主要以建筑废物为处理对象的建筑废物综合利用设施，其实质是一种永久性的城市公共设施或市政基础设施，因此应首先坚持总量平衡，其空间布局应着重强调运距的合理性，服务半径控制在10km以内，以降低整个社会的建筑废物处理成本。同时，结合城市各个单元建筑废物处置设计能力缺口进行设施的布局。基于占地面积或可用建设用地比较少的区域，可打破行政区划的限制，从统筹的角度，将其产生的建筑废物与其他城市单元产生的建筑废物进行统一处置。

3. 选址原则

建筑废物综合利用设施一般需要配备原料和成品堆放场地，其占地面积较大，单独选址难度较大。因此，建筑废物综合利用设施应优先与库容较大的建筑废物受纳场合建或在已规划环卫处置设施附近选址建设，既集约用地，又便于综合处理。

7.6　用地标准

与建筑废物处置相关的设施主要包括两大类：一是建筑废物受纳场，另一是建筑废物综合利用设施。其中建筑废物受纳场根据地形条件可分为山谷形受纳场、平原形受纳场和洼地形受纳场。其用地标准与地形条件息息相关，目前国内无统一的用地标准要求。

对于建筑废物综合利用设施，综合利用对象的不同，设施采用的用地标准也不尽相同。此外，各地情况也各不相同，有些地方有相关的标准规范，如北京，根据北京市发布的《固定式建筑废物资源化处置设施建设导则（试行）》，将建筑废物资源化利用处置设施建设规模按年处理量建议分为四档，如表 7-8 所示，可以看出年处理量为 100 万 t 的建筑废物综合利用，所需用地指标为 6.66 万 m^2，即 666m^2/（年·万 t）。

北京市建筑废物资源化利用处置设施用地标准　　　　　　　表 7-8

级别	年处理量（万 t）	建设用地（亩）	建筑面积（m^2）	人员编制
Ⅰ	>150	>140	>30000	>200
Ⅱ	100～150	100～140	25000～35000	100～150
Ⅲ	50～100	60～100	15000～25000	50～100
Ⅳ	30～50	<60	10000～20000	<50

而全国大部分地方则无相关的标准规范。以深圳市为例，深圳市无相关用地标准，在开展工作时，结合深圳市实际，经统计 12 家拆除废弃物的综合利用企业用地面积和设计处理能力，其报送的拆除废弃物综合利用设施单位面积产能为 16 万～93 万 m^3/（年·万 m^2），即 71.68～416.67m^2/（年·万 t）（假定拆除废弃物的密度为 1.5t/m^3），如表 7-9 所示。《深圳市建筑废物综合利用设施布局规划（2016—2030）》确定的用地指标为 300～500m^2/（年·万 t）。由于目前无法确定各企业报送数据的准确性，拆除废弃物综合利用固定式场站的用地指标采用 300m^2/（年·万 t），施工废弃物和装修废弃物综合利用固定式场站的用地指标参考拆除废弃物，即 300m^2/（年·万 t）。

拆除废弃物综合利用单位面积产能统计信息表　　　　　　　表 7-9

序号	企业名称	整个厂区占地面积（hm^2）	设计产能（万 m^3/年）	单位面积产能 [万 m^3/（hm^2·年）]
1	深圳市绿×××环保科技有限公司	5.0	100	20
2	深圳市汇×××环保科技有限公司	4.0	100	25

续表

序号	企业名称	整个厂区占地面积 （hm²）	设计产能 （万 m³/年）	单位面积产能 [万 m³/(hm²·年)]
3	深圳市××新型建材研究院 有限公司（沙井）	1.6	27	16
	深圳市××新型建材研究院 有限公司（吉华）	5.4	133	25
4	深圳市俊××环保科技有限公司	0.5	47	93
5	深圳××环保再生资源有限公司	1.3	80	62
6	深圳市钰××环保工程有限公司	0.8	47	62
7	深圳市××环保实业有限公司	4.0	107	27
8	深圳市××建材有限公司	1.9	67	35
9	深圳市金××建材有限公司	0.8	40	50
10	深圳市绿××环保科技有限公司	1.8	100	56
11	深圳市和××建筑材料有限公司	1.5	80	53
12	深圳市××再生资源有限公司	1.1	67	60

值得说明的是，对于拆除废弃物，除可通过固定式场站处理，也可通过移动式现场利用，但后者相比于前者，拆除废弃物移动式处理具有处置地点灵活、原位处理减少运输、生产成本低等优势。移动式处理可以作为固定厂式的延伸鼓励发展[53]，但在目前的形势下暂不宜脱离固定厂式独立发展。一是在拆除废弃物的四种综合利用方式中，目前的移动式处理设备通常只能实现工程回填、道路基础所用再生骨料的生产，其综合利用层级太低，生产再生混凝土制品及再生混凝土、再生砂浆等高级利用方式仍需依靠固定厂式实现。二是移动式处理设备便宜，单纯的移动式处理企业有着小投入、快回报的思想，往往对拆除废弃物不加以品质的区分就全部混合破碎成回填骨料，除了对高投入的固定厂式造成冲击外，过于粗犷的逐利性生产方式也易形成"将垃圾破碎为新的垃圾"的局面。因此，以固定厂式为依托，移动式作为其派驻工地现场的延伸，才能实现拆除废弃物综合利用向高附加值、多样化、性能稳定的产品生产方向发展[54]。考虑到移动式现场利用的存在，假定拆除废弃物综合利用固定式场站可按处理能力1∶1配套移动式场站。

对于建筑废物综合利用设施用地标准的选址，目前全国并未有一个统一的标准，地方标准几乎也处于空白状态，因此，在编制建筑废物处置规划时，对于用地标准的取值可参考现状综合利用设施，须满足适宜城市发展与集约用地的要求。

第 8 章　城市污泥处理设施规划

8.1　污泥的性质与分类

城市污泥又称市政污泥，指在与城市生活活动相关的城市市政设施运行与维护过程中产生的污泥；按来源可分为污水厂污泥、给水厂污泥、通沟污泥、栅渣和河道淤泥。来源不同的污泥，其物理性质、化学性质和微生物性质差别很大，相应的处理处置技术要求和资源化利用途径也各不相同。

污泥以有机成分为主，组分复杂，其中包含有潜在利用价值的有机质、氮、磷、钾和各种微量元素，同时也含有大量的病原体、寄生虫（卵）、重金属和多种有毒有害有机污染物[55]。

有关研究[56]预测 2020 年我国城镇生活污泥产生量将达到 4382 万 t，而工业污泥产生量将达到 4000 万 t，共计 8382 万 t。污泥无害化处理是未来的发展方向，填埋将会越来越少地被用到，根据预测，"十三五"期间填埋、堆肥、自然干化、焚烧四类处理方式的占比将分别变化为 40%、25%、15%、8%。

1. 物理特性

污泥是一种含水率高、呈黑色或黑褐色的流体状物质，其物理特点是含水率高、脱水性差、易腐败、产生恶臭、比重较小、颗粒较细、外观上具有类似绒毛的分支与网状结构。污泥脱水后为黑色泥饼，自然风干后呈颗粒状，硬度大且不易粉碎。

（1）污泥中水分的分布特性

根据污泥中水分与污泥颗粒的物理绑定位置，可以将其分为四种形态：空隙水、毛细水、吸附水和内部水。

1）空隙水，又叫自由水，没有与污泥颗粒直接绑定。一般要占污泥中总含水量的65%～85%。空隙水不直接与固体结合，是污泥浓缩的主要对象。

2）毛细水指通过毛细作用绑定在污泥絮状体中的水分。浓缩作用不能将毛细水分离，分离毛细水需要有较高的机械作用力和能量，如真空过滤、压力过滤、离心分离和挤压可去除这部分水分。各类毛细水约占污泥中总含水量的 15%～25%。

3）吸附水指通过表面张力作用吸附在污泥小颗粒表面上的水分。

4）内部水指污泥中微生物细胞体内的水分，含量多少与污泥中微生物细胞体所占的比例有关。

（2）污泥沉降特性

污泥沉降特性可用污泥容积指数（SVI）来评价，其值等于在 30min 内 1000mL 水样中所沉淀的污泥容积与混合液体积之比。

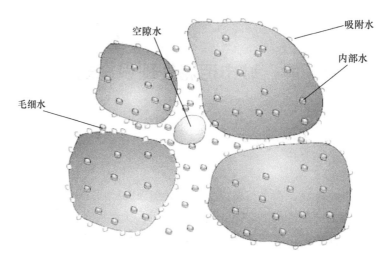

图 8-1　污泥中水分的分布形态

图片来源：污泥水分构成［Online Image］．［2019-07-20］．http：//www.sohu. com/a/104850754_131990＃＃s16

（3）热值

污泥热值与污泥中所含有机物量有关，是污泥焚烧的重要参数。城市污泥中干固体的热值一般为 6700～18000kJ/kg（表 8-1）。

各类污泥的燃烧热值[57]

表 8-1

污泥种类		燃烧热值（以干泥计）（kJ/kg）
初次沉淀污泥	生污泥	15000～18000
	消化污泥	7200
初次沉淀污泥与腐殖污泥混合	生污泥	14000
	消化污泥	6700～8100
初次沉淀污泥与活性污泥混合	生污泥	17000
	消化污泥	7400
生污泥		14900～15200

2. 化学特性

污泥的化学特性是考虑如何对其进行资源化利用的重要因素。其中，pH 值、碱度和有机酸是污泥厌氧消化的重要参数；重金属和有机污染物是污泥农用、填埋、焚烧的重要参数。

（1）丰富的植物营养成分

污泥中含有植物生长发育所需的氮、磷、钾及维持植物正常生长发育的多种微量元素（Ca、Mg、Cu、Zn、Fe 等）和能改良土壤结构的有机质（一般为 60％～70％），因此能够改良土壤结构，增加土壤肥力，促进作物的生长。我国 16 个城市 29 个污水处理厂污泥中有机质及养分含量的统计表明，我国城市污泥的有机质含量最高达 696g/kg，平均值为 384g/kg；总氮、总磷、总钾的平均含量分别为 2711g/kg、1413g/kg 和 619g/kg。

（2）多种重金属

城市污水处理厂污泥中的重金属来源多、种类繁、形态复杂，并且许多是环境毒性比较大的元素，如 Cu、Pb、Zn、Ni、Cr、Hg、Cd 等，这些元素具有易迁移、易富集、危害大等特点，是限制污泥农业利用的主要因素。

污泥中的重金属主要来自污水，当污水进入污水处理厂时，里面含有各种形态、不同种类的重金属，经过物理、化学、生物等污水处理工艺，大部分重金属会从污水中分离出来，进入污泥。一般来说，生活污水污泥中的重金属含量较低，工业污泥中的重金属含量较高。表 8-2 为污泥中典型重金属含量。

污泥中典型重金属含量　　　　　　　表 8-2

金属元素	干污泥（mg/kg）	
	浓度范围	平均值
As	1.1～230	10
Cd	1～3.410	10
Cr	10～990000	500
Co	11.3～2490	30
Cu	84～17000	800
Fe	1000～154000	17000
Pb	13～26000	500
Mn	32～9870	260
Hg	0.6～56	6
Mo	0.1～214	4
Ni	2～5300	80
Se	1.7～17.2	5
Sn	2.6～329	14
Zn	101～49000	1700

（3）大量的有机物

污泥中的有机物质主要包括蛋白质、碳水化合物和脂肪。有机物含量决定了污泥的热值和可消化性，通常有机物含量越高，污泥热值越高，可消化性越好[58]。污泥中的纤维素、脂肪、树脂、有机氮、硫和糖等多糖物质有利于土壤腐殖质的形成，是污泥中可进行生物利用的有机成分。

3. 微生物特性

污泥中主要的病原体有细菌类、病毒和蠕虫卵，大部分由于被颗粒物吸附而富集到污泥中。在污泥的利用中，病原菌可通过各种途径传播，污染土壤、空气和水源，并通过皮肤接触、呼吸和食物链危及人畜健康，也能在一定程度上加速植物病害的传播。

8.1.1　污水厂污泥

城市所产生的污水基本可以按照来源分为工业污水和生活污水。工业污水来自城市的工业部门，污染特征由相应的产业工艺决定。各个城市的生活污水组分较为相近，来源于居民区、商业区等非工业部门。城市污水处理厂的主要处理对象是生活污水，在实行城市

127

排水合流制的城市，一部分城市降雨产生的径流排水也在城市污水处理厂中处理。

污水厂污泥指的是城市污水处理后产生的污泥，是一种由大量水分、有机质、无机颗粒组成的极其复杂的非均质体，其中包括盐类及病原微生物和寄生虫、卵等。按污水处理工艺分类，可分为物理污泥和化学污泥；按照污水厂中产生的阶段不同，可分为原污泥、初沉污泥、二沉污泥和活性污泥，其中占主要部分的为初沉池污泥和二沉池污泥。

8.1.2 给水厂污泥

水厂污泥来源于城市自来水厂在生产自来水时产生的大量排泥水，其中包括沉淀池排泥水和滤池反冲洗水。水厂污泥的产生量受很多因素的影响，如水厂原水的浊度、净水过程投加的药剂种类和药剂量等。沉淀池排出泥是由混凝剂（一般含铝盐或铁盐）形成的金属氢氧化物和泥沙。滤池反冲洗水中的污泥含水量大，排放量稳定，特性与沉淀池排出泥基本相同。

8.1.3 通沟污泥

现代城市的排水方式是以管道化为特征的，排水水体中不同程度地含有可沉降的颗粒物和胶体，其中的可溶性物质在排水沟道的环境下也会产生一些新的沉降物质，这些可沉降物质在一定的水力条件下会沉积于沟道内，影响沟道的正常排水功能。从排水管道养护中疏通清捞出来的沉积物就是通沟污泥，特性复杂，是生活垃圾、渣土、砂石、有机污泥和污水的混合物。

8.1.4 栅渣

在污水处理系统或水泵前，必须设置格栅。格栅所能截留的悬浮物和漂浮物统称为栅渣，栅渣数量因所选的栅条间空隙宽度和污水的性质不同而有很大的区别，组成与生活垃圾类似，但浸水饱和（图8-2）。

图8-2 转股式格栅

图片来源：转股式膜格栅装置［Online Image］.［2019-07-18］.

https：//cbu01.alicdn.com/img/ibank/2019/072/257/10567752270_366598819.jpg

8.1.5　河道淤泥/航道淤泥

河道可能受纳的城市地表径流、生活污水和工业污水等夹带的胶体和颗粒物在一定的水力和水文条件下沉积为河道淤泥。

河道淤泥是一种含有黏土成分和有机物等的资源性物质，淤泥经烘干后的成分一般为二氧化硅、氧化铝等氧化物，另外还可能含有少量重金属及其他微量物质。由于城市地理区位和产业结构的不用，河道淤泥的污染情况也不同，工业发达地区淤泥中的重金属含量相对较高。以上海市苏州河的河道淤泥为例，淤泥的污染指标有 COD-Cr、NH_3-N、重金属和有机污染物。

河道淤泥来源复杂，处理河道淤泥应先判断淤泥是否有污染并根据实际情况制定合理的处理计划，不能只是简单地进行机械清淤或是水力清淤，应尽量避免清淤过程对河道内原有的水体环境造成破坏。选择合理的淤泥堆放点且不能长期堆放，避免堆放过程中造成二次污染。在最终处置或资源化利用前，对于存在污染的河道淤泥应确保进行无害化处理，避免其中可能存在的病原菌、寄生虫、重金属及其他难以降解的有毒有害物质对环境造成二次污染。

8.2　编制内容

8.2.1　工作任务

目前，我国城市污泥面临着城市污泥产量大、成分复杂，大部分城市污泥未得到稳定化、无害化处置等困境，城市污泥处置不当，容易导致二次污染、挤占土地及损害居民健康等现象出现。因此，有必要加强城市污泥治理，构建完善的城市污泥处理体系，以达到城市污泥减量化、资源化、无害化处理，进而将城市污泥管理由过去的"末端"处理转向"产生—收集—转运—处理"的全过程管理体系。

城市污泥处理设施规划编制内容一般包括现状调研、问题分析、产生量预测、技术路线规划、转运体系以及设施规划布局这几部分内容。

8.2.2　文本内容要求

1. 总则

简要介绍本次规划的规划目的、规划范围及规划期限。

2. 城市污泥产生量预测

给出近远期城市污泥的产生量等结论。

3. 城市污泥收运系统规划

明确近远期城市污泥收运体系，包括城市污泥转运量、转运需求及主要运输路线等结论。

4. 城市污泥处理设施规划

明确城市污泥处理技术路线、设施类别、规模及选址布局等结论。

5. 实施保障及建议

提出设施近期建设建议，从管理体制、法规与政策、收运体系、用地保障、资金保障、奖惩措施等方面，提出有针对性的实施建议。

8.2.3 图纸内容要求

城市污泥处理设施规划的图纸包括城市污泥处理设施现状布局图、城市污泥产生量分布图、污泥收运路线规划图、处理设施规划图和设施用地选址图等，其具体内容要求如下：

（1）城市污泥处理设施现状布局图：标明现状污水处理设施、污泥处理设施等城市污泥产生及处理点的位置与规模。

（2）城市污泥产生量分布图：标明各分区预测城市污泥产生量。

（3）城市污泥收运路线规划图：标明污水处理设施及污泥处理设施的布局、规模及主要污泥运输路线。

（4）城市污泥处理设施规划图：标明规划污泥处理设施的位置、处理规模及分区。

（5）城市污泥处理设施用地选址图：标明污泥处理设施的功能、规模、用地面积及防护距离等建设要求。

8.2.4 说明书内容要求

（1）项目概述：梳理本次规划编制工作的背景、必要性。指出规划的目的、范围、期限和内容，明确整个报告的基本框架。说明本次规划的原则与依据，明确整个工作的高度、科学性和合理性。

（2）现状及问题：根据调研情况，解析现状城市污泥产生以及处理处置结构平衡性问题，结合区域排水体制、污水处理工艺及进出水水质现状，分区内污水处理厂及污泥处理设施的数量及运行情况，污泥处理的工艺链条、监管体制机制以及污泥处理全过程的资金投入情况、专业技术人员情况、设施设备的先进程度等，对城市污泥处理处置体系中存在的主要问题进行分析。

（3）城市综合发展概况及发展策略：以国土空间规划、城市建设近期规划等为依据，分析本地未来城市发展的定位、策略与方向，确定城市近、远期的人口控制规模和建设用地控制规模，总结、梳理其对城市污泥处理设施建设的要求。并基于城市发展要求，确定与城市发展需求相匹配的与城市污泥处理工艺、处理模式、转运模式相关的发展策略。

（4）相关规划解读：对城市总体规划（国土空间规划）、分区规划、污泥处理规划、水务规划、行业发展规划及与城市污泥处理相关的其他规划进行解读。

（5）城市污泥产生量预测：根据城市总体规划及水务规划，综合考虑区域内水务系统运行情况、河道疏通计划及人口变化趋势，在现有资料基础上采用两种及以上方法对城市污泥产生量进行预测，科学预测近期、远期的污泥产生量及其对污泥处理系统的要求，对污泥成分及产量的发展变化作出判断。

（6）城市污泥收运体系规划：根据城市国土空间规划，结合与城市污泥处理相关的各类专项规划及城市污泥产生情况，对转运设施进行规划，明确转运设施的布局、规模及服务范围，同时，根据城市污泥处理设施布局情况，确定主要污泥运输路线。

（7）城市污泥处理处置设施规划：结合污泥的性质、城市的发展水平等因素合理规划污泥处理技术路线，明确设施需求，并根据污泥产生地分布、城市土地资源、相关限制因素等情况，对设施进行合理布局，明确保留及新、改（扩）建污泥处理设施的位置和规模，用地面积要求和卫生防护距离。

（8）实施保障及建议：提出设施近期建设建议，从管理体制、法规与政策、收运体系、用地保障、资金保障、奖惩措施等方面，提出有针对性的实施建议。

8.3　运输方式

8.3.1　污泥运输/输送技术

城市污泥转运的主要方式为车辆运输、管道运输以及船只运输。三种运输方式在国内外都有成功的实践经验。采用何种方法输送决定于污泥的性质与数量、污泥处理的方式、输送距离与费用、最终处置与利用方式等[59]。

1. 管道输送

管道输送是常用的一种输送方法，用管道输送污泥的一次性投资较大，适用于污泥输送的目的地稳定不变，污泥的流动性能较好，含水率较高，污泥所含油脂成分较少，不会粘附于管壁而增加输送阻力的情况。要求污泥的腐蚀性低，流量较大，一般应超过 $30m^3/h$。污泥管道输送的优势主要是卫生条件好，无气味与污泥外溢，操作方便并利于实现自动化控制，在远郊集中设污泥处置设施时，规模较大，效率较高。但管道输送一旦建成后，输送的地点固定，灵活性较差。

污泥管道输送是污泥处理厂内或长距离输送的常用方法，具有经济、安全、卫生等特点。其输送系统可分为重力管道与压力管道两种形式。污泥输送管道的主要设计内容是确定其管径。不同性质的污泥，根据输送泥量、含水率、临界流速及水头损失等条件，通过试算与比较，选定合理的管径。选定管径后，需要根据运转过程中可能发生的污泥量和含水率变化，对管道的流速和水头损失等进行核算。管道输送在日本、英国等国家已有成熟的实践经验，但在我国尚无运行实例。

2. 车辆运送

污泥的车辆运送适用于中、小型污水处理厂，不受输送目的地的限制，不需经过中间转运[60]。车辆运输方便，灵活性大，但相对运输量较小，运输费用较高，运输过程中带来噪声和臭味，有时还会散漏污泥，对环境影响较大。车辆运送可采用液罐车以免气味与污泥外溢，若运输脱水泥饼则可采用翻斗车。

3. 驳船运送

驳船运送适用于不同含水率的污泥具有灵活方便、运行费用低的优点，但需设中转站，对内河航运能力有要求。

8.3.2 污泥运输设备

污泥在进行管道输送或者装卸卡车、驳船时需要抽升设备。输送污泥的设备主要是污泥泵。输送污泥用的污泥泵在构造上必须满足不易被堵塞与磨损，不易受腐蚀等基本条件。常见的有隔膜泵、旋转螺栓泵、螺旋泵、混流泵、多级柱塞泵和离心泵等。

图 8-3　隔膜泵
图片来源：气动隔膜泵［Online Image］.［2019-07-18］.https：//www.hjunkel.cn/Product-127.html

1. 隔膜泵

隔膜泵由执行机构和阀门组成。按其执行机构使用的动力，隔膜泵可以分为以压缩空气为动力源的气动隔膜、以电为动力源的电动隔膜泵、以液体介质（如油等）压力为动力的液动隔膜泵三种（图 8-3）。此外，按其功能和特性分，还可分为电磁阀式、电子式、智能式、现场总线型隔膜泵等。隔膜泵没有叶片，工作原理是在动力驱动下经传动机构推动活塞往复运动（活塞的行程由调节机构来改变），从而达到抽吸与压送污泥的目的。它不存在叶轮的磨损与堵塞，污泥颗粒的大小决定于活门的口径。隔膜泵的缺点是流量脉动不稳定，故仅适于输送小流量污泥。

2. 旋转螺栓泵

旋转螺栓泵由螺栓状的转子与螺栓状的定子组成。转子与定子的螺纹相互吻合，在转子转动时，可与定子之间交叉形成不同空隙，从而把污泥连续地挤压出去。它具有不堵塞、耐磨损、输送距离长、压力高等优点，该型泵适用于抽送浓缩池内具有一定浓度的污泥。

3. 螺旋泵

螺旋泵由泵壳、泵轴及螺旋叶片组成，一般与水平面成 30°安装。泵的特点是结构简单，便于维修保护；流量大、扬程低、效率稳定；叶片之间的空间较大，不产生堵塞；可靠性高，所需辅助设备很少，易于自动化控制。螺旋泵属于无挠性牵引的排泥设备，可以用于输送含有小颗粒砂粒的污泥，但不适宜输送含有长纤维和黏性过高的污泥。常用于曝气生物反应池回流活性污泥或中途泵站，只具有提升功能而无加压功能。

4. 离心泵

污泥输送应选用特殊的离心泵形式（泥浆泵）。离心泵的特点是叶轮、泵缸的流道宽畅，不易堵塞，并用耐磨材料制成。输送污泥用的离心泵有 PN、PNL、NWL 及 PL 型等。用于输送污泥的泥泵种类较多，表 8-3 为不同种类污泥宜优先选用的泵型。

各类污泥优先选用泵型　　　　　　　　　　　　表 8-3

污泥种类	优先选择的泵型
初次污泥	隔膜泵、柱塞泵、螺杆泵、无堵塞离心泵
活性污泥	离心泵、螺旋泵、潜污泵、混流泵、空气提升器
浓缩污泥	隔膜泵、柱塞泵、无堵塞离心泵
消化污泥	柱塞泵、无堵塞离心泵
浮渣	隔膜泵、柱塞泵、带粉碎装置的潜污泵
脱水滤饼	带粉碎装置的潜污泵、皮带运输机

8.3.3　污泥运输技术路线

对于人口密度大、交通拥挤的城市，通常污水厂污泥的运输压力也较大，此时若考虑车辆运输会增加交通系统的负担，同时由于污泥车撒漏现象严重，有一定臭味，运输路线又很难避开闹市区和生活区，采用车辆运输势必会给城市环境卫生管理带来不便。

国内很多大城市目前都开始限制污泥的车辆运输，在这种情况下若城市具有成熟航运能力，可考虑采用船运的方式。若城市内河没有足够的运输能力，较为通用的运输方式为管道运输。管道运输充分利用了城市的地下空间，具有十分明显的环境效益和节能效益。管道输送在日本、英国等国家已有成熟的实践经验，但在我国尚无运行实例，只能是一个逐渐引入、积累经验的过程。

在污水处理厂规模小且分散、位置较偏、地形复杂的地区，宜采用车辆运输污水厂污泥。

河道淤泥由于清运频率不确定且运输去向不固定，多根据实际情况采用车运或者船运，其他类型的污泥数量较少，多采用车辆运输。

8.4　规模预测

在进行污泥产生量预测的时候需要特别注意的是含水率的问题，在干基量一定时，80％含水率污泥的质量是 60％含水率污泥的 2 倍。因此，在进行规模预测以及设施规划时需要在同一的含水率标准下进行计算。

8.4.1　污水厂污泥

污水处理系统的产泥率与污水水质和污水处理工艺密切相关，在进行具体的污水厂污泥产生量预测时，应根据当地污水厂的实际处理处置情况为污泥产率赋值：

$$Q_s = Q \times S \tag{8-1}$$

式中　Q_s——污水厂污泥产生量（TDS）；

　　　Q——排水量（万 m^3）；

　　　S——污泥产泥率，即处理每吨污水产生剩余污泥的量（TDS/万 m^3）。

基于相对固定的气候和地理位置，产泥率每年围绕一个数值上下波动，图 8-4 为深圳

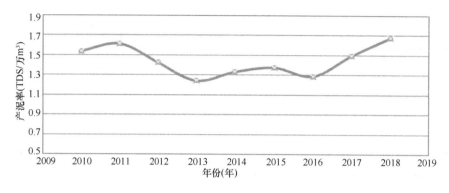

图 8-4 深圳市近年产泥率波动

2010～2018 年产泥率的波动情况，由图可知，在 2010～2018 年的 9 年中深圳市每年实测产泥率数值围绕 1.43 TDS/万 m³ 上下波动。北京市污泥产率约为 1.5 TDS/万 m³，上海市污泥产率约为 1.5 TDS/万 m³，天津市现状四座污水处理厂的污泥产率约为 1.6 TDS/万 m³。

8.4.2 给水厂污泥

给水厂的污泥产率由原水性质和混凝剂投加率决定，原水性质可参见当地的水务发展规划和水务主管部门的监测数据，由于对于不同原水，悬浮物与浊度的相关性存在着较大差别，即便是同一水源，不同季节测定的相关系数也不一样，必要时可采用英国水研究中心推荐的取值 $b=2$。

$$污泥产生量(Q'_s) = 给水量(Q) \times 产泥率(S) \tag{8-2}$$

式中的给水水量可参考当地的污水系统布局规划。

$$S = (bT + 0.2C + 1.53A) \times 10^{-2} \tag{8-3}$$

式中 S——产泥率（TDS/10^4 m³）；

　　b——SS 与浊度的相关系数，一般为 0.7～2.2；

　　T——原水浊度（NTU）；

　　C——原水色度（度）；

　　A——铝盐混凝剂投加率（以 Al_2O_3 计）（mg/L）。

8.4.3 通沟污泥

通沟污泥来源于市政设施养护的清捞，受管道长度、疏通方式和疏通频率影响较大。

管道长度预测法根据历年排水管道污泥产量、管道疏通长度或实际长度，综合考虑管道年平均疏通率、远期管道设施年均增长率，预测远期排水管道污泥产量。若无法准确提供管道设施长度，则基于区域建设用地面积进行数据修正。一般排水管道污泥量取 10～16m³/km[61]。

8.4.4　栅渣

污水厂栅渣产量按 $0.1m^3/10^3m^3$ 污水计算。

8.4.5　河道淤泥

河道淤泥的组成部分主要为水土流失的入河泥沙、感潮河段的海向来沙、入河污水的沉淀物以及垃圾等人为因素引入河流的物质。

水土流失的程度受当地自然条件和人类经济活动影响，以深圳为例，坡耕地每亩每年流失土壤在南方丘陵区为 $4\sim6t$，在给水土流失的入河泥沙量最终取值时，需要结合当地的水土保持政策、土壤侵蚀总量和水土流失面积。

感潮河段的海向来沙主要针对的是临海城市河流河口河底标高低于海湾湾底标高后淤积海向来沙的情况，预测时以历年淤积量统计情况为参考，无法明确发展方向时以保守原则取近年最大淤积值。

入河污水的沉淀物和垃圾等人为因素引入河流的物质变为底泥的量，由于缺乏相关统计数据，并且在所有淤积物中所占比重不大，加上这部分淤积量随着污染治理与城市管理水平的不断提高逐渐减小，在预测时大多选择忽略不计。

在进行一定范围内河道淤泥产生量预测时，同时需根据河口水位、流量、含沙量及输沙率的实测数据将预测范围内上游水体的泥沙输出，或是下游水体接受上游水体的泥沙量纳入考虑范围。

8.5　处理策略

8.5.1　污泥预处理工艺

由于污泥具有高含水量及颗粒结构疏松等物理性质和不稳定的化学性质，导致处理难度较高且处理成本较大，因此在资源化利用或最终处置前，需要对其进行一系列预处理以改善其特性，预处理效果的好坏直接影响污泥的下一步处理处置。

1. 污泥浓缩工艺

污泥浓缩的主要目的在于减少污泥的体积，降低后续构筑物或处理单元的压力。污泥的浓缩可分为重力浓缩、气浮浓缩和机械浓缩等，其中重力浓缩应用较为广泛。在选择浓缩方法时，除了各种方法本身的特点外，还应考虑污泥的性质、来源、整个污泥处理流程及最终处置方式等。

（1）重力浓缩

重力浓缩主要用于浓缩剩余活性污泥或初沉污泥和剩余活性污泥的混合污泥。重力浓缩工艺中常用的处理设施为间歇式污泥浓缩池（图 8-5）和连续式污泥浓缩池（图 8-6）。

（2）气浮浓缩

对于处于膨胀状态的污泥，当其密度接近或小于 $1g/cm^3$ 时，重力浓缩的效果较差，针

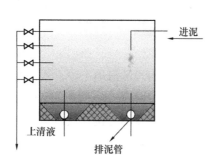

图 8-5　间歇式污泥浓缩池结构图
图片来源：间歇式浓缩池
［Online Image］.［2013-8-8］.
http：//www.wangxiao.cn/hbs/71307130402.html

图 8-6　连续式污泥浓缩池
图片来源：辽阳锦州抚顺污泥浓缩池
［Online Image］.［2019-7-26］.
http：//goods.jc001.cn/detail/3272900.html

对此类污泥，气浮浓缩成为污泥浓缩的主要手段。

气浮浓缩是依靠微小气泡与污泥颗粒产生粘附作用，使污泥颗粒的密度小于水而上浮，从而得到浓缩。气浮浓缩系统主要由加压溶气装置和气浮分离装置两部分组成（图 8-7）。

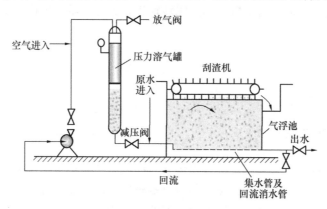

图 8-7　气浮浓缩工艺图

（3）离心浓缩

离心浓缩是利用污泥中的固体、液体密度及惯性差异，在离心力场所受到的离心力不同而被分离。

污泥离心浓缩工艺占地小，不会产生恶臭，但缺点是运行费用和机械维修费用高。

2. 污泥调理工艺

污泥调理主要是指通过不同的物理和化学方法改变污泥的理化性质，调整污泥胶体粒子群排列状态，克服电性排斥作用和水合作用，减小其与水的亲和力，增强凝聚力，增大颗粒尺寸，改善污泥的脱水性能，提高其脱水效果。

污泥调理工艺依据机制可分成三类：①物理法，泛指通过外加能量或应力改变污泥性质的方法，如冷冻融化、机械能、加热、超声波、微波、高压及辐射处理等；②化学法，以加入化学药剂的方式改变污泥的特性，如改变酸碱值、改变离子强度、添加无机金属盐类絮凝剂或有机高分子絮凝剂、臭氧曝气、Fenton 试剂以及酶等添加剂；③生物法，主要是指污泥的好氧或厌氧消化过程，在这些过程中好氧或厌氧菌群利用废弃污泥中的碳、氮、磷等成分为生长基质，以达到污泥减量与破坏污泥高孔隙结构的目的。以上方法在实际中都有应用，但因化学调理方法操作简单、投资成本较低、调理效果较稳定，因此是目前比较合理的方法。

传统物理调理主要包括加热调理和冷冻调理。加热调理可以破坏污泥细胞结构使污泥间隙水游离，改善污泥脱水性能，提高污泥可脱水程度。污泥的冷冻—融化调理是将污泥冷冻到—20℃再行融解，以提高污泥沉淀性能和脱水性能的一种处理方式。该方法能充分、不可逆地破坏污泥絮体结构，使之变得更加紧密，使污泥结合水含量大大降低，并能减少脱水后污泥残留的水分。目前国内外对这两种技术也有一定的研究，但由于加热调理技术受经济条件限制，冷冻调理技术受气候条件限制，这两种技术的推广受到了极大的限制。

化学调理是指通过添加适量的絮凝剂、助凝剂等化学药剂来改变悬浮溶液中胶体表面电荷或立体结构，克服粒子间的斥力，配以搅拌等外力使其相互碰撞，污泥颗粒絮凝成团而发生沉淀，达到去稳的效果。污泥胶体颗粒体积的增加大幅降低了比表面积，从而改变污泥表面与内部水分的分布状况，进而使污泥脱水性能得到有效改善。

化学药剂一般通过压缩双电层、吸附架桥和网捕三方面产生作用。所用的化学调理剂主要分为无机絮凝剂和有机絮凝剂两大类。其中，无机絮凝剂以 PAC（聚合氯化铝）较为常用，有机絮凝剂以 PAM（聚丙烯酰胺）较为常用。

3. 污泥脱水工艺

污泥脱水的方法主要有自然干化、机械脱水及热处理法。自然干化工艺占用面积大，卫生条件相对较差，易受天气状况的影响。与加热脱水相比，机械挤压的能量消耗相对较低，因此被广泛应用于污泥脱水中。

污泥脱水机械主要分过滤式和产生人工力场式两类。带式压滤机和板框压滤机采用过滤式脱水技术，离心脱水机是在人工力场的作用下，借助于固体和液体的密度差来使固液分离[62]。

（1）带式压滤机

带式压滤机由滤布和滚压筒组成，是利用滚压筒的压力和滤布的张力在滤布上榨去污泥中的水分。采用带式压滤机时，只需加入少量高分子絮凝剂，便可使污泥脱水后的含水率降到 75%～80%，不增加泥饼重量，操作简单，运转稳定。

（2）板框压滤机

板框压滤机的滤板和滤框平行交替排列，滤板和滤框中间布置滤布，用可动端把滤板和滤框压紧，这样在滤板与滤板之间形成了压滤室。压滤机工作时污泥从进液口流入，水通过滤板从滤液排出口流出，滤布上过滤出滤饼，将滤板和滤框松开就可剥落泥饼（图8-9）。

图 8-8 带式压滤机

图片来源：带式压滤机［Online Image］．［2019-7-18］．

http：//www. ylktv360. com/uploads/171105/1-1G10512014W05. jpg

图 8-9 板框压滤机的工作周期

板框压滤机的优点为滤材使用寿命长，滤饼的厚度可通过改变滤框的厚度来改变，且滤饼厚度均一，结构较简单，操作容易，运行稳定、故障少，过滤面积选择范围灵活，且单位过滤面积占地较少，过滤推动力大，所得滤饼含水率低，对物料的适应性强，适用于各种污泥。其不足之处在于，滤框给料口容易堵塞，滤饼不易取出，不能连续运行，处理量小，滤布消耗大。因此，它适合于中小型污泥的脱水处理（图 8-10）。

图 8-10 板框压滤机

图片来源：带式压滤机［Online Image］．［2017-12-22］．

http：//huayuanzhuangbei. com/chanpinfd/21/

（3）离心脱水机

污泥离心脱水机主要由转载和带空心转轴的螺旋输送器组成，污泥由空心转轴送入转筒后，在高速旋转产生的离心力作用下，立即被甩入转毂腔内。污泥颗粒比重较大，因而产生的离心力也较大，被甩贴在转毂内壁上，形成固体层；水密度小，产生的离心力也小，只在固体层内侧形成液体层。固体层的污泥在螺旋输送器的缓慢推动下，被输送到转载的锥端，经转载周围的出口连续排出，液体则由堰溢流排至转载外，汇集后排出脱水机。

8.5.2　污泥处理处置工艺

在污泥处理处置过程中，优先考虑污泥的资源化，即循环利用，最终再将无法进行利用的部分进行统一处置填埋。对于不同的循环利用方向，应采用不同的处理处置工艺。污泥循环利用的价值可分为两个方面：一是污泥中包含的有机质和各种可被利用的营养元素；二是其中的能量。同时，污泥中的无机黏土成分也可以被利用，但是大部分污泥以有机成分为主，所以与前两者相比，这种利用方式的资源利用效率较低。总的来说，污泥的资源化途径可分为三个方向[63]，如图 8-11 所示。

图 8-11　污泥资源化的三种最终去向

1. 污泥能源化利用

污泥是一种典型的生物质能源，类似于煤。污泥的能源化利用即是从污泥中去除/转化有机部分，将其转化为能量或其他形式的能源。污泥能源化被认为是有望取代现有的污泥处理技术最有发展前途的方法。

（1）污泥焚烧

污泥焚烧是利用焚烧炉将脱水污泥加温干燥，通过高温氧化污泥中的有机物，使污泥变成灰渣。污泥焚烧是最彻底的处理方法，其焚烧后的残渣无菌、无臭，减少大量体积，1t 干污泥焚烧后仅产出 0.36t 灰渣，含水率为零，使运输和最后处置大为简化，焚烧后产生的热量也可以充分利用。另外，污泥中所含有的重金属在高温下被氧化成稳定的氧化物，可以制造陶粒、瓷砖等建材，综合利用可以真正实现污泥的稳定化、无害化和资源化（图 8-12、图 8-13）。

图 8-12　宁波污泥焚烧厂
图片来源：宁波亚洲浆纸业年产 40 万 t 造纸污泥焚烧炉
技改工程 [Online Image]. [2014-12-13].
http://www.hysj.com.cn/article/info-136.html

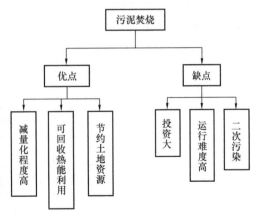

图 8-13　污泥焚烧优缺点比较

污泥焚烧设备主要有立式多段炉、回转窑焚烧炉和流化床焚烧炉。它们的优缺点比较见表 8-4。

各种污泥焚烧设备的优缺点 表 8-4

焚烧设备	优　点	缺　点
立式多段炉	污泥在炉内停留时间长，对含水率高的污泥可使水分充分挥发，尤其是对热值低的污泥，燃烧效率高	结构复杂、易出故障、维修费用高；因排气温度较低，易产生恶臭，通常需设二次燃烧设备
回转窑焚烧炉	操作弹性大，可焚烧不同性质的污泥，结构简单，可长期持续运转	热效率低，在焚烧低热值的污泥时需加辅助燃料；因排出气体带恶臭，需设高温燃烧室或加脱臭装置
流化床焚烧炉	焚烧时污泥颗粒运动激烈，颗粒和气体的传热、传质速度快，处理能力大，结构简单，造价便宜	压力损失大，动力消耗大，能耗浪费大

（2）污泥厌氧消化技术

污泥厌氧消化是指利用兼性菌和厌氧菌进行厌氧生化反应，将污泥中有机质分解为甲烷和二氧化碳的一种处理工艺。

厌氧消化一般包括水解、酸化和产甲烷等阶段。第一阶段，有机物在水解与发酵细菌的作用下，使碳水化合物、蛋白质与脂肪经水解和发酵转化为单糖、氨基酸、脂肪酸、甘油及二氧化碳等，这些产物在产氢、产乙酸菌的作用下转化为乙酸、氢和二氧化碳。第二阶段，氢和二氧化碳在产甲烷菌的作用下产生甲烷，或是对乙酸脱羧产生甲烷。厌氧消化过程中可以产生高能量的沼气，供给污水处理厂能量，沼气的利用可减少污水处理厂约50%的能耗。

尽管有如上的优点，厌氧消化也有缺点。该工艺投资大，运行易受环境条件的影响，消化污泥不易沉淀（污泥颗粒周围有甲烷及其他气体的气泡），消化反应时间长等。

厌氧消化工艺种类较多，按污泥消化温度，可分为高温消化（50～55℃）和中温消化（33～35℃）；按运行方式，可分为一级消化和二级消化；按消化池的效率不同，可分为传统（常规）消化和高效消化；另外还有根据消化机制进行设计的两相消化。如图 8-14 所示。

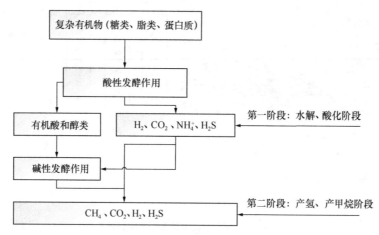

图 8-14　厌氧消化两阶段理论

（3）低温热解制油

污泥作为一种生物质资源，其有机物含量及热值较高，具备很高的能源利用价值。污泥低温热解是一种发展中的能量回收型污泥热化学处理技术。它通过在催化剂作用下无氧加热干燥污泥至一定温度（<500℃），由干馏和热分解作用使污泥转化为油[64]、反应水、不凝性气体和炭等可燃产物，最大转化率取决于污泥组成和催化剂的种类，正常产率为200～300L(油)/t(干泥)，其性质与柴油相似。污泥热解残留物具有活性炭的特性，化学性能稳定，且重金属被固化在其中，不溶于水。热解气中含有一些杂质和有害物质，燃烧可以处理这些有害物质，无害化了的热解气可以供给发动机或者燃气轮机。

污泥热解技术所需的温度比焚烧工艺低，不仅所需的设备简单，所需的投资减少，还限制了高温处理过程中气体污染物的释放量。污泥热解能大大减少固体残渣体积，且热解所产生的油和气体都是宝贵的能源，故该技术能够较好地符合我国对固体废物处理减量化、无害化、资源化的管理原则，是最具前景的污泥循环利用技术之一。但是由于剩余活性污泥的蛋白质含量较高，制得的油中氮、氧含量高，黏度大，难以用作高品质的燃油。

（4）污泥高温气化

污泥高温气化是在还原状态中，污泥中含碳组分转化为可燃气体的过程。气化是不完全空气燃烧，运行过程温度大于900℃，整个过程中能量自我消耗，无需外加能源，不会产生SO_2和NO_x。污泥气化后产生气体的主要成分是CO、H_2、N_2、CO_2、CH_4和H_2S。

表8-5列出了污泥气化过程中产生气体的典型组分。

污泥气化产生的典型气体组分　　　　　　　　　　　表8-5

气体组分	体积百分比（%）
CO	6.28～10.77
H_2	8.89～11.17
CH_4	1.26～2.09
C_2H_6	0.15～0.27
C_2H_2	0.62～0.95

污泥气化过程分三步：第一，污泥中的水分被干化去除；第二，烘干污泥的热解裂解过程；第三，污泥热解产品（包括可压缩气体、不可压缩气体和焦炭）气化，转化成气体组分（图8-15）。

理论上讲，基本上所有含水率5%～30%的有机废物都能够被气化。但实际上并非如此。污泥气化的影响因素包括表面特性、粒径、外形、含水率、挥发物、碳含量和反应器类型。可以这样认为，污泥气化的最优目标是高效率生产清洁的可燃气体。

（5）污泥的燃料化利用

城市污泥含有大量有机物和木质纤维素，因此脱水污泥的发热量可以达到很高（表8-6），制作污泥燃料是通过在经过水分调节后的污泥中加入添加剂，搅拌均匀后压制成型，烘干后得到燃料产品。通过适当预处理后，完全可作为固体燃料的原料。污泥具有粘

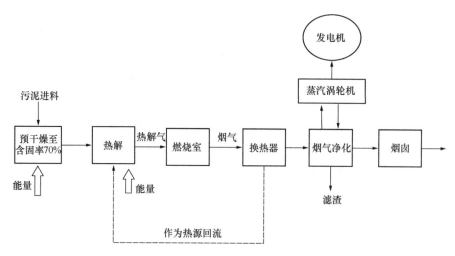

图 8-15　污泥热解发电流程

结性能，可以和粉煤以及其他添加剂混合制成污泥型煤，也可以在污泥中掺入适量的引燃剂、催化剂、疏松剂和固硫剂等添加物配制成合成燃料，该合成燃料燃烧稳定，其热值和褐煤相当，燃烧释放的有害气体远低于焚烧过程，是污泥有效利用的一种理想途径。

城市污水厂污泥（干基）与其他燃料热值对比　　　　　　　　　　表 8-6

燃料种类	热值（kJ/kg）
褐煤	24000
木材	19000
焦炭	31500
初沉池污泥	10715～18191.6
二沉池污泥	13295～1524.8
混合污泥	12005～16956.5

2. 污泥土地利用

污泥的土地利用指的是将有一定特性的污泥及污泥产品用于农业、林业、园林绿化和土壤改良的过程，这一过程不但可以利用土壤的自净能力使污泥更为稳定，而且可以为植物提供营养元素，改良土壤结构，提高土壤肥力，是一种积极、有效并且安全的污泥处理方式，是污泥最终处置与利用的主要途径之一。

污泥的土地利用分为直接施用和间接施用（如好氧与厌氧消化、堆肥化处理）两种方式。直接施用是将污泥注入土壤中或在地表施用，间接施用是用腐熟的污泥代替肥料。

污水厂污泥是污泥土地利用的主要对象，通沟污泥和河道淤泥也有土地利用的可能，给水污泥含过量的胶体物质，不适宜用作土地利用。污泥的土地利用投资少、易操作，污泥中含有丰富的氮、磷、钾及大量的有机物，对土壤的理化性质具有一定的改良作用。在进行污泥的土地利用前，应该先根据污泥的来源判断是否适合，若适合再通过对污染物、养分含量的监测和污泥腐熟度来确定污泥的用量和利用方式，并定期进行风险监测与环境评估。目前我国约45％的污泥采用土地利用的方式，因污泥农用有可能导致病原体扩散、污染物进入食物链，存在环境风险。我国目前限制污泥农用，鼓励用于林业、园林绿化和土地改良的污泥土地利用方式。

3. 污泥的建材利用

城市污泥的建材利用是指以污泥为原料制造各种建筑材料，目前包括生产陶粒、制作生化纤维板或作为砖和水泥的掺料，是一种节能、安全又无须依赖土地的污泥资源化利用方式。污泥建材利用的真正对象是其所含的无机矿物组分，因此各种类型的城市污泥，由于其组成条件上的差异，其建材利用价值和利用方法均有较大不同。污水厂污泥不仅有机组分高于无机组分，其无机组成也与黏土在矿物结构上有较大差异，因此作为建材原料的替代不仅利用率不高，还会造成相当大的预处理工作量，通沟污泥的成分和污水厂污泥相似。河道淤泥和给水厂污泥脱水后的矿物组成与黏土类原料相似，可以替代建材使用过程中这部分的原料。

污泥的建材利用可以按照对污泥的预处理方式不同分为两类：一类是将污泥脱水、干化后直接用于建材制造，另一类是将污泥焚烧或熔融后再用于建材制造。

（1）污泥制砖

污泥制砖的方法有两种：一种是用干化污泥直接制砖，另一种是用污泥灰渣制砖。

用干污泥制砖时，污泥中的有机质和硅酸盐黏土矿物能全部得到有效利用。前者可以为制砖带入部分热量，节省了内燃煤；后者可以取代部分黏土或页岩，有比较好的节土效果。用干化污泥直接制砖时，需结合黏土或页岩，对污泥的成分作适当调整，使其成分与制砖黏土的化学成分相当。当污泥与黏土按重量比配料时，污泥砖可达普通红砖的强度。用河道淤泥和粉煤灰混合生产烧结砖，不仅可以节能利废，而且保护环境。烧结砖淤泥用量为25％～55％，焙烧温度约1000℃，可以生产出满足MU10级技术要求以上的烧结砖。如图8-16所示。

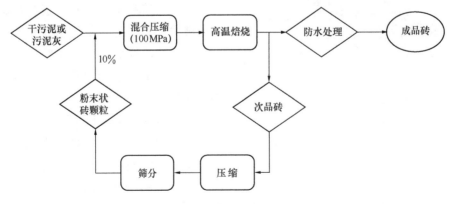

图8-16 常规污泥制砖流程图

在国外发达国家，应用焚烧污泥灰制砖很普遍，美国、英国、日本、新加坡、德国等都有实例，而且应用规模也比较大。利用污泥焚烧灰渣制砖时，由于灰渣的化学成分与制砖黏土的化学成分是比较接近的，制坯时只需添加适量黏土与硅砂。

（2）制生化纤维板

活性污泥中的粗蛋白有机物与球蛋白酶能溶解于水及稀酸、稀碱、中性盐的水溶液，在碱性条件下加热、干燥、加压后，粗蛋白有机物与球蛋白酶会发生蛋白质的变性作用，生成活性污泥树脂，该活性污泥树脂（又称蛋白胶）可与漂白、脱脂处理的废纤维一起压制成板材。

用污泥制作的纤维板不仅质量好、应用范围广泛，而且成本低廉、对人体无毒无害。与常规纤维板相比，污泥纤维板由于蛋白胶的特性导致耐水性能较差，若要提高耐水性能需要将板材进行后处理，另外污泥纤维板还会有一些异臭，但随着存放时间变长也会逐渐消失。目前对于污泥纤维板制造的具体工艺和应用的研究还不够充分。

（3）制作陶粒

目前用污泥制作陶粒的主要工艺有两种：一种是以脱水污泥为原料制作陶粒，另一种是用生污泥或污泥焚烧灰作为原料制作陶粒。污泥陶粒是以淤泥作为主要生产原料（淤泥掺入量30％以上）的新型建筑材料，将污泥与其他原料混合，制作成料球，经过1200℃左右的高温焙烧制成陶粒，其内部具有蜂窝状特点，可以使其质量减轻，受压强度高，同时可以降低导热率，是一种理想的轻骨料。由于利用生污泥或厌氧发酵污泥的焚烧灰造粒后烧结制造陶粒的技术需要单独建设焚烧炉，污泥中的有效成分不能得到有效利用，近年来直接以脱水污泥为原料的制陶粒工艺逐渐被开发和推广。

图 8-17　污泥陶粒

图片来源：旋转窑焙烧制备形成的轻集料—污泥陶粒

[Online Image]. [2018-6-1].

http://www.whyrhb.cn/news/8.html

陶粒的应用非常广泛，如绿色建材、污水处理、石油及化工等行业。人工轻质陶粒主要以污泥焚烧灰为原料，常用作路基材料和混凝土骨料。人工轻质陶粒的制作流程为：在污泥焚烧灰中加入酒精蒸馏残渣和少量水后形成均匀混合物，将混合物放入离心造粒机中造粒，造粒后的混合物质被输送到流化床烧结窑中烧结、干燥后迅速加热，将加热后的颗粒体进行空气冷却，即可形成表面为硬质膜覆盖、内部为多孔状的污泥陶粒（图 8-17）。

（4）污泥代替黏土制作水泥

污泥的化学成分与黏土类似，从化学成分角度上污泥替代黏土作为原料是可行的。从物理结构角度上讲，淤泥中含水量较大，不能直接应用到传统的研磨设备，但采用湿磨干烧技术可以降低生产投入，使以淤泥为原料制作水泥成为可能[65]。淤泥制作建材采用的热处理技术已经相对成熟，但是热处理技术的处理能力非常有限，如普通砖厂消耗能力约为 5 万 m^3/年，不能满足疏浚淤泥的产量处理需求。

生态水泥是相对于传统水泥，其生产过程能耗降低，废弃和粉尘的排放减少，利用城市垃圾或工业废料，在制作过程中节约了黏土和石灰石等原料的水泥（图 8-18）。日本研

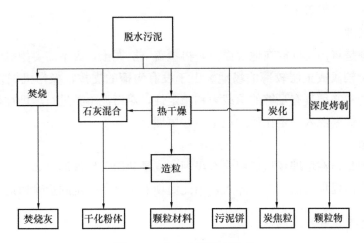

图 8-18　生态水泥处理途径

究出原材料的 60％ 来自于脱水污泥和城市垃圾焚烧渣的生态水泥制造技术。水泥烧成温度为 1000～1200℃，燃料耗用量和 CO_2 排放量较低。

4. 污泥填埋

根据我国目前的经济现状和未来的发展趋势，在今后相当长的时间里，卫生填埋仍然是我国污泥处理的最重要手段之一（图 8-19）。这是由于卫生填埋场建设周期短，投资少，且可分期投入，管理方便，现场运行比较简单。

污泥单独填埋或与垃圾混合填埋是常用的最终处置方法。污泥在填埋之前要经过稳定处理，在选择填埋场时要研究该处的水文地质条件和土壤条件，避免地下水受到污染。对填埋场的渗滤液应当收集并作适当处理，场地径流应妥善排放。同时，

图 8-19　污泥填埋

图片来源：现代卫生填埋场 [Online Image]．[2014-6-3]．http：//www.kangjiewater.com/Ywjs/detail.asp? ID＝22

填埋场的管理非常重要，要定期监测填埋场附近的地下水、地面水、土壤中的有害物（如重金属）等。

污泥填埋分为单独填埋和混合填埋。在欧洲，脱水污泥与城市垃圾混合填埋比较多，而在美国多数采用单独填埋。污泥单独填埋可分为三种类型：沟填（Trench）、平面填埋（Area Fill）、筑堤填埋（Diked Containment）。填埋方法的选择取决于填埋场地的特性和污泥含水率。

（1）沟填

沟填就是将污泥挖沟填埋，沟填要求填埋场地具有较厚的土层和较深的地下水位，以保证填埋开挖的深度，同时保留有足够多的缓冲区。沟填的需土量相对较少，开挖出来的

土壤能够满足污泥日覆盖土的用量。

（2）平面填埋

平面式填埋是将污泥堆放在地表面上，再覆盖一层泥土，因不需要挖掘操作，此方法适合于地下水位较浅或土层较薄的场地。由于没有沟槽的支撑，操作机械在填埋表层操作，因此填埋物料必须具有足够的承载力和稳定性，对污泥单独进行填埋往往达不到上述要求，所以一般需要混入一定比例的泥土一并填埋。

（3）堤坝填埋

堤坝式填埋是指在填埋场地四周建有堤坝，或是利用天然地形（如山谷）对污泥进行填埋，污泥通常由堤坝或山顶向下卸入，因此堤坝上需具备一定的运输通道。

8.5.3 污泥处理处置方式选择

城市污泥处理处置技术路线的选择应全面体现节能减排和循环经济的思想，在遵循"减量化、稳定化、无害化"原则的前提下，依城市地理位置、人口密度和土地资源利用情况的不同而发生变化[66]。

目前，污水处理厂污泥已普遍采用将污泥脱水后再进一步处理处置的技术路线。由于填埋场对污泥进场的要求提高且污泥填埋对土地资源的要求较高，土地利用对污泥泥质和处理要求较为严格，建材化利用技术整体上不够成熟，污泥的稳定化和焚烧处置工艺在大中型污水处理厂及污泥集中处理处置厂已越来越受到重视[67]。

1. 预处理技术

污泥预处理技术路线包括收集、浓缩、消化、脱水、存储与输送等（图 8-20）。

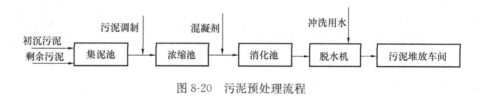

图 8-20　污泥预处理流程

（1）经济适用性

机械脱水适用于大、中型城镇污水处理厂；间歇式重力浓缩适用于小型城镇污水处理厂；连续式重力浓缩适用于大、中型城镇污水处理厂；有脱氮除磷要求的城镇污水处理厂宜采用机械浓缩；对采用生物除磷污水处理工艺产生的污泥，宜采用浓缩脱水一体机等设备进行处理[68]。

（2）环境管理及污染防治

集泥池、浓缩池、脱水机房、污泥泵房等排放源排放前应达到《恶臭污染物排放标准》GB 14554 中的相关要求。位于环境敏感地区时，关键构筑物和建筑物保持微负压设计。浓缩上清液、脱水滤液以及厌氧消化液等污泥处理过程中产生的废水应根据污水排放水质要求，进行单独处理。为减小脱水机房设备噪声，应合理布置并采取消声、隔声、减震等措施，噪声控制应达到《工业企业厂界环境噪声排放标准》GB 12348 及区域环境噪声要求，减少对周围环境的影响。污泥经预处理后及时密闭运输或连接后续处理。

2. 污泥焚烧技术

（1）经济适用性

在大中型城市且经济发达的地区、大型城镇污水处理厂或部分污泥中有毒有害物质含量较高的城镇污水处理厂，可采用污泥干化焚烧技术处置污泥[69]。应充分利用焚烧污泥产生的热量和附近稳定经济的热源干化污泥。

流化床焚烧炉适合污泥的大规模集中处置，所以应用最为普遍。热值较低的污泥可选用鼓泡流化床，热值较高的污泥可选用循环式流化床。旋转式流化床适用于污泥与生活垃圾混合焚烧。采用污泥焚烧处理的污水处理厂不宜采用消化处理、延时曝气等污泥稳定工艺处理。

（2）环境管理及污染防治

选择污泥干化焚烧时对进场污泥要进行质量控制，定期对污泥中重金属进行监测。宜保持焚烧炉从启动到运行的全过程都连续在线监测和调控运行参数，安装大气污染物连续在线监测装置，定期监测重金属和二噁英。烟气排放应满足《生活垃圾焚烧污染控制标准》GB 18485 的相关要求。

污泥储存区加盖并保持负压，避免污泥储存过量，控制空气中甲烷含量，保持良好通风并设除臭系统。焚烧产生的炉渣和除尘设备收集的飞灰应分别收集、储存、运输。飞灰需经鉴别后妥善处置。宜制定应急预案，防止事故的发生。污泥焚烧厂安装消防、防爆、自动监测和报警系统，确保焚烧设备安全、稳定、连续达标运行。

3. 污泥厌氧消化

（1）经济适用性

日处理能力在 $10 \times 10^5 \mathrm{m^4/d}$ 以上的城镇二级污水处理厂可采取中温厌氧消化进行减量化、稳定化处理，同时进行沼气综合利用[70]。

（2）环境管理及污染防治

注意消化、脱水后污泥堆放点的防渗和防臭，必要时采用微负压设计。在消化池、储气柜和脱硫间附近配备消防安全设施，划定重点防火区域，制定安全管理制度，在可能泄露的地方设置报警装置。

4. 污泥好氧堆肥

（1）经济适用性

对于园林和绿地等土地资源丰富的中小型城市的中小型城镇污水处理厂，可考虑采用污泥好氧发酵技术处理污泥，并采用土地利用方式消纳污泥。中型（40～100t/d，污泥含水率为80%）、小型（<40t/d，污泥含水率为80%）的污泥发酵场，厂址远离环境敏感点和敏感区域时，宜选用条垛式好氧发酵工艺；大型（40～100t/d，污泥含水率为80%）[71]工程或厂址附近有环境敏感点和敏感区域时，可选用封闭发酵槽式（池）好氧发酵工艺[72]。

（2）环境管理及污染防治

单独建设发酵场或在城镇污水处理厂内建设的污泥发酵场不能满足卫生防护距离时，

采用完全封闭的发酵工艺，厂房采用微负压设计。在线监测污泥好氧发酵车间的硫化氢和氨气浓度，定期对污泥堆体的温度、氧气浓度、含水率、挥发性有机物含量及腐熟度等进行监测。严格控制污泥堆肥产品的质量，仅允许符合国家相关标准要求的污泥好氧发酵产品出厂、销售或施用。污泥好氧发酵产生的气体宜统一收集后进行除臭，粉尘集中收集后采用除尘器进行处理。污泥好氧发酵场未设置在城镇污水处理厂内时，应获得有关部门许可并建立应急管理制度，运输时采用密封良好的运输车辆或船舶。

5. 污泥建材利用

（1）经济适用性

污泥制砖成本高昂，选择污泥制砖时需充分考虑生产成本、运输成本和市场接纳能力。

（2）环境管理及污染防治

污泥制砖时理化性质应符合《城镇污水处理厂污泥处置 制砖用泥质》GB/T 25031 中对制砖污泥的要求。

6. 污泥土地利用

（1）经济适用性

在土地资源丰富的地区可考虑土地利用的方式消纳污泥，处置前应进行稳定化和无害化处理，处理后的污泥可根据区域实际情况用作园林绿化、林地利用。区域土壤以盐碱地等贫瘠土壤为主时宜将污泥进行无害化处理后进行土壤修复及改良。

污泥土地利用的成本与效益情况因污泥用途不同有所不同。利用污泥替代有机肥、常规机制和客土修复材料可降低利用成本。

（2）环境管理及污染防治

污泥农用时其中污染物控制指标应符合《城镇污水处理厂污染物排放标准》GB 18918 中的相关要求，进行土壤改良和园林绿化使用时也应分别参照《城镇污水处理厂污泥处置 土地改良用泥质》GB/T 24600 和《城镇污水处理厂污泥处置 园林绿化用泥质》GB/T 23486 中的相关要求[73]。污泥在进行土地利用前一般先进行浓缩处理，运输路线长时也可考虑先进行脱水。污泥运输时应采用密闭车辆运输，设置专门的储存设施和场所，并进行渗滤液集中收集处理和臭气污染防治。宜对将进行土地利用的场地环境进行背景值监测，并对土地利用进行影响评价和风险评价。同时加强污泥质量监测，大面积施用污泥前需进行稳定程度测试和重金属含量分析。

7. 污泥填埋

（1）经济适用性

污泥填埋处置成本小，处理处置方法简便，适用于土地资源丰富的地区。

（2）环境管理及污染防治

污泥进行填埋时含水率应小于 45%，混合填埋含水率应小于 60%，并符合《城镇污水处理厂污泥处置 混合填埋用泥质》GB/T 23485 和《生活垃圾填埋场污染控制标准》GB 16889 的相关标准。

8.6　设施布局

一般来说，污水厂污泥的处理处置设施布局规划为城市污泥处理规划的主要内容，污泥处理处置设施的布局规划为基于规模效益和经济性运输带来的成本最小化，综合考虑人口、产业和经济发展方向后作出的综合管理型决策。

8.6.1　布局规划的原则

1. 统筹性原则

坚持协调统筹，集约高效的布局原则。根据地区实际情况确定合理的服务半径，均衡布局，确保功能衔接顺畅。在处理规划协调性问题和环保安全问题时先系统性考虑整体情况，确保整体布局规划的最优性。

2. 先导性原则

城市污泥处理处置设施的布局规划宜适度超前于现有的污泥处理处置设施需求。在进行布局规划前对城市的经济发展走向、产业结构变化、居民生活习惯等都应有充分的了解和预判，为城市的可持续发展奠定坚实的基础。

3. 适应性原则

在进行城市污泥处理处置设施布局规划之前必须了解城市的基本运转方式，为处理好设施布局与城市发展的关系打下基础。不仅要深刻理解现有城市污泥产生来源和处理处置情况，而且要对现状污泥处理处置存在的问题进行合理的分析。

4. 可操作性原则

确保布局规划具有可操作性，能够解决城市当前面临的现实问题、适应城市的长期发展。近期布局以合理可行为主要目标，确保设施的如期建设；远期布局以预防和控制为主，以应对市场的不确定性和更好地适应未来发展的需要。用近远期结合的布局方式保留刚性与弹性相结合的管理力度和空间，确保规划的可操作性，达到布局规划的预期效果。

8.6.2　布局规划的影响要素

污泥处理处置设施布局合理与否，直接关系到环境保护、项目投资及后期运行成本。污泥处理处置设施的布局规划是一个复杂的问题，影响因素较多。本书主要从功能角度和管理角度出发，对影响污泥处理处置设施布局的要素进行分析，将影响因素分为服务需求、城市布局规划、管理要求以及其他因素。

1. 服务需求

污泥处理处置设施的规划需求与所在地区污水系统的布局规划和最新的水务发展规划密切相关，当地的用水需求取决于该地区的经济发展水平、产业结构和人口规模等。

（1）人口规模及用水习惯

城市的水务发展需根据区域人口发展情况保障水资源提供，人口增多，所需的供水能力增大，产生的污水污泥量也会对应增长。因人口密集区和人口稀疏地区的供水策略不同，对应污泥处理处置的策略和要求也会不同。不同地区居民的环境物质条件、家庭人口特征和家庭起居方式都有所差异，进而对供水需求和后续污泥的处理处置需求造成影响。

（2）经济发展水平及产业结构

随着经济发展，用水结构也随之演进，且各产业的用水效率逐渐提高。城市的供水需求与城市发展的产业结构密不可分，一般来说第一产业的水资源利用效率偏低、第三产业的水资源利用效率较高。在与经济发展相适应的水资源配置中，用水量大、附加值相对较低的农业用水会逐步向高附加值的第二产业和第三产业转移。不同种产业产生的污水的污泥产量也有较大差异。工业比重增加将带来工业用水量的增加，经济增长、产业结构变化也会给工业水资源利用带来明显的影响。

2. 城市布局规划

城市总体布局是在一定的历史时期，社会、经济、环境综合发展而形成的，通过建设实践得到检验，发现问题，修改完善，充实提高。市政工程设施的配置涉及城市的布局规划而又最终体现在城市的布局中。

污泥处理处置设施的布局需与城市总体布局规划相协调，在成本集约化，效益最大化的同时符合城市总体布局规划的发展纲要，科学、合理、切实解决城市建设发展中需要解决的实际问题。在城市布局的大框架中，既要为城市的远期发展作出全盘考虑，又要合理地安排近期各项建设。

3. 管理要求

城市污泥的处理处置设施应在政府的引导下，按照科学布局、优势互补、资源整合、良性循环的思路进行统筹布局规划。积极利用国家有关污泥处理处置政策，与原有格局相适应，与行政区划现状格局相适应，从而满足管理工作的需求。

4. 其他因素

已有污泥处理处置设施的分布及其与现有污泥产生单位的衔接情况，区域内部交通可行性及规划协调性等。

8.6.3　布局规划策略

以布局原则为引导，充分考虑各方面的影响因素，制定全面、合理的布局策略，指导布局规划的决策。按照"现状分析研究－技术初步比选－技术适用性分析－系统性布局完善"的布局规划策略给出布局规划方案。

1. 现状分析研究

在进行城市污泥处理处置的布局规划前，应先对现状污泥产量进行调查和分析，通过对近年污水厂规模和污泥量的统计分析，总结出区域各污水厂产泥的特征规律。对区域内污水厂现状物理成分和化学成分进行调查分析，为处理处置技术的选择和后期项目运营提供参考依据。对污泥的处理处置现状进行分析研究，梳理出当前污泥处理处置的全生命周期，找出污泥产出单位和污泥处理处置单位在处理处置过程中可以优化的地方为后期的规划提供参考。

2. 技术初步比选

研究国内外相关技术发展趋势和污泥处理处置规划管理的成功经验，立足于对现状的充分分析研究，从技术可行性和环境污染防治角度出发，初步筛选出几项能够解决污泥处理处置面临的问题，适合当地污泥特性的技术路线。

3. 技术适用性分析

将初步确定的技术路线代入当地的地理位置、城市布局、土地资源利用情况和产业结构中来，分析其适用性。立足城市发展现状和对未来的规划，对技术路线的经济适用性进行核算和比对分析，明确各类污泥的最终出路，确定短期和长期的技术路线。

4. 系统性布局完善

由局部的处理处置技术工艺选择放眼至污泥全生命周期的管理。制定具体的实施计划，从前端污泥的收集、预处理和运输到后端污泥的处理处置，给出系统性的处理处置布局规划方案，明确近期及远期实施内容，并指出未来可能存在的问题，提出合理建议。

8.7　用地标准

8.7.1　规范要求

对于污泥处理处置设施的用地指标目前没有统一标准，各地根据实际情况作出了自己的规定和解释，在采取不同的处理处置方法时，可参照与其处理工艺对应的建设标准。

采用污泥焚烧工艺时，可参照《生活垃圾焚烧处理工程项目建设标准》（建标 142）与各地区的地方标准，焚烧厂的建设用地指标约为 $30\sim60\text{m}^2/(\text{t}\cdot\text{d})$。针对污泥焚烧，《城镇污水处理厂污泥处置　单独焚烧用泥质》GB/T 24602 对不同情况下污泥焚烧的理化指标作出了规定（详见表 8-8），《城市生活垃圾处理及污染防治技术政策》（城建〔2000〕120号）中指明焚烧适用于进炉垃圾平均低位热值高于 5000kJ/kg 的经济发达地区，通过与垃圾焚烧对比，在选择污泥自持燃烧时，污泥焚烧设施的建设用地指标为 $30\sim60\text{m}^2/(\text{t}\cdot\text{d})$，在选择助燃焚烧或干化后焚烧时污泥焚烧的用地指标为 $42\sim86\text{m}^2/(\text{t}\cdot\text{d})$。

污泥焚烧理化指标　　　　　　　　　　　表 8-8

类别	pH	含水率（%）	低位热值（kJ/kg）	有机物含量（%）
自持焚烧	5~10	<50	>5000	>50
助燃焚烧	5~10	<80	>3500	>50
需干化后焚烧	5~10	<80	>3500	>50

选择污泥堆肥时，可参照《生活垃圾堆肥处理工程项目建设标准》（建标 141）及《城市环境卫生设施规划标准》GB/T 50337 中有关规定。堆肥厂的建筑标准应根据城市

性质、周围环境及建设规模等条件，按照国家现行标准的有关规定执行（表 8-9）。

堆肥处理设施用地指标 表 8-9

类 型	日处理能力（t/d）	用地指标（m²）
Ⅰ型	300~600	35000~50000
Ⅱ型	150~300	25000~35000
Ⅲ型	50~150	15000~25000
Ⅳ型	≤50	≤15000

选择污泥填埋时，可参照《生活垃圾卫生填埋处理工程项目建设标准》（建标 124）、《城市环境卫生设施规划标准》GB/T 50337 及《生活垃圾填埋污染控制标准》GB 16889，环境防护距离不宜小于 500m，周边绿化带宽度不应小于 20m，其场址的具体位置及周围人群的距离应依据环境影响评价结论确定。

8.7.2 同类案例用地情况

1. 中国香港地区"T-Park"

中国香港地区"T-Park"项目主体建筑由两个对称的流线型焚烧车间构成，包括污泥接收系统、污泥焚烧系统和废气处理系统，每个车间里设有两座污泥焚烧炉和一套蒸汽轮机发电设备（图 8-21）。车间中间通过巧妙的建筑设计，将行政楼和隐蔽的烟道构建在一起，行政楼一共有 10 层，外观上看不出传统烟囱的形象。四座污泥焚烧炉运行三座，另一座作为备用，处理全港 11 座污水处理厂每天产生的所有脱水污泥，处理规模达 2000t 湿泥/d（以含水率 70% 计）。

图 8-21 中国香港地区"T-Park"项目外观

假设 T-Park 四座焚烧炉全部满负荷运行，则处理规模可达到 1633t 湿泥/d（以含水率 30% 计），占地总面积 7.4hm²，其中包括海水淡化设施、发电设施、观景台和游泳池等。主厂房占地 3.1hm²，污泥焚烧用地指标为 18.98m²/(t·d)（图 8-22）。

图 8-22　中国香港地区"T-Park"主要设施布局

2. 上海市白龙港污水处理厂污泥处理处置二期工程

白龙港污水处理厂污泥处理处置二期工程的处理对象为白龙港污水处理厂提标到一级 A 后 280 万 m^3/d 污水处理产生的污泥,以及虹桥污水处理厂投产后的 20 万 m^3/d 污水处理产生的污泥。该工程一次规划,分期实施,近期建设规模为 486t/d[①],远期建设规模为 614t/d[①]。主要工艺是将污泥脱水至含水率 80% 后通过外加热源干化至含水率 30%~40% 后焚烧。

根据白龙港污水厂内实际情况,结合污水厂近远期污水及污泥规划,最终选择现状污泥处理区附近的 01、02 两块地块供污泥处理处置工程使用,两个地块内均独立布置始端污泥储存、输送、脱水系统以及脱水污泥储存、输送、干化焚烧及烟气处理系统等。总占地面积约为 15.92hm²,实际布置总面积为 6.95 hm²,污泥焚烧的用地指标为 44.23m²/(t·d),布置方案如图 8-23 所示。

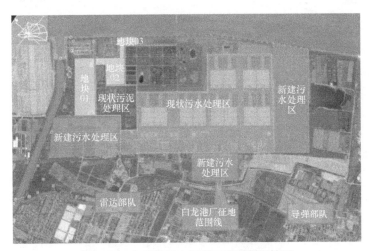

图 8-23　白龙港厂内污泥工程可用地情况

---

① 此处重量以干污泥计。

8.7.3 用地情况总结

针对污泥处理处置设施的建设，目前国家还没有给出统一标准，本书采用与生活垃圾处置设施建设标准类比和对现有污泥处置设施用地情况进行总结两种方式来归纳污泥的用地情况。

对比生活垃圾的处置建设标准可知，在选择污泥自持燃烧时，污泥焚烧设施的建设用地指标范围为 $35\sim50\mathrm{m^2/(t \cdot d)}$，在选择助燃焚烧或干化后焚烧时污泥焚烧的用地指标范围为 $25\sim40\mathrm{m^2/(t \cdot d)}$。

在确定污泥处置设施的用地标准时，需将不同来源的污泥最终都换算成干污泥进行核算。在污泥使用焚烧作为处置方法时，用地是较为集约化的，这也为目前大城市土地资源极度缺乏的情况提供了参考。

第 9 章　危险废物处理设施规划

9.1　危险废物分类

危险废物根据物理相态、产生源、化学组成等分类原则可以分为不同的类别。根据物理相态分，危险废物可以分为固态、液态和气态，危险废物在不同国家的管理中均属于固体废物管理的范畴，但与常规的固体废物又有所不同，需特殊管理。根据产生源分，危险废物可以分为工业源危险废物、医疗废物和社会源危险废物，工业源危险废物是指工业生产过程中产生的有毒、易燃、有腐蚀性、感染性、较强化学反应性或其他有害特性的废物，如电镀废渣、废有机溶剂、有色金属冶炼渣等；医疗废物是指医疗卫生机构在医疗、预防、保健以及其他相关活动中产生的具有直接或者间接感染性、毒性以及其他危害性的废物，如感染性、病理性的废物；社会源危险废物是指监测机构、科研教学机构的化学实验室产生的危险废物以及汽修行业产生的危险废物，如废矿物油、废铅酸蓄电池。按照化学组成分，可分为有机类危险废物和无机类危险废物。

从具体的危险废物分类而言，危险废物是指列入《国家危险废物名录》或根据国家规定的危险废物鉴别标准和鉴别方法认定的具有腐蚀性、毒性、易燃性、反应性、感染性等一种或一种以上危险特性，以及不排除具有以上危险特性的固体废物。2016 版《国家危险废物名录》中，共有 46 大类别 479 种危险废物。

9.2　编制内容

9.2.1　工作任务

危险废物处理设施规划的主要工作任务包括：分析现状与问题，调研分析城市的危险废物产生、收运及处理体系现状，找出城市目前危险废物体系所存在的问题；阐述并分析城市危险废物的产生量，结合城市发展预期，对危险废物产生量以及产生类别进行合理预测；对标与借鉴国内外危险废物先进城市的处理技术，结合城市发展现状，合理规划研究危险废物利用处置策略，并结合城市土地资源情况、相关限制因素情况等科学合理地进行设施布局及选址；对城市危险废物从源头产生控制到末端利用处置做出规划部署。

9.2.2　文本内容要求

1. 总则

简要介绍本次规划的规划目的、规划范围及规划期限。

2. 危险废物产生量预测

给出近远期危险废物产生总量、各类别产生量等结论。

3. 危险废物收运系统规划

明确城市近远期危险废物收运体系，明确危险废物运输方式，临时贮存设施的布局、规模及用地及防护距离等结论。

4. 危险废物处理设施规划

明确危险废物处理处置技术路线、设施类别、规模及选址布局等结论。

5. 实施保障及建议

提出设施近期建设计划，从管理体制、法规与政策、收运体系、用地保障、资金保障、奖惩措施等方面，提出有针对性的实施建议。

9.2.3 图纸内容要求

危险废物处理设施规划的图纸包括危险废物处理设施现状布局图、危险废物产生量分布图、危险废物处理设施规划图和设施用地选址图等，其具体内容要求如下：

（1）危险废物处理设施现状布局图：标明现状危险废物处理设施处理点的位置与规模；

（2）危险废物产生量分布图：标明各分区预测的危险废物产生量；

（3）危险废物处理设施规划图：标明规划危险废物处理设施的位置、处理规模；

（4）危险废物处理设施用地选址图：标明危险废物处理设施的功能、规模、用地面积及防护距离等建设要求。

9.2.4 说明书内容要求

（1）项目概述：梳理本次规划编制工作的背景、必要性。指出规划的目的、范围、期限和内容，明确整个报告的基本框架。说明本次规划的原则与依据，明确整个工作的高度、科学性和合理性。

（2）现状及问题：根据调研情况，解析现状城市危险废物产生以及处理处置结构平衡性问题，结合环保部门提供的资料以及现状调研情况，分析危险废物现状产生以及处理情况，对现状及其存在问题、设施缺口等方面进行分析。

（3）城市综合发展概况及发展策略：以国土空间规划、城市建设近期规划等为依据，分析本地未来城市发展的定位、策略与方向，确定城市近、远期的人口控制规模和建设用地控制规模，总结、梳理其对危险废物处理设施建设的要求。结合国土空间规划中城市的发展定位，确定与城市发展相匹配的危险废物处理工艺、运输模式的未来发展方向以及设施布局的主要思路。

（4）相关规划解读：对城市国土空间规划、分区规划、危险废物处理规划、行业发展规划及与危险废物相关的其他规划进行解读。

（5）危险废物产生量预测：在现状产生量的基础上，结合地区的经济发展水平以及工业经济发展趋势来定量预测危险废物的产生量，再根据现有设施规模进行缺口分析。

（6）危险废物收运体系规划：根据城市发展需求，构建合适的危险收运体系，明确相应的危险废物收运模式，并对临时贮存设施规模、用地、布局及建设提出相应要求。

（7）危险废物处理处置设施规划：根据危险废物产生量预测，核算各类别处理设施需求，结合相关城市规划以及规划限制因素情况，对处理处置设施进行布局规划，明确各类别处理设施规模、用地、布局以及卫生防护距离等。

（8）实施保障及建议：提出设施近期建设计划，从管理体制、法规与政策、收运体系、用地保障、资金保障、奖惩措施等方面，提出有针对性的实施建议。

9.3　规模预测

9.3.1　预测方法介绍

危险废物的产生情况是一个多维随机的过程，因为影响因素错综复杂，而且有关影响因素的资料难以获得，因此详细预测较为困难。在固体废弃物中，常用的预测模型有灰色模型法、系数法等[74]。林艺芸、张江山等[75]通过建立 GM（1，1）模型对我国工业危险废物产生量进行了预测，结果表明我国危险废物产生量呈逐年递增趋势。周炳炎、郭平等[76]采用排污系数法预测了北京市 2004～2010 年的危险废物增长状况。目前，国内外采用的危险废物定量预测模型主要根据社会经济特征（产值、人口等）和数理统计方法（回归分析、时间序列分析和灰色预测方法）等进行预测。

1. 时间序列分析法

危险废物的产生受众多因素的影响，其中许多因素变化与时间相关，如人口增长、经济水平提高、消费模式的转化等。因此，通过对危险废物产生参数与时间因素相关性进行分析，并建立定量关系，即有可能地分析其产生量的趋势性变化。这种产生趋势定量分析方法即为时间序列分析方法。

时间序列分析模型的特点是废物产生参数仅与单变量时间进行关联，按关联的基准函数形式差异，可分为有线性方程、多项式方程、指数方程等多种形式。下面是一种采用了幂指数平滑的时间序列分析法，公式如下：

$$S_t = aX_t + (1-a)S_{t-1} \tag{9-1}$$

$$S_t = aX_t + a(1-a)X_{t-1} + a(1-a)^2 X_{t-2} + \cdots + a(1-a)^t S_0 \tag{9-2}$$

式中　S_t——时间 t 的指数平滑值；

X_t——时间 t 的观测值；

a——平滑系数，取值 0～1。

时间序列分析模型因为只与单变量时间有关系，在预测时就需要大量的数据，而且模型里面需要的参数值也不容易确定。

2. 多元回归分析法

多元回归分析的依据是各种可能影响危险废物产生的因素（一般为社会经济指标），其对产生量的影响具有历史的延续性，因此利用这些指标和危险废物产生参数的历史统计

157

数据，应用数理统计回归，揭示其相互间的数量关系（模型）。在确定相关指标变化趋势的前提下，这种模型可用于对危险废物产生量及其变化趋势进行分析。

多元回归模型的模式（线性回归）如下：

$$y = a_0 + a_1 x_1 + a_2 x_2 + a_3 x_3 + \cdots + a_k x_k \tag{9-3}$$

式中　y——与危险废物产生相关的参数，如：产生量，某物理组分的组成百分比等；

　　　x_i——各项影响废物产生的社会经济指标，如城市人口数等，$i = 1, 2, \cdots, k$；

　　　a_i——各项回归系数，$i = 1, 2, \cdots, k$。

多元回归模型在建立过程中，社会经济指标的选取是与模型的精密度、预测趋势可信度有关的重要因素，通常可以在回归前和回归中对相关指标进行筛选，回归前的筛选可采用定性分析讨论，如从世界各地的实践看，人口和经济发展综合指标是危险废物产生量关系最密切的因素，因此也是多元回归模型中选取的基本回归变量指标。使用社会经济指标建立危险废物产生状况回归模型时，延迟（指标影响的提前或滞后出现）是普遍要修正的因素。

3. 灰色系统模型分析方法

灰色系统模型（GM）通常以时间变量为参数对危险废物的产生变化趋势进行分析，因此实际上是一种时间序列分析方法。其基本思路是把原来无明显规律的时间序列，经过一次累加生成有规律的时间序列，通过处理，为建立灰色模型提供中间信息，同时可弱化原时间序列的随机性，然后采用一阶单维动态模型 GM（1，1）进行拟合，用模型推求出来的生成数回代计算值，做累减还原计算，获得还原数据经误差检验后，可作趋势分析用。

危险废物产生趋势定量分析方法的发展与应用，有助于对废物产生的趋势作定量分析，其结果可应用于危险废物产生量与组成的预测，由于危险废物产生的影响因素十分复杂，定量分析模型如包含较多的影响参数，不仅建模过程变得十分复杂，而且在进行趋势分析时要分析这些影响参数的变化趋势同样是一项难度较大的工作。

4. 万元产值产污系数模型

通常来说，危险废物的产生量与一个地区的经济发展水平有密切关系，尤其是与工业发展水平息息相关。目前，在工业固体废物的各项工作中，普遍通过工业经济发展趋势来定量预测危险废物的产生量，采用万元产值产污系数法进行预测估算，模型如下：

万元产值产污系数预测模型：

$$DW_t = W_t \times S_t \tag{9-4}$$

$$W_t = W_{t_0} \times \exp[\lambda \times (t - t_0)] \tag{9-5}$$

$$S_t = S_0 \times (1 + k)^{(t - t_0)} \tag{9-6}$$

式中　DW_t——预测年危险废物产生量（t/a）；

　　　W_t——预测年工业总产值（万元/a）；

　　　W_{t_0}——基准年工业总产值（万元/a）；

　　　λ——工业总产值年平均增长率；

　　　S_t——预测年万元产值危险废物产生量（t/万元）；

S_0——基准年年万元产值危险废物产生量（t/万元）；

k——万元产值危险废物产生量的平均递增率。

这个模型通过危险废物产生量与经济之间的关系，利用经济的增长，来预测危险废物的产生量，计算方法比较简单，而且获得其中的参数比较容易。

9.3.2　预测方法的选择

1. 工业危险废物

通常来说，工业危险废物的产生量与工业结构、工艺水平、产品产量及工业总产值等具有密切的关系，因此，为了尽量获得较为准确的预测值，结合经济发展趋势和调查中掌握的一些实际情况，一般选定万元产值产污系数模型作为预测模型。建立危险废物产生量与工业总产值、工业结构调整、节能节耗措施影响等相关因子的关系模型，选择定量参数，通过工业经济发展趋势来预测危险废物的产生量，采用修正系数以及万元产值产污系数法进行预算估算。

2. 医疗危险废物

由于医疗机构属于特殊的服务群体，因此，医疗废物产量主要受经济发展水平、居民生活水平、医院病床数、病床利用率、就诊人数及医疗服务水平等因素影响。医疗废物在整个危险废物产量中所占比例虽然不大，但是该类废物却有大量的病原微生物、寄生虫等有害物质，是产生各种传染病及病虫害的污染源之一[77]。医疗废物产生量研究是指依据现有的产生量及环境信息、社会经济水平和环境政策，运用计算机对未来的医疗废物的产生量进行模拟预测，进而对未来医疗废物管理和处置及环境政策进行前瞻性研究[78]。

（1）经济发展水平的影响

据大量调查和统计资料，我国城市生活垃圾产生量与国民经济总产值 GDP 具有正相关关系，其关系式如下：

$$\log G_p = 0.35\log(GDP) + 1.393 \tag{9-7}$$

（2）居民生活水平的影响

经济发达、居民生活水平较高的城市和地区，医疗设备一般较先进，居民对医疗服务的内容要求就越多，从而医疗废物产生量比居民生活水平相对低的地区高。

（3）医院病床数和就诊人数的影响

随着城市化进程逐年加快，城市规模不断扩大，城市人口增长迅速。随着城市规模、数量、人口的增加，城市建设医疗机构的数量不断增加，规模不断扩大，患病就诊的人数也不断增多，从而使医疗废物的产生量呈现递增趋势。

（4）医疗服务水平的影响

医学技术的提高，医院等级也在不断提升，相应的医疗服务水平也在不断提高，医疗服务项目不断增加，服务内容不断完善，也使得医疗废物的产生量随之增加。

通过调查研究发现医院病床数、病床利用率及就诊人数是影响医疗废物产生量的最主要因素。因此，通过各年份医疗机构床位数、病床利用率、床均医疗废物日产量及就诊人次等统计数据，即可计算出医疗机构医疗废物的年产量，其预测计算公式如下：

$$Q_1 = \frac{365BP\,Q_d}{1000} \tag{9-8}$$

$$Q = Q_1 + Q_2 \tag{9-9}$$

式中 Q——医疗废物年产量（t/a）；

Q_1——住院部医疗废物年产量（t/a）；

Q_2——门诊医疗废物年产量（t/a）；

B——病床床位数（张）；

Q_d——病床使用率；

P——床均医疗废物日产量 [kg/(张·d)]。

参考国内相关文献[79,80]，发现医疗废物产生量在 0.5～0.8[kg/(张·d)]的波动范围，同时发现门诊每 20～30 就诊人次每天即产生 1kg 废物。

3. 社会源危险废物

社会源危险废物是将医疗废物排除在外的与人们日常生活相关的危险废物，其中具有重要环境意义和资源化价值的废物包括电子废物、废电池和废荧光灯管等。

（1）电子废物

目前，我国还缺乏完善的电子废物回收体系及资源化和无害化处置体系，电子废物处理产业基础性研究工作还比较薄弱，其产生量缺乏统计数据，以至在制定管理措施时缺乏基本依据。从国外的研究经验来看，电子废物产生量多采用模型进行估算，根据不同电子废物的特点以及数据采集的可操作性来选择适合的模型进行计算。目前比较常用的几种模型有：

1）市场供给模型，根据产品的销售数量和产品的平均寿命期估算电子废物产生量：

$$Q_W = S_n \tag{9-10}$$

式中 Q_W——电子废物产生量；

S_n——n 年前该产品的销售数量；

n——该产品的平均寿命期。

2）市场供给 A 模型，对市场供给模型进行改进，对产品的平均寿命期采用了分布值，假定每年的产品都服从几种不同的寿命期，并赋予每种寿命期一定的比例。

$$Q_W = \sum_{i=0}^{n} S_i \times P_i \tag{9-11}$$

式中 S_i——从该年算起 i 年前该产品的销售量；

P_i——该产品用过 i 年废弃的百分比；

n——该产品的最长寿命期。

3）斯坦福模型，对市场供给 A 模型进行改进，考虑了产品寿命期分布随时间的变化。

$$Q_W = \sum_{i=0}^{n} S_i \times P_i \tag{9-12}$$

式中 P_i——i 年前销售的产品经过 i 年后废弃的百分比（如果每年生产的产品经过 i 年后废弃的百分比相同的话，就变成了是市场供给 A 模型）；

n——该产品的最长寿命。

（2）废电池

可采用人均产污系数法预测废电池产生量，计算公式如下：

$$Q_i = P_i \times n \times m \times 10^6 \tag{9-13}$$

式中　Q_i——第 i 年废电池产生量（t/a）；

　　　P_i——第 i 年人口数（人）；

　　　n——人年均消耗电池数（只）；

　　　m——每只干电池重量（g）。

9.3.3　预测参数的选择

1. 工业总产值和年均增长速度的影响

当前我国经济发展进入了增速换挡期，由过去的高速增长转为中高速增长，经济结构将进一步优化升级。工业发展的速度稍高一些。危险废物的产生量也将随着工业总产值的增长而增加，但需要注意并非所有种类的危险废物均会增加，比较而言，工业企业发展规划中重点发展的行业产生的危险废物增长率较高，而其他行业产生的危险废物增长率则较低。

2. 工业结构调整的影响

从近年经济发展变化情况来看，产业结构得到不断的优化调整，工业结构调整对危险废物的产生有重要的影响。结合近年各行业在工业总产值中的构成比例变化情况以及新常态下经济发展特点，估算预测期各年份各行业产业结构调整变化系数，并根据各类别危险废物行业的贡献率，估算各类别危险废物的产业结构变化影响系数。

3. 节能节耗措施的影响

清洁生产、节能节耗措施等因素对危险废物的产生量也有重要影响，但其影响一般有 3～5 年的滞后期，预测中可引入节能削减因子概念，如到 2020 年，结构调整不对危险废物产生削减影响，到 2025 年削减量的贡献率为每年 5%。

9.4　处理策略

9.4.1　危险废物源头控制

1. 清洁生产

清洁生产是实现经济和环境协调发展的重要手段之一，也是 20 世纪 90 年代初以来国际社会努力倡导的改变传统环境保护模式的新环境之路，其实质是把环境污染预防的综合环境策略持续应用于生产、产品设计和服务过程中，从污染产生源开始减少生产和服务对人类和环境的风险，即采用清洁的能源、原材料、生产工艺和技术，制造清洁的产品。

面对环境污染日趋严重、资源日趋短缺的局面，工业发达国家在对其经济发展过程进行反思的基础上，认识到不改变长期沿用的大量消耗资源和能源来推动经济增长的传统模式，单靠一些补救的环境保护措施，是不能从根本上解决环境问题的。美国国会 1990 年

10 月通过了"环境预防法"，把污染预防作为美国的国家政策，取代了长期采用的末端治理的污染控制政策，要求工业企业通过源头削减，包括：设备与技术改造、工艺流程改进、产品重新设计、原材料替代以及促进生产环节的内部管理、减少污染物的排放，并在组织、技术、宏观政策和资金方面做了具体的安排。

欧洲许多国家把清洁生产作为一项基本国策。例如欧共体委员会 1977 年 4 月就制定了关于"清洁工艺"的政策。1984 年、1987 年又制定了欧共体促进开发"清洁生产"的两个法规，明确对清洁工艺生产工业示范工程提供财政支持。1984 年有 12 项、1987 年有 24 项已得到财政资助。欧共体还建立了信息情报交流网络，其成员国可由该网络得到有关环保技术及市场信息情报。其他发达国家，如法国、荷兰、加拿大、丹麦等均把推行清洁生产政策作为基本国策。

2. 原子经济性

所谓原子经济性（Atom Economy），是指原料分子中究竟有百分之几的原子转化成产物。理想的原子经济性的合成反应是原料分子中的原子百分之百地转化成产物，不产生副产物或废物，实现废物的"零排放"（Zero Emission）。通过采用新的原子经济反应替代不理想的大宗化工产品或精细化工产品的生产，可以大大降低废物的产生量，近年来水溶性均相化合物催化剂成为国际研究热点，由于与油相产品分离比较容易，并以水为溶剂，避免了使用挥发性有机溶剂，可以直接降低化工工业中废有机溶剂类危险废物的产生量。

3. 生物催化技术

生物技术中的化学反应，大都以自然界中的酶或通过 DNA 重组及基因工程等生物技术在微生物上产出工程酶为催化剂，生物酶反应的特点是条件温和、设备简单、选择性好、副反应少、产品性能优良并且不会形成新的污染。因此，酶将取代许多现在使用的化学催化剂。长远而言，在有机化合物原料和来源上，生物质（生物原料）将会代替当前广泛使用的石油。

9.4.2 危险废物处理技术

1. 预处理技术

危险废物的预处理技术是指危险废物进行回收利用和处置前的包含如固体废物的分类、破碎、筛分、浓缩、脱水、粉磨、压缩等工序的前期处理技术，这些预处理技术有助于危险废物的分类收集、分类处理，可以实现危险废物的资源化，进一步减少危险废物的最终处理量，降低处理难度和运行成本及提高危险废物的管理水平等。常用的预处理技术有以下几种：

（1）破碎、分选

对于固态的焚烧废料，通常要进行破碎、分选处理，破碎成一定粒度的废料不仅有利于焚烧，而且破碎后的分选有利于有价值资源的回收利用（如废旧金属的回收），并且降低焚烧成本。

（2）剔除不宜焚烧的危险废物

不宜焚烧的危险废物包括：燃烧值小的、不能在焚烧中处理的有毒化合物和含有大量重金属的化合物。

（3）分离、烘干

对于含水量较高的危险废物，不能直接焚烧，应进行分离及烘干，减少焚烧体积，增加燃烧值。分离可采用离心、压滤等技术；烘干可采用直接烘干（接触法）、间接烘干（对流法）、辐射烘干（红外线、微波）等技术。

（4）沉淀、固化

对难以分离及烘干的含水率较高的危险废物，可采用沉淀及固化技术，减少焚烧体积，增加燃烧值；沉淀技术主要通过添加药剂达到固液分离的效果；固化则是通过添加新物质使有毒化合物不再移动，在化学及力学方面更加稳定，处理无机/有机污泥及含金属污泥效果更好。沉淀和固化技术可联合使用。

固化/稳定化技术是填埋预处理技术中最常用、最重要的一种技术，也是国内外学者研究最多的一种技术。它是通过化学或物理方法，使有害物质转化成物理或化学特性更加稳定的惰性物质，降低其有害成分的浸出率，或使之具有足够的机械强度，从而满足再生利用或处置要求的过程。例如，在含有空气的条件下，加热含铬污泥时，三价铬可以被氧化为六价铬，在含有钙盐的含铬污泥中加入硅酸钠和黏土后，就可以通过玻璃固化而抑制六价铬的产生，如果在添加剂配比适当时，在烧结过程中可形成 $ZnO \cdot Cr_2O_3$ 尖晶石。

（5）萃取、浮选

对于含水率较高的危险废物中的有毒有害物质，也可采用萃取、浮选技术处理，以达到提出污染物、减少焚烧体积的目的。萃取法包括液/液萃取及液/固萃取，可根据危险废物的种类及状态加以选择；浮选即溶解空气浮选，常用于浓缩危险废物流，形成含水率较低的污泥，达到回收有价值固体物质或去除有毒物质的作用，常用在油脂类危险废物的预处理中。

2. 物理化学处理技术

（1）含氰废液处理

对于无机含氰废液采用处理效果可靠、设备简单、投资省、应用较为普遍的碱（NaOH）氯（NaClO）法处理。其原理是，当溶液中 pH 值大于等于 9.5 时，氧化剂几乎完全电离为次氯酸根离子（ClO^-），将氰化物（包括游离氰、分子氰、硫氰酸离子）氧化分解。针对含络合氰废液设计首先考虑送焚烧处理，即废液量较小而浓度又较高的，可在进站鉴别后直接送到焚烧车间作为配液或废水调节炉温使用进行焚烧处理；焚烧处理不了的络合氰废液则在物化处理车间采用过氧化氢作为氧化剂进行氧化处理，根据国内外资料，过氧化氢在碱性 pH 为 10～11、有铜离子作催化剂的条件下氧化氰化物，生成 CNO^-、NH_4^+ 等，重金属离子生成氢氧化物沉淀，铁氰络离子与其他重金属离子生成铁氰络合盐除去。

（2）酸碱废液和安全填埋场渗滤液处理

该类废液一般采用氧化还原及中和法处理，具体方法需视废物种类而定。对含铬废液采用还原—中和反应，先将毒性较大的六价铬还原成三价铬，再进行中和沉淀重金属。对化学镀铜和镀镍废液，针对其 COD 浓度较高的特点，宜采取氧化—中和法将 COD 先氧化，然后进行中和除去重金属。对废盐酸、废硫酸中二价铁先氧化成三价铁再中和，对其他酸碱废液则直接采用中和法处理。对填埋场渗滤液，其主要污染物为少量重金属离子，设计采用中和沉淀法去除，或采用硫化沉淀法去除较难去除的重金属离子。

（3）有机废液处理

有机废液包括废乳化液和染料、涂料废液，这两种有机废液的主要成分都是油，可归为一类处理。其处理原理为废乳化液采用破乳、气浮的方法处理，即采用破乳剂去除表面活性剂和抑制双电层，使油滴经凝集、吸附而被除去；染料、涂料废液采用加酸、气浮的方法，即加酸使废液中的油生成不溶于水的油脂而被除去。

3. 热处理技术

热处理技术是常见的一种危险废物处理技术，具有良好的减容以及减毒的效果，常见的危险废物热处理技术有回转窑焚烧技术、热解气化焚烧技术以及医疗废物焚烧技术（图9-1）。

回转窑焚烧工艺是危险废物首先在回转窑焚烧旋转炉内燃烧，再通过二燃装置去除有害污染物，通过炉体的旋转对废物进行一定的扰动以利于废物的充分燃烧，燃烧时停留在高温点的时间较长且有强烈的湍流燃烧，可以去除大量的二噁英。

热解气化焚烧工艺是采用分级燃烧，主要是通过控制空气量进而控制炉膛燃烧工况，合理分配化学能的释放，以达到焚烬效果。通常情况下，二燃室温度高、燃烧完全、停留时间长、二噁英生成量少，且燃烧

图9-1　危险废物焚烧厂（回转窑）

烟气温度处于二噁英合成区的时间短。粉尘中 Cu^{2+} 等二噁英生成的促媒的含量较少，不易产生二噁英，但自动化控制要求高、国内成熟可靠的热解装备厂家较少。

医疗废物主要由有机碳氢化合物组成，含有较多的可燃成分，具有很高的热值，采用焚烧处理方式具有相当的可行性[81]。焚烧处理是一个深度氧化的化学过程，在高温火焰的作用下，焚烧设备内的医疗废物经过烘干、引燃、焚烧三个阶段将其转化成残渣和气体，医疗废物中的传染源和有害物质在焚烧过程中可以被有效破坏。焚烧技术适用于各种传染性医疗废物，焚烧时要求焚烧炉内有较高而稳定的炉温，良好的氧气混合工况，足够的气体停留时间等条件[82]，同时需要对最终排放的烟气和炉渣进行无害化处置。

焚烧处理技术主要优点是：①体积和重量显著减少，废物毁形明显；②适合于所有类型医疗废物及大部分的工业危险废物；③运行稳定，消毒灭菌及污染物去除效果好；④潜在热能可回收利用；⑤技术比较成熟，国内外均有很多运行工况良好的案例。缺点主要表现在以下几个方面：①成本高；②空气污染严重，易产生二噁英、多环芳香族化合物、多氯联苯等剧毒物及氯化氢、氟化氢和二氧化硫等有害气体，需要配置完善的尾气净化系统；③底渣和飞灰具有危害性[83]。

4. 填埋处理技术

填埋是一种把危险废物放置或贮存在环境中，使其与环境隔绝的处置方法，也是对其进行各种方式的处理之后所采取的最终处置措施。目的是隔断危险废物同环境的联系，使其不再对人体健康和环境造成伤害[84]。填埋是一种常用的危险废物处理技术，具有经济性高、处理量大、能耗小的特点。但是填埋需要占用大量的土地资源，对于土地资源紧缺的大城市来说，增加用地矛盾。此外，填埋具有一定的有效期，填埋时间久了可能会因为防渗膜的老化等原因造成土壤和地下水的污染。

5. 综合利用技术

综合利用是实现危险废物资源化、减量化的重要手段之一，目前危险废物综合利用的方法主要有溶剂的再生、油脂的再生、燃料的利用、金属的回收[85]。发达国家比较重视危险废物的综合利用。综合利用技术分量分层次，生产系统内的回收利用和系统外废物交换、物质转化与再加工，优先采用系统内回收利用，加强清洁生产技术的开发与应用研究和建立工业企业间的废物交换系统。欧盟国家、美国、日本等都建立了废物交换组织，在危险废物综合利用工业技术方面已具有较高的水平。例如，美国、日本、荷兰、法国、瑞典等国家均开发了镍、镉废电池、废铅酸蓄电池的回收利用技术。

9.4.3　危险废物最终处置技术

常用的危险废物最终处置技术是土地安全填埋，旨在减少和消除危险废物的危害性。填埋处置适用于不能回收利用其有用组分、不能回收利用其能量的危险废物，包括生活垃圾焚烧飞灰、危险废物物化处理残留的污泥、危险废物焚烧处理所产生的残渣和飞灰等。

安全填埋又称"工程性填埋"，即把危险废物填埋在根据其自然包容性能选择的场地之中，同时采用工程措施，使废物与环境隔离，填埋废物产生的浸出液加以收集和处理，并对填埋场周围的地表水和地下水进行长期监测。目前许多国家倾向于"工程性安全填埋场"，对填埋场的建设技术已经标准化。我国已基本掌握了该项技术，但是建设危险废物安全填埋场所需的工程材料基本上依赖进口。目前，全国进行填埋处置的危险废物主要是没有利用价值并且危险性较大的废物，或者虽然具有一定的利用价值，但是限于目前的条件和技术水平而无法进行成分利用的废物。

9.5　设施布局

9.5.1　布局基本原则

在进行危险废物处理设施布局时，首先需要明确目前国内危险废物的处理处置属于市场行为，其处理处置不局限于编制规划的城市范围内。因此在进行设施布局前，应该先充分调研区域内各个类别危险废物的处理处置现状、设施的处理能力情况等，分析区域协同处理的可能性以及能力。对于确实需要在规划范围内选址建设的设施，再考虑其布局。

根据对现状及其存在问题的分析，结合用地的实际情况和生态控制线、水源保护区等的管理要求，危险废物处理处置设施的设置应当符合以下原则：

1. 就近处理，确保安全处置和风险可控

建议危险废物产生量大的企业按照无害化要求自行建设处置设施，并鼓励接纳周边地区同类型危险废物。

2. 相对集中，提高治理效率并便于监督

根据《全国危险废物和医疗废物处置设施建设规划》提出的原则之一"集中处置，合理布局"，对于产生量小、种类或性质复杂的危废产生单位，从经济、技术和环境的角度考虑，应建设区域性的处置中心，以保证处理效率和环境达标，同时减少管理成本；对于医疗废物，以建设全市集中性处置设施为原则，辐射全市域的各级医院，禁止医院分散处理；鼓励交通便利的城市联合建设或者共用危险废物集中处理处置设施。

3. 尽可能依托环境园用地

环境园是将焚烧发电、卫生填埋、生化处理、渣土受纳、粪渣处理、分选回收、渗滤液处理等诸多处理工艺中的部分或全部集于一身，是技术先进、环境优美、环境友好型的郊野公园式环卫综合基地。尽可能依托环境园内用地，一方面可以降低设施用地落实难度和社会风险，并且有环境园的防护距离作为保障，另一方面可以与环境园内其他设施互相耦合，并大大缩短了处理和处置之间的运输距离，避免了中间运输过程带来的二次污染问题。

4. 应满足相关法律和规范要求

危险废物管理法律法规体系包括国家法律、行政规章、部门规章以及本市所颁布的地方性法规等。此外，还包括各项环境政策和标准。

5. 尽可能保留现有可用设施

尽可能保留现状已有的可以继续使用的设施，对于不符合规划或周边防护距离要求的用地，考虑在有条件的情况下逐步向新址转移，并将原址用地功能向中转、研发等功能转变。

6. 保留一定的弹性空间

在规划规模与用地预测的基础上，考虑今后发展的不确定性，合理预留增长空间，避免未来发展受到更大的制约。同时，对备选用地进行可实施性的排序，在对较具备实施可能性的设施进行具体落实的同时，考虑安排部分备选点。

9.5.2 布局影响因素

在经济高度发达城市，随着群众环保意识日益增强，邻避效应凸显，危险废物处置设施项目的选址尤为困难。因此，危险废物处理选址需综合考虑对人体健康和生态环境的影响，同时要考虑公众的接受程度。

在经济高度发达城市，人口密集、土地资源紧缺情况下，首先应挖掘现有设施潜能，评估现有设施扩建条件，吸引国内外顶尖的先进技术和优秀人才，推动处理新技术、新工艺、新装备等科研发展，从设施自身上缓解邻避效应。其次建立利益平衡机制，未建有危险废物处理设施的区域应给予建有危险废物处理设施的区域合理的经济与生态补偿。

9.6　用地标准

目前在危险废物处理设施相关国家标准以及行业标准中均无对危险废物处理设施用地指标的规定，为保证科学合理性，通过对现状案例的分类，给出危险废物处理设施的用地标准。

9.6.1　行业用地规模

参考国内已建及在建危险废物集中处置单位有关处置设施的规模及占地情况，重点对危险废物和医疗废物协同焚烧处置设施、重金属污泥回收利用设施、有机溶剂回收利用设施、危险废物填埋设施、高浓度废液物化处理设施、含铜蚀刻液利用设施进行研究[86]。

国内危险废物处理项目用地情况一览表　　　　　　　　　　　　表 9-1

项目名称	工艺	处理规模 (t/a)	用地面积 (hm²)	单位用地指标 [m²/(t·d)]
广东大鼎环保股份有限公司 资源综合利用项目	焚烧	30000	6.14	134
	综合利用	137000		
宝安环境治理技术应用 示范基地	物化处理	150000	5.50	63
	综合利用	170000		
粤北危险废物处理处置中心（填埋场）	固化/稳定化/填埋	37217	8.35	—
废铅酸蓄电池及含铅废料环保项目	废铅酸蓄电池及含铅废料	160000	6.15	140
广州开发区工业废弃物综合利用项目	综合利用	172000	2.99	63
苏州工业园区固体废物综合处置项目	焚烧	30000	4.65	566
天津市危险废物处理处置中心	填埋	16054 (20 年)	7.57	—
泰兴苏伊士废料处理项目	焚烧	30000	5.26	640

以泰兴苏伊士废料处理项目为例，该项目位于江苏省泰州市以西约 8.5km，长江以东约 2.2km，主要工艺为回转窑焚烧，年处理规模为 30000t（图 9-2）。项目总用地面积 52624m²，建筑占地面积 13506.4m²，绿地面积 6127.2m²，绿地率为 11.6%（规划要求 ≤12%），建筑密度为 49.5%（规划要求 <50% 且 ≥38%），项目单位用地指标为 640m²/(t·d)。

基于上述行业用地情况分析，估算生产车间、配套仓储车间单位面积的处理规模，然后通过公辅工程占地比例和建筑系数，估算某一项目单位面积的处理规模，结合拟建项目的规模，最终估算项目的总占地需求。经估算，焚烧项目单位面积处理能力 1.6t/(a·m²)，物化项目单位面积处理能力 4.5t/(a·m²)，重金属污泥回收利用项目单位面积处理能力 4.7t/(a·m²)，有机溶剂回收利用项目单位面积处理能力 1.8t/(a·m²)，含铜蚀刻废液综合利用项目单位面积处理能力 5.6t/(a·m²)，铅酸蓄电池回收利用项目单位面积处理能力 2.9t/(a·m²)。

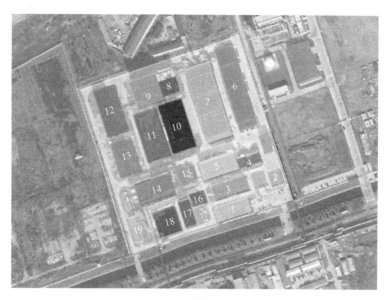

图 9-2　泰兴苏伊士废料处理有限公司用地布局图

1—门卫＋停车场；2—入口地磅；3—行政楼＋展厅（2层）；4—实验室；5—维修办公楼；
6—废料接收分类；7—废料储存；8—混合配伍（低热值等高热值一起焚烧）；9—进料仓
（抓斗）；10—焚烧炉（一期）；11—发展备用地；12—废液料处理；13—废液料储存罐；
14—液体处理；15—园区污水储存；16—污水处理罐；17—污水处理；18—消防水池；
19—储水罐

9.6.2　用地规模要求

近年来危险废物处理能力与市场增长不匹配，造成危险废物的暂存量较大。一些危险废物处理公司面临场地环境限制，无法进行技术升级改造，需无害化处置的废液物化处理能力相对较弱，仅能发挥50％的处理能力。焚烧处置方面，项目规划用地与危险废物焚烧建设实际需求不相符，导致焚烧危险废物暂存仓库、配伍仓库等用地短缺。因此，在进行危险废物处理设施用地规划时应充分考虑暂存设施。

第 10 章　再生资源回收利用设施规划

10.1　设施属性

在《城市环境卫生设施规划标准》GB/T 50337 中没有涉及再生资源回收利用设施，因此在目前实际开展的社会管理工作中再生资源回收利用设施尚不属于环境卫生设施。再生资源是一个与经济相关的动态概念，当某种被市民弃置的物品具备经济回收价值时其就属于再生资源范畴，当其因社会生产的变化或回收市场的波动不再具备经济回收价值时其就不再属于再生资源范畴，这些物品不再被从业者自发收集而被迫进入生活垃圾收运体系提高全社会负担。近年来，全国生活垃圾分类不断取得成绩，为方便居民分类投放，推进生活垃圾源头分类，提升垃圾回收利用率，各大城市不断尝试"两网融合"，将城市环卫系统和再生资源系统两个网络进行有机结合，对生活垃圾的投放收集、清运中转、终端处置业务进行统筹规划，实现投放点的整合统一、作业队伍的整编、设施场地的共享等。因此在本书中也对再生资源回收利用设施规划方法进行介绍。

再生资源回收利用从某种意义上讲是一项社会公益事业，必须加以必要的保护，而不能完全推向市场，否则，就会对经济社会发展造成难以想象的严重后果。再生资源产业不同于其他传统产业，在实现经济效益的同时更要兼顾环境效益和社会效益，是一门集经济、技术和社会管理于一体的系统工程。

10.2　编制内容

10.2.1　工作任务

明确规划的范围及边界，针对规划内容进行调研，结合当地相关规划明确历年产生量；根据调研情况对规划期内再生资源产生量进行合理预测；结合城市发展水平等因素合理规划再生资源回收技术路线，明确设施需求；根据再生资源产生地分布、城市土地资源、相关限制因素等情况科学合理地进行设施布局及选址；结合现状处理处置设施情况，明确近远期的再生资源分拣中心等设施建设安排，对规划实施提出建议。

10.2.2　文本内容要求

1. 总则

简要介绍本次规划的规划目的、规划范围及规划期限。

2. 再生资源产生量预测

给出近远期再生资源产生总量、各分区产生量等结论。

3. 再生资源回收利用体系规划

明确城市近远期再生资源回收利用体系规划等结论。

4. 再生资源回收分拣设施规划

明确区域内现状保留及新、改（扩）建再生资源回收站、分拣中心、集散交易中心的位置和规模，提出设施用地面积及相关防护等结论。

5. 实施保障及建议

提出设施近期建设建议，从管理体制、法规与政策、回收利用体系、用地保障、资金保障、奖惩措施等方面，提出有针对性的实施建议。

10.2.3 图纸内容要求

再生资源回收利用设施规划的图纸包括再生资源回收利用（回收站、分拣中心、集散交易市场）设施现状布局图、再生资源回收设施规划图和设施用地选址图等，其具体内容要求如下：

（1）再生资源回收利用设施现状布局图：标明现状再生资源回收利用设施的位置与规模；

（2）再生资源产生量分布图：标明各分区预测再生资源产生量；

（3）再生资源回收利用设施规划图：标明规划再生资源回收利用设施的位置、处理规模及分区；

（5）设施用地选址图：标明再生资源回收利用设施的功能、规模、用地面积及防护距离等建设要求。

10.2.4 说明书内容要求

（1）项目概述：梳理本次规划编制工作的背景、必要性。指出规划的目的、范围、期限和内容，明确整个报告的基本框架。说明本次规划的原则与依据，明确整个工作的高度、科学性和合理性。

（2）现状及问题：根据调研情况，对区域再生资源回收利用体系，分区内再生资源回收利用设施的数量及运行情况，再生资源回收利用的工艺链条、监管体制机制，再生资源回收利用的资金投入情况、专业技术人员情况、设施设备的先进程度等方面存在的主要问题进行分析。

（3）城市综合发展概况及发展策略：以国土空间规划、城市建设近期规划等为依据，分析本地未来城市发展的定位、策略与方向，确定城市近、远期的人口控制规模和建设用地控制规模，总结、梳理其对再生资源回收利用分拣设施建设的要求。并基于城市发展要求，提出再生资源回收利用模式、转运模式的未来发展方向。

（4）相关规划解读：对城市总体规划（国土空间规划）、分区规划、上层次或上版再生资源回收利用规划、行业发展规划及其他相关规划的解读。

（5）再生资源产生量预测：预测各类再生资源的近远期产生量。

（6）再生资源回收利用体系规划：梳理区域再生资源分拣、集散设施布局情况，分析区域内再生资源产生量、区域再生资源回收利用情况，提出经济、科学的再生资源回收利用体系。

（7）再生资源回收分拣设施规划：确定区域内现状保留及新、改（扩）建再生资源回收站、分拣中心、集散交易中心的位置和规模，确定设施的用地面积及相关防护要求，对比上层次规划实施情况，理清中期及长远期建设目标。

（8）实施保障及建议：提出设施近期建设建议，从管理体制、法规与政策、收运体系、用地保障、资金保障、奖惩措施等方面提出有针对性的实施建议。

10.3　产生及回用量预测

再生资源的回收量预测主要通过人均指标法及单位 GDP 法。人均指标法即通过历年的人均再生资源产生指标变化规律，以及未来人口规模来预测未来再生资源产生量；单位 GDP 法即通过历年的单位 GDP 下再生资源产生的变化规律，以及未来 GDP 目标预测未来再生资源产生量。

1. 人均指标法

预测模型为：$Q=q\times t$。式中，Q 为预测年度再生资源产生总量（t/a）；q 为预测年度人均再生资源产生量[t/(a·人)]；t 为预测年度人口数（人）。

2. 单位 GDP 法

预测模型为：$Q=g\times x$。式中，Q 为预测年度再生资源产生总量（t/a）；g 为预测年度单位 GDP 再生资源产生量 [t/（a·万元）]；x 为预测年度总 GDP（万元）。

10.4　回收利用策略

10.4.1　规划策略

（1）坚持经济效益、社会效益和环境效益相统一原则。根据当地再生资源产生量和常住人口分布情况，合理规划再生资源回收网点。

（2）遵循科学发展、有序竞争、统筹规划、合理布局、方便交易、绿色环保及公开、公正、公平的原则。再生资源回收网点的布局要符合当地城市总体规划。

（3）规划与管理相结合的原则。再生资源回收站点或分拣场的设立要符合当地再生资源回收管理相关文件的规定和要求。

（4）减量化、资源化、市场化运作原则。政府引导支持，企业市场化运作，在保证再生资源有效回收和现有回收企业正常经营的前提下，充分调动发挥各方面的作用，逐步形成政府引导支持、企业投入、市场运作、社会参与的发展机制。通过市场化运作建立激励、退出机制。

（5）在网点布局、选址和运作模式方面本着"价值、方便、交流"的原则。在网点建设和配套设施方面以最低的成本实现效益最大化，网点设置方便市民交易。

10.4.2　技术比选

1. 再生资源分拣中心

再生资源大型分拣场所需要具备回收挑选与初加工的剪切、破碎、压块、清洗、打包等环节以及仓储、运输设备，具备标准化工艺流程和专业化、机械化、自动化、智能化设备设施，从而保证分拣自动化和精细化（图 10-1）。

图 10-1　再生资源分拣中心

2. 再生资源回收网络平台

再生资源回收网络平台可为回收处理及再利用的相关服务商提供信息，引导资源合理配置，促进回收体系各节点、各环节的对接和整合，促进回收与利用环节的有效衔接。另外，平台可提供再生金属交易、家电回收、手机交易的适时信息，为再生资源供需主体和中介机构提供及时的信息沟通和在线交易平台（图 10-2）。

图 10-2　再生资源交易网络平台
图片来源：截图自网优首页 http://zs.fengj.com/.01-09-2020

10.5　设施布局

10.5.1　再生资源回收站布局要求

回收站点（个体工商户经营），是再生资源回收网络体系的中间环节。设置的基本原则和条件有以下几点：首先选址，要以环保、便民为原则，设置在规划定点范围内；回收站点的营业面积应满足经营活动的要求；建筑要符合国家及行业相关标准，结合当地城市特色，力求做到与城市整体建设相匹配；站内应有相对独立的收购区和分类存放区；同时，应配置合格的用电设施：设置的照明设施或其他电器设备，必须符合国家有关电气设计、安装规范的要求。

10.5.2　再生资源分拣中心布局要求

分拣场的固定建筑需符合国家建筑标准，加工生产不能露天作业，货场地面硬化道路符合国家三级道路标准。平面布局应按照功能分区、分块布置，建设用地应遵守科学合理、节约用地的原则，满足经营、加工、生产、办公、生活的要求。同时应符合土地利用总体规划和城市总体规划前提下，服从城市服务功能与环保要求，与城市水源和居民居住区保持适当距离，兼顾排污和扬尘治理需要，满足消防技术规范和环境影响评价的要求。根据行业特点，适当考虑再生资源流向和便于集运，结合工业、物流、市场的布局规划选址。在铁路、矿区、机场、施工工地、军事禁区和金属冶炼加工企业附近，不得设立收购废旧金属的再生资源市场。

10.5.3　再生资源集散交易市场布局要求

回收物品均由再生资源交易市场当日清收；再生资源交易市场需选择便于运输的地方建设具有废品储存、分拣、交易、信息收集发布等功能的再生资源交易市场，市场内设废

旧有色金属交易区、旧货交易区、生活废品交易区、废钢铁分拣交易区、生活服务及经营
管理保障区等，满足多类别再生资源存储、交易的需求。

10.6 用地标准

1. 再生资源分拣中心

根据《再生资源分拣中心建设管理规范》SB/T 10720，在符合当地土地建设规划的
条件下，废钢铁分拣中心占地面积应不低于 50 亩；废有色金属分拣中心占地面积应不低
于 20 亩；废造纸原料分拣中心占地面积应不低于 50 亩；废塑料分拣中心占地面积应不低
于 50 亩。

2. 再生资源回收站点

根据《再生资源回收站点建设管理规范》SB/T 10719，固定回收站点的营业面积一
般不少于 $10m^2$。中转站营业面积应不少于 $500m^2$。

第 11 章　城市综合固体废物管理体系规划

11.1　综合固体废物管理体系

随着社会经济发展和科技不断进步，我国各大中城市（特别是超大城市、特大城市）固体废物产生类别不断增多，逐步由 20 世纪 80 年代单一的生活垃圾为主拓展为生活垃圾、工业垃圾、建筑废物、危险废物、城市污泥甚至近年来出现的动力汽车电池、废弃共享单车、海水淡化污泥等，管理工作的复杂性随之大幅提高。与此同时，这些固体废物的产生规模也在同步快速增长，根据国家生态环境部发布的《2018 年全国大、中城市固体废物污染环境防治年报》，全国 202 个大中城市公布产生的各类固体废物超过 15.4 亿 t，增长速度基本与经济增长率持平，给生态环境保护工作带来沉重压力。

党中央、国务院高度重视固体废物污染环境防治工作。党的十八大以来，以习近平同志为核心的党中央围绕生态环境保护作出了一系列重大决策部署，国务院先后颁布实施大气、水、土壤污染防治行动计划，我国生态环境保护从认识到实践发生了历史性、全局性变化。固体废物管理与大气、水、土壤污染防治密切相关，是整体推进环境保护工作不可或缺的重要一环。固体废物产生、收集、贮存、运输、利用、处置过程，关系生产者、消费者、回收者、利用者、处置者等多方利益，需要政府、企业、公众协同共治。建立城市综合固体废物治理体系（也称"大固废治理体系"），统筹推进固体废物减量化、资源化、无害化工作，既是改善环境质量的客观要求，又是深化环保工作的重要内容，更是建设生态文明的现实需要。

11.1.1　是建设未来城市、可持续发展城市和"无废城市"的重要内容

目前，中国城市化已经进入更注重内涵与质量的新阶段，"未来城市"将如何建立成为当今时代热议的话题。随着资源的日益消耗以及污染的日益严重，建设可持续发展城市已成为"未来城市"构想的一部分。建设可持续发展城市，不仅要减少对生态环境的破坏，还要进一步追求促进生态环境的良性循环发展，实现资源循环利用、生态系统循环再生、城市空间再利用。建立城市大固废治理体系，能有效减少资源浪费，是促进城市可持续发展的重要途径。2018 年 12 月，国务院办公厅下发创建"无废城市"试点城市工作方案的通知[87]，要求通过"无废城市"建设试点，统筹经济社会发展过程中的固体废物管理，大力推进源头减量、资源化利用和无害化处置，探索建立量化指标体系，系统总结试点经验，形成可复制、可推广的建设模式。

11.1.2 是解决"九龙治废、小马拉大车"问题的关键举措

随着社会的发展和进步，城市综合固体废物的内容从单一的生活垃圾发展到涵盖生活垃圾、工业垃圾、再生资源、建筑废物、危险废物、城市污泥的庞大体系，内容繁多、包罗甚广、产量巨大。以深圳为例，全市 2017 年城市综合固体废物日均产生量达到近 57 万 t，造成环境治理巨大压力。与此相对应，主要工作承接部门为环境卫生管理处、生活垃圾分类管理事务中心、建筑废物排放管理办公室、固体废物和声环境管理处、电力和资源综合利用处等多个部门，存在职责分散、边界模糊、统筹困难、人员编制与工作量严重不匹配的问题。同时，城市大固废管理需要从政策研究、规划编制、社会监督、宣传教育等多方面着手开展工作，但目前各个职能部门的人员配置均以设施建设和运营人员为主，存在"小马拉大车"的问题。

11.1.3 是打破部门壁垒、提升固体废物治理综合效益的科学方法

固体废物的处理方式主要有回收利用、焚烧、填埋、生物降解等，不同固体废物可以统筹管理进行协同处理，如医疗废物经过高温蒸煮和毁形后可直接进入生活垃圾焚烧厂进行处理，能减少基础设施投入、提高固体废物治理的综合效益，减少资源、能源以及人力的浪费。目前，在各类固体废物分散各部门之间分头管理的情况下，由于部门壁垒和责任划分边界并未清晰界定的缘故，各部门往往倾向于只负责自身职能范围内的固体废物管理。

11.1.4 是避免设施重复建设、节约城市土地资源的重要手段

同样，由于部门壁垒的存在，在固体废物处理设施规划建设时经常会出现设施需求重复的现象，如环卫部门主张的生活垃圾填埋场、建设部门主张的建筑废物受纳场、水务部门主张的城市污泥填埋场和环保部门主张的危险废物安全填埋场等，对于土地资源和财政资金都是明显的浪费。建立城市大固废治理体系，能够合理进行设施的共建共治，实现土地的集约化利用。

11.2 编制内容

11.2.1 工作任务

明确规划的范围及边界，针对规划内容进行调研，结合当地相关规划明确历年各类别固体废物产生量；根据调研情况对规划期内各类别固体废物产生量进行合理预测；结合各类别固体废物的性质、城市的发展水平等因素合理规划固体废物的分类体系以及处理技术路线，明确设施需求；根据各类别固体废物产生地分布、城市土地资源、相关限制因素等情况科学合理地进行设施布局及选址；结合现状处理处置设施情况，明确近远期的设施建设安排，对规划实施提出建议。

11.2.2　文本内容要求

1. 总则

简要介绍本次规划的规划目的、规划范围及规划期限。

2. 固体废物分类体系规划

简要介绍本次规划的固体废物分类类别及相应的分类体系。

3. 各类固体废物产生量预测

给出近远期固体废物产生总量、各类固体废物产生量等结论。

4. 固体废物处理设施规划

明确各类别固体废物处理技术路线、设施类别、规模、选址布局及各类固体废物处理设施共用情况等结论。

5. 实施保障及建议

提出设施近期建设建议，从管理体制、法规与政策、收运体系、用地保障、资金保障、奖惩措施等方面，提出有针对性的实施建议。

11.2.3　图纸内容要求

综合固体废物处理设施规划的图纸包括各类别固体废物处理设施现状布局图、各类别固体废物收运路线规划图、各类别固体废物处理设施规划图和设施用地选址图等，其具体内容要求如下：

（1）各类别固体废物处理设施现状布局图：标明现状各类别固体废物处理设施位置与规模；

（2）城市固体废物产生量分布图：标明各分区预测各类别固体废物产生量；

（3）城市固体废物收运路线规划图：标明各类别固体废物处理设施的布局、规模及主要运输路线。

（4）处理设施规划图：标明规划各类别固体废物处理设施的位置、处理规模及分区；

（5）设施用地选址图：标明各类别固体废物处理设施的功能、规模、用地面积及防护距离等建设要求。

11.2.4　说明书内容要求

（1）项目概述：梳理本次规划编制工作的背景、必要性。指出规划的目的、范围、期限和内容，明确整个报告的基本框架。说明本次规划的原则与依据，明确整个工作的高度、科学性和合理性。

（2）现状及问题：根据调研情况，对各类别固体废物处理全过程的资金投入情况、专业技术人员情况、设施设备的先进程度等方面存在的主要问题进行分析。

（3）城市综合发展概况及发展策略：以国土空间规划、城市建设近期规划等为依据，分析本地未来城市发展的定位、策略与方向，确定城市近、远期的人口控制规模和建设用地控制规模，总结、梳理其对各固体废物处理设施建设的要求。并基于城市发展要求，确定综合固体废物分类原则，各类别固体废物处理工艺、处理模式、转运模式的未来发展方向。

（4）相关规划解读：对城市总体规划（国土空间规划）、分区规划、上层次或上版综合固体废物管理体系规划、水务规划、行业发展规划、各类别固体废物处理设施专项规划以及其他相关规划的解读。

（5）城市固体废物产生量预测：对近远期固体废物产生总量、各类固体废物产生量、分区垃圾产生量进行预测。

（6）城市固体废物收运体系规划：根据城市发展需求，构建合适的固体废物收运体系，确定主要固体废物运输路线、各片区的转运规模和服务范围以及转运设施的布局、规模和服务范围及各类别转运设施协同情况。

（7）城市固体废物处理处置设施规划：根据各类别固体废物产生量预测情况，核算各类别处理设施需求，结合相关城市规划以及规划限制因素情况，对处理处置设施进行布局规划，明确各类别处理设施规模、用地、布局，并对设施共用情况进行可行性论证。

（8）实施保障及建议：提出设施近期建设建议，从管理体制、法规与政策、收运体系、用地保障、资金保障、奖惩措施等方面，提出有针对性的实施建议。

11.3 综合固体废物分类体系

11.3.1 现状管理体系

城市综合固体废物种类繁多、来源各异、性质千差万别、处理方式多种多样。当今时代，城市综合固体废物可大体分为生活垃圾、污泥、危险废物以及建筑废物，每一大类又可细分为若干小类，如图 11-1 所示，污泥可分为给水污泥、工业废水污泥、生活污水污泥等；生活垃圾可分为可回收物、易腐垃圾、有害垃圾、其他垃圾等；危险废物可分为医疗废物、医药废物、农药废物、废有机溶剂等；建筑废物可分为工程渣土、工程泥浆、工

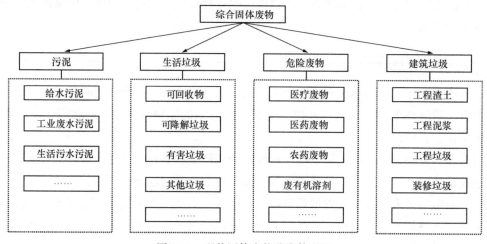

图 11-1 现状固体废物分类体系图

程垃圾、装修垃圾等。图 11-1 所列分类类别，为现阶段常规固体废物的分类，其分类类别主要依据政府相关部门的职权划分来界定。

除上述方法外，还可根据固体废物特性（可燃、易腐、惰性、有害……）、固体废物来源（餐厨、园林绿化、医疗、工程……）等多种分类来对垃圾类别进行界定。

11.3.2　综合固体废物分类体系规划

建立综合固体废物管理体系的重要环节就是打破部门之间的壁垒，根据固体废物的性质来进行固体废物的管理，相同性质的固体废物可以进入同样的设施进行处理，具体分类如图 11-2 所示。

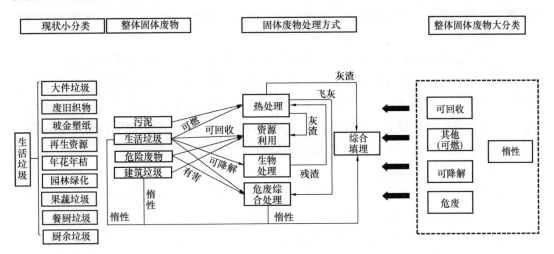

图 11-2　基于大固体废物管理的固体废物分类体系

采用这种分类模式，对于可协同处置的固体废物可以统一建设处理处置设施（如填埋场、焚烧厂等），能有效避免设施的重复建设，提高土地资源的利用效率，这对于土地资源日益紧张的大城市来说具有重要意义。

11.4　综合填埋场

11.4.1　需求分析

综合填埋场是指城市综合固体废物最终处置的场所，包括生活垃圾卫生填埋场、危险废物安全填埋场、各类焚烧灰渣填埋场以及建筑废物受纳场等。值得注意的是，综合填埋场是上述各类固体废物填埋场在空间上的集中和统筹的场地，但由于各类需填埋处置的固体废物性质差别较大，并且针对不同固体废物有各自规范和标准的限定，因此在实际规划和作业管理时，需要分区分种类考虑。

由于各类填埋场均为占地较大的邻避型设施，在选址上的要求和环境保护管控等约束方面也有较多类似之处，经对比各地的规划实践后发现，各类填埋场在空间上有趋于相对

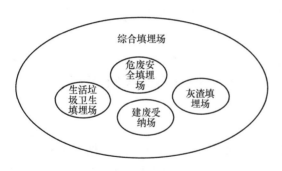

图 11-3　综合填埋场与各类固体废物填埋场的关系

集中的规律，即各类填埋场选址呈现相互紧邻，甚至空间上重叠的趋势，而导致这一趋势的演化的较大影响因素是城镇化进程加快、土地资源的日益紧缺。另一方面，随着经济社会发展，各地对固体废物管理的要求有较大的提升，原生垃圾零填埋已成特大城市及以上级别地方的趋势，原生垃圾经焚烧或生物质处理后，剩余残渣则进入填埋场进行最终处置，故原有生活垃圾卫生填埋场的库容可转型用于填埋生活垃圾焚烧灰渣，这将导致填埋场在原位空间上的功能转换。

因此，综合填埋场在这一背景下日益受到重视。在选址上，可统筹考量选址因素，在功能定位上有较为灵活的转换，在管理上有可明确的责任主体，并制定综合填埋场的管理规章和细节，在具体填埋运营时可根据不同类别固体废物对应的规范标准进行分区分类运作。本书将介绍生活垃圾卫生填埋场、焚烧灰渣填埋场、危废安全填埋场和建废受纳场的需求确定和各自的选址要求，进而形成综合填埋场的整体规划思路过程。

1. 生活垃圾卫生填埋场

生活垃圾卫生填埋场作为生活垃圾末端处理设施的最后一环，其作用是提供生活垃圾无害化处理的托底功能。因此，进入生活垃圾卫生填埋场的需求量是前端收集量扣除中间各资源化/能源化环节的处理量，例如生物处理、焚烧发电、循环再利用等途径（若该地区无此系列资源化利用设施，则产生的生活垃圾全部进入卫生填埋场，填埋场是该地区的唯一生活垃圾无害化设施），剩下不适合其他资源化/能源化利用的部分，则进入生活垃圾卫生填埋场，可归结为以下公式[88]。

$$W = P - \sum F_n \qquad (11\text{-}1)$$

式中　W——进入生活垃圾卫生填埋场的需求量（t/d）；

　　　P——该地区生活垃圾产生量（t/d）；

　　　F——中间各资源化环节（设施）的分流处理量（t/d）；

　　　n——中间资源化环节的数量。

在进行生活垃圾卫生填埋场需求分析时，核心是依托生活垃圾产生量的预测值进行核减，同时掌握中间资源化处理量的规划规模，最终确定进入填埋场的规模。值得注意的是，由于生活垃圾填埋场需占用较大的土地资源，且其库容是十分宝贵、不可再生的。因此，在填埋库容一天天削减的现实下，填埋场库容是非常稀有的资源，在规划时应充分考虑前端环节的减量化和理处理，延长填埋场的使用寿命。

2. 灰渣填埋场

灰渣填埋场是指用于填埋处置固体废物焚烧后产生的飞灰和炉渣的填埋场，包括生活垃圾焚烧厂、污泥焚烧厂和医疗废物焚烧厂等类型的焚烧设施。飞灰和炉渣在性质上存在较大差别，飞灰是危险废物之一，需要螯合固化后进行安全填埋，而炉渣则是惰性固体废物，可直接压实填埋（需要注意的是，危险废物焚烧产生的炉渣也是危险废物）。二者的产生规模预测也存在差别，但都可归结成一个公式：

$$W = P \times \alpha \tag{11-2}$$

式中　W——进入灰渣填埋场的需求量（t/d）；

　　　P——对应焚烧设施的处理量（t/d）；

　　　α——产生系数，即灰渣产生量占入炉量的百分比。

产生系数 α 是核心指标，飞灰的 α 与炉渣的 α 存在较大差异。对于炉渣，α 的取值取决于可燃部分垃圾的热灼减率和不可燃部分的占比，热灼减率是指焚烧残渣经灼热减少的质量占原焚烧残渣质量的百分数。灰渣热灼减率的控制是非常重要的。焚烧炉灰渣的热灼减率反映了垃圾的焚烧效果，对灰渣热灼减率的控制，可降低垃圾焚烧的机械未燃烧损失，提高燃烧的热效率，同时减少垃圾残渣量，提高垃圾焚烧后的减容量。依据《生活垃圾焚烧处理工程技术规范》CJJ 90，炉渣热灼减率应控制在 3%～5% 以内。同时，由于有不可燃垃圾混入焚烧炉，如金属、玻璃、石头、陶瓷、砖瓦等成分，此类垃圾被高温燃烧后变成灰分或块状物进入灰渣部分。综上，根据多个焚烧厂实测经验值，炉渣的产生系数取 8%～15%，在规划时可取上限值进行计大产生量，来确定设施规模。

飞灰是焚烧处置过程中烟气净化系统的捕集物和烟道及烟囱底部沉降的底灰，包括一些重金属和有毒有害有机污物。不同类型的固体废物焚烧飞灰产生系数也差别较大，生活垃圾焚烧过程中，根据经验值飞灰产生系数约 3%～10%；污泥焚烧炉渣可参考经验值，干污泥有机分含量按 50% 计，可被完全燃烧，则烧失率约 50% 左右，剩余 50% 的无机质则成为焚烧灰渣，其中炉渣占灰渣总量的 80%，飞灰占 20%。

3. 危险废物安全填埋场

危险废物填埋场属于安全填埋场，其受纳的固体废物类型是《国家危险废物名录》中未被焚烧或者综合利用部分的危险废物，包括焚烧飞灰、危险废物焚烧灰渣、感光材料废物、含重金属危废和其他危险废物。危险废物填埋场需求量由该地区危险废物产生量决定，扣除中间焚烧、资源化综合利用部分，最终进入安全填埋场部分的规模即是其需求量[89]。

4. 建筑废物受纳场

建筑废物受纳场收纳的类别有工程渣土、装修垃圾、房屋拆除垃圾和道路施工等产生的建筑废物。其受纳需求量根据各类建筑废物产生量，扣除中间环节综合利用的分流量，最后剩余部分即受纳场进场需求量[90]。

11.4.2　设施布局规划

1. 布局规划的原则

（1）统筹性原则

综合填埋场规划布局首先考虑的原则是统筹性原则，统筹包括填埋设施类别统筹、空间统筹和相关规划统筹三个方面。

设施类别统筹，即具体需要填埋的固体废物类别的统筹，包括原生生活垃圾、不可燃垃圾、灰渣、危险废物等。其具体设计和要求根据进场固体废物类别而有所不同。同时，由于涉及生活垃圾、危险废物、建筑废物等类型，主管部门涉及城管、住房和城乡建设、环保部门，因此，需要多部门联合统筹，避免各自为政，各切一刀。

空间统筹，是指各类填埋场具备有机整合的条件时，宜集中布局，最大程度发挥土地利用价值，同时，宜与其他固体废物设施进行空间统筹。如《生活垃圾焚烧处理工程技术规范》CJJ 90 规定，生活垃圾焚烧厂原则上在场址内需配建灰渣填埋场；若因为用地不足导致无法配建的，其灰渣填埋场规划布局需考虑与焚烧厂的空间距离，避免因距离太远增加沿途运输环境风险和增加运输成本。

规划统筹是指与当地城乡规划、固体废物处理设施规划、其他市政设施规划等规划的统筹，空间布局应符合相关规划的思路与布局策略，避免出现重大规划冲突。

（2）合规性原则

根据统筹性原则，综合填埋场是生活垃圾填埋场、危险废物填埋场、建筑废物受纳场等用于填埋消纳各类固体废物的场所。因此，其选址布局须首先满足各类填埋选址的相关标准和规范。

对于生活垃圾填埋场，应符合《生活垃圾填埋场污染控制标准》GB 16889 中对生活垃圾填埋场的选址要求、设计要求、污染物排放控制要求等与填埋场布局规划有较大相关性的要求和规定，需在具体规划中识别标准的核心要求。

对于危险废物填埋场，应符合《危险废物填埋污染控制标准》GB 18598 中涉及危险废物填埋场场址选择、设计及填埋场污染物控制等的要求。

对于建筑废物受纳场，目前缺乏具体的国家标准，但有地方标准做指引，如广东省的《建筑余泥渣土受纳场建设技术规范》DBJ/T 15—118 已从 2016 年 9 月 20 日起实施，对建筑余泥渣土受纳场的规划与勘察、主体工程设计等作出相关规定和指导。

作为具有法定效力的规划，涉及填埋场布局规划的，合法合规是极其重要的一项要求，因此在开展填埋场布局规划时，需收集梳理国家、区域和地方的相关标准和规范，满足其中的基本要求。

（3）安全性原则

综合填埋场由于占地面积大，产生环境污染和潜在的环境风险较大，因此，需要考虑其规划布局的安全性问题。根据填埋场相关的规划规范和标准，生活垃圾卫生填埋场距大、中城市规划建成区应大于 5km，距小城市规划建成区应大于 2km，距居民点应大于 500m。考虑到灰渣填埋场的填埋对象为惰性物质，臭味影响较少，防护距离可适当缩小。具体各类填埋场的安全防护距离，应根据具体场址和周边情况而定，同时在规划环评中给予可行性结论。

（4）集约用地原则

综合填埋场是宝贵的资源，占地面积相对较大，因此需要通过工程设计，尽可能挖潜其库容，同时提高压实和库容利用等工程技术，尽可能提高库容使用效率。在人口密集、土地紧缺的地区，可探索多样化的集约用地形式，例如：地下刚性填埋场，在上方建设处理设施，下方进行填埋，对设施用地进行共享，达到集约用地的目的。

2. 布局规划的影响要素

由于综合填埋场具有较大的环境影响，故其布局合理与否，是由其对周边影响程度、运输的经济性等侧面反映得到的。本书主要从设施空间需求、限制性条件、规划协调性和经济社会发展等角度阐述综合填埋场布局规划的影响要素。

（1）设施空间需求

根据需要填埋的固体废物产生量在空间分布上具有一定的差异性，各片区产生规模往往与片区的人口规模、经济发展水平、产业结构与布局、焚烧设施规划建设情况、城市更新情况等相关。有些片区产生量大、种类较多，需求规模就相应较大，规划综合填埋场自然是合情合理的，而有些片区产生量较小，需求规模相对较低，综合填埋设施可与邻近区域共建共享，或有偿转移到其他地区代处理。因此，综合填埋场需考虑空间规模需求，在第一阶段可优先考虑布局在固体废物产生量较大的片区。

（2）限制性条件

限制性因素是禁止占用、触碰以及优先考虑距离影响的区域，主要包括饮用水源保护区（包括一级饮用水源保护区、二级饮用水源保护区及准饮用水源保护区、地下水集中供水水源地及补给社区、供水水源远景规划区）、基本农田保护区、生态保护红线（包括自然保护区、珍贵动植物保护区、风景名胜区、世界文化自然遗产、地质公园等）[91]、地质灾害易发区、海啸及涌浪影响区等。

（3）规划协调性

需要进行规划协调考虑的因素是在满足规避限制性因素基础上仍需要调整、规避、共享的一些国土空间规划要素，主要包括黄线、橙线、蓝线（具体解释见本书18.1节），高压走廊，道路交通，学校，幼儿园，养老院，医院，其他市政基础设施等。通过解读《城乡规划法》及地方法规，辨识综合填埋场与上述因素的关系，并在空间上进行规划协调，优化布局方案。

3. 布局规划策略

（1）优先合规性策略

在城市总体规划层面的综合填埋场布局规划，应当优先符合城市总体规划（国土空间规划）的功能分区和用地类型规划，分区层面的应当遵循全市层面的环卫设施专项规划布局。综合填埋场的布局除了与相关规划吻合外，同时需要遵循各类填埋场选址布局的标准规范要求。

根据《生活垃圾填埋场污染控制标准》GB 16889，生活垃圾填埋场的选址应符合区域性环境规划、环境卫生设施建设规划和当地的城市规划，生活垃圾填埋场场址不应选在城市工农业发展规划区、农业保护区、自然保护区、风景名胜区、文物（考古）保护区、生活饮用水水源保护区、供水远景规划区、矿产资源储备区、军事要地、国家保密地区和其他需要特别保护的区域内。

根据《危险废物填埋污染控制标准》GB 18598，填埋场场址不应选在国务院和国务院有关主管部门及省、自治区、直辖市人民政府划定的生态保护红线区域、永久基本农田和其他需要特别保护的区域内。

根据《建筑余泥渣土受纳场建设技术规范》DBJ/T 15-118，余泥渣土受纳场布局建设应符合当地城乡总体规划、土地利用总体规划及其他相关规划。

（2）安全性导向策略

由于综合填埋场是个超大型环卫设施，是规模巨大的堆填区，并且是自然敞开式的开放建设运营设施，存在地震、泥石流、滑坡、坍塌等潜在自然灾害。因此，在布局和选址上，需要以安全性为导向，确保设施受自然灾害影响最小。

在防洪方面，生活垃圾填埋场选址的标高应位于重现期不小于50年一遇的洪水位之上，并建设在长远规划中的水库等人工蓄水设施的淹没区和保护区之外拟建有可靠防洪设施的山谷型填埋场，并经过环境影响评价，证明洪水对生活垃圾填埋场的环境风险在可接受范围内，前款规定的选址标准可以适当降低；危险废物安全填埋场选址的标高应位于重现期不小于100年一遇的洪水位之上，并在长远规划中的水库等人工蓄水设施淹没和保护区之外。

在地质灾害预防上，生活垃圾填埋场场址的选择应避开下列区域：破坏性地震及活动构造区；活动中的坍塌、滑坡和隆起地带；活动中的断裂带；石灰岩溶洞发育带；废弃矿区的活动塌陷区；活动沙丘区；海啸及涌浪影响区；湿地；尚未稳定的冲积扇及冲沟地区；泥炭以及其他可能危及填埋场安全的区域。危废安全填埋场场址不得选在以下区域：破坏性地震及活动构造区，海啸及涌浪影响区；湿地；地应力高度集中，地面抬升或沉降速率快的地区；石灰溶洞发育带；废弃矿区、塌陷区；崩塌、岩堆、滑坡；山洪、泥石流影响地区；活动沙丘区；尚未稳定的冲积扇、冲沟地区及其他可能危及填埋场安全的区域。

余泥渣土受纳场布局应根据气象、地形地貌和安全等级因素确定，安全等级表可参考《建筑余泥渣土受纳场建设技术规范》DBJ/T 15-118的3.1.4节。产生的风险、填埋场结构、防渗层长期安全性及其由此造成的渗漏风险等因素，根据其所在地区的环境功能区类别，结合该地区的长期发展规划和填埋场设计寿命期，重点评价其对周围地下水环境、居住人群的身体健康、日常生活和生产活动的长期影响，确定其与常住居民居住场所、农用地、地表水体以及其他敏感对象之间合理的安全位置关系。

在消防上，由于生活垃圾填埋场会产生沼气，是易燃易爆类气体，因此需要在布局选址时考虑该区域的常年气象条件，并考虑气体导排的便利性。

（3）影响最小化策略

由于填埋场会产生较大的臭气、粉尘、渗滤液等污染物质，对周边环境产生较大的影响，因此，在空间布局上尽可能考虑规避对人的生产生活、对动植物的生存栖息产生的负面影响。

根据《城市环卫设施规划标准》GB/T 50337，生活垃圾卫生填埋场布局选址时，应综合考虑协调城市发展空间、选址经济性和环境要求，不应位于城市主导发展方向上，且用地边界距20万人口以上城市的规划建成区不宜小于5km，距20万人以下城市规划建成区不宜小于2km。此外，还应设置不小于100m的防护绿带。根据《生活垃圾填埋场污染控制标准》GB 16889，生活垃圾填埋场场址的位置及与周围人群的距离应依据环境影响评价结论确定，并经地方环境保护行政主管部门批准。以一般规划经验，防护距离不低于 500m（深标提出距居民点应大于 500m）。对危险废物填埋场，与周围人群的距离应依据环境影响评价结论确定，在对危险废物填埋场场址进行环境影响评价时。

在进行场址选址环境影响评价时，应考虑渗滤液、大气污染物等因素，根据其所在地区的环境功能区类别，综合评价其对周围环境、居住人群的身体健康、日常生活和生产活动的影响，确定生活垃圾填埋场与常住居民居住场所、地表水域、高速公路、交通主干道（国道）或省道、铁路、飞机场、军事基地等敏感对象之间合理的位置关系以及合理的防护距离。

（4）同类设施就近布局策略

由于填埋场是大型的邻避设施，在某个区域规划布局一个填埋场，在一定程度上会对当地的经济社会发展存在显著影响，因此选址落地上存在较大难度。可结合现状和规划同类设施布局情况，就近布局，降低选址难度。如当地已有投用或封场的填埋场，可在附近合适的场址新建扩建，又如已有焚烧厂，可在厂区内部或周围地方布局灰渣填埋场。还可以以环境园、静脉产业园的形式，将同类设施统筹规划、整体布局、集中管控，便于降低邻避性和落地难度。

11.4.3　填埋库容及用地规划

综合填埋场总占地面积应按远期规模确定，填埋场的各项用地指标应符合国家有关规定及当地土地、规划等行政主管部门的要求。填埋场宜根据填埋场处理规模和建设条件作出分期和分区建设的总体设计。

根据一般工程经验，综合填埋场主体工程构成内容应包括：计量设施，地基处理与防渗系统，防洪、雨污分流及地下水导排系统，场区道路，垃圾坝，渗沥液收集和处理系统，填埋气体导排和处理（可含利用）系统，封场工程及监测井等。因此，在用地面积规划时，应考虑到这些功能和设施的用地需求。其中，填埋场堆填区是占地最大的部分，因此，在进行综合填埋场用地规划时，最核心的地方是计算库容。

1. 库容计算方法

综合填埋场库容计算的第一步工作是对规划填埋固体废物的规模进行库容需求计算，即根据填埋量计算填埋的体积，得到填埋场的最小库容需求。

综合填埋场库容需求计算方法如下：

$$V = \frac{M}{\rho} \times \varepsilon \times t \tag{11-3}$$

式中　M——固体废物的年填埋重量（t/年）；

　　　ρ——堆填压实后容重（t/m³）；

　　　ε——覆土增容系数；

　　　t——填埋场使用时间（年）。

堆填压实容重取值取决于填埋的固体废物类型，同时与填埋作业的方法和要求有关。

185

原生生活垃圾一般取 $0.8 \sim 1.5 t/m^3$；焚烧灰渣取 $1.5 \sim 2.0 t/m^3$，建筑废物（余泥渣土）不低于 $0.85 t/m^3$，可取 $0.85 \sim 2.0 t/m^3$。压实容重取值越高，土地利用率越高，同时能延长库容使用寿命，但所需工程成本越高。

由于填埋时需要用土掩埋固体废物导致容积的增加，因此这部分容积也要算进填埋场库容。根据工程经验，覆土增容系数一般为 $1.1 \sim 1.2$。

根据《生活垃圾卫生填埋处理技术规范》GB 50869，填埋库容应保证填埋场使用年限在 10 年及以上，特殊情况下不应低于 8 年。由于填埋技术是相对耗费土地资源较大的工艺，随着环卫工程领域治理技术的提高，填埋工艺逐渐被取代；但综合填埋场又具备托底的作用，一些固体废物无法实现其他途径的资源化利用和处置，只能依靠填埋进行最终处置，故综合填埋场一般规划使用年限为 $20 \sim 30$ 年。

此外，生活垃圾焚烧飞灰需要固化稳定化处理，达到《生活垃圾填埋污染控制标准》GB 16889 中规定的填埋废物的入场条件后方能进入填埋场，而螯合剂会使其体积增加，一般取 1.3 的增容比率。

经测算得到需填埋固体废物的容积后，可知确定场址面积的决定性因素。再根据拟选场址的地形地貌、高程坡度等地形条件，进行场址实际的库容计算；根据规划协调分析的结果，使场址库容尽可能满足所需填埋容积，并最终确定填埋场红线范围。在实际工程测算中，可采用方格网法对场址库容进行计算。具体过程如下：

（1）将场地划分成若干个正方形格网，再将场底设计标高和封场标高分别标注在规则网格各个角点上，封场标高与场底设计标高的差值应为各角点的高度。

（2）计算每个四棱柱的体积，再将所有四棱柱的体积汇总为总的填埋场库容。方格网法库容可按下式计算：

$$V = \sum_{i=1}^{n} \frac{a^2 (h_{i1} + h_{i2} + \cdots + h_{in})}{4} \tag{11-4}$$

式中　h_{in}——第 i 个方格网各个角点高度（m）；

　　　a——方格网的边长（m）；

　　　n——方格网个数。

计算时可将库区划分为边长 $10 \sim 40m$ 的正方形方格网，方格网越小，精度越高。可采用基于网格法的土方计算软件进行填埋库容计算，如飞时达、CASS 等。

各个方格网的角点高度取决于场址的潜在填埋高度，具体而言，需要考虑场址及周边的地形标高、坡度、地质结构等，并需要进行实地勘测和专题评估。

2. 用地面积估算方法

通过计算综合填埋场的库容，并且根据地形条件、地质结构、敏感性分析等因素叠加考虑，在图纸上勾勒综合填埋场边界红线，得出初步的用地面积。

同时，通过数值计算软件，根据地形图反映的地形条件，换算出一个平均填埋高度 H，通过 V/H 估算出占地面积大小。

除了填埋库区，还需要考虑综合填埋场的辅助工程，具体包括：进场道路，备料场，供配电设施，给水排水设施，渗滤液处理设施，生活和行政办公管理设施，设备维修，消防和安全卫生设施，车辆冲洗、通信、监控等附属设施或设备，环境监测室，停车场，并宜设置应急设施（包括垃圾临时存放、紧急照明等设施）。在具体选址规划时需要统筹考虑辅助配套设施的占地需求。

11.5　综合环卫设施布局

环卫设施不同于其他公用设施，由于其邻避属性，在相关标准中明确了各个类别设施与学校、医院、居民区等敏感点的距离。这个规定一方面限制了相关设施的选址，另一方面，如相关设施在城市中进行分散建设，将对城市土地开发利用带来极大的影响。此外，在实际固体废物处理处置过程中，许多一次处理之后的残渣还需要运至其他设施进行二次、三次处理，反复运输将增加处理成本。因此，在进行综合环卫设施规划布局时，建议尽可能进行集中布局，将相关设施布局在环境园（也称静脉产业园）内。

所谓环境园，就是将城市垃圾预处理、生活垃圾处理处置、污泥粪便处理处置、工业危险废物处理处置、医疗垃圾处理处置、再生资源分拣整理等诸多城市静脉功能组合在一起，系统布局、优化设计后所形成的技术先进、环境优美、基本实现污染物"零排放"的环境友好型综合基地。园内各种城市垃圾处理工艺有机结合，既有卫生填埋、焚烧发电等主要设施，也有厌氧发酵、好氧堆肥、综合利用等辅助设施；垃圾流、能量流优化设计，园区实施全面绿化，并一同建设研发、宣教等附属设施。

环境园是各种城市垃圾处理设施的有机组合，不仅仅是将这些设施简单地堆积在一起，而是系统地考虑了城市垃圾综合利用和二次能源利用的最大化和环境污染最小化后所设计出的环境友好型综合基地。以生活垃圾为例，其运入环境园后的物流见图 11-4。在条件适宜的地区，可以将城市污水处理厂也纳入环境园的用地，以便就近处理污水厂污泥，并提高整个园区的出水水质[17]。

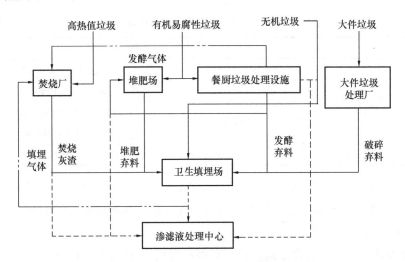

图 11-4　环境园内的生活垃圾物流

11.6 环卫公共设施规划

11.6.1 收集点及废物箱规划

垃圾收集点是指按规定设置的收集垃圾的地点,其形式主要有两种:一种是设有建筑构筑物的垃圾容器间的形式;另一种为不设建筑构筑物仅放置垃圾容器的形式[92]。垃圾容器间一般为内设垃圾容器的建筑构筑物。垃圾容器包括废物箱、垃圾桶、垃圾箱等,其中,废物箱是指置于道路和公共场所等处供人们丢弃废物的容器。它们的作用主要是收集垃圾、暂时存放垃圾,并等待运输。

1. 收集方式及垃圾收集点的分类

(1)国内外垃圾收集方式

国外垃圾收集方式主要是根据垃圾收集点及服务范围的不同,采用不同的收集方式,主要有4种,分别是家庭收集方式、公寓区收集方式、街区中心收集方式、绿岛收集方式[93]。

1)家庭收集方式:垃圾收集容器摆放在每个家庭庭院外,用来收集各个家庭自己的垃圾。

2)公寓区收集方式:几幢公寓形成一个小组团,设置一个共同的垃圾收集点,摆放各种垃圾分类收集容器。

3)街区中心收集方式:针对在每个庭院外只设置不可回收垃圾收集桶的情况,在街区中心地带设置一套大容量可回收垃圾的容器,居民将自家的可回收垃圾投放到这里。

4)绿岛收集方式:特殊设定的垃圾收集点,既设置了一般垃圾收集容器,又设置了其他收集点不收集的垃圾(如危险废物、家用电器、电脑、衣服等)收集容器。

四种收集方式优缺点如表11-1所示。

国外四种收集方式优缺点一览表   表 11-1

收集方式	优点	缺点
家庭收集	垃圾分类公众参与率和正确率很高	耗时且收集成本高
公寓区收集	公众参与率较高	投放时间固定,只接受指定类别垃圾
街区中心收集	便于收集运输,节约成本	可回收垃圾容器距离居民住点较远,不便于日常投放
绿岛收集	全天开放,且接受其他收集点不收集的垃圾	距离居民居住点较远,不便于日常投放

国内垃圾收集方式主要是收集站收集、压缩车收集、垃圾箱收集、上门预约收集、气力管道收集等,并以收集站收集和压缩车收集为主,约占所有收集方式的90%。

(2)垃圾收集点的分类

1)根据垃圾收集点的性质不同,可对垃圾收集点进行不同的分类;

2)根据收集对象不同,可分为普通生活垃圾收集点、大件垃圾收集点、装修垃圾收集点；

　　3）根据分类与否，可分为混合垃圾收集点、分类垃圾收集点；

　　4）根据设置形式不同，可分为地埋型、遮盖型、围栏型、港湾型、普通型垃圾收集点；

　　5）根据密封与否，可分为密封式、半密封式、敞开式垃圾收集点。

2. 收集点及废物箱规划原则

（1）提前规划，合理设置

　　垃圾收集点应当提前进行规划，确定、固定位置，位置应有明显标识，标识应当清晰、规范、便于识别。其中，垃圾收集点标识应符合《环境卫生图形符号标准》CJJ/T 125。

（2）便于投放，方便运输

　　垃圾收集点的设置应便于居民投放，在兼顾方便居民投放的同时，还应考虑与当地收运系统相衔接，便于环卫部门对垃圾进行清运作业。

（3）位置有序，美观环保

　　垃圾收集点的位置应尽量有序、美观，根据风向的影响设置垃圾收集点，并对垃圾收集点进行适当绿化，尽量避免对周围居民造成影响，同时减少对城市市容环境的影响。

3. 收集点及废物箱设置原则

（1）收集点设置原则

　　垃圾收集点应便于投放，方便运输，对垃圾收集点进行布点时，应结合城乡规划和路网规划，充分考虑当地的人口数量及分布情况、居民点分布及交通情况，以服务半径为基础进行总体规划，垃圾收集点的服务半径要求如下：

　　1）城市垃圾收集点服务半径不宜超过 70m；

　　2）镇（乡）建成区垃圾收集点的服务半径不宜超过 100m；

　　3）村庄垃圾收集点的服务半径不宜超过 200m；

　　4）市场、交通客运枢纽以及其他生活垃圾产量较大的场所附近应单独设置生活垃圾收集点。

（2）废物箱设置原则

　　废物箱应整洁有序、美观环保，主要设置在道路两侧以及各类交通客运设施、公交站点、公园、公共设施、广场、社会停车场、公厕等人流密集场所，对废物箱进行布点时，应充分考虑人流活动密度，合理设置。在道路两侧设置时，其设置间距按道路功能进行划分：

　　1）在人流密集的城市中心区、大型公共设施周边、主要交通枢纽、城市核心功能区、市民活动聚集区等地区的主干路，人流量较大的次干路，人流活动密集的支路，以及沿线土地使用强度较高的快速路辅路设置间距为 30～100m；

　　2）在人流较为密集的中等规模公共设施周围、城市一般功能区等地区的次干路和支路设置间距为 100～200m；

　　3）在以交通性为主、沿线土地使用强度较低的快速路辅路、主干路，以及城市外围地区、工业区等人流活动较少的各类道路设置间距为 200～400m。

4. 垃圾收集容器数量计算

垃圾容器的容量和设置数量根据人口数量及各类垃圾日排出量、种类和收集频率进行计算，垃圾存放的总容纳量应满足居民日常使用需求，不得出现垃圾溢出而影响周围环境。垃圾收集容器的容量和数量具体可根据《环境卫生设施设置标准》CJJ 27 附录 A 中的公式计算获得，具体如下[94]：

（1）垃圾容器收集范围内的垃圾日排除重量按下式计算：

$$Q = A_1 A_2 RC \tag{11-5}$$

式中　Q——垃圾日排出重量（t/d）；

　　　A_1——垃圾日排出重量不均匀系数 $A_1 = 1.1 \sim 1.5$；

　　　A_2——居民人口变动系数 $A_2 = 1.02 \sim 1.05$；

　　　R——收集范围内规划人口数量（人）；

　　　C——预测的人均垃圾日排出重量 [t/(人·d)]。

（2）垃圾容器收集范围内的垃圾日排出体积应按下式计算：

$$V_{ave} = \frac{Q}{D_{ave} A_3} \tag{11-6}$$

$$V_{max} = K V_{ave} \tag{11-7}$$

式中　V_{ave}——垃圾平均日排出体积（m³/d）；

　　　A_3——垃圾密度变动系数 $A_3 = 0.7 \sim 0.9$；

　　　D_{ave}——垃圾平均密度（t/m³）；

　　　K——垃圾高峰时日排除体积变动系数，$K = 1.5 \sim 1.8$；

　　　V_{max}——垃圾高峰时日排出最大体积（m³/d）。

（3）收集点所需设置的容器数量应按下式计算：

$$N_{ave} = \frac{V_{ave} A_4}{EB} \tag{11-8}$$

$$N_{max} = \frac{V_{max} A_4}{EB} \tag{11-9}$$

式中　V_{ave}——平均所需设置的垃圾容器数量；

　　　E——单只垃圾容器的容积（m³/只）；

　　　B——垃圾容器填充系数，$B = 0.75 \sim 0.9$；

　　　A_4——垃圾清除周期（d/次）；当每日清除 2 次时，$A_4 = 0.5$；当每日清除 1 次时，$A_4 = 1$；当每 2 日清除 1 次时，$A_4 = 2$，以此类推；

　　　N_{max}——垃圾高峰时所需设置的垃圾容器数量。

5. 设施建设指引

城市环卫基础设施是城市化进程的物质基础，城市现代化水平的重要标志[95]。在转型发展已经成为新常态的大背景下，环境卫生作为政府公共服务的重要组成部分[96]，公共环卫设施及其他设施作为推进生态文明建设、保障城镇正常运行的重要物质基础之一，垃圾收集建设应主动顺应转型趋势，提高新型城镇化质量和环境质量（图 11-5）。垃圾收集点建设指引如下：

（1）分类投放

收集点规划应当满足垃圾分类收集要求，垃圾分类收集方式与分类处理方式相适应，按照垃圾分类标准设置垃圾分类投放口，且宜采用密封形式。

（2）景观提升

结合周边环境从城管局提供的指引中选择相协调的景观提升方案。

（3）增设除臭

因地制宜选择合适的除臭方式和设备，消除臭味，使其对周边环境的影响降到最低。

（4）雨污分流

垃圾收集点必须安装给水排水设施，排水必须接驳市政排污管网。

（5）自动化、智能化

垃圾投放口需配置自动升降挡板，系统应设定最大垃圾荷载量，当垃圾达到最大荷载时，系统会自动锁住投放口，停止接纳垃圾，并迅速推送预警信息提示工作人员清运，有效避免垃圾满溢问题。

（6）"互联网＋环卫"

建立"互联网＋环卫"新型城市生活垃圾物流手机模式，将物联网、大数据等先进的科技手段应用于垃圾收集设施上，建立智能环卫系统，环卫人员配备同步记录仪等设备，对于垃圾的收运和配送进行电子监管，利用 GPS 定位和 GIS 地理信息，了解不同区域的垃圾清运情况[97]。

(a) 　　　　　　　　　　　　　　　(b)

图 11-5　垃圾收集点

(a) 垃圾房；(b) 地埋桶

11.6.2　公共厕所规划

公共厕所作为环卫设施的一部分，是政府为百姓提供的一种便民服务，其占地面积虽小，却是城乡文明建设的重要方面。小厕所，大民生，厕所问题不仅关系旅游环境的改善，也关系广大人民群众生活品质的改善、国民素质的提升以及社会文明的进步[98]。因此，合理设置、规划公共厕所，反映的正是我们对美好生活的追求和对文明的再建造。

1. 公共厕所分类

公共厕所是指在道路两旁或公共场所等处设置的供公众使用的场所。根据不同方法，可进行以下几种分类：

（1）按建筑形式可分独立式、附建式、移动式公共厕所三种类型；

（2）按建筑结构可分为砖混结构、钢结构、木结构以及砖木结构公共厕所；

（3）按其设置地点的重要程度可分为一类、二类、三类；

（4）按冲洗方式可分为水冲式公厕和旱厕。

2. 公共厕所设置原则

公共厕所设置原则如下：

（1）设置在人流较多的道路沿线、大型公共建筑及公共活动场所附近；

（2）公共厕所应以附属式公共厕所为主，独立式公共厕所为辅，移动式公共厕所为补充；

（3）附属式公共厕所不应影响主体建筑的功能，宜在地面层临道路设置，并单独设置出入口；

（4）公共厕所宜与其他环境卫生设备合建；

（5）在满足环境及景观要求的条件下，城市公园绿地内可以设置公共厕所。

此外，商业街区、重要交通公共设施、重要交通客运设施、公共绿地及其他环境要求高的区域的公共厕所建设标准不应低于一类标准；主、次干道交通量较大的道路沿线的公共厕所不应低于二类标准；其他街道及区域的公共厕所不应低于三类标准。

3. 公共厕所设置标准

根据城市性质和人口密度，合理选择公共厕所设置密度，通常情况下，城市公共厕所平均设置密度按每平方公里规划用地 3～5 座选取，人均规划建设用地指标偏低、居住用地及公共设施用地指标偏高的城市、山地城市、旅游城市可适当提高，商业街区、市场、客运交通枢纽、体育文化场馆、游乐场所、广场、大中型社会停车场、公园及风景名胜区等人流集散场所内或附近应按流动人群需求合理设置公共厕所。

各类城市用地公共厕所设置标准应符合表 11-2 的规定。

公共厕所设置标准　　　　　　　表 11-2

城市用地类型	设置密度（座/km²）	建筑面积（m²/座）	独立式公共厕所用地面积（m²/座）
居住用地（R）	3～5	30～80	60～120
公共管理与公共服务设施用地（A）、商业服务业设施用地（B）、道路与交通设施用地（S）	4～11	50～120	80～170
绿地与广场用地（G）	5～6	50～120	80～170
工业用地（M）、物流仓储用地（W）、公用设施用地（U）	1～2	30～60	60～100

注：1. 公共厕所用地面积、建筑面积应根据现场用地情况、人流量和区域重要性确定。特殊区域或具有特殊功能的公共厕所可突破本表上限。

2. 道路与交通设施用地（S）指标不含城市道路用地（S1）和城市轨道交通用地（S2）。

3. 绿地用地指标不包括防护绿地（G2）。

4. 公共厕所设置间距指标

沿城市道路、休憩场所结合实际情况设置公共厕所，公共厕所的设置间距指标如表 11-3 所示。

公共厕所设置间距指标　　　　　　　　　　　　表 11-3

类别		设置位置	设置间距	备注
城市	城市道路	商业性路段	<400m 设 1 座	步行（5km/h）3min 内进入厕所
		生活性路段	400～600m 设 1 座	步行（5km/h）4min 内进入厕所
		交通性路段	600～1200m 设 1 座	宜设置在人群停留聚集地
	城市休憩场所	开放式公园（公共绿地）	≥2hm² 应设置	数量应符合国家现行标准《公园设计规范》CJJ 48 的相关规定
		城市广场	<200m 设 1 座	城市广场至少应设置 1 座公共厕所，厕所数应满足广场平时人流量需求；最大人流量时可设置活动式公共厕所应急
		其他休憩场所	600～800m 设 1 座	主要指旅游景区等
镇（乡）		建成区	400～500m 设 1 座	参照城市相关规定
		有公共活动区的村庄	每个村庄设 1 座	

注：1. 公共厕所沿城镇道路设置的，应根据道路性质选择公共厕所设置密度；

　　　商业性路段：沿街的商业型建筑物占街道上建筑物总量的 50% 以上；

　　　生活性路段：沿街的商业型建筑物占街道上建筑物总量的 15%～50%；

　　　交通性道路：沿街商业型建筑物在 15% 以下。

　　2. 路边公共厕所宜与加油站、停车场等设施合建。

5. 公共厕所建设要求

（1）鼓励使用节水型、节能型、生态型和环保型公共厕所，如采用中水资源循环利用技术及利用太阳能的公共厕所。

（2）强化环保、生态、节水、节能型厕所，鼓励粪尿生化处理、中水回用、免冲小便器、太阳能等相关新技术的运用，推广防滑、易保洁、高密度墙地砖，便于畅流和维修疏通的管道。

（3）满足不同人员用厕需求，主要在有条件区域设置第三卫生间，满足残疾人员、盲人、儿童、母婴等人群需求。并在特殊区域考虑不同种族、不同宗教信仰等人群的用厕习惯，设置相应的厕间。

（4）改善厕内环境，以自然光为主，补充人造光；以自然风为主，设置对流窗、抽风系统，配置除臭设备、清香剂等，消除公厕异味。

（5）公共厕所的设置既应满足功能使用的需要，同时也应是该区域的景观标识之一，也传达该区域的文化内涵，丰富该区域的景观体系。

（6）公共厕所外观设计应与城市环境相协调，简洁大方、易识别。在具有较强规律性的地点设置明显的公共厕所引导标志（图 11-6）。

图 11-6　公共厕所

11.6.3　环卫停车场规划

随着城市环卫系统不断完善，环卫作业质量和机械化程度不断提高，建设环卫车辆专用停车场，有利于解决车辆停放拥挤、无序等问题，消除车辆停靠间距过小所带来的安全隐患。此外，环卫车辆专用停车场具有车辆维修、保养、清洗、除臭等配套设施，能够增加车辆使用寿命，减少对周边居民的影响。因此，有必要建设专用环卫停车场对环卫车辆进行维护、保养。

1. 环卫停车场设置原则

（1）设置在服务范围内，并避开人口稠密和交通繁忙的区域。

（2）场内设施宜包括管理用房、修理工棚、清洗设备，避免产生二次污染。

（3）环境卫生车辆鼓励采用新能源汽车，并在环境卫生车辆停车场内设置相应的能源供给设施。

2. 环卫停车场用地标准

环境卫生车辆数可按 2.5～5 辆/万人估算，环境卫生车辆停车场用地指标为 50～150m²/辆，可采用立体形式建筑（图 11-7）。环卫车辆停车场用地指标如表 11-4 所示。

环卫车辆停车场用地指标　　　　　　　　　　　　　　　表 11-4

车辆类型	停车场用地面积指标（m²/辆）
微型	50
小型	100
大中型	150

其中，有清雪需求的城市，环境卫生车辆停车场用地指标可适当提高。

3. 环卫停车场建设指引

（1）鼓励采用新能源环卫车，并在环卫停车场内配套相应的新能源充电设施。

（2）专用环卫停车场除了包括停车区、维修区、清洗区等外，还应包括重箱区、指挥中心等，有利于对环卫车辆进行调度、运营等。

（3）采用立体形势建筑及全封闭式结构，节约用地的同时，能够有效去除异味，减少对周边居民的影响，避免造成二次污染。

（4）对单体楼进行去工业化设计，去除关于工业、技术、基础设施的符号感，增强环卫停车场与周边环境的协调性。

图 11-7　草桥新能源环卫车停车楼

11.6.4　环卫工人休息场所规划

城市道路作为城市的门面，做好道路的清扫与保洁对于城市环卫工作非常重要。环卫工人休息间主要是供环卫工人休憩歇脚以及摆放清扫道具的场所。环卫工人休息场所的规划不仅能为环卫工人的工作提供保障，也体现城市的人文关怀，因此做好环卫工人休息场所的规划也很重要。

1. 环卫工人休息间设置原则

（1）在露天、流水作业的环境卫生清扫、保洁工人工作区域内，应设置工人作息场所。

（2）环卫工人作息场所宜结合城市其他公共服务设施合建，如结合公共厕所、垃圾收集站、环境卫生车辆停车场等设置。

2. 环卫工人休息间设置标准

工人作息场所的设置数量和面积，宜根据清扫保洁服务半径和环境卫生工人数量确定。环卫工人休息场所设置标准如表 11-5 所示。

<table>
<tr><td colspan="3" align="center">环卫工人休息场所设置标准</td><td align="right">表 11-5</td></tr>
</table>

作息场所设置 （座/km）	环境卫生清扫、保洁工人平均占地 建筑面积（m²/人）	每处空地面积 （m²）
1/0.5～1.5	2～4	20～60

注：1. 表中"km"系指环卫工人的清扫服务半径。

　　2. 设置数量计算指标中，人口密度大的取下限，人口密度小的取上限。

在进行环卫工人休息间规划建设时应当注意，由于环卫工人休息间所在的位置遍布城市各个角落，因此其设计应该与周边环境协调（图 11-8）。

图 11-8　深圳市环卫工人休息间

第 12 章　环境园规划

12.1　环境园概述

所谓环境园，就是将城市垃圾预处理、生活垃圾处理处置、污泥粪便处理处置、工业危险废物处理处置、医疗垃圾处理处置、再生资源分拣整理等诸多城市静脉功能组合在一起，系统布局、优化设计后所形成的技术先进、环境优美、基本实现污染物"零排放"的环境友好型综合基地。园内各种城市垃圾处理工艺有机结合，既有卫生填埋、焚烧发电等主要设施，也有厌氧发酵、好氧堆肥、综合利用等辅助设施；园区实施垃圾流、能量流和系统流等优化设计，并配套研发、科普宣教等设施，全园实现生态景观可持续化。

环境园是以环卫为核心，集成多类城市市政公用设施的基地，具有如下特性：一是基础性、公益性与社会性。环境园是为了满足当地或周边地区发展需要，以履行城市垃圾处理的公共服务为核心，创造社会效益和环境效益的非生产性、公益性城市政务民生项目，是城市基础设施项目的重要组成部分。二是集群性与个体特殊性。环境园是一个典型的集群项目，包含数量多、分布广泛的多单个设施，如焚烧发电厂、填埋场、污水处理厂、分选中心等，故环境园既有整体的共性，又有个体的特殊性。对于整体而言，环境园建设具有明显的宏观社会效益。对于整体中的单个设施而言，由于所处位置、服务对象、功能设计的不同，各自发挥的社会效益也必将参差不齐，有的社会效益明显，有的社会效益可能欠佳。三是协调性与依赖性。环境园是城市系统的一个独立的子系统，这就要求系统内部因素以及系统同外部之间必须协调一致，必须在物流和能源流畅通的情况下才能保证园内环卫设施良好的运行。具体表现为：园内环卫公共设施项目在质和量、空间和时间上，必须与城市发展保持一致，他们是相互依存、相互影响的。四是需求性与排斥性。城市发展的需要和环境质量改善的需求需要环境园的建设，但环境园一旦建成，或多或少会对周围的环境产生一定影响（尽管这种影响已经降到尽可能低的程度），同时难以避免环境园周围的居民对它产生排斥心理。因而存在一种需求与排斥对立矛盾的现象：城市垃圾处理设施是市民不可或缺的基本需求，但却避讳这类公共设施建设在自己生活区域内。这种需求性与排斥性也正是环境园详细规划实施、建设与管理中容易引发社会矛盾的重要原因。

12.2　规划定位与深度

12.2.1　规划定位

环境园规划最重要之处在于强调规划的专业性与系统性，在技术层面解决环卫设施的落地问题，同时将各处理设施根据其技术要求、能量流与物质流进行协同与统筹。整个环境园的规划与设计在去工业化的同时，要由"邻避"转为"邻利"，做好环境园的净化、美化和优化的同时，尽可能为周边居民创造宜人的公共活动空间乃至打造成当地的特色地标与宣教科普生态体验基地，实现环境园与城市的和谐共处。

12.2.2　规划深度

环境园规划应是在市级《环境卫生设施系统布局规划》下"相关的城市规划"与"固体废物处理技术"的结合，将环境园界面和城市界面进行协调与和谐，简言之：环境园规划是深化、落实上层次环卫设施系统布局规划下技术层面的专项规划，是指导环境园落地建设的蓝图。

12.2.3　主要内容

参照《城市环境卫生设施规划标准》GB/T 50337 的规定："在详细规划中应确定各类环卫设施的种类、等级、数量、用地和建筑面积、定点位置等内容，满足环卫车辆通道要求"，结合环境园的内涵与特点，确定环境园规划的主要工作内容，应包括：入园项目选择与特性分析、处理模式选择与规模预测、规划布局与指标控制、生态建设与污染防治、风险评估与规划指引、实施保障与行动计划等。

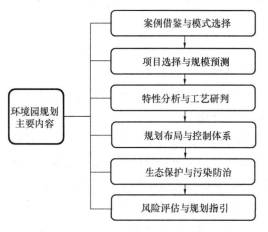

图 12-1　环境园规划方案的主要内容

结合环境园的内涵和要求，环境园规划要以六大主要内容为重点，充分体现环境园的特殊性、系统的科学性、内容完整性、逻辑的严密性、方案的合理性和规划的前瞻性（图 12-1）。环境园内的设施布局、选址与建设必须符合环境园整体规划，符合环境园的管理要求。

12.3　编制内容

12.3.1　工作任务

落实市级《环境卫生设施系统布局规划》，将相关城市规划与"固体废物处理技术"相结合，通过园区性质的载体将多类多项的固体废物处理设施系统性地规划运行管理于统一、和谐、美化的界面，打造成为区域内集公共活动、科普宣教、公益生态的特色地标，使其与城市界面达成协调一致，消除"邻避效应"，改变民众对固体废物处理设施厌恶的固有观念；是深化、落实上层次环卫设施系统布局规划下技术层面的专项规划，并为指导环境园落地建设的蓝图，主要工作包括：入园固体废物处理项目的选择与特性分析、固体废物处理模式的选择与规模预测、规划布局与指标控制、生态建设与污染防治、风险评估与规划指引、实施保障与行动计划等。

12.3.2　文本内容要求

（1）总则：明确规划背景、规划任务及内容、范围与面积、规划性质、规划效力、规划参考依据，确定规划目标与定位、规划原则等。

（2）项目选择与规模预测：确定入园项目选择，简要说明各固体废物特性、各设施处理模式；核定规划范围及周边地区固体废物产生量，并预测园区各类固体废物处理规模与园区固体废物处理综合配套类设施规模，预测各处理设施及相关配套设施用地规模。

（3）工艺组织与功能分区：从循环经济角度出发，明确园区固体废物处理"前端、中端、末端"流程，确定园区总体工艺组织体系；结合园区总体工艺组织体系及地形地貌特征，确定园区固体废物处理设施及相关配套设施功能划分与布局。

（4）用地规划与布局：明确规划构思，确定用地规划方案、园区运输体系规划、园区景观绿地系统规划、园区设计指引、地块控制规划，明确重点地段详细布局意向。

（5）市政配套规划：确定园区给水排水工程、电力工程、通信工程等其他市政配套设施规划内容，包括：预测片区的市政需求量，如：园区最高用水量、平均日污水量、用电负荷、固定通信用户数量、移动通信用户数量、天然气用气量等，明确园区市政设施等级、位置、规模及规划控制要求，确定园区内污水处理模式及相关执行标准与排放要求。

（6）生态建设与污染防治：明确生态安全格局构建与植物景观建设；确定固体废物综合利用模式，明确主要环卫设施的环境影响、环境园恶臭环境影响评价，明确应急措施及二次污染防治控制要求，包括：空气污染控制、噪声污染控制、恶臭污染控制、水污染控制、填埋区安全及环境风险控制、在线监测要求，评定环境园生态及环境影响。

（7）风险评估与规划指引：明确环境园风险评估要求与风险评估结论；确定规划指引原则与要求，确定指引模式与分区控制指引方向。

12.3.3　图纸内容要求

（1）区位分析图：标明规划区范围、所在地理位置、周边重要区域名称、区划或街道边界及名称；

（2）土地利用现状图：标明规划区内土地利用现状及规划区向外辐射 500m 范围内的现状用地类型情况；

（3）建筑用途分析图：标明规划区范围内建筑用途类型；

（4）土地权属分析图：标明规划区范围内各类用地权属情况；

（5）土地适应性评价图：标明规划区范围内平地、缓坡、山体的分布情况；

（6）建筑质量评价图：标明规划区范围内建筑质量等级情况；

（7）市政基础设施现状图：标明规划区范围内及周边主要道路、主要控制点坐标、现状市政设施及其管线位置、现状标高等；

（8）现状道路交通分析图：标明衔接规划区及周边重要道路、园区内部现状道路、规划区范围及主要出入口位置；

（9）规划结构图：标明规划区范围内规划分区布局结构及重要设施节点分布情况；

（10）规划总平面图：标明规划区范围内各设施用地、主要出入口、建筑及设施布局、道路、水体、绿化景观分布详细情况；

（11）土地利用规划图：标明规划区范围内规划用地分布及类型；

（12）交通运输体系规划图：标明规划区衔接外围城市主要道路及城市快速路、园区内部主要固体废物运输线路及出入口、主要通勤交通线路及出入口、主要宣教游线及出入口、固体废物运输车辆停车管养位置、内部及对外停车与公共交通接驳站点；

（13）园区配套设施规划图：标明园区配建环卫宿舍用地、行政办公用地、教育科研用地、雨水及污水处理用地、洗车管养用地、停车场用地、公共绿地等；

（14）景观系统分析图：标明规划范围内主要景观节点、次要景观节点、景观带、绿廊、高度标志点、设施布局范围、视线通廊等；

（15）环卫设施卫生防护范围分析图：标明规划区范围内环卫设施分布位置、各环卫设施卫生防护范围；

（16）地块细分与控制图：标明规划区范围内地块划分单元范围、地块线、地块线坐标、地块编号及用地性质代码、建筑后退红线、道路红线等；

（17）道路竖向规划图：标明道路设计标高及现状标高、坡度及坡长、规划及控制范围等；

（18）给水工程规划图：标明现状及规划给水管道、拟拆除现状原水管道、上层次规划给水管道、现状给水管径、规划给水管径及管长、现状水厂位置、地块编号及最高日用水量、规划范围线及控制范围线等；

（19）雨水与防洪工程规划图：标明现状排洪明渠、上层次规划排洪明渠、拟废除上层次规划排洪明渠、上层次规划雨水管及检查井、规划雨水管及检查井、明渠区地宽及渠深、河道蓝线、层次规划排洪渠明渠断面及渠底宽、渠深与纵坡坡度、管径、坡度、管长、地面标高与管内底标高、雨水流向、水域、规划排洪明渠、规划范围及控制范围等；

（20）雨洪综合利用规划图：标明现状排洪明渠、规划排洪明渠、规划雨水处理设施、规划雨水收集设施、雨水流向、规划范围、水域、公共绿地、防护绿地、林地、备注各分区具体建议及要求；

（21）污水工程规划图：标明现状河流截污干管、上层次规划污水管及检查井、规划污水管及检查井、上层次规划管径、规划管径、坡度及管长、地面标高与管内底标高、污水流向、水域、规划及控制范围等；

（22）电力工程规划图：标明环境园内垃圾焚烧发电厂位置、规划电缆沟及其规格、规划10kV箱变及其容量、规划高压走廊、规划110kV架空线路、规划及控制范围等；

（23）通信工程规划图：标明规划小型接入网机房、现状通信管道、规划通信管道、管道数量、规划及管理范围；

（24）分期建设建议图：标明一期开发建设区、后续开发建设区、管理范围线。

12.3.4　说明书内容要求

（1）绪论：明确规划背景、规划任务及内容、规划依据与参考依据，确定规划目标与定位、规划原则、技术路线等。

（2）现状与分析：明确区域位置、自然环境概况、人口与经济状况、用地权属、规划控制区及周边土地利用现状、道路交通现状、现状环卫设施及相关企业、现状管线布置情况，对土地开发使用性、现状建筑的质量及开发强度进行评价，分析现状优势及存在问题。

（3）规划解读：对城市总体规划、分区规划、上层次或上版环卫专项规划、行业发展规划及其他相关规划进行解读。

（4）特性分析与模式选择：确定入园项目选择，分析各处理设施特性，推荐各设施处理模式，明确园区总体工艺组织及设施布局分析。

（5）规模与规划布局：核定规划范围及周边地区固体废物产生量并预测入园固体废物处理量，预测各处理设施及相关配套设施用地规模，分析园区规划布局因素，明确规划构思，确定规划方案、园区运输体系规划、园区景观绿地系统规划、园区设计指引、地块控制规划、重点地段详细布局意向。

（6）市政配套规划：确定园区给水排水工程规划、电力工程规划、通信工程规划等其他市政配套设施规划，包括：预测园区的市政需求量，如：园区最高用水量、平均日污水量、用电负荷、固定通信用户数量、移动通信用户数量、天然气高峰小时用气量等，明确园区市政设施等级、位置、规模及规划控制要求，确定园区内污水处理模式及相关执行标准与排放要求，明确园区内"海绵城市"建设模式与相关要求，明确园区内产生的危险废物的管理、收集、运输、处理、处置要求与法律法规依据，并结合落实上层次规划市政设施，衔接完善市政管网系统。

（7）生态建设与污染防治：明确生态安全格局构建与植物景观建设，分析固体废物综合利用模式、主要环卫设施的环境影响、环境园恶臭环境影响评价，明确应急措施及二次污染防治控制要求，包括：空气污染控制、噪声污染控制、恶臭污染控制、水污染控制、填埋区安全及环境风险控制、在线监测要求，评定环境园生态及环境影响。

（8）风险评估与规划指引：明确环境园风险概念及风险评估作用、评估目的与内容、技术路线，分析环境园特性及其与风险的关系，提出风险评估结论，明确规划指引的目的、依据与原则、思路与内容，提出指引模式与分区控制指引方向。

12.4　规模核定

12.4.1　入园固体废物量的核定

入园固体废物量需根据环境园固体废物处理设施项目处理能力、园区定位、服务半径及固体废物来源与输送条件等进行综合研判核定。

出于各地可持续发展目标提出的"区域基础设施共享"原则的考虑，环境园规划亦需协同考虑周边地区产生的垃圾纳入环境园处理的可能性。故此，规划定位需考虑包括当地自建，或与周边地区协同共建环境园两种思路。其中，固体废物处理量的核定首先以自建环境园的可承接垃圾量为主，与周边地区协同共建方案的承接量为辅；在核定年限方面，以近期为基础，对远期进行展望。同时，为应对不可预见因素的影响，环境园的生活垃圾处理规模需结合所服务地区生活垃圾远期产生量并预留 20% 的弹性增量，在此基础上，需同时将周边其他城市的固体废物产生量纳入应急处理的考虑范畴并预留相应的弹性增量。另外，当地及周边区域的产业发展策略决定了除生活垃圾以外其他城市垃圾较难核定的情况。因此，如环境园存在共建方案，则仅对其近、远期和远景的生活垃圾产生量进行合理核定，对其他城市垃圾规模预留一定的弹性量。

根据当地政府环卫部门提供的近十年的固体废物产量及增长率的分析计算，以及环境园所处区域规划的定位和发展，结合专项规划，环境园规划中首先确定当地近期固体废物增长率，同时需考虑该区域经济产业结构的优化和调整，以及人口增长趋势，综合确定近、中期每年的日产垃圾量、年产垃圾量及垃圾增长率；结合住房和城乡建设部对全国城市近年来的垃圾增长率统计以及当地与周边片区的垃圾增长率情况，确定远期每年的日产固体废物量、年产固体废物量及固体废物增长率，并据此核定环境园各年的城市固体废物接收量。

由于固体废物清运量统计值与实际垃圾产生量的偏差，故在核定计算时，以当地现状的统计固体废物产生量为计算基准。近期的入园固体废物处理规模数据主要依据相关专项规划核定数据；远期规模的核定，结合增长规律，根据上层次规划远期规模进行估算。首先采用以平均增长法核定固体废物产生量，再通过人均指标法线性回归分析对核定结果进行检验，增强核定的准确性。

12.4.2 用地规模核定

对垃圾焚烧发电厂、餐厨垃圾处理厂、建筑废物处理厂等园内设施用地规模，及环境园填埋场所需填埋库容进行预测，并通过类比法，即横向对比国内外相关垃圾处理设施指标来校核园区各设施用地规模以确保其合理性。

1. 垃圾焚烧发电厂

（1）建设规模确定

根据上层次及当地相关规划，确定近、中期再生资源回收利用率，据此获得近期环境园服务范围内的生活垃圾清运处理量，即为需进入环境园处理的生活垃圾量。

根据国外经验，为保障在焚烧厂检修期或其他垃圾处理设施故障期间的垃圾处理，提高危机峰值处理能力，垃圾焚烧处理设施应有一定的冗余处理能力，一般情况下，垃圾焚烧厂运行处理能力为建设规模的 70% 左右。

（2）用地规模计算

根据《城市生活垃圾处理和给水与污水处理工程项目建设用地指标》（建标〔2005〕157 号）[94] 的第二十九条要求：城市生活垃圾焚烧处理工程项目的建设用地指标，应按工程建设规模确定。

建设规模按额定日处理能力分为表 12-1 所列的四类。

焚烧处理工程项目建设用地指标　　　　　　　　　　　　　表 12-1

类型	日处理能力（t/d）	用地指标［m²/(t·d)］
Ⅰ类	1200～2000	40000～60000
Ⅱ类	600～1200	30000～40000
Ⅲ类	150～600	20000～30000
Ⅳ类	50～150	10000～20000

考虑未来长远发展，根据《城市环境卫生设施规划标准》GB/T 50337，生活垃圾焚烧发电厂综合用地指标为 $30\sim200\text{m}^2/(\text{t}\cdot\text{d})$ 处理规模。鉴于部分地区用地条件紧张，建议取该综合用地指标的下限值作为用地规模标准。

在注重生态保护及国土资源集约的国策背景下，规划参考同类垃圾焚烧发电厂的用地与设计规模比，并考虑中国实际和不可预见因素的影响，同时考虑集约用地、保护生态资源与本底环境，用地标准可取至 $2.5\sim3\text{hm}^2/(1000\text{t}\cdot\text{d})$ 进行计算，并为远景对生活垃圾处理用地预留 20% 弹性用地空间增量（为较好地解决垃圾处理问题，应对不可预见因素的影响，确保垃圾妥善处理），由此确定垃圾焚烧发电厂的远期设计处理能力及占地面积；同时，亦可协同考虑远期如与周边地区共建环境园的情况，对入园垃圾焚烧设施设计处理能力及用地进行控制。

2. 餐厨垃圾处理厂

根据当地《环境卫生系统布局规划》确定入园处理规模后，参照其他同类设施用地标准。

3. 园林垃圾处理厂及果蔬垃圾处理厂

因园林及果蔬垃圾处理与餐厨垃圾处理工艺存在可参照性，均可采用生物降解、堆放或厌氧发酵，且通常处理规模远小于生活垃圾处理量级，因此可参考餐厨垃圾处理设施用地标准。

4. 建筑废物综合利用厂

规划在落实当地《建筑废物处理设施规划》安排的同时，充分考虑到该区域及周边地区的建筑废物量，同时综合考虑其他周边已建或规划建设的处理设施运行及落地情况，可根据发展预判，在用地上进行预留，以应对未来的不可预见需求，保证城市的可持续发展，参考相关案例，具体见第 7 章 7.6 节。

5. 污水处理厂

根据相关上层次及专项规划与污水处理设施相关工程可行性研究报告，类比相同设施案例。

6. 污泥处理厂

根据相关上层次及专项规划，参考同类项目，根据含水率及处理规模，对用地规模进行预测，具体见第 8 章 8.7 节。

7. 飞灰处理厂

根据垃圾焚烧厂产生飞灰量预测，结合相关经验，对用地规模进行预测。

8. 大件家具处理中心

参考同类设施用地标准及处理规模对其用地规模进行预测。

9. 危险废弃物及医疗废弃物处理厂

危险废弃物及医疗废弃物处理涉及多种处理工艺及处理流线，如危险废物及医疗焚烧、重金属污泥综合利用、高浓度废液处理车间、矿物油回收、有机溶剂、动力锂电池及废铅酸电池等。

根据上层次规划及各专项规模与可行性研究，结合处理规模，参考同类处理设施用地规模对该用地规模进行预测。

10. 粪渣处理厂

参考同类设施用地标准，根据行业规范，结合环境工程专家与环卫部门建议对其用地规模进行预测。

11. 环境园填埋场所需填埋库容核定

填埋场主要接收生活垃圾焚烧厂产生的部分焚烧底渣（通过制砖场利用后剩余的部分）、污泥和危险废物处理后的残余废渣、建筑废物综合利用处理后的灰渣、不可燃烧垃圾以及园区内各种焚烧厂燃烧产生的飞灰等。

库容核定主要包括焚烧底渣填埋、飞灰固化块填埋和危险废物处理后的残余废渣填埋所需库容。

核定方法：逐年预测所需的各种垃圾处理终端填埋量，然后累加，即为填埋总量，继而得出所需库容。若生活垃圾100%焚烧，且垃圾焚烧和填埋实行全市统一调度，故预测年填埋垃圾量＝(处理终端不可燃烧垃圾＋日焚烧垃圾剩余灰渣量)×365日。可考虑环境园垃圾卫生填埋场的建设时序性，计算垃圾填埋场起始年份。

12. 相关配套设施用地规模核定

(1) 环卫宿舍用地

容积率参考各地规划标准确定，建筑面积参考现行《宿舍建筑设计规范》[99]，宿舍居室按每室居住人数分为四类，人均使用面积根据居住人数与床类型(单层床、双层床)如表12-2所示。

居室类型与人均使用面积(《宿舍建筑设计规范》JGJ 36)　　　　表12-2

类型		1类	2类	3类	4类	5类
每室居住人数（人）		1	2	3~4	6	≥8
人均使用面积（m²/人）	单层床	16	8	6	—	—
	双层床	—	—	—	5	4
储藏空间		立柜、壁柜、吊柜、书架				

(2) 办公、科研教育用地

容积率参考各地规划标准确定，建筑面积参考现行《办公建筑设计规范》等相关规范标准，普通办公室每人使用面积不应小于 $4m^2$，单间办公室净面积不应小于 $10m^2$。

（3）垃圾分选、停车场、洗车场、综合制砖厂用地

参照同类垃圾综合处理厂相关设施用地规模，进行类比测算。

（4）环卫车停车场

环境卫生车辆停车场应设置在环境卫生车辆的服务范围内，并避开人口稠密和交通繁忙区域。

进入环境园环卫车辆运输可分为外来运输车辆与园区内部运输车辆两大类，其中外来运输车辆主要包括生活垃圾运输车、污泥运输车、大件垃圾运输车等主要城市垃圾运输车辆；内部运输车辆主要为承担垃圾处理各个流程之间联系的环卫车辆。根据垃圾产生量预测结果，计算远期环境园接收的外来城市垃圾总量与内部中转的二次垃圾产生量。从而得出需要外部垃圾运输车数量及内部运输车数量。此外，根据相关经验，在环境园内部预留20％的弹性停车位。具体用地指标参考第 11 章 11.6.3 小节。

12.5　功能分区与设施布局

12.5.1　功能分区

1. 功能分区与工艺流程的关系

环境园内的设施布局、选址与建设必须符合环境园整体规划，符合环境园的管理要求，设施布局应重点考虑与园区工艺组织流程一致，同时尽量兼顾能量流，充分发挥环境园能源循环可持续化的亮点与特点。为了使环境园的布局符合循环经济的要求，其布局应满足节约土地、便于能源协同、便于物质协同、防护距离达标、弹性规划等原则。

2. 工艺流程与能量流

为充分发挥环境园资源循环利用、能源环保可持续的优势，需根据进入园区的废弃物类型"量身定制"确定环境园的总工艺流程。工艺流程需充分考虑副产品的合理利用，在最理想的状态下，环境园的输出物流为达标排放的水、烟气及各类再生资源，而园区内填埋处置量也仅为螯合固化之后的危险废物（图 12-2）。

整个园区，能量由三部分构成，分别是一次物质流、二次物质流、再生能源能量流。一次物质流为需入园处理的各类城市固体废物，根据垃圾特性及处理要求进行分类处理或循环再生，形成二次物质流。在处理过程中产生的能量，如垃圾焚烧发电、发酵堆肥等所产生的再生能源或副产品（如电能、肥料等）均可供给园区或周边地区使用，成为再生能源能量流。同时结合雨水、污水循环利用等措施，从而达到环境园绿色生态可持续的理念。

3. 功能分区基本模型

根据循环经济要求，结合废弃物处理总工艺流程，环境园一般根据垃圾处理的三个阶段，将处理流程分为三个处理区，另加一个配套功能区构成，依次为：

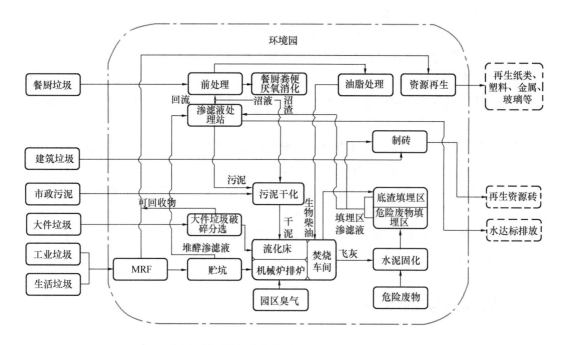

图 12-2　案例：某环境园废弃物处理总工艺流程及能量流示意图

图片来源：深圳市坪山环境园详细规划项目组．深圳市坪山环境园详细规划（2009—2020）．深圳市城市规划设计
研究院，2009：4

（1）处理前端：综合处理区

该区负责入园的生活垃圾（包括工业垃圾）、餐厨垃圾、城市粪渣、废旧家具、城市污泥等的处理，处理设施包括垃圾焚烧设施、污泥干化设施、废旧家具分选破碎设施、餐厨垃圾预处理设施、城市粪渣预处理设施、厌氧消化设施，并合理调配和利用各处理设施之间的能量流。

（2）处理中端：循环利用区

用于建设循环利用类设施。包括建筑废物、焚烧底渣综合利用生产线，以资源化处理建筑废物以及焚烧底渣。

循环利用产业的良性发展是转变环境园"末端治理型"功能定位的关键，是环境园发展循环经济的重大突破。循环利用区应列为环境园建设的第二阶段重点任务。

（3）处理末端：填埋处置区

用于焚烧底渣（综合利用后的剩余部分）、焚烧飞灰、沉淀池底泥等的最终填埋处置，也考虑用作生活垃圾焚烧车间设备检修时，生活垃圾的临时填埋场地。

（4）配套管理服务：办公、科研、生活及科普宣教区

建设办公、环卫科教及宣传、员工宿舍楼等配套设施。

根据各地区产业发展、业态配置情况，以及如存在已封场的填埋场，可增设以下两个分区：①生态修复体验区，利用现状已封场的生活垃圾填埋场，进行环境修复及生态复绿，设置环卫主题公开体验园，打造环卫科教、体验及宣传的前沿基地；②环保技术片

区，以推动环保处理技术研发、环卫科技服务业发展为目的，依托环境园内部环卫处理设施前沿技术，形成环保相关技术研发的产业集群。

12.5.2　规划布局

1. 用地规划方案推导技术路线

环境园规划布局技术路线可采用双导向分析的技术路线模型，如图 12-3 所示。

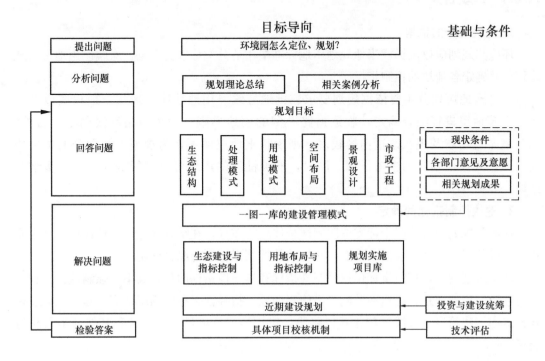

图 12-3　环境园用地规划方案推导技术路线示意图

图片来源：深圳市坪山环境园详细规划项目组．深圳市坪山环境园详细规划（2009—2020）．深圳市城市规划设计研究院．2009：4

2. 环境园重点设施布局要求

环境园中固体废物处理设施的具体布局要求应满足表 6-3 要求。同时为方便园区的统一管理，其他设施的布局应满足以下要求：

（1）环境园主要循环利用设施布局要求

1）宜贴近综合处理区，便于废弃物利用，减少运输距离与成本；

2）宜延伸循环经济链条，多层级利用，充分发挥废弃物的资源效应；

3）应合理组织工艺流程，科学布置设施，提高处理效率。

（2）环境园科研及宣教设施布局要求

1）应结合园区区位、定位、基底条件，综合考虑设施布局；

2）应突出环境园科研的特点与形象，合理组织，科学布局；

3）宜采用与处理设施相结合，现场体验型与独立展览互动活动型相结合的科普游览模式，充分考虑处理设施内预留空间及用地，配套相关服务设施，并合理组织参观教育流线。

12.6 地块划分及指标控制

12.6.1 地块划分

1. 地块划分的依据

环境园规划应以国标或当地规划用地标准中用地分类标准为依据，对园区用地进行地块划分并确定各地块的控制指标。

环境园地块划分主要依据规划要求、批地红线、用地性质、现状土地权属以及主次干道等情况进行综合确定，临近道路一侧的用地界限一般依道路红线确定。另外，如环境园规划涉及现状改造内容较多，则现状土地权属不作为规划地块划分的主要依据，但作为用地划分的参考依据。同时，同类性质的用地可以进行合并或进一步细分地块。

2. 地块控制指标的确定

环境园规划地块控制指标需按照园区总体功能布局，在结合各地块用地性质、功能安排统筹以及城市设计要求的基础上，对地块的控制指标进行综合确定。

环境园规划地块控制指标包括强制性指标和指导性指标两种。其中，强制性指标包括用地性质、用地面积、容积率及配套设施等四项；指导性指标包括绿地率、建筑限高、建筑覆盖率、建筑退后红线、禁止开口路段、建筑形式及体量风格要求和其他环境要求等指标。

（1）用地性质与用地面积

环境园的用地性质应依据环境园所处片区的整体结构和功能组织进行综合确定，同时，用地面积则为各地块的实际用地面积。

（2）容积率与建筑面积

环境园规划确定的容积率与建筑面积一般依据其规划要求确定，此外，容积率和建筑面积主要由以下几方面因素综合确定：地块区位条件、用地性质、功能安排、景观形象、开发次序、环境质量、交通便利条件等；在此基础上，应重点结合片区城市设计分析对地块的建筑体量提出控制要求，确定各地块的使用强度的规划控制指标。

（3）地块指标的腾挪调整

在符合国标或当地规划用地标准和环境园所处片区城市设计要求的情况下，园区如存在商业、公共管理与服务设施等园区配套服务功能的用地，同时，若其相邻用地地块进行统一开发，可在保持其总建筑规模不变的前提下对地块间容积率进行适当的腾挪调整或可根据实际需要予以适当调整。

3. 地块细分与合并

地块的划分需考虑环境园的可持续发展，可适应并满足未来的发展需要。同时，在具体开发建设中，可根据实际情况对划定的地块进行适当的合并和细分开发。以下对园区进行土地细分与土地合并的原则与情况作详尽说明：

（1）土地细分与合并的原则

在实际建设中，如若需要对地块进行合并或细分开发建设，应遵循如下原则：

1）保持原地块的土地开发性质及建设总量不变；

2）各地块高度控制应符合环境园所在片区或园区的城市设计所提出的整体高度要求；

3）原地块确定的公共配套设施总量应保持不变，具体公共设施配置应按国标或当地规划用地标准要求进行配置；

4）原地块之间的城市道路和公共通道可适当调整位置、线形，但不得取消。

（2）土地细分

如环境园存在配套服务于园区的商业、文体设施等类型的用地性质，或在符合以下几种情况时，可考虑对地块进行细分：

1）商业用地（C1）、文体设施用地（GIC2）等地块，若地块面积较大，在具体开发中可结合规模和项目实际，依据城市设计要求适当细分地块；

2）在实际开发建设工程中，可根据其工程建设、开发时序等情况适当细分地块。

（3）土地合并

如环境园存在配套服务于园区的商业、文体设施等类型的用地性质，并在布局上符合以下几种情况时，可考虑对地块进行合并：

园区相邻的商业用地（C1）、普通工业用地（M1）地块，为实现统一开发、达到规模效益，提高土地产出，在经如规划和自然资源等相关主管部门审批后可对地块进行适当合并。

4. 土地混合使用

环境园规划各地块的土地混合使用要求时，应按照国标或当地规划用地标准的相关规定具体执行。如园区内规划复合设置相关配套产业、配套服务等功能及用地，如商业、文体设施用地，原则上可适度将部分商业用地地块和文体设施用地地块进行相互兼容，普通工业用地可兼容三类居住用地。

12.6.2　指标控制

环境园规划应以满足各类环卫或园区内其他设施的特殊要求为导向，并改变以开发强度为导向的控制体系，建立以生态环保为目标的环境园规划控制指标体系，为环境园"量身定制"符合其功能要求与性质特点的控制指标。

1. 控制要素选取的原则

（1）针对环境园用地、设施、生态、环保等方面的要求与特征而定。

（2）不以开发强度为控制核心，重点控制指标根据设施具体性质而定。

（3）规划的控制指标突出政府对用地及环保目标的管理职能，减少对具体技术的干预。

2. 控制要素的选取

环境园规划控制要素的选取应根据以上原则，同时结合环境园处理设施的种类，确定环境园控制指标，主要控制指标要素包括但不限于以下五类：

（1）地块范围、用地功能、用地面积、出入口设置等；

（2）地块内各环境设施用地的容积率、建筑密度及相关要求视工艺要求定；

（3）设施的红线后退要求、设施与周边建筑特别是与居民区的距离等；

（4）各个设施的建设规模、排放物数量、污染物排放标准、处理标准；

（5）园区的生态保护目标体系、建设标准、生态指标体系、植物配置标准、绿色布置要求、植被种类选择与组合方式；

（6）每类运输通道的出口方向、转弯半径、对道路路面的质量要求等。

3. 特殊指标及表达形式

环境园规划控制指标体系的确定与表达形式应与规划目标、规划原则和设施特性相结合，并契合环境园规划特点和基地条件；对于特别敏感的生活垃圾焚烧发电厂的污染控制标准，则尽可能按照国际先进的垃圾焚烧法令的相关排放标准要求进行控制。具体控制要素及指标以"地块划分及控制指标图"形式进行表达，以具体指导环境园内各类设施用地的有序与合理开发。

具体的指标应根据国家制定的相关法规、规范与标准及地方标准的要求确定，环境园地块控制指标体系示意如表 12-3 所示。

地块控制指标体系示意[100]　　　　　　　　　　　表 12-3

用地性质代码	用地性质	用地面积	容积率	绿地率	建筑密度	建筑限高	配建车位	公共配套设施	污染排放控制标准	备注	土地利用兼容性
U51	污水处理厂用地						10	网球场	国标	地块内绿化防护带不小于10m、排放标准采用国家最优标准	—
E9	生产预留用地						—	—			—
UD1	污水污泥用地						5	—	国标	—	—
UA5	生活垃圾焚烧用地\污泥处理用地						10	—	欧标	地块内绿化防护带不小于10m、排放标准采用国际最优标准	—
UA7	其他生活垃圾处理用地						3	—	国标	地块内绿化防护带不小于10m、排放标准采用国家最优标准	—
UA3	粪便处理用地						2	—	国标	地块内绿化防护带不小于10m、排放标准采用国家最优标准	

用地性质代码	用地性质	用地面积	容积率	绿地率	建筑密度	建筑限高	配建车位	公共配套设施	污染排放控制标准	备注	土地利用兼容性
UC2	工业危险废弃物处理用地						—	—	国标	地块内绿化防护带不小于10m、排放标准采用国家最优标准	—
UA7	其他生活垃圾处理用地						—	—		地块内绿化防护带不小于10m	—
U27	洗车场用地						—	—	—	—	—
G1	公共绿地						—	—	—	—	—

12.7　交通体系及市政支撑

12.7.1　道路交通规划

环境园的交通系统，可分为园区衔接外部交通系统与园区内部交通。根据环境园需求特性，可进一步分为环卫运输系统（即垃圾运输）与客运运输系统（即员工通勤与来访参观交通需求），其中，客运运输系统由机动车与慢行系统两部分组成。

1. 园区对外交通

将环境园规划区置于更大范围区域考虑，明确各道路的职能分工。园区与周边及外围城市路网及交通体系的通道应合理连接，车行道路开口数量与位置应符合道路设计规范，车道边坡线不应超越道路红线。同时，整体垃圾转运系统的规划设计也关乎该环境园的正常运转。此外，员工及来访参观等客运交通接驳系统亦需与上层次及各专项交通规划协同考虑。

关于环卫运输（即固体废物运输）的交通需求，特别是固体废物有各转运站收运至环境园的选线与道路等级要求，以尽可能降低运输沿途污染并快速达到园区为原则，其运输道路选择应以高快速路为主。

2. 园区内部交通

环境园内涉及环卫运输体系与员工通勤及配套生活交通需求，同时亦需兼顾来访参观、科普宣教及周边公益回馈等其他客流及交通运输需求。

结合环境园的位置、开发强度、设施及用地功能需求，确定适宜的地块大小，路网要满足规范要求。

结合道路的等级及主导功能设计道路断面，完善园区内步行系统，并与园区外的步行系统无缝衔接。

根据地方的城市规划技术管理规定及园区各设施及功能需求分别配置环卫运输车辆及普通车辆停车场及停车泊位。

根据方案分别对环卫运输、通勤及来访参观作交通流量影响评估。

园区内交通应尽可能规划设计为立体式交通，将环卫车辆（即垃圾运输车辆）与园区员工通勤及来访参观车辆进行交通系统的空间分离；宜为环卫车辆设置立体快速运输通道，需无缝接驳园区外围高快速路的同时与园区内各处理设施地块及垃圾进料仓口对接。

12.7.2 市政配套规划

环境园规划至少包括以下市政工程专项规划作为规划的配套支撑，以保证园区正常运转的安全性、可行性、生态绿色可持续性。除以下市政工程专项规划外，环境园规划前期还需开展综合防灾专项与地震地质专项的论证支撑，并针对园区及各功能设施的实施落地，需配合进行竖向专项规划、消防工程专项规划、人防工程专项规划、应急避难场所专项规划、管线综合专项规划等一系列相关市政专项规划。

1. 给水排水工程规划

（1）给水工程

1）工作任务

根据环境园所处区域和城市的水资源情况，保护水资源，确定水源地保护范围，制定水源地保护措施，选择水源；预测用水量，平衡水资源利用；确定水厂、加压泵站等给水设施的规模、容量；布局给水设施和官网系统，落实相关用地并确定建设要求。满足用户对水质、水量、水压等要求。

2）资料收集

需要收集的资料包括自然环境资料、经济社会情况、城市规划资料和给水工程专业资料等。自然环境资料包括气象、水文、地质和环境资料等；经济社会情况资料包括经济发展、人口、土地利用和城市布局资料等；城市规划资料包括城市总体规划、分区规划、详细规划和其他相关规划资料等；给水工程专业资料包括给水规划、城市水源、现状供水设施、现状供水情况和其他相关资料等。

（2）污水工程

1）工作任务

根据环境园自然环境和用水情况，预测污水量，划分污水收集范围；确定园区污水厂、加压泵站等污水设施的规模、容量；布局污水设施和管网系统，落实相关用地并确定建设要求。满足园区排水与水体保护的要求。

2）资料收集

需要收集的资料包括自然环境资料、经济社会情况、城市规划资料和污水工程专业资料等。自然环境资料包括气象、水文、地质和环境资料等；经济社会情况资料包括经济发展、人口、土地利用和城市布局资料等；城市规划资料包括城市总体规划、分区规划、详细规划和其他相关规划资料等；污水工程专业资料包括污水规划、现状污水设施、现状污水管道和其他相关资料等。

（3）雨水工程

1）工作任务

根据环境园自然环境，确定排水体制、暴雨设计重现期；确定雨水排放量、划分雨水排放区域；确定雨水排放量、划分雨水排放区域；确定雨水泵站规模、容量；布局雨水设施和雨水管渠系统，落实相关用地并确定建设要求。满足园区雨水排水的要求。

2）资料收集

需要收集的资料包括自然环境资料、经济社会情况、城市规划资料和雨水工程专业资料等。自然环境资料包括气象、水文、地质和环境资料等；经济社会情况资料包括经济发展、人口、土地利用和城市布局资料等；城市规划资料包括城市总体规划、分区规划、详细规划和其他相关规划资料等；雨水工程专业资料包括雨水规划、现状雨水设施、水体环境和其他相关资料等。

（4）再生水工程

1）工作任务

根据环境园的用水和污水收集处理情况，确定再生水水源量、再生水用户；预测再生水用水量，确定再生水水源；确定再生水水厂、加压泵站等再生水设施的规模、容量；布局再生水设施和管网系统，落实相关用地并确定建设要求，满足再生水利用的保障措施建议。

2）资料收集

需要收集的资料包括自然环境资料、经济社会情况、城市规划资料和再生水工程专业资料等。自然环境资料包括气象、水文、地质和环境资料等；经济社会情况资料包括经济发展、人口、土地利用和城市布局资料等；城市规划资料包括城市总体规划、分区规划、详细规划和其他相关规划资料等；再生水专业资料包括给水工程规划、污水工程规划、现状污水厂、现状再生水利用、现状再生水设施和相关资料等。

2. 电力工程规划

（1）工作任务

根据环境园和所处城市及区域的电力资源情况，预测用电负荷，确定电源，平衡园区电力负荷和电量；确定电网总体格局，划分供电区；确定发电厂、变配电设施规模、容量；结合园区固体废物焚烧发电设施，布局变配电设施和输配电网络系统，结合园区规划落实相关用地并确定建设要求；制定各类电力设施和线路的保护措施。

（2）资料收集

需要收集的资料包括自然环境资料、经济社会情况、城市规划资料和电力工程专业资料等。自然环境资料包括气象、水文、地质和环境资料等；经济社会情况资料包括经济发展、人口、土地利用和城市布局资料等；城市规划资料包括城市总体规划、分区规划、详细规划和其他相关规划资料等；电力工程专业资料主要包括城市电源、现状城网、现状电力负荷和相关资料等。

3. 通信工程规划

（1）工作任务

结合环境园和所处城市及区域的通信现状和发展趋势，确定园区通信发展目标，预测通信需求；确定电信、广播电视、邮政等各种通信设施的规模和容量；布局各类通信设施和通信管道系统，落实相关用地并确定建设要求；制定通信设施综合利用对策和措施，以及通信设施的保护措施。

（2）资料收集

需要收集的资料包括自然环境资料、经济社会情况、城市规划资料和通信工程专业资料等。自然环境资料包括气象、水文、地质和环境资料等；经济社会情况资料包括经济发展、人口、土地利用和城市布局资料等；城市规划资料包括城市总体规划、分区规划、详细规划和其他相关规划资料等；通信工程专业资料主要包括通信业务发展、现状通信设施、现状通信管道和相关资料等。

4. 海绵工程规划

（1）工作任务

落实环境园和所处城市及区域城市总体规划及相关专项（专业）规划确定的低影响开发控制目标与指标，因地制宜，落实涉及雨水渗、滞、蓄、净、用、排等用途的低影响开发设施用地；并结合园区用地功能和布局，分解和明确地块单位面积控制容积、下沉式绿地率及其下沉深度、透水铺装率、绿色屋顶率等低影响开发主要控制指标，兼顾径流量总控制、径流峰值控制、径流污染控制、雨水资源化利用等不同的控制目标，构建从源头到末端的全过程控制雨水系统；利用数字化模型分析等方法分解低影响开发控制指标，细化低影响开发规划设计要点；落实低影响开发雨水系统建设内容、建设时序、资金安排与保障措施。

（2）资料收集

需要收集的资料包括自然环境资料、经济社会情况、城市规划资料等。自然环境资料包括气象、水文、地质和环境资料等；经济社会情况资料包括经济发展、人口、土地利用和城市布局资料等；城市规划资料包括城市总体规划、分区规划、详细规划和其他相关规划资料等。

12.8 生态建设与污染防治

重视城市规划中生态环境保护和可持续发展思想的贯彻，做好生态建设与环境保护工作，环境园园区可通过基地条件综合研究，结合自然本底条件，对绿地景观系统进行规划，提出环境园生态安全格局，确定符合环境园基地特征及拟布置设施性质的生态保护策略与措施，并研究生态型环境园的指标体系；主要由生态建设、污染防治和生态及环境影响评定三部分组成。

12.8.1　景观绿地系统

环境园绿地系统规划应该注重两个方面：一是提升环境的承载能力，努力打造生态分解系统，非城市建设用地保留其生态功能，尽量保持原有的生态平衡，减轻环境因对污染的"硬承载"而遭受的破坏；二是挖掘自然景观特色，强化自然山林与绿地之间的联系，使园区成为花园式的垃圾处理区。

考虑环境园选址多位于城乡接合部/城郊，园区绿地以自然山林与防护绿地为主，公共绿地为辅，保护水体，形成完整的绿色生态空间循环系统。

植物景观结合规划区植被特点与环境园污染特征，选取有利于大气污染生物修复与具有乡土观赏价值的植物，营造环境园植物景观。

12.8.2　生态建设

生态安全研究运用景观生态学的原理，研究基地条件，明确基地景观组分特征、安全格局与生态敏感性。生态安全格局构建指出规划区的关键节点与景观轴线等生态用地，明确规划带来的变化与环境园规划区承受的边界，尽量避免规划建设对自然生态系统的干扰。生态安全格局的构建可以指明规划区的空间结构，为规划方案的制定奠定基础，有利于将生态学的思想与方法渗透到规划方案当中。植物景观利用乡土植物适应能力、抗逆性强及具有大气污染修复功能的植物，营造极具特色的环境园景观，切实践行生态环境保护策略。

1. 生态安全格局构建

环境园规划在分析规划区景观组分特征、生态安全、生境与生态敏感性与摸清植被群落的基础上，构建景观格局。生态安全格局的空间要素包括：①基底—规划区；②斑块—规划区不同的面状要素，指不同的生境用地；③廊道—线性要素，指道路或河流，这些要素组成规划区的基本结构。

2. 植物景观建设

在植物配置方面，规划保护利用原有的自然景观，适当增加植物配置的艺术性、趣味性，增强绿地的人性化和亲近感。在现有景观的基础上配置停留休憩赏景的空间，并增加一些特色的风景林。

根据环境园规划总体目标及定位，需考虑项目实际操作性，环境园植物景观规划需结合规划区植被特点与环境园污染特征，选取有利于大气污染生物修复与具有乡土观赏价值的植物，营造环境园自建方案植物景观。

园区内可根据规划划分为河流湿地、广场、道路、环卫设施用地及其防护带、近山、远山等植物生境类型，针对这些生境类型，选取不同的植物，以达到涵养水源、净化空气、优化和提升环境质量的目的，其中道路、环卫设施用地及其防护带的生境需满足生物修复的要求，植物的物种和种植范围宜开展相应的专题研究和试验具体确定。

12.8.3 污染防治

1. 固体废物综合利用

循环经济倡导"资源→产品→再生资源"的经济新思维，要求对污染和废物产生的源头进行预防和全过程治理，使经济活动对自然环境的影响控制在尽可能低的程度。它把清洁生产、资源综合利用、生态设计和可持续消费等融为一体，本质上是一种生态经济。

与传统经济相比，循环经济的不同之处在于：不是一种由"资源—产品—污染排放"单向流动的线性经济，而是一种环境和谐的经济发展模式，它把经济活动组织成一个"资源—产品—再生资源"的反馈式流程，其特征是低开采、高利用、低排放。所有的物质和能源要能在这个不断进行的经济循环中得到合理和持久的利用，以把经济活动对自然环境的影响降到尽可能低的程度。循环经济发展模式是环境园区技术发展规划的重要理论基础和指导方针。园区内实现固体垃圾处理、处置无害化，并将一种处理方式的排放物，经过循环再利用变成再生资源，或者进行合理的再处置，在产生巨大的社会及环境效益的同时，也产生了较好的经济效益。

2. 二次污染防治

（1）空气污染控制

焚烧厂烟气处理采用半干式洗气塔和袋式除尘器组合工艺，可以有效控制尾气污染，烟气排放必须严格按照最严排放标准要求执行，如欧盟垃圾焚烧法令［EU Waste Incineration Directive 2000/76/EC（WID）］。

（2）噪声污染控制

从声源上预防噪声，通过改进工艺操作规程、合理配置建筑物、利用绿化与自然地形等措施控制噪声，并选用噪声符合有关标准的机械设备。

（3）恶臭污染控制

通过采取措施和隔离的方法进行控制，在填埋场专用道路两侧及填埋场周边，设置绿化隔离带，绿化隔离带可种植易于生长的高大乔木，并与灌木相间布置，以减少对道路沿途和填埋场周围居民点的环境污染；填埋场终场覆盖后应及时进行生态恢复，终场绿化选用易于生长的浅根树种、灌木和草本作物等。填埋场作业时尽量控制作业面，实行每日覆盖，定时清杀。填埋场臭气的排放应符合《恶臭污染物排放标准》GB 14554 的规定。

垃圾焚烧厂的恶臭主要源自垃圾料坑，在焚烧厂卸料平台外设风幕门，料坑上方设负压抽气系统，将垃圾臭气抽入炉腔焚烧，可有效控制恶臭扩散。

垃圾运输应采用密闭式垃圾运输车，以减免垃圾运输过程中的二次污染。

（4）水污染控制

利用污水处理厂，将垃圾渗滤液、餐厨垃圾及粪渣处理上清液以及各种生产废水进行处理，出水水质应尽可能按照最严标准执行（如：《生活垃圾填埋污染物控制标准》GB 16889）。

（5）填埋区安全及环境风险控制

高标准建设，严要求管理：在通过提高填埋片区坝体建设标准、强化坝体安全的同时，建立风险预警和事故应急救援体系，确保万无一失。

（6）实现在线监测

设置空气、噪声、粉尘、污水等污染源主要指标在线监控，及时有效防止二次污染。

3. 应急措施

（1）应建立完善的市容环境卫生突发事件应对处理机制，包括在主管部门（机构）内设立专职机构，成立领导小组，确定负责人，并明确分工。一旦发生突发事件，应急小组能在第一时间内投入工作。

（2）需统筹考虑规划环境园与周边地区垃圾处理项目在紧急情况下可以互为备用的情况与应急方案。

（3）需考虑环境园内焚烧厂突发事故时，利用周边地区垃圾处理项目中的焚烧厂处理垃圾的应对措施。

12.9　风险评估与规划指引

为协调相关矛盾，降低实施的难度，环境园详细规划需同步开展规划实施风险评估专题研究（简称为"风险评估专题"），为规划提供风险舒缓和控制措施方面的技术支持。

"风险评估专题"系统分析环境园规划实施将面临的风险，环境园环卫设施对园区周边居民和环境造成的影响，并在此基础上提出风险舒缓和管制措施，以期保障环境园建设与未来城市发展和谐共处。

该专题主要由风险评估体系、环境园特性及其与风险的关系、风险评估和风险应对措施及管理建议四部分组成。

12.9.1　风险评估

1. 风险的概念与风险评估的作用

（1）风险的定义

风险是一外来语，其起源于法文 Risque，在 17 世纪中叶被引入英文，拼写成 Risk。其最早出现在保险交易中。

迄今为止，对风险进行完全统一的界定几乎是一件不可能的事，但任何一个关于风险较为完整的定义都应该是以下三个方面描述的集合体：

第一，在整个项目运作过程中将可能发生哪些风险事件（损失类型）；

第二，每一风险事件发生的可能性有多大（概率等）；

第三，该类风险事件发生后导致的后果如何（经济损失、社会影响、声誉损失及生态环境影响等）。

在该专题研究中，进行规划实施风险评估时，是基于上述三点来开展研究工作的，对环境园规划实施可能发生的风险及其可能导致的后果进行系统梳理，并在此基础上提出风险控制措施。

（2）风险的特点

风险的特征是指风险的本质及其发生规律的表现。正确认识风险特征，对于投资者建立和完善风险机制，加强风险管理，减少风险损失，提高经济效益，具有重要的意义。

风险具有客观性、不确定性、潜在性、可预测性、双重性和相关性六大特征。

（3）风险的构成要素

风险是由风险因素、风险事故和损失三者构成的统一体。风险因素是指引起或增加风险事故发生的机会或扩大损失幅度的条件，是风险事故发生的潜在原因；风险事故是造成生命财产损失的偶发事件，是造成损失的直接或外在原因，是损失的媒介；损失是指由风险因素或风险事故间接或直接导致的对安全、健康、财产及环境的危害或破坏。它们三者间的关系为：风险是由风险因素、风险事故和损失三者构成的统一体，风险因素引起或增加风险事故；风险事故发生可能造成损失。如图 12-4 所示，风险因素火苗可能导致一场火灾事故，并由此可能造成巨大的经济、环境、人身安全等方面的损失。

风险因素　　　　　　　风险事故　　　　　风险事故发生造成的损失

图 12-4　风险构成要素之间的关系

图片来源：深圳市坪山环境园详细规划项目组. 深圳市坪山环境园详细规划（2009—2020）. 深圳市城市规划设计研究院.2009：4

2. 风险评估的目的

对环境园详细规划实施与否所带来的主要社会影响以及主要的社会风险作出评价，选取影响面大并容易导致较大矛盾的社会风险进行预测，分析这类风险产生的社会环境和条件，并提出风险防范措施。

3. 风险评估的内容

（1）不实施的风险分析。

（2）实施风险分析：

1）居民安全风险分析；

2）居民生产生活质量下降风险分析；

3）征地补偿与移民安置风险分析；

4）环境破坏风险分析；

5）周边地区有关方态度分析。

（3）风险应对措施与管理建议：

1）风险控制；

2）风险管理建议。

（4）风险评估的技术路线，见图 12-5。

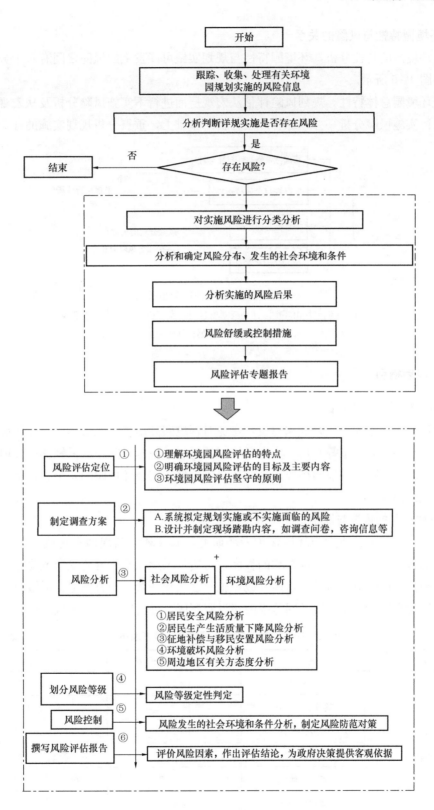

图 12-5 规划实施风险评估技术路线图

4. 环境园特性与风险的关系

通过环境园的特性分析，环境园特性与规划实施可能发生的风险之间有着十分重要的关系，如图 12-6 所示。

基于环境园总体特性，规划风险评估从宏观层面进行不实施风险分析及从宏观结合微观层面进行实施风险分析，并在综合风险分析的基础上，重点分析规划实施的社会风险。

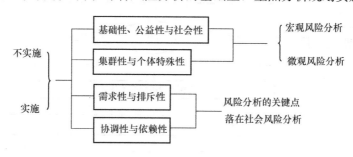

图 12-6　环境园特性与风险分析关联图

图片来源：深圳市坪山环境园详细规划项目组 . 深圳市坪山环境园详细规划

(2009—2020) . 深圳市城市规划设计研究院 .2009：4

12.9.2　规划指引

1. 制定规划指引的目的

引导环境园周边的土地开发和建设，避免对环境园高敏感的城市建设（如居民点、学校等人口密集的公共设施等）进一步向环境园邻近区域蔓延，防止或减轻环境园内相关设施对它们的影响，降低环境园周边片区的社会风险值，实现环境园的安全、正常运行和周边城市发展的协调。

2. 规划指引的依据与原则

根据《环境园生态建设与环境保护专题研究》和《环境园规划实施风险评估专题研究》确定的影响范围，不同范围影响的程度，将定量风险评价所得的安全风险值（包括社会风险值和个人风险值）与城市功能（或设施）建立起联系，即要确定各类城市功能区可以接受的风险水平，进而确定不同等级的建设限制区，进而提出不同区域的规划指引。

城市不同类别功能的最大可接受风险基准范围　　　　　　　　　　　表 12-4

不同密度的场所	对应的城市功能类别	个人风险最大可接受标准	理由
高敏感场所	居住区	1×10^{-6}	人员高度聚集
	商业服务业区	1×10^{-6}	人员高度聚集
	行政办公区	1×10^{-6}	目标敏感
	医疗卫生区	1×10^{-6}	人员高度聚集或易受伤害
	教育科研区	1×10^{-6}	人员高度聚集或易受伤害
	交通枢纽区	1×10^{-6}	人员高度聚集
	其他需重点保护区	1×10^{-6}	目标敏感

不同密度的场所	对应的城市功能类别	个人风险最大可接受标准	理由
中敏感场所	工业区	1×10^{-5}	人员密度较低
	物流及仓储区	1×10^{-5}	人员密度较低
	广场	1×10^{-5}	人员密度较低
低敏感场所	堆场	1×10^{-4}	人员密度极低
	公园	1×10^{-4}	人员密度极低
	防护区	1×10^{-4}	人员密度极低
	生态开敞区	1×10^{-4}	人员密度极低

规划指引的工作内容：

（1）结合规范及专题研究结论，划定不同的影响区；

（2）明确不同影响区的控制要求；

（3）按照控制要求，结合用地现状及规划，明确指引模式，合理调整周边用地规划。

3. 规划指引

（1）指引模式

1）保留

对符合环境园限制要求的城市功能用地予以保留，并建议在以后的规划与建设中按照限制要求进行一切建设活动。

这一指引模式主要是指环境园影响区的低敏感度的城市功能主要有堆场、公园、防护区、生态开敞区，中敏感的城市功能主要有工业区、物流仓储区、广场，个人风险最大可接受标准都在 1×10^{-4} 和 1×10^{-5}。

2）调整

对不符合环境园限制要求的城市功能用地进行调整，并建议在以后的规划与建设中按照调整指引进行一切建设活动。

这一指引模式主要是指环境园影响区的高密度场所，城市功能主要居住区、商业服务区、行政办公区、医疗卫生区、教育科研区、交通枢纽区和其他需重点保护区，个人风险最大可接受标准为 1×10^{-6}。

（2）分区控制指引方向

1）环境补偿区

建议将高敏感的用地功能调整到影响区外，将与区内的公建、居住等涉及人口多的产业类型调整为中敏感的工业、物流仓储区、广场、公园等用地类型。

2）安抚补偿区

由于环境园聚集了多类"厌恶型"环卫设施，园区附近居民易对其产生心理厌倦感或抵触情绪，故将邻近环境园一定范围内的居民区等敏感点也视为环境园影响范围，结合环境园周边的地形特征与敏感点分布情况，划定安抚补偿范围，将大型公建及居民区调整到安抚补偿区外，同时适度控制安抚补偿区内建设密度。

第 13 章　设施选址及规划设计条件研究

　　设施选址研究不仅是编制环卫专项规划的重要一环，也是规划主管部门进行用地审批的重要依据。其研究内容大体来说包括两个方面：一是筛选出具备建设环卫设施用地条件的场址；二是从筛选出的场址进行经济、环境、社会及工程等方面的多因素对比分析，从而确定最优选址。

　　规划设计条件通常是作为土地使用权出让、划拨以及建设用地规划许可证的颁发。以广东省为例，《广东省城市控制性详细规划管理条例》第十九条规定："在城市规划区范围内尚未编制控制性详细规划的地块，因国家、省或者级以上重点建设需要使用土地的，土地使用权出让、划拨以及建设规许可的规划许可必须经批准规划设计条件为依据。"对大型、特大城市，尤其是人口密集、高度建成的城市，大型环卫设施的选址通常位于基本生态控制线内，控制性详细规划未覆盖的区域，因此，其规划设计条件的编制是设施建设的前提和基础，有必要单独对环卫设施规划设计条件的编制进行系统介绍。

　　设施规划设计条件研究是科学合理地对上层次规划确定的选址方案进行综合分析，论证该选址方案的可行性，确定最终选址用地并开展规划设计条件研究，为设施建设提供技术保障和规划依据。一般包括对上层次规划和相关规范、标准进行解读分析，梳理限制条件和影响因素，并作为研究的基础；对设施规模进行科学预测后，对拟采用的工艺确定用地进行功能分区、建筑强度、规划控制性因子等设计条件的研究，合理布局设施，以集约化利用土地。

13.1　设施选址研究

13.1.1　分析因素

　　生活垃圾、危险废物、城市污泥、建筑废物、再生资源等的处理处置设施属于维持城市正常运转的市政基础性设施，同时也是具有邻避效应的典型厌恶型环卫设施，往往在规划选址阶段就遭遇强烈抵制，导致设施用地难以落实，建设工作难以推进，因此在进行环卫设施选址时需要综合考虑多种因素。综合文献调研和实践调研，明确环卫处置设施的选址需要考虑的因素可分为五大类，即限制性因素、协调性因素、工程建设条件、交通条件及经济、社会和环境影响性因素。

　　其中，限制性因素是指经法律法规进行梳理，场址必须禁止占用的区域，主要包括珍贵动植物保护区和国家、地方自然保护区、饮用水源保护区、生态保护红线、基本农田保护区、重大危险设施用地、军事要地、军工基地和国家保密地区、尚未开采的地下蕴矿区和岩溶发育区、保护等级为一级的林地等。因此，在进行选址筛选工作时，首要考虑应严格避让限制性因素，使其不占用限制性因素所涉及的范围。

协调性因素主要是指选址与国土空间规划、详细规划、专项规划及法定图则的协调性分析，并进行用地权属及地籍分析，确定场址规划用地类型、用地权属等用地条件。

工程建设条件主要包括备选场址的空间区位、高程坡度分析、地质地貌等自然条件，工程建设因素是决定场址建设的工程可行性。地形的坡度对场址的选择有很大影响，首先，坡度过大，容易导致施工困难，运输不便；其次，由于坡度越大，地下潜水的水力梯度也就越大，地下水的流速也会增大，有害物质在水中的运移速度和距离会随之增大，从而加大对地下水的污染。另外，地形是地下水系统补给区、排泄区和径流区的决定因素，地形较高的地段一般是地下水的补给区，同时也是分水岭。因此，平坦地形、微斜地形和缓倾斜地形都较有利，坡度以小于 20° 为佳。

交通条件是指设施内交通条件和外部入场交通条件。在进行场址分析时，需考虑到交通的便利程度和可达性。

经济、环境及社会影响因素是选址研究分析的一个不可缺少的分析因素，经济合理、具有一定的竞争性、不涉及环境敏感点及社会价值高、风险低无疑是场址的优选因素。其分析深度要求可略低于设施建设项目的可行性研究报告。

13.1.2　设施建设指引

确定设施选址后，下一步需对用地范围内进行设施布局研究，即制定设施建设指引。以建筑废物综合利用设施为例，建筑废物综合利用设施目前尚无统一的建设标准，为便于后期的规划实施、规划管理及其他前期工作，经总结现有项目经验，制订实施指引如下。其他类别处理设施可以参考执行。

1. 固定式场站

（1）场址布置原则

建筑废物综合利用厂厂区布置与一般工业设施厂区布置原则上一致，应在总体规划的基础上，按照《工业企业总平面设计规范》GB 50187、《化工企业总图运输设计规范》GB 50489、《石油化工企业厂区总平面布置设计规范》SH/T 3053、《化工建设项目环境保护工程设计标准》GB 50483、《石油化工企业设计防火标准》GB 50160、《建筑设计防火规范》GB 50016 等的有关设计规定，注意装置各建筑物、构筑物之间的防火间距和装置界区消防车道的通畅等。

根据工业企业的性质、规模、生产流程、交通运输、环境保护，以及防火、安全、卫生、节能、施工、检修、厂区发展等要求，结合场地自然条件，经技术经济比较后择优确定，遵循满足生产需要，节约集约用地，提高土地利用率的原则。一般情况下，厂区布局应考量以下因素：设施规模及未来的发展；组织形态；产品生产工艺流程；产品及物料的体积、重量、物理形态等；机器类型、占地面积和数量；水污染、噪声污染及空气污染等状况。

建筑废物综合利用的核心工艺为原料分拣、预破碎和再生混凝土、再生砌块生产线，属于产生噪声、粉尘、烟、雾等环境影响的生产设施，应布置在厂区全年最小频率风向的上风向且地势开阔、通风条件良好的地段，并应采用封闭式或半封闭式的布置形式。若有烧制砖等产生高温的生产设施，其长轴宜与夏季盛行风向垂直或呈不小于45°交角布置，并布置在土质均匀、地基承载力较大的地段。污水处理等环保设施也应充分考虑环境卫生防护距离和风向的要求，尽量与主厂房相邻布置，与办公生活区留有防护距离，污水处理设施为较大、较深的地下建筑物、构筑物，宜布置在地下水位较低的填方地段。

行政办公及生活服务设施的布置，应位于厂区全年最小频率风向的下风侧，并应布置在便于行政办公、环境洁净、靠近主要人流出入口、与城镇和居住区联系方便的位置，具备单独的出入口，实现人流、物流分离。

变配电和其他公用设施的布置，宜位于其负荷中心或靠近主要用户；车间维修设施应在确保生产安全的前提下，靠近主要用户布置。由于厂区进出运输车辆较大，还应设置至少一处回车场，供车辆回转使用。

厂区绿化布置应根据企业性质、环境保护及厂容、景观的要求，结合当地自然条件、植物生态习性、抗污性能和苗木来源，因地制宜进行布置，符合现行国家标准《城市居住区规划设计规范》GB 50180的有关规定。

卫生防护距离用地应利用原有绿地、水塘、河流、山岗和不利于建筑房屋的地带；在卫生防护距离内不应设置永久居住的房屋，并应绿化，在设施厂界还应符合《声环境质量标准》GB 3096、《工业企业噪声控制设计规范》GB/T 50087、《工业企业厂界环境噪声排放标准》GB 12348、《环境空气质量标准》GB 3095等相关标准和规范的限值要求。

（2）场址布置标准方案

在上述设计原则下，以一座设计处理能力为100万t/a的固定式处理设施为例，依据现有设施的用地面积，规划设施的用地指标宜为300～500㎡/（万t）处理规模，考虑集约用地和设施合理布局相平衡的原则，可取中间值，其他规模的固定式处理设施可参照该用地面积指标，依据所在选址用地条件、地形地质、周边情况进行合理调整。100万t/a的固定式处理设施建设可参考以下标准布置：占地面积为4.0hm²，其中长宽各为200m；卫生防护距离不应小于100m；其场地布局要求如图13-1和图13-2所示，生产区和行政办公区应有分隔，配套设施围绕核心工艺配置；尽量采用密闭式布置核心生产设施。现有固定式处理设施的改建、扩建，必须合理利用、改造现有设施，应减少改建、扩建工程施工对生产的影响，可根据现状基础、实际情况灵活设置平面布局和功能分区。

（3）建设要求

固定式建筑废物综合利用设施建设应全面落实水土保持"三同时"制度，在可研阶段申报水土保持方案，水土保持措施后续设计应纳入主体工程初步设计和施工图设计，水土保持工程投资纳入工程估、概、预算，水土流失防治责任和内容落实到招投标文件和施工合同中，在施工过程中落实各项水土保持措施，在完工投入运营前完成水土保持设施验收。

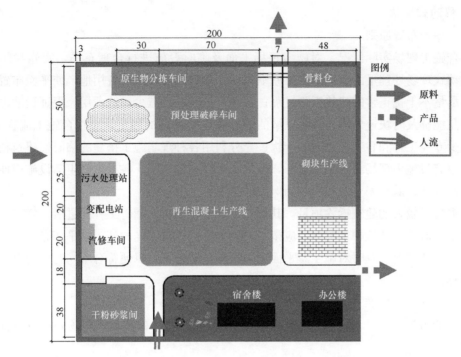

图 13-1 建筑废物综合利用固定式处理设施（100 万 t/a）场地布局图（一）

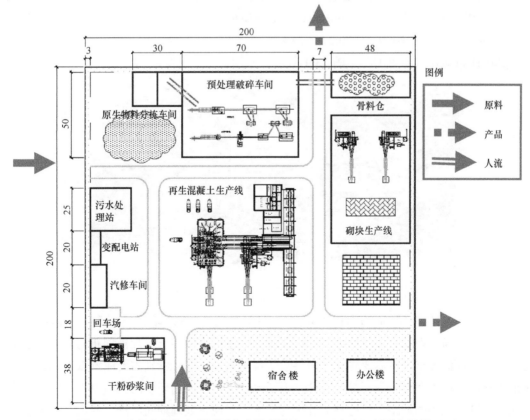

图 13-2 建筑废物综合利用固定式处理设施（100 万 t/a）场地布局图（二）

2. 移动式场站

（1）场地布置原则

结合施工现场实际情况，对施工现场平面及临时设施进行合理布局，实施封闭式管理。移动式现场处理平面布局的主要原则包括：尽量减少设施设备用地，使平面布置紧凑合理；尽量不干扰正常的建筑拆除过程；合理组织运输，减少运输费用，保证运输方便通畅，产品能够及时快速外运；拆除区域的划分和设备场地的确定，应符合施工流程要求，尽量减少专业工种和各工程之间的干扰；充分利用各种现场施工搭建的临时性建筑物、构筑物和原有设施为现场综合利用服务，降低临时设施的费用；各种生产生活设施应便于工人的生产生活；满足安全防火、劳动保护的要求。

许多规模较大的建筑拆除项目，其拆除工期往往很长。随着工程的进展，施工现场的面貌将不断改变。在这种情况下，应按不同阶段分别设置不同的施工总平面布局，或者根据工地的变化情况，及时对施工总平面图进行调整和修正，以便符合不同时期的需要，充分发挥移动式处理设备灵活机动的优势。

（2）场地布置标准方案

设计能力为 450t/h（每天生产按 10h 计，合 4500t/d）的移动式现场处理应符合下列要求：

① 适用于石灰石、钢筋混凝土、砖块和沥青混凝土等物料；

② 适用于土地面积大于 1.5hm² 的城市更新项目；

③ 卫生防护距离不应小于 20m。

其场地布局要求如图 13-3、图 13-4 所示。

图 13-3　MP-PH 系列履带移动反击式破碎站

移动式现场处理往往周边居民点较多，对噪声、扬尘等环境影响因素十分敏感。因此，移动式现场处理在实际应用中，不仅要按照上述标准和要求合理规划布局，保障卫生防护距离的最低要求，更需要建立全面科学的现场管理制度，特别需要注意以下几方面的规范化管理，将负面影响降至最低限度。为了保持工地及周围环境的清洁卫生，每天安排专人清理打扫现场的道路，保持整洁有序的场地，在现场处理期间所产生的生产垃圾和生活垃圾及时清离现场；产品不宜长时间堆积场内，应积极寻求销路，及时外运；在车辆进

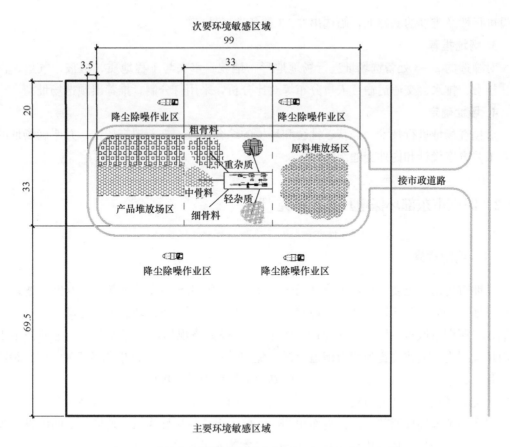

图 13-4　建筑废物综合利用移动式现场处理场地布局方案图

出现场的主要出入口设置车辆清洗车轮胎池，以保证泥浆不随车辆污染周边环境和市政道路；对雨季现场排水系统实施日常维修措施；妥善处理泥浆水，未经处理不得直接排入城市排水设施和河流；成立现场排水系统日常维修班组，专人负责、定期检查和清除排水沟以及沉淀池中积存物，确保排水沟畅通；采取有效措施控制处理过程中的扬尘，对产生噪声、振动的机械，应采取减振降噪等有效控制措施，减轻噪声扰民，同时严格控制作业时间。

13.1.3　设施选址思路与过程

规划选址应按照场址初选、场址筛选、场址推荐和场址确定四个步骤进行。

1. 场址初选

根据城市总体规划、城市土地利用规划、环境卫生专项规划等规划要求，严格避让选址禁止性因素如生态保护红线、自然资源保护区、饮用水源保护区、基本农田、危险品仓储区等，初步筛选出 4～5 处场址作为备选方案。

2. 场址筛选

对初选出的选址方案进行实地踏勘，明确其空间区位，调研其所在区域内地形、水文、土地利用、自然条件及工程地质概况，并进行高程、坡度与坡向的分析，在充分分析建设可行性及难度的基础上，筛选出 2～3 处备选场址。

3. 场址推荐

对筛选的 2～3 处备选场址进行场地地形、地貌、水文与工程地质、植被、气象、供电、给水、排水、交通运输、人口分布等对比分析，采用打分制，推荐出预选场址。

4. 场址确定

对预选场址进行技术、经济、社会和环境的综合比较，推荐拟定场址，并明确场址的初步工艺方案设计和内外交通组织。

13.2 深圳市东部环保电厂选址研究[101]

13.2.1 编制背景

深圳市规划国土委与市城市管理局于 2007 年联合编制了《深圳市环境卫生设施系统布局规划（2006—2020）》，在全市规划新建 3 座环保电厂，东部环保电厂为其中之一 [成果纳入《深圳市城市总体规划（2010—2020）》]。根据该规划，东部环保电厂选址初定于坪山环境园内，大致位置为坪山街道上洋、兔岗岭一带，规划处理能力为 5000t/d。2013 年 6 月 4 日，市政府召开办公会议，原则确定上坑塘为推荐场址。

上坑塘场址位于坪地街道东南部，龙岗河以南、深汕高速以北、惠盐高速以东，焚烧厂布置在上坑塘场址西部，总占地面积 26.7hm²。上坑塘场址为山谷地形，中间山谷海拔约 40～60m，两侧山体海拔为 100～140m，基本为水域或林地、园地。

基于上述背景，为解决深圳市生活垃圾处理所面临的窘境，本案例按照《广东省城市控制性详细规划管理条例》和《深圳市城市规划条例》的要求，开展东部环保电厂选址研究工作。

13.2.2 编制内容

1. 两选址方案比选

该选址研究范围为龙岗区坪地街道，总面积约 53km²，研究了两个方案（图 13-5），提出初步的上坑塘场址选址方案，并提出上坑塘场址北侧村级建筑的土地整备（搬迁安置）方案。

选址方案一的优点是用地完全集中在坪地街道一侧，防护范围内（按场界 300m 计）没有任何建成区，能完全避开高压走廊，土石方量相对较小，估算为 100 万 m³（场平按海拔 50m 计），地块相对方正，易于后期的主厂区平面布局。缺点是场址正北向隐蔽性相对较差，焚烧厂的烟囱和主厂房在惠盐高速沿线两侧可直接看到。

选址方案二的优点是用地完全集中在坪地街道一侧，场址隐蔽性相对较好，北侧的防火岭最高处海拔达 145m，南侧的轿椅山最高处海拔达 154m，基本能将焚烧厂的主厂房及烟囱遮挡。缺点是防护范围内（按场界 300m 计）有少量工业厂房同时位于龙岗街道，不便于纳入国际低碳城土地整备的总盘子，与轿椅山上空的一条 220kV 高压线有冲突，土石方量相对较大，估算为 500 万~600 万 m³（场平按海拔 70m 计），地块相对狭长，不便于后期的主厂区平面布局，若将地块形状拓展为方正，则需要移除北侧和南侧的山体，场址隐蔽性大为降低。

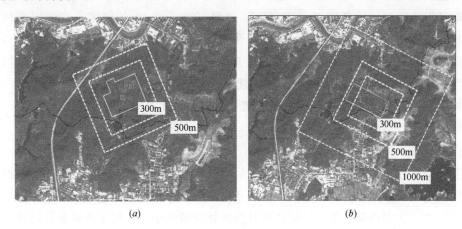

图 13-5　两个选址周边情况图

（a）选址方案一；（b）选址方案二

2. 方案推荐

研究确定方案一为推荐方案（图 13-6），即焚烧厂主厂区布置在上坑塘场址西部。建议加强对焚烧厂建筑外观尤其是烟囱的设计提升，改善其建筑形象，上坑塘场址东部可作为灰渣填埋场和应急填埋场（合计库容约 110 万 m³）。

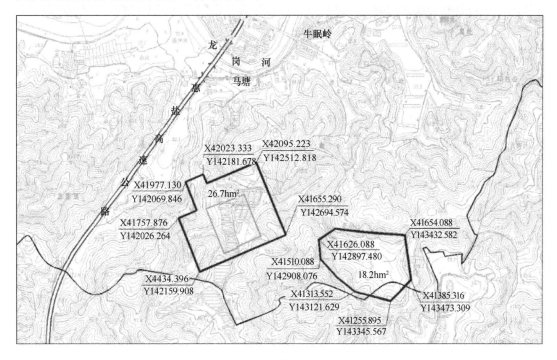

图 13-6　推荐选址方案图

3. 研究结论

上坑塘作为设计处理规模为 5000t/d 的垃圾焚烧厂的建设场址是可行的；焚烧厂的主厂区宜布置在上坑塘场址的西部，灰渣填埋场与应急填埋场宜布置在上坑塘场址的东部；上坑塘场址卫生防护用地范围内（按主厂区边界 300m 计）无任何城市建设用地；马塘村、牛眠岭村土地整备（搬迁安置）可能涉及的户籍人口规模为 282 人（约 100 户）；可能涉及的建筑面积约为 25 万 m²，其中居住建筑面积约 12 万 m²，均为原住民自建私房；货币补偿方案预计至少需 9.82 亿元，居住建筑土地置换方案预计需 1.37hm² 用地＋3.6 亿元（按每户 480m² 标准），居住建筑完全置换方案预计需 3.46hm² 用地。

13.2.3 特色与创新

随着民众环保意识的不断高涨，垃圾焚烧厂的规划选址已成为全社会的关注焦点。在焚烧场规划选址阶段的影响因子中，环境因子已经成为最重要的控制指标，直接决定项目选址的可行性。在深圳市东部垃圾焚烧项目选址优化研究中，探讨了两处备选场址周边的环境敏感点，有利于推动项目的实施和落地。同时，在场址比选过程中，本案例在焚烧厂对周边区域视觉方面，提出了观瞻性的分析方法，取得了较好效果。

13.2.4 实施效果

1. 场址调整，并对项目可研进行修编

2013 年 6 月 4 日，深圳市常务副市长率队赴龙岗现场调研东部垃圾焚烧处理项目选址情况，主持召开会议并明确，一是场址经综合比选从坂陂调回至上坑塘，二是东部项目纳入中欧低碳城统一规划建设。根据在坂陂项目时确定的工艺方案，对可行性研究报告进行修编。

2. 缓解资源与环境的矛盾

深圳市东部环保电厂项目的建成将大大减少深圳市垃圾的环境危害，它通过废物利用的途径实现了环境保护的目标，同时以有限的资源消耗和环境成本，获得了较大的经济效益、社会效益和环境效益，从而使经济系统与自然系统在物质循环上达到了相互和谐，最终为其他经济体系的循环发展提供了良好的生态环境，大大缓解了资源与环境的矛盾，较好地体现了"低碳、低消耗、低排放、高效率"的循环经济特征。

3. 项目后续工作顺利开展

2016 年东部环保电厂已完成项目核准、边坡及灰渣综合处置场征（转）协议签订、主厂区建设用地规划许可、土地出让合同签订、水保审批、节能和用水节水评估、安全预评价报告、四方协议签订、主厂区占用林地、边坡和连接道路临时占用林地审批、主厂区及边坡林木采伐证办理，通过国际竞赛确定建筑与景观设计方案，工程设计单位招标、环境监理招标、施工电源方案审批、电力接入系统报告评审。

13.3　设施规划设计条件研究

13.3.1　用地需求评估

不同类别处理处置设施的用地需求与设施类别及设施规模有关。设施建设规模根据对各个类别固体废物的产生量的预测以及现状设施的评估得到，根据设施建设规模，结合各个类别固体废物处理处置设施的用地标准即可得到具体的用地需求。不同类别设施的用地详见本书 6.7、7.6、8.7、9.6、10.6 节中。

1. 设施主要类型

综合环卫设施规划中，涵盖的固体废物种类有生活垃圾、再生资源、城市污泥、建筑废物、工业固体废物、危险废物，不同类别的固体废物，针对不同的处理工艺，即产生不同的设施需求。生活垃圾的处理设施包括焚烧厂、填埋场、生物处理厂、大件垃圾拆解厂等；再生资源处理设施涉及市政设施的主要再生资源的分拣中心和集散点；城市污泥的处理设施包括焚烧厂、冶炼厂等；建筑废物处理设施包括综合利用基地、填埋场等；工业固体废物处理设施包括焚烧厂、填埋场等；危险废物处理设施包括综合利用厂、物化处理厂、焚烧厂、填埋场等。从前文可以看出，固体废物的主要处理技术是焚烧和填埋。

填埋作为固体废物最终处置技术，具有建设投资少、技术要求低、对垃圾性质无特殊要求等优点。但与其他处理技术相比，填埋用地大，且填埋库容属于不可再生的消耗性资源。因此，在土地资源日益紧缺的城市继续贯彻"以填埋为主，其他处理方式为辅"的处理策略显然已不合时宜。

焚烧技术具有占地面积小、选址难度低、减容效果明显、可回收能源等优点，先进的焚烧技术空气污染程度极低，适用于垃圾热值较高、土地资源紧缺且经济较发达的城市。

由于规划设计条件研究与每种设施类别的内部结构存在紧密联系，因设施类别不同而不同。考虑目前多数城市普遍存在用地紧张情况，而焚烧是目前比较主流且成熟的技术，因此本章以生活垃圾焚烧为例进行规划设计条件研究方法的介绍。

2. 焚烧设施规模

在研究单个处理设施的规划设计条件时，一般以上层次环卫专项规划为依据，上层次专项规划中明确设施的选址以及设施的建设规模。在进行规划设计条件研究时，首先需要根据上层次规划，焚烧设施的服务范围、服务人口等对焚烧处理规模进行进一步核算，敲定最终建设规模。

生活垃圾焚烧厂的建设规模除了考虑正常的生活垃圾处理量，建设规模还须考虑以下因素：

（1）为保证焚烧处理设施的运转效率和使用寿命，每年需对其进行计划检修；此外，垃圾焚烧处理设施因机械故障停炉等原因还要考虑进行非计划外检修。因此，焚烧厂的年运行时间保持在 7000～8000h，且每 3～4 年就需进行大修（耗时 15～20d），进口焚烧炉运行时间会长一些，但要达到 8000h 并非易事。

（2）垃圾热值会随时间增高，而垃圾焚烧炉和余热锅炉等受热部件受强度、温度和参数的限制，以及经济性考虑，机械负荷一般在60%～100%之间变化；热负荷一般在70%～100%之间变化，一天内可以累计不超过2h在110%负荷运行。考虑超温会造成受热面腐蚀和损坏以及结焦的问题。MCR点（最大连续运行工况）设计过高，在低垃圾热值时，蒸汽参数将达不到要求，MCR点设计过低，将会导致受热面超温、高温结焦和腐蚀的危害，一般设计时，按10～15年达到MCR点考虑，当热值超过后，按降低处理量处理垃圾。在设计时，当垃圾热值超过2100kcal/kg后，垃圾处理量将会成比例降低。经计算，当垃圾热值达到2470kcal/kg时，垃圾处理量只能达到85%。发达国家20年前的垃圾热值即在该值附近，现在普遍在2500～3000kcal/kg之间。因此，需留有一定发展余量。

3. 用地需求评估

根据《城市环境卫生设施规划标准》GB/T 50337，生活垃圾焚烧发电厂综合用地指标为30～200m²/(t·d)，结合焚烧设施规模，计算出实际用地需求。由于土地的利用效率和地形以及地块形状有关，因此，用地需求的计算应结合选址的地形地势以及地块的形状而定。

13.3.2 工艺流程

焚烧处理工程的工艺主要包括三个方面，焚烧工艺流程、烟气处理工艺以及污水处理工艺。明确三个工艺后，再结合地块的情况进行设施的布局。

1. 生活垃圾焚烧工艺

按照《生活垃圾焚烧处理工程技术规范》CJJ 90，生活垃圾焚烧厂应包括：接收、储存与进料系统、焚烧系统、烟气净化系统、垃圾热能利用系统、灰渣处理系统、仪表及自动化控制系统、电气系统、消防、给水排水及污水处理系统、采暖通风及空调系统、物流输送及计量系统，以及启停炉辅助燃烧系统、压缩空气系统和化验、维修等其他辅助系统。

（1）垃圾接收、储存与输送系统

垃圾接收、储存与输送系统应包括垃圾称量设施、垃圾卸料平台、垃圾卸料门、垃圾池（垃圾池有效容积宜按5～7d额定垃圾焚烧量确定）、垃圾抓斗起重机、除臭设施和渗滤液导排等垃圾池内的其他必要设施。大件可燃垃圾较多时，可考虑在场内设置大件垃圾破碎设施。

（2）焚烧系统

垃圾焚烧系统应包括垃圾进料装置、焚烧装置、出渣装置、燃烧空气装置、辅助燃烧装置及其他辅助装置。

（3）烟气净化与排烟系统

垃圾焚烧线必须配置烟气净化系统，并应采取单元制布置方式。烟气排放指标限值应满足焚烧厂环境影响评价报告批复的要求。烟气净化工艺流程的选择，应充分考虑垃圾特性和焚烧污染物产生量的变化及物理、化学性质的影响，并应注意组合工艺间的相互匹配。烟气净化装置应有防止飞灰阻塞的措施，并有可靠的防腐蚀、防磨损性能。

（4）垃圾热能利用系统

焚烧垃圾产生的热能应进行有效利用。垃圾热能利用方式应根据焚烧厂的规模、垃圾焚烧特点、周边用热条件及经济性综合比较确定。利用垃圾热能发电时，应符合可再生能源电力的并网要求。利用垃圾热能供热时，应符合供热热源和热力管网的有关要求。

（5）给水排水

垃圾焚烧余热锅炉补给水的水质，可按现行国家有关锅炉给水标准中相应高一等级确定。厂内给水工程设计应符合现行国家标准《室外给水设计标准》GB 50013 和《建筑给水排水设计标准》GB 50015 的规定。生活用水宜采用独立的供水系统，生活饮用水应符合现行国家标准《生活饮用水卫生标准》GB 5749 的水质要求，用水标准及定额应符合现行国家标准《建筑给水排水设计标准》GB 50015 的规定。

厂内排水工程设计应符合现行国家标准《室外排水设计标准》GB 50014 和《建筑给水排水设计标准》GB 50015 的规定。生活垃圾焚烧厂室外排水系统应采用雨污分流制。在缺水或严重缺水地区，宜设置雨水利用系统。

2. 危险废物焚烧系统

（1）工业危险废物焚烧系统

危险废物的焚烧特点是废物元素成分千差万别，各种有害成分波动大，热值不一，炉前配伍对于保证废物充分焚烧、降低危险废物焚烧烟气污染物浓度和二噁英产生量具有重要的意义。目前，国内外常见的危险废物焚烧工艺主要有回转窑焚烧技术和热解气化焚烧技术。

不同于普通生活垃圾焚烧厂，危险废物在进行焚烧前需要先进行配伍。配伍前，需先制定日焚烧计划，在制定日焚烧计划时，尽量把放在一起焚烧效果更好或者允许一起焚烧的废物放在一起焚烧，避免把不能在一起焚烧的废物放在一起焚烧。配伍时，将可一起焚烧的固体废物送入配伍池调配均匀，对于半液态废物，按比例直接投入焚烧炉，对于废液，按比例通过管道输送到焚烧车间暂存罐后按流量计入焚烧炉。由于危险废物的易燃易爆特性，不能像生活垃圾焚烧厂一样，直接设置一个垃圾池用于储存垃圾，危险废物在进入焚烧厂后，需要分类别进行储存，经化验之后再进行配伍，因此在危险废物焚烧厂中需要较大的仓储空间，用地面积也较生活垃圾焚烧厂要大。

（2）医疗废物焚烧系统

医疗废物主要由有机碳氢化合物组成，含有较多的可燃成分，具有很高的热值，采用焚烧处理方式具有完全的可行性[81]。焚烧处理是一个深度氧化的化学过程，在高温火焰的作用下，焚烧设备内的医疗废物经过烘干、引燃、焚烧三个阶段将其转化成残渣和气体，医疗废物中的感染性物质和有害物质在焚烧过程中可以被有效破坏。焚烧技术适用于各种感染性医疗废物，焚烧时要求焚烧炉内有较高而稳定的炉温，良好的氧气混合工况，足够的气体停留时间等条件[102]，同时需要对最终排放的烟气和炉渣进行无害化处置。

13.3.3　功能分区

根据《生活垃圾焚烧处理工程项目建设标准》（建标 142），焚烧厂建设项目由焚烧厂主体工程、配套工程、生产管理和生活服务设施构成。一般来说，功能分区也按照以上三个部分来进行，在实际布局时，综合考虑地块形状以及限制因素等，可适度分开进行布置。

（1）焚烧厂主体工程是垃圾处理厂中最主要的建、构筑物，包括收料及供料系统、焚烧系统、烟气净化系统、余热利用系统、灰渣处理系统、仪表与自动化控制系统。

（2）配套工程主要包括总图运输、供配电、给水排水、污水处理、消防、通信、暖通空调、机械维修、监测化验、计量、车辆冲洗等设施。

（3）生产管理与生活服务设施主要包括办公用房、食堂、浴室、值班宿舍、公众监督与环保教育用房等设施。

13.3.4 总图设计及总平面布置

总体平面布局分为主生产厂房建筑区、辅助生产建筑区、厂前生活建筑区（包括办公楼、综合楼）、填埋场区四个分区。总平面布置按节约用地、布局紧凑又便于施工和生产管理的原则，适当利用道路和绿化带合理布局各功能分区。

1. 总图设计

垃圾焚烧厂的全厂总图设计，应根据厂址所在地区的自然条件，结合生产、运输、环境保护、职业卫生与劳动安全、职工生活，以及电力、通信、燃气、热力、给水、排水、污水处理、防洪、排涝等设施环境，特别是垃圾热能利用条件，经多方案综合比较后确定。

焚烧厂的各项用地指标应符合国家有关规定及当地土地、规划等行政主管部门的要求。

垃圾焚烧厂人流和物流的出、入口设置，应符合城市交通的有关要求，并应方便车辆的进出。人流、物流应分开，并应做到通畅。

垃圾焚烧厂宜设置必要的生活服务设施，具备社会化条件的生活服务设施及实行社会化服务。

2. 总平面布置

在进行总体平面布置时，垃圾焚烧厂应以垃圾焚烧厂房为主体进行布置，其他各项设施应按垃圾处理流程、功能分区，合理布置，并应做到整体效果协调、美观。

油库、油泵房的设置应符合现行国家标准《石油库设计规范》GB 50074 中的有关规定。

燃气系统应符合现行国家标准《城镇燃气设计规范》GB 50028 中的有关规定。

地磅房应设在垃圾焚烧厂内物流出入口处，并应有良好的通视条件，与出入口围墙的距离应大于一辆最长车的长度，且宜为直通式。

总平面布置应有利于减少垃圾运输和处理过程中的恶臭、粉尘、噪声、污水等对周围环境的影响，防止各设施间的交叉污染。

厂区各种管线应合理布置、统筹安排。

13.3.5　建筑强度

主体工程与设备管理区的建筑强度主要根据垃圾焚烧处理整个工艺流程的工艺技术或设备参数确定。生产管理与生活服务区根据劳动定员和外聘人员规模，依据《党政机关办公用房建设标准》《关于大学生公寓建设标准问题的若干意见》等，分别计算办公楼、员工宿舍、食堂、环保宣教展厅的规模。配套工程区的规划设计条件主要根据各个配套设施的规模和设备选型情况确定。环保设施区依据处理能力需要、不同工艺的水处理构筑物布设要求、间距要求及污水处理站用地面积进行控制。

最后进行总建筑面积、全厂建筑容积率、建筑覆盖率、建筑物各边退红线等汇总，计算出总建筑强度。

13.3.6　规划控制性因子

1. 人员配置

人员配备主要包括运行管理人员、行政宣传人员、检修人员、保洁人员、安全保卫人员五类职责分工。为建立专业化的运行队伍，保障厂区全天候服务和应急方案的需要，需在厂区内为全体人员提供相应的生活设施保障。

2. 厂区道路及绿化

垃圾焚烧厂区道路的设置，应满足交通运输和消防的需求，并应与厂区竖向设计、绿化及管线敷设相协调。垃圾焚烧厂区主要道路的行车路面宽度不宜小于 6m。垃圾焚烧厂房周围应设宽度不小于 4m 的环形消防车道，厂区主干道路面宜采用水泥混凝土或沥青混凝土，道路的荷载等级应符合现行国家标准《厂矿道路设计规范》GBJ 22 中的有关规定。垃圾焚烧厂宜设置应急停车场，应急停车场可设在厂区物流出入口附近处。

垃圾焚烧厂的绿化布置，应符合全厂总图设计要求，合理安排绿化用地。厂区的绿地率宜在 20%～30%。厂区绿化应结合当地的自然条件，厂区美化应选择适宜的植物。

3. 主要环境问题

（1）通过现场调查和现状监测，掌握项目建设区域环境质量现状及存在的主要环境问题。

（2）明确项目污染物是否达标排放、符合总量控制的要求；已采取的污染防治措施、环境风险防范及应急措施是否有效，并提出相应的完善环保措施的建议。

（3）对项目营运期产生的废水、废气、噪声和固体废物等带来的环境影响进行评价，分析论证项目运营对当地环境可能造成的污染影响的范围和程度，论证项目现有防治污染措施的有效性，提出实现污染物达标排放的优化措施，从环境保护角度对工程项目运营的可行性给出明确结论。

（4）改扩建项目重点对改扩建后焚烧工艺及焚烧烟气治理措施的可靠性、先进性以及与《生活垃圾焚烧污染控制标准》GB 18485、《危险废物焚烧污染控制标准》GB 18484 的相符性进行论述，对焚烧烟气达标排放的可行性进行充分论证，重点分析危险废物焚烧过程对周边大气环境、水环境、土壤环境、社会环境的影响程度，评价项目选址的合理合法性。

4. 排放标准

对于普通生活垃圾焚烧厂烟气污染物浓度的要求，厂界非甲烷总烃浓度能够达到《大气污染物排放限值》DB 44/27 第二时段二级标准，氨气和 H_2S 浓度能够达到《恶臭污染物排放标准》GB 14554 二级标准要求。危险废物焚烧烟气排放执行《危险废物焚烧污染控制标准》GB 18484 中大气污染物排放限值。

危险废物焚烧项目，需按照危险废物处置项目的环评要求进行全过程、全时段评价，还应根据危险废物焚烧项目的特点，重点分析焚烧工艺及焚烧烟气治理措施的可靠性、先进性以及与《危险废物焚烧污染控制标准》GB 18484 的相符性，对焚烧烟气达标排放的可行性进行充分论证。医疗废物焚烧炉各废气口排放的各项废气均符合《医疗废物焚烧炉技术要求》GB 19218 标准限值要求。

13.4　深圳市东部环保电厂规划设计条件研究[103]

13.4.1　编制背景

根据《广东省城市控制性详细规划管理条例》第十九条："在城市规划区范围内尚未编制控制性详细规划的地块，因国家、省或者地级以上市重点建设需要使用土地的，土地使用权出让、划拨以及建设用地的规划许可必须以经批准的规划设计条件为依据。"

2012 年，深圳市政府启动国际低碳城启动区的建设工作，2013 年，东部环保电厂被纳入《深圳市国际低碳城总体规划》，位于国际低碳城的南部。根据测算，东部环保电厂的碳减排能力将可达到 1170 万 t CO_2 当量，其减碳量约占国际低碳城规划项目总碳减排规模的 60%，是国际低碳城的核心项目之一。而规划设计条件研究作为东部环保电厂建设审批的依据之一，是加快东部环保电厂的建设、提高东部环保电厂建设标准的重要步骤。

基于上述背景，为发展新能源，带动新产业，开创新生活，打造低碳生态小镇，树立世界标杆，本案例按照《广东省城市控制性详细规划管理条例》和《深圳市城市规划条例》的要求，对东部环保电厂的规划设计条件进行研究。

13.4.2　编制内容

1. 技术路线

通过现场调研、收集资料和部门座谈等方式，了解设施的主要类型为焚烧并确定焚烧设施规模，在确定设施建设规模时，除了考虑正常的垃圾处理量外，还应考虑处理设施的运转效率、使用寿命和垃圾热值等因素；根据焚烧设施建设规模，进行用地需求评估；进而对东部环保电厂进行总体布局；确定规划因子，包括人员配置、功能分区、主要环境问题、排放标准，并对各功能分区的规划设计条件进行确定，为东部环保电厂建设提供依据。

2. 规划主要内容

根据规划设计条件研究的技术路线，本案例主要分为四个部分：第一部分为项目概述，阐述了项目背景、项目必要性、项目与国际低碳城市的关系、项目目的、用地需求和卫生防护距离；第二部分为规划设计条件研究，结合各限制因子，包括人员配置、功能分区等确定各功能分区的规划设计条件；第三部分为环境影响说明，对环境现状进行评价，并就项目实施后，污染物排放、垃圾渗滤液处理以及噪声等方面进行环境影响分析与评价和环境风险分析，提出相应的环境影响减缓措施；第四部分为研究结论与实施建议。

3. 规划主要成果

(1) 合理划分东部环保电厂功能分区

依据《生活垃圾焚烧处理工程项目建设标准》（建标 142）的要求，结合东部环保电厂的高建设标准，污水与烟气处理需单独列区，形成环保设施区，其设施用房主要包括四大部分，分别为主体工程用房、生产配套用房、管理办公和生活服务用房、环保设施用房（图 13-7）。

(2) 确定各功能分区的规划设计条件

根据各功能区相应的要求，得到相应的规划设计条件。主体工程与设备管理区的规划设计条件主要根据垃圾焚烧处理整个工艺流程的工艺技术或设备参数确定，生产管理与生活服务区的规划设计条件根据劳动定员和外聘人员规模，依据《党政机关办公用房建设标准》《关于大学生公寓建设标准问题的若干意见》等要求，对办公楼、员工宿舍、食堂、环保宣教展厅等进行确定，配套工程区的规划设计条件主要根据各个配套设施的规模和设备选型

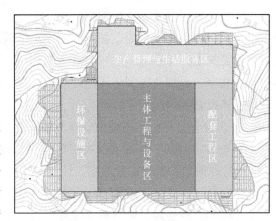

图 13-7　东部环保电厂功能分区图

情况确定，环保设施区的规划设计条件主要根据污水处理规模确定，依据处理能力需要、不同工艺的水处理构筑物布设要求、间距要求进行确定。

其中，主体工程用房、生产配套用房、管理办公和生活服务用房、环保设施用房的总建筑面积分别 13.9 万 m²、1.45 万 m²、0.1 万 m²、3.2 万 m²。经规划设计研究分析，厂区总建筑面积应控制在 15.41 万 m² 以内，为多层建筑，建筑容积率控制在 0.58 以内，建筑覆盖率控制在 50% 以内，行政办公及生活服务设施用地所占比重控制在 2% 以内，建筑物各边退红线不小于 9m。

13.4.3　实施效果

1. 建设标准高，排放标准严，资源循环

电厂焚烧炉、烟气净化系统、垃圾吊车、DCS 等关键设备将选用国际一流、成熟、稳定可靠的设备。烟气处理采用"SNCR 法＋半干法脱酸塔＋活性炭喷射＋袋式除尘器＋

湿式洗涤塔＋SCR"组合工艺，比国内常规处理工艺增加湿法、SCR工艺，烟气排放指标更严格，优于欧盟最新2010/75/EU标准。余热利用选用中温次高压参数，实现能源高效回收利用，焚烧后产生的炉渣，送至项目配套建设的炉渣综合利用及处置场进行制砖等综合利用，实现资源循环综合利用。垃圾渗滤液经过渗滤液处理系统"预处理＋厌氧反应器＋膜生物反应器＋纳滤＋反渗透"处理工艺，出水水质达到《城市污水再生利用—工业用水水质》GB/T 19923要求后，作为循环冷却补充水。

2. 去工业化设计，打破传统刻板印象

深圳东部环保电厂项目按国际一流标准，委托国际知名设计公司进行建筑及景观方案设计，设计方案获得了业内外好评，建筑设计方案新颖，实现了建筑外观去工业化，景观设计方案结合项目周边环境，实现了项目景观生态化、公园化。同时，场内实现参观流与生产流、人流、物流与作业流分离，提升了原有垃圾电厂在市民心中的形象，引领了我国垃圾发电项目建设质量的提升。

此外，项目集"生产＋办公＋生活＋教育＋旅游"一体，将景观与环境融为一体，改善所在区域市政基础设施环境配套，实现生态和谐与共享互动，成为垃圾处理设施国际示范项目。以深圳东部项目为依托，规划建设低碳城节能环保产业园，深能环保也将在项目地同期建设深能环保总部、人才公寓，与周边居民同吃同住、共同生活，带动周边发展，实现利益共享。引领我国固体废物处理模式进入第三代"固体废物处理综合体"时代，树立全国固体废物处理行业标杆。

3. 公众监督多样化，实现公众参与多样化

深圳东部环保电厂项目采用先进的在线监测设备，并建立相关数据公布网站，网页24h可实时查询当前烟气排放数据，厂门外设电子显示屏，向公众公示烟气排放的实时数据，供公众监督，同时，引入国际有资质的第三方机构进行监管，电厂区域采用电力系统严格管理体系进行管理，参观科普区域采用酒店管理模式，水族馆参观展示方式。

此外，电厂引入四方共管模式，政府、城管局、企业、居民代表四方共同成立运营监督管理委员会，实施运营全周期、全过程、全方位共同监管。

4. 有利于打造低碳生态小镇，树立世界标杆

项目采用新技术、新理念，实现由"单一功能设施"向"高效能高标准综合体"，由"普通固体废物处理"向"拉动产业发展的动力引擎"，由"简单工业产房"向"环境和谐地标建筑"，由"产业链终端"向"实现垃圾处理一体化"，由"保守封闭"向"开放共享"，由"地方项目"向"承载国际合作"的六个转变，开创全新模式，打造世界领先、面向未来的近零排放蓝色垃圾发电厂，由邻避项目转变为邻利项目，实现"更清洁、更安全、更高效、更亲民"的目标，成为"依法治理、低碳环保、多方共赢"的典范。

第 3 篇

规划管理篇

完成相应的专项规划后，离设施的建成还有一定距离。在众多实践过程中发现，环卫设施具有较大的敏感性，在建设过程中往往容易引起周边居民、企业的反对。在具体每个设施的建设过程中，一方面，需要明确综合环卫设施与普通公共设施的差异，厘清综合环卫设施与周边的关系，才能保障设施顺利建设；另一方面，除了规划方面的程序，还有设施建设管理、设施维护管理，明确从设施规划到设施建成后维护全流程的管理，才能打造出合规合法又和谐的综合环卫设施。

本篇将围绕综合环卫设施的基本属性、规划管理、建设管理、维护管理展开广泛的讨论。

第 14 章　综合环卫设施基本属性

　　综合环卫设施的定位是决定这些设施投资建设模式的根本依据，应明确其公共设施与社会物品的基本定位。综合环卫设施是一种特殊的城市基础设施，一方面，所有人都需要它，没有它城市就会变得脏乱差、资源循环就缺乏依托空间，是城市必要的基础设施之一；另一方面，其自身难以产生显著的经济回报，在土地价值日益升高的城市，难以找到可以为其实现持续稳定"自造血"功能的商业模式，必须依赖政府无偿的用地划拨和财政投入；此外，它还具有显著的邻避性，居民厌恶与其靠近，国外称之为 NIMBY 效应，需要建立必要的社会补偿机制和经济补偿机制以保障其正常建设、营造社会公平。

14.1　公共设施属性

　　公共设施是指由政府或其他社会组织提供的、给社会公众使用或享用的公共建筑或设备，按照具体的项目特点可分为教育、医疗卫生、文化娱乐、交通、体育、社会福利与保障、行政管理与社区服务、邮政电信和商业金融服务等。综合环卫设施毫无疑问，是公共设施中的重要一类，必然带有公共设施的通用属性（图 14-1）。

图 14-1　城市公共设施图

　　与私有属性产品不同，公共设施更多的是强调参与的均等与使用的公平。主要表现为公共设施应不受性别、年龄、文化背景与教育程度等因素的限制，而被所有使用者公平地使用，这也正是公共设施区别于私属性产品的根本不同之处。具体而言，综合环卫设施的布局和设计应考虑城市中所有使用者的方便，具体、深入、细致地体察不同性别、年龄、文化背景和生活习惯的使用者的行为差异与心理感受，而不仅仅是对行为障碍者、老年人、儿童或女性人群所表现出的"特殊"关照。

同时，综合环卫设施又与普通的公共设施有所区别，主要表现在：大多采用开放式系统，使用者与设施的关系较为随机，没有预约也没有登记，难以确定具体的使用者并实现计量，此外，综合环卫设施运行过程中，市民只能感受到其负面的影响，缺乏对缺失该设施造成的不利影响的切身体会，这是造成综合环卫设施建设在市民中缺乏显著支持者的主要原因。

14.2 自然垄断属性

传统的自然垄断属性设施具有资源稀缺性、规模经济性、范围经济效益、巨大的沉没成本等基本特征，使提供单一物品和服务的企业或联合起来提供多数物品和服务的企业形成一家公司（垄断）或极少数企业（寡头垄断）的概率很高。

与供水、供电、供气等公共资源供给工作类似，综合环卫设施同样具有自然垄断属性，一个地区建设了一座垃圾处理设施，在处理规模匹配的情况下，就难以再增加一座新的处理设施避免造成设施闲置、投资浪费。从综合环卫设施的整体特征来看，其本质上还是属于向社会公众提供服务的基础设施，其产生的经济效益有限，但社会效益较大，其社会效益主要由保障城市整体的环境质量和市容整洁等部分组成。因此，增加新的设施也不能提高现有设施的竞争压力进而带来综合成本的降低，巨大的沉没成本反而会带来新增设施的难以推动。

14.3 邻避属性

14.3.1 邻避效应

邻避指居民或当地单位因担心建设项目对身体健康、环境质量和资产价值等带来诸多负面影响，从而激发人们的嫌恶情结，滋生"不要建在我家后院"的心理，即采取强烈和坚决的、有时高度情绪化的集体反对甚至抗争行为。综合环卫设施，特别是垃圾焚烧厂（由于具有显著的烟囱），是现代城市中最为典型的邻避设施之一，媒体报端经常可以见到各地民众反对这些设施建设的新闻报道（图 14-2）。

在现实社会中，邻避效应在一定程度具有一定的积极作用，如有助于纠正行政和技术的决策失误，提出恰当的补偿机制，维护公民的合法权利，促进社会公平。

然而，随着人们的环保意识增强，邻避心理愈发强烈，利益受损的居民对经济性补偿方案的各方面要求也就会越来越高。倘若相关问题处理不当，不但会延误工程建设进程、增大建设成本，还有可能引发相关社会政治问题，增加社会不稳定性因素。就目前而言，由于邻避效应而拖延甚至取消对经济社会发展具有必要性的公益性项目的案例比比皆是。

图 14-2　居民反对环卫设施建设的现场照片

14.3.2　邻避效应的缓解

邻避属性已成为制约综合环卫设施顺利建设的主要原因，国外通行的做法是建立邻避项目的选址机制，选址机制应规定选址机构的组成办法、选址程序和选址方法。选址机制的建立既发挥了政府及其公共事业机构的作用，又保障公众参与，有利于贯彻为民行政理念。以日本为例，日本从宣传教育、提高标准、回馈周边等方面来缓解邻避效应。

首先，日本政府将参观垃圾处理设施列为中小学教育的必修环节，让居民更深入地了解环卫设施的实际运行情况以及环卫设施对整个城市的重要意义，消除居民对环卫设施的邻避心理。此外，在环卫设施建设时，日本政府让居民参与环卫设施建筑外观设计，增强居民参与感，如东京世田谷区垃圾焚烧厂的烟囱就是由居民参与设计的（图 14-3）。

(a)　　　　　　　　　　　　　　　　　(c)

图 14-3　焚烧厂宣传教育案例
(a) 为世田谷区居民设计的烟囱外观；(b) (c) 为大阪舞洲垃圾焚烧厂内见学基地内作品展示墙

其次，垃圾焚烧厂执行严格的排放标准，严格按照标准执行，削减对周边居民的影响。

另外，部分焚烧厂在规划建设时，同时配建公园、游泳馆、运动场等回馈设施，增强居民的好感度，打造与周边居民和谐共处的环卫设施（图 14-4）。

图 14-4　世田谷区焚烧厂及周边回馈设施示意图

第 15 章　综合环卫设施规划管理

15.1　我国规划管理基本架构

随着我国"多规合一"的逐步推进，也需要有完善可行的管理制度共同促进城乡规划的进步与发展[103]。根据国家标准《城市规划基本术语标准》GB/T 50280，城乡规划管理是城乡规划编制、审批和实施等管理工作的统称，可理解为组织编制和审批城乡规划，并依法引导、监管城乡土地的使用和各项建设项目的安排实施。城乡规划管理具有综合性、整体性、系统性、时序性、地方性、政策性、技术性、艺术性等诸多特征[105]。

城乡规划管理包括城乡规划编制管理、城乡规划审批管理和城乡规划实施管理（图15-1）。城乡规划编制管理主要包括组织编制城乡规划，征求并综合协调各方面的意见并融入规划成果，规划成果的质量把关、申报。城乡规划审批管理主要是对已编制完成的城乡规划成果，依据城乡规划法规所实行的分级审批制度进行管理。城乡规划实施管理主要包括建设用地规划管理、建设工程规划管理和规划实施的监督检查管理等。

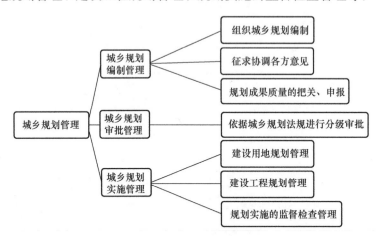

图 15-1　我国城乡规划管理内容

通常所说的城乡规划管理一般狭义单指城乡规划实施管理，其为各级城乡政府的一项重要职能。城乡规划实施管理是规划行政管理部门按照城乡规划法的相关要求，通过法制的、行政的、经济的、社会的管理手段和科学的管理方法，对城乡各类建设用地和各项建设活动进行控制、引导和监督，从而实施城乡规划，促进城乡协调发展。

我国的规划管理模式是实行"规划许可"制度。现行的《城乡规划法》中确立"一书两证"制度为规划实施管理的基本制度。"一书两证"中的"一书"是指建设项目用地预审与选址意见书，而"两证"则是指建设用地规划许可证和建设工程规划许可证。建设项目用地预审与选址意见书是城乡规划行政主管部门依法核发的有关建设项目的选址和布局的法律凭证；建设用地规划许可证是经城乡规划行政主管部门依法确认其建设项目位置和用地范围的法律凭证；建设工程规划许可证具体指城乡规划行政主管部门依法核发的有关建设工程的法律凭证。

在政府职能转变、深化"放管服"改革和优化营商环境的大环境、大背景下，我国自然资源部于 2019 年 9 月下发了《自然资源部关于以"多规合一"为基础推进规划用地"多审合一、多证合一"改革的通知》（自然资规〔2019〕2 号），通知要求将建设项目选址意见书、建设项目用地预审意见合并，将建设用地规划许可证、建设用地批准书合并。

规划管理分为核发建设项目用地预审与选址意见书、核发建设用地规划许可证、核发建设工程规划许可证、监督检查、竣工验收等几个阶段。

在规划管理内容中，最为核心的是建设用地的规划管理。在目前我国城乡土地有偿使用和行政划拨并存的情况下，根据土地使用权获得方式和建设规模的不同，规划管理程序和运行模式也不尽相同。在规划管理的决策过程中，一般实行分层次管理、集体研究决定、领导审批的程序。

15.1.1　城乡规划管理目标

城乡规划管理的目标是通过对城乡各种建设活动的有效引导和监管，确保城乡综合效益最大化，实现城乡规划期内确立的各种发展目标，最终实现城乡的可持续发展。

城乡规划的任务是根据国民经济和社会发展计划、经济技术政策、城乡发展目标和建设的方针，以及城乡所在地的自然资源、历史情况、现状特点和建设条件，合理地确定城乡在规划期内的经济和社会发展目标，确定城乡性质、规模和布局，统一规划及合理利用城乡土地，综合布置城乡经济、文化、公共事业等各项项目，保证城乡有秩序协调发展。

城乡规划管理是政府保障城乡规划实施的行政工作，是动态地、创造性地实现城乡规划宏伟蓝图的措施和手段[106]。

15.1.2　城乡规划管理对象

城乡规划管理的对象一般包括建设用地规划管理（土地使用）、建设工程规划管理两大类。

城乡建设用地是城乡一切活动的载体，如要使用城乡规划区内的土地进行建设，需经城乡规划行政主管部门审查批准，核发建设用地规划许可证的用地，即为建设用地。城乡建设用地应包括城乡用地分类中的居住用地、公共设施用地、工业用地、仓储用地、绿化用地和特殊用地等九大类。

建设工程规划管理各项建设工程，具体指城乡规划区内新建、扩建和改建的建筑物、构筑物、道路、管线和其他设施等建设工程。

15.1.3　城乡规划管理依据

城乡规划管理的依据贯穿和指导规划的整体实施，四大依据分别为计划依据、规划依据、法制依据和经济技术依据（图 15-2）。

计划依据
- 城乡经济社会发展中长期计划
- 城乡经济和社会发展五年计划
- 城乡建设年度计划
- 建设项目设计任务书
- 可行性研究报告批准的计划投资文件
- 技术改造项目计划批准文件
- 城乡建设综合开发计划批准文件

规划依据
- 城乡发展战略研究成果
- 城镇体系文件与图纸
- 城乡总体规划纲要
- 经批准的城乡总体规划文件与图纸
- 分区规划文件与图纸
- 专项规划文件与图纸
- 近期建设规划文件与图纸
- 控制性详细规划文件与图纸
- 修建性详细规划文件与图纸或模型
- 经城乡规划行政主管部门提出的规划设计条件
- 审批同意的用地红线图
- 总平面布置图
- 市政道路设计图
- 建筑设计图和各种工程管线设计图
- 城乡规划行政主管部门发出的规划设计变更通知文件

法制依据
- 《中华人民共和国城乡规划法》相关法律文件

经济技术依据
- 《中国城市建设技术政策》
- 国家在城乡规划建设方面的经济技术定额指标和经济技术规范
- 根据国家的经济技术要求编制的地区性经济技术要求文件
- 城乡规划行政主管部门提出的经济技术要求

图 15-2　我国城乡规划管理四大依据

计划依据主要包括城乡经济社会发展中长期计划、城乡经济和社会发展五年计划、城乡建设年度计划、建设项目设计任务书或可行性研究报告批准的计划投资文件、技术改造项目计划批准文件、城乡建设综合开发计划批准文件。

规划依据主要包括城乡发展战略研究成果、城镇体系文件与图纸、城乡总体规划纲要、经批准的城乡总体规划文件与图纸、分区规划文件与图纸、专项规划文件与图纸、近期建设规划文件与图纸、控制性详细规划文件与图纸、修建性详细规划文件与图纸或模型、经城乡规划行政主管部门提出的规划设计条件、审批同意的用地红线图、总平面布置图、市政道路设计图、建筑设计图和各种工程管线设计图、城乡规划行政主管部门发出的规划设计变更通知文件等。

法制依据主要包括《中华人民共和国城乡规划法》及其相关法律文件，将在 15.2 节详细讨论。

经济技术依据主要包括《中国城市建设技术政策》，国家在城乡规划建设方面的经济技术定额指标和经济技术规范，根据国家经济技术要求编制的地区性经济技术要求文件，城乡规划行政主管部门提出的经济技术要求等。

15.1.4　城乡规划管理职能

城乡规划管理是城乡政府最重要的职能，是政府调控手段之一。离开政府职能的规划管理研究也就失去了基础和立足点。在市场经济条件下，规划管理职能与政府职能的关系表现在以下几个方面[107]。

1. 政府干预手段

城乡规划管理是一种政府进行公共干预的手段。城乡各级政府根据国家和地方各级有关城乡规划管理的法律、法规和各种具体规定，依据经法定程序编制和批准的城乡规划文本和图则，用法制的、行政的、经济的、社会的和其他科学的管理手段，对城乡土地和空间的使用进行合理引导和监管，确保城乡的各项建设符合城乡社会、经济、环境等各类发展目标，保证城乡规划的实施。

在城乡建设和发展的特定阶段，政府可通过城乡规划管理直接或间接地干预，来对城乡发展的具体事件产生影响，例如在城乡建设资源配置中发挥重要的调控作用，从而达成预期目标。直接干预是指通过从城乡规划方案的编制到有关法规条例的制定和实施来把握调整城乡发展，例如城乡土地使用、空间发展、环境整治等相关政策；而间接干预借助的是相关公共政策，来正式或非正式地迂回干预规划，如公共物品与服务的社会供给计划、税收、补贴、补偿等公共政策。

2. 体现政府指导和管理城乡建设与发展的政策导向

在我国市场经济不断发展和完善的同时，规划也一直在跟随市场平行发展，规划对市场的干预也越来越突出[108]。随着我国社会主义市场经济体制的逐步完善，政府的管理方式和行为模式也从"无限政府"转向"有限政府"，即政府从过去行政指令性管理模式，转变为以逐渐完善的法律法规为基础的服务管理模式。通过借助市场"无形的手"，依托市场经济规则有效配置城乡资源，从而实现效益的最大化。

在"多规合一""一张蓝图绘到底"以及全国深化"放管服"政府职能转变的背景下，我国各级政府在逐步提高工作效率和工作透明度，市场活力和动力亦进一步激发释放，规划决策亦更加科学化、民主化，为城乡发展创造了更优良的条件。从另一方面来看，城乡规划体现了政府指导和管理城乡建设与发展的政策导向。

3. 体现政府职能的公平性和效率性

规划管理部门是规划行政的主体，应在其决策行为、程序和内容中体现公平性和效率性原则。公平性体现在城乡各方和城乡发展的公共、长远利益均被考量且得到维护。在进行充分的研究、综合各方因素，必要时借助专家的知识和力量后，规划管理部门方应作决策选择最适宜方案。且决策行为应及时高效，以具体体现政府的规划管理行为为城乡建设服务。

15.1.5　公众参与提升设施规划管理监督力

1. 公众参与的内涵与背景

公众指的是政府服务的群众主体。公众参与指的是在公众需求多样化、社会各阶层利益不尽相同的情况下，群众参与到政府决策过程中维护自身切实利益的权力。

在现代城市规划发展中起着重要作用的《雅典宪章》中强调，"人的需要和以人为出发点的价值衡量是一切建设工作成功的关键"，其已经意识到城市规划的基础即是首要考虑城市中广大人民群众的利益[109]。从 20 世纪 60 年代开始，人文、社会的因素在西方的城市规划领域日益被重视起来。改革开放以来，国外学说开始涌入中国，规划领域也不例外。借鉴国外先进的规划管理经验推动中国规划管理体制改革[110]。20 世纪 90 年代初，公众参与城市规划的概念开始从西方国家被介绍引入我国规划界和建筑界，并被写入《北京宪章》中，章程中指出，"要提高社会对建筑的共识和参与，共同保护与创造美好的生活与工作环境。其中，既包括使用者参与，也包括决策者参与。"更为重要的是，宪法赋予了人民通过各种途径和形式管理国家事务的权利。这均使得我国的公众参与城市规划有着坚实的政治基础。

回顾我国拥有着多年历史的城市规划，公众在自觉或不自觉的情况下参与了城市规划管理的每一项活动。随着科学技术的进步，经济水平和教育水平随之增长，公众科学水平和人文素质的提高且对周遭社会认识的进一步深化，使公众参与城市规划管理的意识和能力也在大幅提高[111]。

2. 公众参与的意义

公众参与是规划决策公开和监督民主的重要实现途径。公众通过自下而上的反馈渠道向规划管理部门提供意见建议、背景材料、价值观等，使城市规划更加符合公众切实利益、愿望，有助于提高规划质量，也弥补了原本自上而下体制的不足，使得城市规划管理的体系更加完善，规划决策成果更符合社会实际情况。另一方面，市民在参与规划决策过程中，自身素质会得到提高，这对提高城市凝聚力、提高政府公信力，都起到重要作用。

对于环卫设施规划，由于环卫设施往往涉及"邻避效应"，市民对规划的参与和认可更能有效确保后续设施在实施过程中获得市民的理解和支持，从而进展顺利。

3. 环卫设施规划管理公众参与规划的渠道

公众可以通过人大代表和政协委员、专家代表间接参与规划，或是直接积极参与到规划编制的过程中去。

根据《中华人民共和国城乡规划法》的规定，城乡规划的施行应由各级人民代表大会审议并批准通过，由此人大代表、政协委员作为公众代表参与了规划；在组织专家评审，请各界专家对规划方案提建议时，专家作为群众代表参与了规划过程；一般公众的参与可以通过参加城乡规划展览会、参与具体项目规划编制举行的民意调查或在规划成果公示期间及时反馈意见建议等方式进行。

15.2　城乡规划法律法规体系

根据《中华人民共和国立法法》，城乡规划法规体系的等级层次应包括法律、行政法规、地方性法规、自治条例和单行条例、规章（部门规章、地方政府规章）等，以构成完整完备的法规体系[112]。

　　《城乡规划法》是我国城乡规划法律法规体系中的主干法和基本法，对其他各等级层次与城乡规划相关的法规条例和规章等起着不容违背的约束性作用。这些法律法规、条例规章共同构成了我国城乡规划的法律法规体系[113]。

　　我国的城乡规划法律法规体系在中央和地方两个层级上，分别沿横向和纵向展开。在中央层级上，《中华人民共和国土地管理法》（1986年）、《中华人民共和国文物保护法》（1982年）、《中华人民共和国行政许可法》（2003年）、《中华人民共和国行政复议法》（1999年）、《中华人民共和国行政诉讼法》（1989年）、《城市绿化条例》（2011年）、《基本农田保护条例》（1998年）、《历史文化名城名镇名村保护条例》（2008年）等均与《城乡规划法》有所涉及呼应，是《城乡规划法》在横向上的联系和延伸。

　　纵向上，城乡规划相关的各类法规条例、规章也在逐步完善，如《城乡规划编制办法》（2005年）、《村镇规划编制办法（试行）》（2000年）等。此外，国家相关部门制定了一系列国家标准和行业标准作为技术标准和规范，如《城市用地分类与规划建设用地标准》GB 50137、《城市规划制图标准》CJJ/T 97、《城市道路工程设计规范》CJJ 37等，均为城市规划编制与管理的规范化提供依据，也被视作是《城乡规划法》在纵向上的延伸。

　　在中央的全国性法律法规体系的基础上，有地方立法权的地方也建立了相应的法律、法规体系，如《深圳市城市规划条例》（2001年）、《深圳经济特区规划土地监察条例》（2013年），《深圳地下空间开发利用暂行办法》（2008年）等规章，及《深圳市城市规划标准与准则》（2014年）等标准。

　　我国城乡规划法律法规（不含省、自治区、直辖市和较大市的地方性法规、地方政府规章）构成的法律体系框架如表15-1所示。

我国城乡规划法律法规体系　　　　　　　　　　　　　表15-1

类　别		名　称
法律		《中华人民共和国城乡规划法》
行政法规		《村庄和集镇规划建设管理条例》
部门规章与规范性文件	城乡规划编制与审批	《城市规划编制办法》
		《省域城镇体系规划编制审批办法》
		《城市总体规划实施评估办法（试行）》
		《城市总体规划审查工作原则》
		《城市、镇总体规划编制审批办法》
		《城市、城镇控制性详细规划编制审批办法》
		《历史文化名城保护规划编制要求》
		《城市绿化规划建设指标的规定》
		《城市综合交通体系规划编制导则》
		《村镇规划编制办法（试行）》
		《城市规划强制性内容暂行规定》

类　别		名　　称
部门规章与规范性文件	城乡规划实施管理与监督检查	《建设项目选址规划管理办法》
		《城市国有土地使用权出让转让规划管理办法》
		《开发区规划管理办法》
		《城市地下空间开发利用管理规定》
		《城市抗震防灾规划管理规定》
		《近期建设规划工作暂行办法》
		《城市绿线管理办法》
		《城市紫线管理办法》
		《城市黄线管理办法》
		《城市蓝线管理办法》
		《建制镇规划建设管理办法》
		《市政公用设施抗灾设防管理规定》
		《停车场建设和管理暂行规定》
		《城建监察规定》
	城市规划行业管理	《城市规划编制单位资质管理规定》
		《注册城市规划执业资格制度暂定规定》

15.3　综合环卫设施规划编制管理

15.3.1　综合环卫设施规划组织编制主体

各城市编制的综合环境卫生设施专项规划通常指狭义上的环卫设施，即生活垃圾（生活源废弃资源）环卫设施专项规划，由城市人民政府城乡规划主管部门会同主管生活垃圾（生活源废弃资源）的有关部门负责综合环境卫生设施专项规划编制的具体工作。其他类别固体废物，如工业垃圾（工业源废弃资源）、危险废物（有害类废弃资源）、建筑废物（建设源废弃资源）和城市污泥（水务源废弃资源）等同生活垃圾类似，均由城市人民政府城乡规划主管部门会同主管相应废弃资源的部门负责专项规划编制工作。专项规划经审查批准后，应由城市人民政府予以公布（法律、法规规定不得公开的内容除外）。承担城市市政环卫设施专项规划编制的单位，应当具有乙级及以上的城乡规划编制资质，并在资质等级许可的范围内从事编制工作。

15.3.2　综合环卫设施规划编制的内容

综合环卫设施规划的主要任务是规划建设与城市总体规划相吻合，与城市整体定位相匹配的城市综合固体废物处理处置设施体系；不仅要满足城市近中期发展需求，还需能预控远景发展；同时减弱甚至消除环卫设施对周边环境及居民的影响，缓解邻避效应；并在保障固体废弃资源无害化处理处置的基础上，逐步促进废弃物的减量化和资源化。

综合环卫设施规划应当包含下列内容：

（1）明确环卫设施规划范围与期限、目标、原则及指导思想；

（2）确定环卫设施规划思路、规划策略及技术路线；

（3）解读上层次及历年相关政策、规划，并对上版环卫设施规划进行评估，指导本次规划编制工作；

（4）本底调查，摸清各类固体废弃资源现状产生量。以此为基础，科学合理预测规划期限内固体废弃资源产生量的变化趋势；

（5）提出规划方案，明确前端投放、中间收运、末端处置的完整体系；

（6）根据预测量，确定各类设施处理处置规模及用地范围；

（7）规划环卫公共设施布局，如环卫车辆停车场等；

（8）提出规划实施建议和保障措施。

15.4 综合环卫设施规划审批管理

市政环卫设施规划的审批管理是指在规划编制完成后，组织编制单位按照法定程序向法定的规划审批机关提出规划报批申请，法定的审批机关按照法定的程序审核并批准规划的行政管理工作。法律规章不仅能规范工作流程，其规定的相关标准条例还能提升工作效率、降低沟通成本[114]。

根据《中华人民共和国城乡规划法》第十二至十六条规定，我国城市规划的审批主体是国务院和省、自治区、直辖市和其他城市规划行政主管部门。按照法定的审批权限，城市的专项规划一般是纳入城市总体规划一并报批。由于专项规划与城市总体规划关系密切，单独编制的专项规划一般由当地的城市规划行政主管部门会同专业主管部门，根据城市总体规划要求进行编制，报城市人民政府审批[115]。

综合环卫设施规划的组织编制单位，应充分征求市政环卫设施建设工作领导小组各成员单位、专家和社会公众对于规划成果的意见，修改完善后报同级人民政府批准[116]。

15.5 综合环卫设施规划实施管理

15.5.1 综合环卫设施规划实施管理的概念

城乡规划实施管理，就是按照法定程序编制和批准的城乡规划，依据国家和各级政府颁布的城乡规划管理有关法规和具体规定，采用法制的、行政的、社会的、经济的和科学的管理办法，对城市的各项用地和建设活动进行统一的安排和控制，引导和调节城市的各项建设事业有计划、有秩序地协调发展，保证城乡规划实施落地，使规划成果具体化为现实。

市政环卫设施规划实施管理的对象主要是各类环卫设施及其配套项目。每一项建设项目都要经过立项审批、规划审查、征询意见、协调平衡、审查批准、办理手续及批后管理等一系列的程序。其关键的环节和重要标志是核发"一书两证",即建设项目用地预审与选址意见书和建设用地规划许可证、建设工程用地规划许可证,具体将在15.6节讨论。

15.5.2 综合环卫设施规划实施管理策略

综合环卫设施规划实施管理是一项综合性、复杂性、系统性、实践性、科学性很强的技术行政管理工作,直接决定综合环卫设施规划成果能否顺利落地,其应遵循以下原则。

1. 合法性原则

合法性原则的核心是依法行政,规划管理人员和管理对象都必须严格遵守法律法规,在法定范围内依照规定办事;规划管理人员和管理对象都没有违背相关法律条例做事的特权;综合环卫设施规划实施管理的执行必须有明确的法律规范作为依据。

2. 合理性原则

规划管理机关应在遵从合法性原则的前提下,在法律法规规定范围内,做出合理的行政决定。行政合理性原则的具体要求是,行政行为在合法的基础上,还要符合客观规律,符合国家和人民的利益,要有充分的客观依据。

3. 程序化原则

综合环卫设施规划实施管理需按照科学的审批管理程序来进行,也就是要求在城乡规划区内的土地使用和市政环卫设施的各种建设活动,都必须依照《城乡规划法》的规定,经过申请、审查、征询有关部门意见和批报、核发有关法律性凭证及批后管理等必要的环节来进行。

4. 公开化原则

经过批准的综合环卫设施规划一经公布,任何单位和个人都无权擅自改变,一切与城乡规划有关的土地利用和建设活动都必须按照《城乡规划法》的规定进行。

5. 加强批后管理的原则

土地使用和建设活动的批后管理,有利于促使正在进行中的各项建设活动严格遵守城市规划行政主管部门提出的规划要求。同时,经常性的日常监督检查工作,有助于及时发现从而严肃处理各类违反城乡规划的活动。

15.5.3 综合环卫设施规划实施管理机制

1. 行政管理机制

在综合环卫设施规划的实施中,行政管理机制起着最基本的作用,要很好地发挥规划实施的行政机制,规划行政机构就要获得充分的法律授权[117]。

2. 财政支持机制

政府可以按照综合环卫设施规划的要求,通过公共财政的预算拨款,直接投资兴建某些重要的城市市政环卫设施,或者通过资助的方式促使公共工程建设。政府还可发行财政债券来筹集建设资金,或通过税收杠杆来促进和限制某些投资和建设活动,实现城乡规划的目标,使得规划成果真正落地。

3. 法律保障机制

法律在保障综合环卫设施规划实施过程中在两个方面有所体现：一是通过行政法律、法规为综合环卫设施规划行政行为授权，并为行政行为提供实体性、程序性依据；二是公民、法人和社会团体为了维护自己的合法性权利，可以依据法律法规对综合环卫设施规划行政机关做出的具体行政行为提出行政诉讼。

4. 社会监督机制

综合环卫设施规划实施的社会监督机制是指公民、法人和社会团体参与综合环卫设施规划的制定，并监督其实施。

15.6 综合环卫设施建设项目规划许可制度

综合环卫设施规划实施管理的基本制度是规划许可制度，即综合环卫设施规划行政主管部门根据依法审批的综合环卫设施规划和有关法律法规，通过核发建设项目选址意见书、建设用地规划许可证、建设工程规划许可证（统称"一书两证"），对各项环卫设施建设项目进行组织、控制、引导和协调，使其与国土空间规划相衔接，并纳入城乡规划的轨道。

根据 2018 年国务院下发的《关于开展工程建设项目审批制度改革试点的通知》（国办发〔2018〕33 号）的要求，为了深化"放管服"改革，推动政府职能转向减审批、强监管、优服务，在试点地区进行覆盖工程建设项目审批全过程的改革。其中，审批阶段得到优化，工程建设项目审批流程划分为立项用地规划许可、工程建设许可、施工许可和竣工验收等四个阶段。市政环卫设施建设项目管控流程如图 15-3 所示。

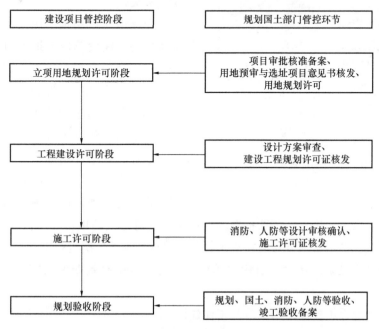

图 15-3 环卫设施建设项目管控流程的工作程序图

15.6.1 立项用地规划许可阶段

立项用地规划许可阶段主要包括项目审批核准备案、用地预审与选址意见书核发、用地规划许可等。

1. 建设项目用地预审与选址意见书

（1）建设项目选址意见书的概念

建设项目选址规划管理，是城乡规划行政主管部门根据城乡规划及其有关法律法规对建设项目地址进行选择或确认，保证各项建设按照城乡规划，并核发建设项目用地预审与选址意见书的行政管理工作。

建设项目选址规划管理、建设用地规划管理和建设工程规划管理是一个连续的过程。一般在建设项目选址规划管理阶段，一并将建设用地使用规划条件和建设工程规划设计要求同时提出。

图 15-4　建设项目用地预审与选址
意见书封面与内页

（2）审核建设项目用地预审与选址意见书的程序

根据自然资源部《关于以"多规合一"为基础推进规划用地"多审合一、多证合一"改革的通知》（自然资规〔2019〕2号）的指示，建设项目选址意见书和建设项目用地预审意见合并，自然资源主管部门将统一核发建设用地预审与选址意见书（图15-4），不再单独核发建设项目选址意见书、建设项目用地预审意见。

涉及新增建设用地，用地预审权限在自然资源部的，建设单位向地方自然资源主管部门提出用地预审与选址申请，由地方自然资源主管部门受理；经省级自然资源主管部门报自然资源部通过用地预审后，地方自然资源主管部门向建设单位核发建设项目用地预审与选址意见书。用地预审权限在省级以下自然资源主管部门的，由省级自然资源主管部门确定建设项目用地预审与选址意见书

办理的层级和权限。使用已经依法批准的建设用地进行建设的项目，不再办理用地预审；需要办理规划选址的，由地方自然资源主管部门对规划选址情况进行审查，核发建设项目用地预审与选址意见书。建设项目用地预审与选址意见书有效期为三年，自批准之日起计算。

（3）市政环卫设施建设项目本阶段工作建议

对于市政环卫设施建设项目，城乡规划行政主管部门在建设项目选址意见书中应将建

设项目是否开展市政环卫相关设施建设作为基本要求之一，予以明确。

城乡规划行政主管部门根据申报材料，将是否开展市政环卫设施建设的结论明确列入选址意见书、用地出让（划拨）条件。例如，某适宜开展的项目，在选址意见书中加入以下要求："项目需按国家和地方市政环卫设施建设的相关规定，同步开展市政环卫设施的规划设计、建设和验收"。

申请建设项目用地预审与选址意见书工作程序如图 15-5 所示。

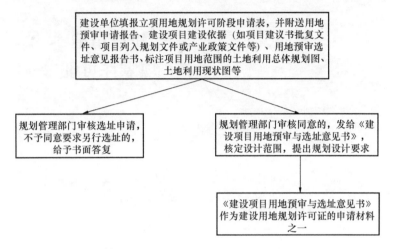

图 15-5　申请建设项目用地预审与选址意见书工作程序图

2. 建设用地规划许可

（1）建设用地规划管理的概念、作用和范围

建设用地规划管理就是依据城乡规划（国土空间规划、控制性详细规划、修建性详细规划、城市设计、专项规划）所确定的区位、总体布局、用地性质、土地利用强度、建筑及设施布置等，满足建设工程功能和利用要求，确定建设工程位置、利用土地的面积、开发强度，经济合理地利用城乡土地。也可以理解为，城乡规划行政主管部门根据法定程序制定的城乡规划区范围内建设项目用地进行审查，确定其建设地址，核定其用地范围及土地利用规划要求，核发建设用地规划许可证的行政行为。

建设用地规划管理的目的是从城乡全局和长远利益出发，根据建设工程的用地要求，经济、合理地利用城乡土地，保障城乡综合功能和综合效益的正常发挥，实现城乡规划目标[118]。建设用地规划管理是城乡规划管理的关键和核心，其作用主要包括以下几个方面：合理利用土地，保证城乡规划实施；节约城乡建设用地；实现城乡建设的综合效益；在实施中深化城乡规划。

（2）建设用地规划管理的审核程序

自然资规〔2019〕2 号同时明确规定将建设用地规划许可证、建设用地批准书合并，由自然资源主管部门统一核发新的建设用地规划许可证（图 15-6），不再单独核发建设用地批准书。

目前，我国建设单位的土地使用权有两种获得方式：土地使用权无偿划拨和有偿出

图 15-6　建设用地规划许可证封面与内页

让。《中华人民共和国城市房地产管理法》（以下简称《城市房地产管理法》）第二十三条规定，土地使用权划拨是指县级以上人民政府依法批准，在土地使用者缴纳补偿、安置等费用后将该幅土地交付其使用，或者将土地使用权无偿交付给土地使用者使用的行为。

以划拨方式取得国有土地使用权的，建设单位向所在地的市、县自然资源主管部门提出建设用地规划许可申请，经有建设用地批准权的人民政府批准后，市、县自然资源主管部门向建设单位同步核发建设用地规划许可证、国有土地划拨决定书。

以出让方式取得国有土地使用权的，市、县自然资源主管部门依据规划条件编制土地出让方案，经依法批准后组织土地供应，将规划条件纳入国有建设用地使用权出让合同。建设单位在签订国有建设用地使用权出让合同后，市、县自然资源主管部门向建设单位核发建设用地规划许可证。

《城乡规划法》第三十八条规定，城市、县人民政府城乡规划主管部门不得在建设用地规划许可证中，擅自改变作为国有土地使用权出让合同组成部分的规划条件。

综上所述，以深圳市为例，审核建设用地规划许可证的一般程序，如图 15-7 所示。在"多规合一"改革下，可以预见在不远的未来，各级政府的建设用地规划许可证程序将借助现代信息技术进一步简化，以提高工作效率和服务质量[119]。

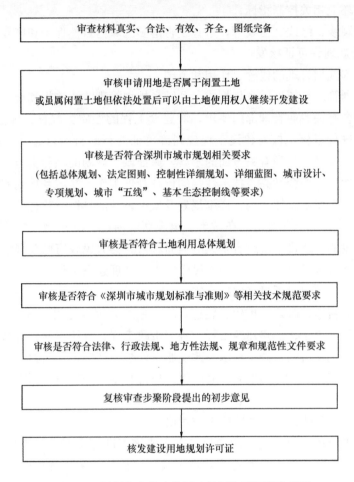

图 15-7　深圳市审核建设用地规划许可证的流程图

（3）市政环卫设施建设项目本阶段工作建议

对选址阶段明确开展市政环卫设施建设的项目，城乡规划行政主管部门在建设用地规划许可证备注中列明生态控制保护等要求。

城乡规划行政主管部门将市政环卫设施目标作为要点明确写入建设用地划拨决定书、建设用地规划许可证或土地使用权出让合同。

15.6.2　工程建设许可阶段

工程建设许可阶段主要包括设计方案审查、建设工程规划许可证核发等。

1. 设计方案审查

城乡规划行政主管部门详细蓝图或单元更新规划审查的业务主管处，应在规划审查过程中加强对市政环卫设施相关内容的审查。详细蓝图或单元更新规划阶段，自然资源及国土规划部门应在本阶段重点审查以下内容：

（1）根据当地灾害易发区相关资料，审查区域是否适宜建设市政环卫设施；

（2）如适宜的，根据当地建设项目市政环卫目标分类速查图或详细规划，审查是否细化和落实了市政环卫相关控制指标；

（3）生态控制线、绿线、蓝线等，审查是否落实区域内自然保护和恢复的相关要求。

2. 建设工程规划许可证核发

（1）建设工程规划管理的概念、作用和范围

建设工程规划管理是依据城乡规划成果和城乡规划管理法律法规和规章，根据建设工程具体情况，综合有关专业管理部门要求，对建设工程的性质、位置、规模和开发强度、设计方案等内容进行审核，核发建设工程规划许可证的行政行为。通过对建设工程的引导、控制、协调、监督、处理有关方面的矛盾，保证城乡规划的顺利实施。建设工程规划管理是一项涉及面广、综合性高、技术性强的行政管理工作，是城乡规划实施管理过程中的重要环节，是落实城市总体规划、详细规划及城市设计的具体行政行为。

《城乡规划法》第四十条规定：在城市、镇规划区内进行建筑物、构筑物、道路、管线和其他工程建设的，建设单位或者个人应当向城市、县人民政府城乡规划主管部门或者省、自治区、直辖市人民政府确定的镇人民政府申请办理建设工程规划许可证。

城乡规划区内各类建设项目（包括住宅、工业、仓储、办公楼、学习、医院、市政交通基础设施等）的新建、改建、扩建、翻建，均需依法办理《建设工程规划许可证》。具体范围包括：新建、改建、扩建建筑工程；各类市政工程、管线工程、道路工程等；文物保护单位和优秀近代建筑的大修工程以及改变原有外貌、结构、平面的装修工程；沿城市道路或者在广场设置的城市雕塑等美化工程；户外广告设施；各类临时性建筑物、构筑物。

（2）市政环卫工程建设项目本阶段工作建议

对明确开展市政环卫设施建设的项目，方案或施工图评审时，评审单位（或审查机构）应按照国家、地方相关规范及标准，将市政环卫设施相关工程措施作为重点审查内容，并明确审查结论。

城乡规划行政主管部门应根据方案设计报送材料和审查意见进行形式性审查，并在建设工程规划许可证的审核意见中列入审查结论。

15.6.3 施工许可阶段

施工许可阶段主要包括消防、人防等设计审核确认和施工许可证核发等。

根据《国务院办公厅关于开展工程建设项目审批制度改革试点的通知》（国办发〔2018〕33号）的统一审批流程和分类细化流程的要求，试点地区带方案出让土地的项目，不再对设计方案进行审核，施工许可阶段可与工程建设许可合并为一个阶段。

15.6.4 规划验收阶段

工程建设项目的竣工验收阶段主要包括规划、国土、消防、人防等验收及竣工验

备案。

《城乡规划法》第四十五条规定，县级以上地方人民政府城乡规划主管部门按照国务院规定对建设工程是否符合规划条件予以核实。未经核实或者经核实不符合规划条件的，建设单位不得组织竣工验收。

环卫主管部门会同规划等相关部门组织工程综合验收和备案时（规划验收同时进行的），对于未按审查通过的施工图设计文件施工的，竣工验收应当定为不合格。

城乡规划行政主管部门组织规划专项验收时，对于未按审查通过的施工图设计文件竣工的，规划验收应当定为不合格。

竣工验收定为不合格的项目，应限期整改到位。

第 16 章 综合环卫设施建设管理

16.1 设施建设管理总体组织

16.1.1 设施建设管理原则

1. 坚持规划引领原则

设施建设的核心追求之一是要将规划和设计阶段的精神和理念付诸实践,将地方领导、规划师、建筑设计师、当地居民的诉求和意愿融合后顺利落实。然而大部分情况下,建设主体与规划设计主体并不统一,可能由两个或若干个主体组成,导致在继承、理解项目思想和理念时会存在偏差和信息不对称,甚至存在较大的价值取向差异,从而导致设施建成落地后与规划设计相差甚远。因此,在设施建设过程中,设施建设管理首要原则是坚持规划引领,充分领悟前期各层面相关规划的精神,理解项目的核心理念和价值取向,识别项目落地的重点难点。

2. 坚持目标导向原则

每个设施建设均有其总体目标和各分项目标。总体目标与各分项目标之间存在细微差异的同时,又存在一定的相对统一性,彼此之间能够相互影响、相互促进。从工程管理层面概括,主要有安全健康环境目标、成本控制目标、工程质量目标等。在设施建设过程中,有若干量化的系列指标目标和定性要求,需经过严谨讨论、研究形成。为落实坚持目标导向的原则,在设施建设过程中需加强项目建设方案研究论证和统筹管理,提前谋划实施路径,充分发挥投资效益。同时加强与驻场单位、主管部门沟通协调,共同补齐短板。

3. 坚持责权一致原则

要求总体项目及各细项实施管理事务均有明确的主体,同时,管理者拥有的权利与其承担的责任应该相互一致,不能拥有权利,而不履行其职责,也不能只要求管理者承担责任而不予以授权。发挥好责权一致原则的优势,采取分级管理模式,"专业的事情让专业的人干,让专业的人管",从而提高效率,实现优势互补,避免疏漏。

16.1.2 设施建设管理阶段

设施建设项目的全生命周期包括项目的决策阶段、实施阶段和使用阶段(或称运营阶段、运行阶段)(表 16-1)。

1. 决策阶段

决策阶段主要解决设施"是否值得建"和"是否要建"两个核心问题,设施建设管理的决策阶段从项目建设意图的酝酿开始,包括调查研究、规划编制、项目建议书、项目可行性研究等工作。项目前期在组织、管理、经济和技术方面的论证都属于项目决策阶段的工作。

设施建设项目的全生命周期表　　　　　　表 16-1

设施建设管理各阶段	决策阶段	实施阶段			使用阶段
		准备	设计	施工	
投资开发主体	开发管理	项目管理			设施管理
设计主体			项目管理		
施工主体				项目管理	
供货主体				项目管理	
使用管理主体					设施管理

在项目决策阶段，无论是调研、规划、项目建议书还是可研，都需要有充分的数据资料和具有逻辑性的论证支撑决策，同时对项目远景与蓝图、收益与回报、风险与责任等需进行前瞻性的研判。

项目立项（立项批准）是项目决策的标志[120]。但立项批准的程序和耗时一般较长，需经过多轮方案修改完善，多技术团队的支持辅助决策，多次专家咨询和评审，以及多个行政决议会。对于一个地区的重大设施，如大型转运站、焚烧厂和填埋场等，往往需要到市长办公会、市政府常务会议层面进行决议。

2. 实施阶段

实施阶段是指实施主体按照工程建设的有关法律、规划、技术规范的要求，根据已签订的工程承包合同、工程监理合同、其他合同及合同性文件，对项目工程从开工至竣工的工程质量、进度、投资及其他方面的目标进行全面控制的管理过程。

项目实施阶段包括前期准备阶段、设计阶段、施工阶段、使用阶段。各阶段的招标投标工作分散在设计前的准备阶段、设计阶段和施工阶段中进行。项目实施阶段管理的主要任务是通过管理使项目的目标得以实现（图 16-1）。

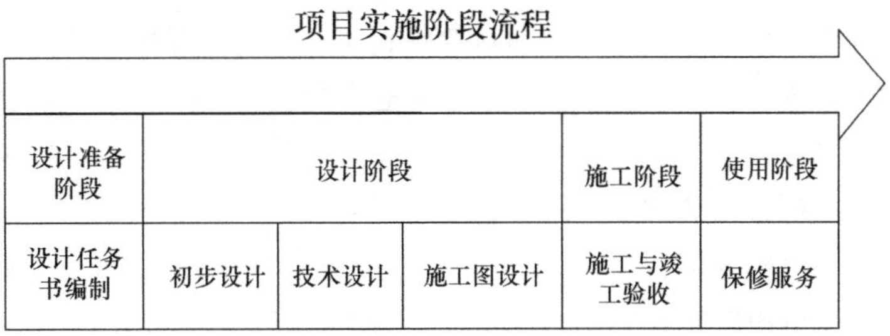

项目实施阶段流程

设计准备阶段	设计阶段			施工阶段	使用阶段
设计任务书编制	初步设计	技术设计	施工图设计	施工与竣工验收	保修服务

图 16-1　设施建设实施阶段流程图

设计准备阶段主要工作是编制项目设计任务书，其主要依据是获得批准的建设项目可行性研究报告，将可行性研究报告中的相关要求加以具体细化。设计任务书是提交给工程设计单位的技术大纲文件，是进行方案设计的重要依据。

设计阶段有初步设计、技术设计和施工图设计三个层面。初步设计包括建设项目的工程总平面图和竖向布置、工艺流程、设备选型、建筑风格、结构、工程概算等；技术设计是根据初步设计和更详细的调查研究资料编制，以进一步解决初步设计中的重大技术问题；施工图设计是根据前两者的要求，结合现场实际情况，完整地表现建筑物外形、内部空间分割、结构体系、构造状况、建筑群的风貌组成和景观配合，它还包括交通运输、市政配套设施和设施设备的选型设计。

工程项目经获批施工许可证后，即进入施工阶段。项目新开工时间，是指设计文件中规定的永久性工程第一次正式破土开槽的日期。工程施工阶段是整个实施阶段的重中之重，往往也是耗时最长、投入最大、监管力度最强的阶段。

3. 使用阶段

使用阶段包括保修范围、保修期限、保修责任，是指建设工程在保修期限内提供相关服务。根据国务院的《建设工程质量管理条例》第四十条规定：施工单位对施工中出现质量问题的建设工程或者竣工验收不合格的建设工程，应当负责返修。第四十一条规定：建设工程在保修范围和保修期限内发生质量问题的，施工单位应当履行保修义务，并对造成的损失承担赔偿责任。

建设施工阶段与使用阶段的界限标志是工程通过竣工验收，当工程全部建完，具备投产使用能力前，都要及时组织验收。

16.1.3 设施建设管理的组织

建设工程项目组织由管理层次、管理跨度、管理部门和管理职能四大因素构成，形成相互关联、相互制约的关系。一个建设工程项目往往由许多参与单位承担不同的建设任务和管理任务（如勘察、土建设计、工艺设计、工程施工、设备安装、工程监理、建设物资供应、业主方管理、政府主管部门的管理和监督等），各参与单位的工作性质、工作任务和利益不尽相同，因此就形成了代表不同利益方的项目管理。由于业主方是建设工程项目实施过程（生产过程）的总集成者——人力资源、物质资源和知识的集成，业主方也是建设工程项目生产过程的总组织者，因此对于一个建设工程项目而言，业主方的项目管理往往是该项目项目管理的核心。建设工程项目的顺利完成，离不开建设工程项目管理组织间的相互协调，因此，建立一个完整的管理组织是十分必要的。其作用具体表现在以下几点：

（1）有利于提高项目团队的工作效率；

（2）有利于项目目标分解；

（3）有利于优化资源配置；

（4）有利于项目集中管理；

（5）有利于项目的内外沟通和协调。

按建设工程项目不同参与方的工作性质和组织特征划分，项目管理有如下几种类型：

（1）业主方的项目组织（如投资方和开发方的项目管理，或由工程管理咨询公司提供的代表业主方利益的项目管理服务）（核心）；

（2）设计方的项目组织；

（3）施工方的项目组织（施工总承包方、施工总承包管理方和分包方的项目管理）；

（4）建设物资供货方的项目组织（材料和设备供应方的项目管理）；

（5）建设项目总承包（或称建设项目工程总承包）方的项目组织，如设计和施工任务综合的承包，或设计、采购和施工任务综合的承包（简称 EPC 承包）等。

16.1.4 项目管理法律

设施建设工程相关的法律具有综合性的特点，虽然主要是经济法的组成部分，但还包括了行政法、民法商法等的内容。建设工程法律同时又具有一定的独立性和完整性，具有自己的完整体系。建设工程法律体系，是指把已经制定的和需要制定的建设工程方面的法律、行政法规、部门规章和地方法规、地方规章有机结合起来，形成一个相互联系、相互补充、相互协调的完整统一的体系[121]。

1. 建设法的定义

建设法是调整国家行政管理机关、法人、法人以外的其他组织、公民在建设活动中产生的社会关系的法律规范的总称。建设法律和建设行政法规构成了建设法的主体。建设法是以市场经济中建设活动产生的社会关系为基础，规范国家行政管理机关对建设活动的监管、市场主体之间经济活动的法律法规。

建设法律、行政法规与所有的法律部门都有一定的关系，比较重要的是与行政法、民法商法、社会法的关系。

2. 建设法律、行政法规与行政法的关系

建设法律、行政法规在调整建设活动中产生的社会关系时，会形成行政监督管理关系。行政监督管理关系是指国家行政机关或者其正式授权的有关机构对建设活动的组织、监督、协调等形成的关系。建设活动事关国计民生，与国家、社会的发展，与公民的工作、生活以及生命财产的安全等，都有直接的关系。因此，国家必然要对建设活动进行监督和管理。古今中外，概莫能外。

我国政府一直高度重视对建设活动的监督管理。在国务院和地方各级人民政府都设有专门的建设行政管理部门，对建设活动的各个阶段依法进行监督管理，包括立项、资金筹集、勘察、设计、施工、验收等。国务院和地方各级人民政府的其他有关行政管理部门，也承担了相应的建设活动监督管理的任务。行政机关在这些监督管理中形成的社会关系就是建设行政监督管理关系。

建设行政监督管理关系是行政法律关系的重要组成部分。

3. 建设法律、行政法规与社会法的关系

建设法律、行政法规在调整建设活动中产生的社会关系时，会形成社会法律关系。例如，施工单位应当做好员工的劳动保护工作，建设单位也要提供相应的保障；建设单位、施工单位、监理单位、勘察设计单位都会与自己的员工建立劳动关系。

16.2 设施建设管理核心工作

16.2.1 项目进度管理

1. 项目进度控制的目的和任务

进度控制的目的是通过控制以实现工程的进度目标。如只重视进度计划的编制，而不重视进度计划必要的调整，则进度无法得到控制。进度控制的过程也就是随着项目的进展，为了实现进度目标，进度计划不断调整的过程。

众多工程项目，特别是大型重点建设工程项目，工期要求十分紧迫，施工方的工程进度压力非常大。盲目赶工，难免会导致施工质量问题和施工安全问题的出现，并且会引起施工成本的增加。因此，施工进度控制不仅关系到施工进度目标能否实现，还直接关系到工程的质量和成本。故在设施建设过程中，必须树立和坚持一个最基本的工程管理原则，即在确保工程质量的前提下，控制工程的进度。

为了有效地控制施工进度，应首先考虑清楚以下问题：

（1）整个建设工程项目的进度目标如何确定；

（2）影响整个建设工程项目进度目标实现的主要因素；

（3）如何正确处理工程进度和工程质量的关系；

（4）施工方在整个建设工程项目进度目标实现中的地位和作用；

（5）影响施工进度目标实现的主要因素；

（6）施工进度控制的基本理论、方法、措施和手段等。

不同责任主体在进度控制上的任务各有分工，同样也分为业主方、施工方和供货方。

业主方进度控制的任务是控制整个项目实施阶段的进度，包括控制设计准备阶段的工作进度、设计工作进度、施工进度、物资采购工作进度，以及项目动用前准备阶段的工作进度。设计方进度控制的任务是依据设计任务委托合同对设计工作进度的要求控制设计工作进度，这是设计方履行合同的义务。另外，设计方应尽可能使设计工作的进度与招标、施工和物资采购等工作进度相协调。

施工方进度控制的任务是依据施工任务委托合同对施工进度的要求控制施工进度，这是施工方履行合同的义务。在进度计划编制方面，施工方应视项目的特点和施工进度控制的需要，编制深度不同的控制性、指导性和实施性施工的进度计划，以及按不同计划周期（年度、季度、月度和旬）编制施工计划等。

供货方进度控制的任务是依据供货合同对供货的要求控制供货进度，这是供货方履行合同的义务。供货进度计划应包括供货的所有环节，如采购、加工制造、运输等。

2. 项目进度计划系统的构建

建设工程项目进度计划系统是由多个相互关联的进度计划组成的系统，由于各种进度计划编制所需要的必要资料是在项目进展过程中逐步形成的，因此项目进度计划系统的建立和完善也是动态的，图 16-2 为常见设施工程的进度计划系统。

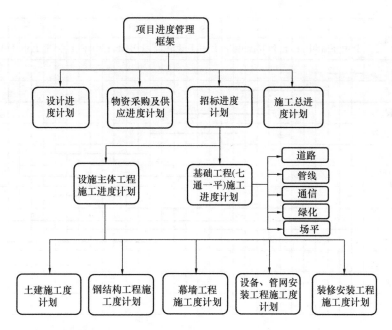

图 16-2 常见设施工程的进度计划系统示意图

在项目的实施阶段，项目总进度应包括：

（1）设计前准备阶段的工作进度；

（2）设计工作进度；

（3）招标工作进度；

（4）施工前准备工作进度；

（5）工程施工和设备安装进度；

（6）工程物资采购工作进度；

（7）项目动用前的准备工作进度等。

此类环节是进度计划系统的核心节点，在构建项目进度管理计划时应全面考虑。

3. 项目进度计划编制方法

在设施建设项目进度管理中，往往需要将管理体系可视化为图表，此项工作是进度计划编制的核心工作之一。其中横道图是一种最简单、运用最广泛的传统的进度计划方法，在建设领域中的应用仍非常普遍（图 16-3）。

通常横道图的表头为工作及其简要说明，项目进展表示在时间表格上，如图 16-3 所示。按照所表示工作的详细程度，时间单位可以为小时、天、周、月等。这些时间单位经常用日历表示，此时可表示非工作时间，如：停工时间、公众假日、假期等。根据此横道图使用者的要求，工作可按照时间先后、责任、项目对象、同类资源等进行排序。

横道图也可将工作简要说明直接放在横道上。横道图可将最重要的逻辑关系标注在内，但是，如果将所有逻辑关系均标注在图上，则会丧失横道图简洁明了的最大优点。因此，横道图适用对象和条件具体如下：

（1）工序（工作）之间的逻辑关系可以设法表达，但不易表达清楚；

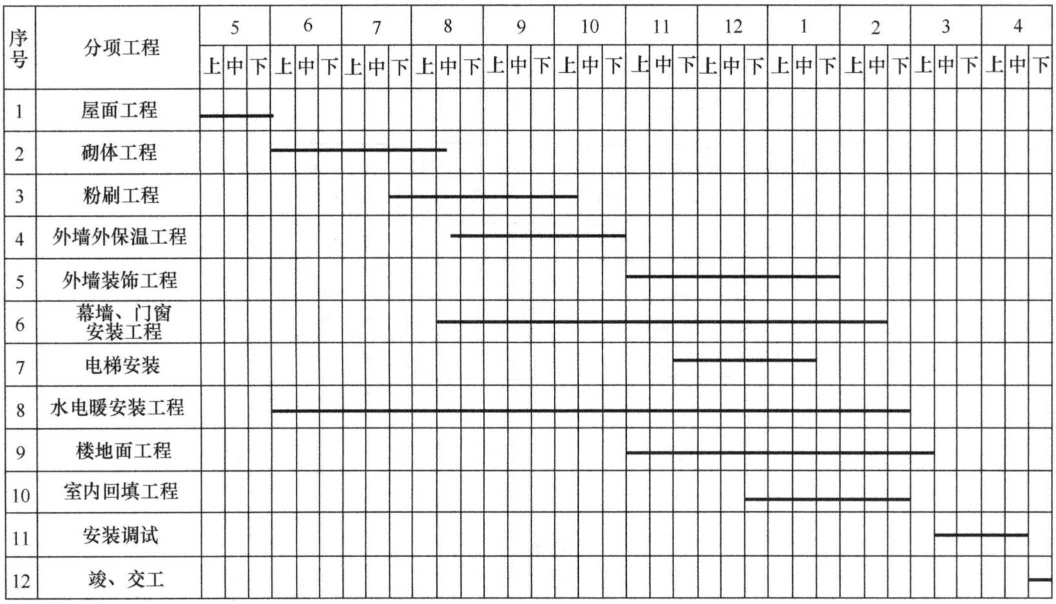

序号	分项工程	5上	5中	5下	6上	6中	6下	7上	7中	7下	8上	8中	8下	9上	9中	9下	10上	10中	10下	11上	11中	11下	12上	12中	12下	1上	1中	1下	2上	2中	2下	3上	3中	3下	4上	4中	4下
1	屋面工程	━	━	━																																	
2	砌体工程				━	━	━	━	━	━	━																										
3	粉刷工程										━	━	━																								
4	外墙外保温工程												━	━	━	━	━	━	━																		
5	外墙装饰工程																			━	━	━	━	━	━												
6	幕墙、门窗安装工程												━	━	━	━	━	━	━	━	━	━															
7	电梯安装																					━	━	━	━	━	━										
8	水电暖安装工程				━	━	━	━	━	━	━	━	━	━	━	━	━	━	━	━	━	━	━	━	━												
9	楼地面工程																			━	━	━	━	━	━	━	━	━	━	━	━						
10	室内回填工程																						━	━	━	━	━	━									
11	安装调试																															━	━	━			
12	竣、交工																																				━

图 16-3　横道图

图片来源：［Online Image］．http://www.tuxi.com.cn/viewb-57238-572385093.html

（2）适用于手工编制计划；

（3）没有通过严谨的进度计划时间参数计算，不能确定计划的关键工作、关键路线与时差；

（4）计划调整只能用手工方式进行，其工作量较大；

（5）难以适应大的进度计划系统。

4. 项目进度控制措施

建设项目进度控制措施主要可从组织措施、经济措施和技术措施等方面制定。

（1）组织措施

在项目组织结构中应有专门的工作部门和专职人员负责进度控制工作。应编制项目进度控制的工作流程，如各项目进度计划系统的组成，各类进度计划的编制程序、审批程序和计划调整程序等。

进度控制工作包含了大量的组织和协调工作，而会议是组织和协调的重要手段，应进行有关进度控制会议的组织设计，以明确会议的类型、各类会议的主持人及参加单位和人员、会议时间、各类会议文件的整理、分发和确认等。

项目承发包模式的选择直接关系到工程实施的组织和协调。为了实现进度目标，应选择合理的合同结构，以避免过多的合同交界面而影响工程的进展。工程物资的采购模式对进度也有直接的影响，对此应作比较分析。

（2）经济措施

建设工程项目进度控制的经济措施涉及资金需求计划、资金供应的条件和经济激励措施等。为确保进度目标的实现，应编制与进度计划相适应的资源需求计划（资源进度计划），包括资金需求计划和其他资源（人力和物力资源）需求计划，以反映工程实施各时段所需要的资源。通过资源需求的分析，可发现所编制的进度计划实现的可能性，若资源条件不具备，则应调整进度计划。资金需求计划也是工程融资的重要依据。

资金供应条件包括可能的资金总供应量、资金来源（自有资金和外来资金）以及资金供应的时间。在工程预算中应考虑加快工程进度所需要的资金，其中包括为实现进度目标将采取的经济激励措施所需要的费用。

（3）技术措施

项目进度控制的技术措施涉及对实现进度目标有利的设计技术和施工技术的选用。不同的设计理念、设计技术路线、设计方案会对工程进度产生不同的影响，在设计工作的前期，特别是在设计方案评审和选用时，应对设计技术与工程进度的关系作分析比较。在工程进度受阻时，应分析是否存在设计技术的影响因素，为实现进度目标有无设计变更的可能性。

施工方案对工程进度有直接的影响，在决策其是否选用时，不仅应分析技术的先进性和经济合理性，还应考虑其对进度的影响。在工程进度受阻时，应分析是否存在施工技术的影响因素，为实现进度目标有无改变施工技术、施工方法和施工机械的可能性。

16.2.2 项目质量管理

工程项目质量控制的目标，就是实现由项目决策所决定的项目质量目标，使项目的适用性、安全性、耐久性、可靠性、经济性及与环境的协调性等方面满足建设单位需要并符合国家法律、行政法规和技术标准、规范的要求。项目的质量涵盖设计质量、材料质量、设备质量、施工质量和影响项目运行或运营的环境质量等，各项质量均应符合相关的技术规范和标准的规定，满足业主方的质量要求。

设施建设项目质量控制的任务就是对设施的建设、勘察、设计、施工、监理单位的工程质量行为，以及涉及项目工程实体质量的设计质量、材料质量、设备质量、施工安装质量进行控制。

由于项目的质量目标最终是由项目工程实体的质量来体现，而项目工程实体的质量最终是通过施工作业过程直接形成的，设计质量、材料质量、设备质量往往也要在施工过程中进行检验。因此，施工质量控制是项目质量控制的重点。

同时，我国法律法规也对项目建设各主体就质量管理进行规定。《中华人民共和国建筑法》（以下简称《建筑法》）和《建设工程质量管理条例》（国务院令第 279 号）规定，建设工程项目的建设单位、勘察单位、设计单位、施工单位、工程监理单位都要依法对建设工程质量负责。

设施建设质量管理主要是以下几方面：

1. 建设工程项目的全面质量管理

指项目参与各方所进行的工程项目质量管理的总称，其中包括工程（产品）质量和工作质量的全面管理。工作质量是产品质量的保证，工作质量直接影响产品质量的形成。建设单位、监理单位、勘察单位、设计单位、施工总承包单位、施工分包单位、材料设备供应商等，任何一方、任何环节的怠慢疏忽或质量责任不落实都会造成对建设工程质量的不利影响。

2. 全过程质量管理

指根据工程质量的形成规律，从源头抓起，全过程推进。《质量管理体系　基础和术语》GB/T 19000 强调质量管理的"过程方法"管理原则，要求应用"过程方法"进行全过程质量控制。要控制的主要过程有：项目策划与决策过程；勘察设计过程；设备材料采购过程；施工组织与实施过程；检测设施控制与计量过程；施工生产的检验试验过程；工程质量的评定过程；工程竣工验收与交付过程；工程回访维修服务过程等。

3. 全员参与质量管理

按照全面质量管理的思想，组织内部的每个部门和工作岗位都承担着相应的质量职能，组织的最高管理者确定了质量方针和目标，就应组织和动员全体员工参与到实施质量方针的系统活动中去，发挥自己的角色作用。开展全员参与质量管理的重要手段就是运用目标管理方法，将组织的质量总目标逐级进行分解，使之形成自上而下的质量目标分解体系和自下而上的质量目标保证体系，发挥组织系统内部每个工作岗位、部门或团队在实现质量总目标过程中的作用。

16.2.3　项目安全管理

由于建设工程规模大、周期长、参与人数多、环境复杂多变，安全生产的难度很大。因此，通过建立各项制度，规范建设工程的生产行为，对于提高建设工程安全生产水平是非常重要的。

《建筑法》《中华人民共和国安全生产法》（以下简称《安全生产法》）、《安全生产许可证条例》《建设工程安全生产管理条例》《建筑施工企业安全生产许可证管理规定》等建设工程相关法律法规和部门规章对政府部门、有关企业及相关人员的建设工程安全生产和管理行为进行了全面的规范，确立了一系列建设工程安全生产管理制度。现阶段正在执行的主要安全生产管理制度包括：安全生产责任制度，安全生产许可证制度，政府安全生产监督检查制度，安全生产教育培训制度，安全措施计划制度，特种作业人员持证上岗制度，专项施工方案专家论证制度，危及施工安全工艺、设备、材料淘汰制度，施工起重机械使用登记制度，安全检查制度，生产安全事故报告和调查处理制度，"三同时"制度，安全预评价制度，意外伤害保险制度等。

1. 安全生产责任制度

安全生产责任制是最基本的安全管理制度，是所有安全生产管理制度的核心。安全生产责任制是按照安全生产管理方针和"管生产的同时必须管安全"的原则，将各级负责人员、各职能部门及其工作人员和各岗位生产工人在安全生产方面应做的事情及应负的责任加以明确规定的一种制度。具体来说，就是将安全生产责任分解到相关单位的主要负责人、项目负责人、班组长以及每个岗位的作业人员身上。

企业实行安全生产责任制必须做到在计划、布置、检查、总结、评比生产的时候，同时计划、布置、检查、总结、评比安全工作。其内容大体分为两个方面：纵向方面是各级人员的安全生产责任制，即从最高管理者、管理者代表到项目负责人（项目经理）、技术负责人（工程师）、专职安全生产管理人员、施工员、班组长和岗位人员等各级人员的安全生产责任制；横向方面是各个部门的安全生产责任制，即各职能部门（如安全环保、设备、技术、生产、财务等部门）的安全生产责任制。

2. 安全生产许可证制度

《安全生产许可证条例》规定国家对建筑施工企业实施安全生产许可证制度。其目的是为了严格规范安全生产条件，进一步加强安全生产监督管理，防止和减少生产安全事故。

省、自治区、直辖市人民政府建设主管部门负责建筑施工企业安全生产许可证的颁发和管理，并接受国务院建设主管部门的指导和监督。

企业进行生产前，应当依照该条例的规定向安全生产许可证颁发管理机关申请领取安全生产许可证，并提供该条例第六条规定的相关文件、资料。安全生产许可证颁发管理机关应当自收到申请之日起 45 日内审查完毕，经审查符合该条例规定的安全生产条件的，颁发安全生产许可证；不符合该条例规定的安全生产条件的，不予颁发安全生产许可证，书面通知企业并说明理由。企业在安全生产许可证有效期内，严格遵守有关安全生产的法律法规，未发生死亡事故的，安全生产许可证有效期届满时，经原安全生产许可证颁发管理机关同意，不再审查，安全生产许可证有效期延期 3 年。

3. 政府安全生产监督检查制度

政府安全监督检查制度是指国家法律、法规授权的行政部门，代表政府对企业的安全生产过程实施监督管理。《建设工程安全生产管理条例》第五章"监督管理"对建设工程安全监督管理的规定内容如下：

（1）国务院负责安全生产监督管理的部门依照《中华人民共和国安全生产法》的规定，对全国建设工程安全生产工作实施综合监督管理。

（2）县级以上地方人民政府负责安全生产监督管理的部门依照《中华人民共和国安全生产法》的规定，对本行政区域内建设工程安全生产工作实施综合监督管理。

（3）国务院建设行政主管部门对全国的建设工程安全生产实施监督管理。国务院铁路、交通、水利等有关部门按照国务院规定的职责分工，负责有关专业建设工程安全生产的监督管理。

（4）县级以上地方人民政府建设行政主管部门对本行政区域内的建设工程安全生产实施监督管理。县级以上地方人民政府交通、水利等有关部门在各自的职责范围内，负责本行政区域内专业建设工程安全生产的监督管理。

（5）县级以上人民政府负有建设工程安全生产监督管理职责的部门在各自的职责范围内履行安全监督检查职责时，有权纠正施工中违反安全生产要求的行为，责令立即排除检查中发现的安全事故隐患，对重大隐患可以责令暂时停止施工。建设行政主管部门或者其他有关部门可以将施工现场安全监督检查委托给建设工程安全监督机构具体实施。

4. 安全生产教育培训制度

企业安全生产教育培训一般包括对管理人员、特种作业人员和企业员工的安全教育。其中对管理人员的安全教育又分为对企业领导，对项目经理、技术负责人和技术干部，对行政管理干部，对企业安全管理人员的安全教育。

（1）企业领导的安全教育

企业法定代表人安全教育的主要内容包括：

1）国家有关安全生产的方针、政策、法律、法规及有关规章制度；

2）安全生产管理职责、企业安全生产管理知识及安全文化；

3）有关事故案例及事故应急处理措施等。

（2）项目经理、技术负责人和技术干部的安全教育的主要内容包括：

1）安全生产方针、政策和法律、法规；

2）项目经理部安全生产责任；

3）典型事故案例剖析；

4）本系统安全及其相应的安全技术知识。

（3）行政管理干部安全教育的主要内容包括：

1）安全生产方针、政策和法律、法规；

2）基本的安全技术知识；

3）本职的安全生产责任。

（4）企业安全管理人员的安全教育内容应包括：

1）国家有关安全生产的方针、政策、法律、法规和安全生产标准；

2）企业安全生产管理、安全技术、职业病知识、安全文件；

3）员工伤亡事故和职业病统计报告及调查处理程序；

4）有关事故案例及事故应急处理措施。

16.3 工程管理保障措施

16.3.1 建立总规划/设计师制度

全国各大城市重点地区的规划建设实践中，"总设计师/规划师制度"充分发挥专家领衔的作用，从技术服务到规划管理，全过程跟踪地区的规划动态，为重点地区城市设计实施发挥了重要的作用，是重点地区工程建设对接规划管理的制度和方法创新，极具研究意义。

以深圳为例，2018年深圳市规划和国土资源委员会关于印发《深圳市重点地区总设计师制试行办法》，目的是为了加强城市重点地区规划、设计、建设和管理的水准，保障城市规划的实施，提升城市空间品质。重点就总设计师制的运行机制、工作内容和责权等方面提出规范管理要求，主要在如下几个方面作出了明确要求[1]：

1. 明确了总设计师制的目的和原则

总设计师制的目的是保障城市规划的实施，提升城市空间品质；总设计师以保障规划实施的公共利益，推进建筑与城市空间建设协调，提升城市形象和品质为原则，为精细化管理提供专业的技术支持。

2. 提出了总设计师制的工作组织架构

根据深圳各重点地区开发建设需求和专家领衔、多专业融合的原则，本办法明确提出以总设计师及其多专业的技术团队的工作模式开展。对总设计师人选从规划实施角度，提出原则上应为总建筑师，或总规划师、总建筑师并行的双轨制。

3. 提出了总设计师选聘方式和人选要求

办法提出了总设计师人选一般采用招标方式产生，包括在符合条件的设计机构中优选，或是和重点地区城市设计招标一并开展，由中标单位的项目领衔专家在满足长期服务于深圳的情况下，承担总设计师工作。此外，参照《关于提升建设工程质量水平打造城市建设精品的若干措施》（深建规〔2017〕14 号）相关规定，明确提出了如总设计师人选为中国工程院院士、全国工程勘察设计大师、梁思成建筑奖和普利兹克建筑奖得主，可按规定直接委托，并向社会公示。

4. 细分了总设计师的工作内容

办法根据总设计师在城市规划设计实施传导过程中的作用，提出其应协助重点地区统筹建设管理部门，提供专业咨询、技术审查及把关服务。其工作可细分为以下几个方面：

（1）搭建开放的技术协商平台；

（2）协调建筑与城市空间及公共活动关系；

（3）统筹协调重点地区各建设项目；

（4）参与建设工程前期策划工作；

（5）协助主管部门进行设计文件审核，以及其他相关深化研究课题等内容。

5. 明确了总设计师的责权

办法提出重点地区统筹建设管理部门对总设计师进行监管及考核；明确了总设计师的咨询成果的形式及效力，即地区总设计师的咨询意见，作为主管部门行政审批和决策的重要技术依据。此外，为使总设计师更好地服务于重点地区的规划建设管理和城市建筑风貌多样性考虑，允许总设计师参与所负责重点地区建设项目建筑方案设计投标及设计竞赛，但在服务周期内，总设计师在所负责地区承担建筑设计的建筑规模，不宜超过该地区规划新增建筑总量的 15%。

16.3.2　发挥标准规范指导作用

工程建设标准指对基本建设中各类工程的勘察、规划、设计、施工、安装、验收等需要协调统一的事项所制定的标准。工程建设标准是为在工程建设领域内获得最佳秩序而制

---

[1]　http://www.sz.gov.cn/zfgb/zcjd/201909/t20190916_18212049.htm

定的技术依据和准则，对促进技术进步，保证工程的安全、质量、环境和公众利益，实现最佳社会效益、经济效益、环境效益和最佳效率等，具有直接作用和重要意义。

我国已建立了覆盖全面、层次丰富的工程建设相关标准体系。根据内容划分，可分为设计标准、施工及验收标准、建设定额；按属性分类，分为技术标准、管理标准、工作标准；按标准分级划分，有国家标准、行业标准、地方标准和企业标准。

除了标准，同时还有若干规范和行政管理办法对工程建设予以监督管理，如施工图设计文件的审查是根据建设部 2000 年颁布的《建筑工程施工图设计文件审查暂行办法》规定，建设单位应当将施工图报送建设行政主管部门，由建设行政主管部门委托有关审查机构，进行结构安全和强制性标准、规范执行情况等内容的审查。

因此，丰富完善的标准和归还体系为设施建设提供充足的技术指导和行政监管利器，在设施建设管理过程中，管理者应大量参考各实施阶段的标准和规范文件，指导和约束各环节推进，同时应将建设标准与前期规划所定的标准进行衔接，确保设施朝着规划蓝图的样式落实。而实施主体应该严格恪守各环节、专业上的建设标准和规范，避免技术和实施上的雷区，确保设施严格按规划和设计的蓝图建成。

16.3.3　善用信息化技术和手段

项目的信息管理是通过对各个系统、各项工作和各种数据的管理，使项目的信息能方便和有效地获取、存储、存档、处理和交流。项目的信息管理的目的旨在通过有效的项目信息传输的组织和控制为项目建设的增值服务。

建设工程项目的信息包括在项目决策过程、实施过程（设计准备、设计、施工和物资采购过程等）和运行过程中产生的信息，以及其他与项目建设有关的信息，它包括：项目的组织类信息、管理类信息、经济类信息、技术类信息和法规类信息。

通过信息技术在工程管理中的开发和应用能实现：

（1）信息存储数字化和存储相对集中；

（2）信息处理和变换的程序化；

（3）信息传输的数字化和电子化；

（4）信息获取便捷；

（5）信息透明度提高；

（6）信息流扁平化。

信息技术在工程管理中的开发和应用的意义在于：

（1）"信息存储数字化和存储相对集中"有利于项目信息的检索和查询，有利于数据和文件版本的统一，并有利于项目的文档管理；

（2）"信息处理和变换的程序化"有利于提高数据处理的准确性，并可提高数据处理的效率；

（3）"信息传输的数字化和电子化"可提高数据传输的抗干扰能力，使数据传输不受距离限制并可提高数据传输的保真度和保密性；

（4）"信息获取便捷""信息透明度提高"以及"信息流扁平化"有利于项目各参与方

之间的信息交流和协同工作。

目前工程建设信息管理较为成熟的技术有综合项目管理信息系统（GEPS）和 BIM 信息模型。

综合项目管理信息系统（GEPS）是以云、大数据、物联网、移动互联网等技术为基础，运用现代项目管理理念，面向施工项目建造全过程的信息管理系统，可实现从投标开始的各项项目管理业务均在系统内完成的功能，包括成本、物资、分包、资金等管理方面的管理问题。在平常业务管理上，可实现平台化共享协作，在业务监控、移动应用、线上审批、参数动态、风险预警、打印报表等方面实现动态多人监管和作业，可极大提高多事件同时开展的效率。

而基于 BIM 的工程信息管理能实现项目全生命周期的管理中的信息共享，打破信息孤岛。在项目决策阶段，利用 BIM 管理系统可评价项目的可行性、工程费用的估算合理与否；在设计阶段，三维的图形设计，使得多个专业设计人员可以更好地分工合作；在招投标阶段，直接统计出建筑的实物工程量，根据清单计价规则套上清单信息，形成招标文件的工程量清单；在施工阶段，利用 BIM 模型添加时间进度信息和成本费用，可以实现 5D 模拟建筑（3D＋时间＋费用）；在运营阶段，利用 BIM 模型进行数字化管理。与此同时，BIM 强大的事先模拟分析功能，可为设计、施工、造价等各环节人员提供智能模拟分析的协同工作平台，利用三维数字模型对项目进行设计、建造及运营管理，最终能够有效实现节省能源、节约成本和提高效率的目的。

第 17 章　综合环卫设施维护管理

环境卫生设施是保障城市环境卫生的基础和根本，设施的维护管理水平，直接决定城市环境卫生管理水平。为全面提高城市环境卫生状况，在《国家卫生城市标准（2014 版）指导手册》《环境卫生技术规范》GB 51260 以及部分城市的地方标准中均对环境卫生设施的管理提出具体要求。

17.1　收集设施维护管理

生活垃圾收集在符合相关标准的基础上，应做到：日产日清，无堆积；垃圾收集容器整洁，定位设置，封闭完好，有明显标识，无散落垃圾和积留污水，无恶臭，基本无蝇，摆放整齐；危险废物、工业废物和建筑废物必须与生活垃圾分别收集、分类处理；生活垃圾全部实行容器收集，按照《生活垃圾分类标志》GB/T 19095、《城市生活垃圾分类及其评价标准》CJJ/T 102 的要求，全面推广开展分类收集。

参考地方标准《重庆市环境卫生公共设施运行维护技术规程》DB/T 337 对垃圾收集设施的维护管理提出具体要求。

17.1.1　生活垃圾收集容器

对生活垃圾收集容器的维护管理应满足以下规定：

（1）收集作业完毕，应及时更换垃圾袋，关闭出渣门等；

（2）收集容器应整洁无污迹，城区一、二级道路的收集容器应每日擦洗 1 次，其他地区的收集每周擦洗 2 次；每次作业完毕，应及时清洁周边环境，保持容器设置点周围 2 m 范围内地面整洁卫生；

（3）垃圾集装箱每次卸空垃圾后，应将检修口的垃圾冲洗干净；

（4）垃圾集装箱的污水，应排入下水道进行处理；

（5）收集容器破损的，应及时修复或更换；

（6）收集容器视腐蚀程度半年至一年应油漆 1 次；

（7）垃圾集装箱和配套车辆应按产品和车辆维护保养规定进行维护。

17.1.2　生活垃圾收集站

对生活垃圾收集站的维护管理应该满足以下规定：

（1）垃圾收集站应有专人管理。

（2）入站垃圾应日集日清。

（3）垃圾收集站及周围环境应清洁，无污垢、无积水，无乱搭乱建、乱堆乱放，排水应畅通。

（4）收集站应基本无蝇蛆，臭味强度应小于3级。

（5）收集站的消毒灭蝇，5～9月，每天应至少1次，其他时间每周应至少1次；传染病流行时，应按《传染病防治法》规定和政府相关部门规定，对垃圾进行消毒处理。非作业时间，应关闭垃圾收集站出渣口。

（6）应定期对垃圾收集站内水电设施进行检查，存在安全隐患的，应及时处理。

（7）环境要求较高的地区，收集站应配备降尘除臭设备。

17.2　转运设施维护管理

17.2.1　生活垃圾转运设施

生活垃圾中转实行机械化、密闭化，在运距、经济成本等因素适合的条件下，推行压缩化，减少对周围环境的影响。生活垃圾转运站的运行、维护和安全管理应符合现行行业标准《生活垃圾转运站运行维护技术规程》CJJ 109的有关规定。

生活垃圾中转站应符合《城市环境卫生质量标准》有关垃圾中转质量标准：内外场地整洁，无撒落垃圾和堆积杂物，无积留污水；室内通风良好，无恶臭；生活垃圾当日转运，有贮存设施的，加盖封闭，定时转运，每日转运站过夜积存垃圾不超过一车；垃圾装运容器整洁、无积垢、无吊挂垃圾；垃圾渗滤液及污水排入城市污水管网；装卸垃圾采取降尘措施；蚊蝇滋生季节定时喷药灭蚊蝇；场地有专人管理，工具、物品放置有序整洁。

生活垃圾运输在符合相关标准的基础上，应做到：使用生活垃圾专用密闭运输车辆，车容整洁，标志清晰，车体外部无污物、灰垢；运输垃圾应密闭，在运输过程中无垃圾扬、撒、拖挂和污水滴漏；垃圾装运量以车辆的额定荷载和有效容积为限，不得超重、超高运输；运输作业结束，车辆及时清洗干净；船舶运输垃圾参照车辆运输要求。

转运站运行管理人员应掌握转运站的工艺流程、技术要求和有关设施、设备的主要技术指标及运行管理要求；操作人员应具有相关工艺技能，熟悉本岗位工作职责与质量要求；熟悉本岗位设施、设备的技术性能和运行、维护、安全操作规程。操作人员应随机检查进站垃圾成分，严禁危险废物和违禁废物进站。大件垃圾等影响设备正常运行的垃圾不得直接倒入垃圾压缩设备，必须经破碎后方可进行压缩转运或使用专用车辆收运大件垃圾。

转运站供电设施、设备，电气、照明设备，通信管线，给水、排水、除尘、脱臭设施，避雷、防爆装置等应定期检查维护，发现异常及时修复。转运站消防设施、设备应按有关消防规定进行检查、更换。

转运站应根据现行国家标准《生产过程安全卫生要求总则》GB/T 12801的有关规定制定操作和管理人员安全与卫生管理规定，并应严格执行各岗位安全操作规程。严禁带火种车辆进入作业区，生产作业区严禁吸烟，严禁酒后作业，站区内应设置明显防火标。

17.2.2　粪便收集清运设施

粪便收集在符合相关标准的基础上，应做到：收集设施外形清洁、美观，密闭性好，粪便不应暴露，臭气不扩散，无蝇蛆滋生，基本无蝇；地下贮粪池无渗、无漏、无溢；收集设施有专人管理和保洁；倒粪口、取粪口清洁，地面无粪迹、垃圾和污水；收集粪便的容器应完好、密闭，无粪水洒漏。

粪便运输质量要求在符合相关标准的基础上，应做到：使用粪便专用密闭运输车辆，车容完好整洁，车体无粪迹污物；装载容器密闭性好，运输过程中无滴漏洒落；装载适量无外溢，及时卸清；按指定地点及时卸粪，不得任意排放；运输作业结束后，及时清洗车辆和辅助设施；船舶运输粪便参照车辆运输要求。

17.3　处理及处置设施维护管理

生活垃圾、粪便无害化处理设施建设、管理和污染防治应当符合国家有关法律、法规及标准要求。推行生活垃圾分类收集处理，餐厨垃圾初步实现分类处理和管理，建筑废物得到有效处置。实现生活垃圾全部无害化处理。处理处置设施的维护管理符合《环境卫生技术规范》GB 51260 相关要求。

17.3.1　生活垃圾处理处置设施

各城市应编制生活垃圾处理设施规划，统筹安排城市生活垃圾收集、处置设施的布局、用地和规模，并纳入土地利用总体规划、城市总体规划和近期建设规划。生活垃圾无害化处理场建设应根据处理方式，分别符合《生活垃圾卫生填埋处理工程项目建设标准》（建标 151）、《生活垃圾卫生填埋处理技术规范》GB 50869、《城市生活垃圾焚烧处理工程项目建设标准》（建标 142）、《生活垃圾焚烧技术导则》RISN-TG009、《生活垃圾焚烧处理工程技术规范》CJJ 90、《城市生活垃圾堆肥处理工程项目建设标准》（建标 213）等标准规范的要求。生活垃圾综合处理项目应符合《生活垃圾综合处理与资源利用技术要求》GB/T 25180 的规定。城市生活垃圾无害化处理场建设程序应符合国家基本建设规定和标准规范要求，严格选址、勘察、设计、施工、监理、竣工验收等各个环节管理，建设资料齐全。生活垃圾处理所用技术、设备应进行严格充分论证，符合城市生活垃圾处理技术标准的要求。

生活垃圾处理场运行管理应做到各项管理台账、监测资料齐全，各种规章制度落实规范到位，生产正常，运行安全。根据国家卫生城市创建标准，生活垃圾卫生填埋场应达到《生活垃圾填埋无害化评价标准》CJJ/T 107 填埋场等级Ⅱ级以上要求；生活垃圾焚烧厂应严格执行《生活垃圾焚烧厂运行维护与安全技术标准》CJJ 128，符合《生活垃圾焚烧厂评价标准》CJJ/T 137 相关要求；生活垃圾堆肥处理厂运行应符合《生活垃圾堆肥处理厂运行维护技术规程》CJJ/T 86。

生活垃圾处理场污染防治应符合《生活垃圾填埋污染控制标准》GB 16889、《生活垃圾焚烧污染控制标准》GB 18485 等标准规范的要求。

17.3.2　粪便无害化处理处置设施

粪便无害化处理设施的运行管理按照《粪便处理厂运行维护及安全技术规程》CJJ 30 执行粪便处理在密闭状态下进行，粪便不裸露，臭气不扩散。

根据《环境卫生技术规范》GB 51260 粪便处理设施运行管理应该注意以下几个方面：

（1）可燃气体在线监测报警系统是防止爆炸事故发生的关键，其传感器、报警器等设备应定期检查、维护，传感器寿命是一定的，过了寿命期的传感器应及时更换，只有这样才能保证可燃气体在线监测报警系统始终有效。正常工作期间厌氧消化池内充满了消化气，若需要人进去检修，必须先将池内物料清理干净，然后向池内通风，将残余消化气置换，测得池内氧含量达到 20% 左右才可以进入。

（2）保持消防、劳动保护、安全防护、急救、通风除臭等设施和器材的工作状态良好是粪便处理厂安全运行的重要保障。

（3）氯气属于易燃易爆气体，加氯间内可能会有挥发的氯气，如遇明火或火花易发生危险。

17.4　其他环境卫生设施维护管理

17.4.1　公共厕所

公共厕所等环卫设施符合《城镇环境卫生设施设置标准》《城市公共厕所卫生标准》等要求，数量充足，布局合理，管理规范。城市主次干道、车站、机场、港口、旅游景点等公共场所的公厕不低于二类标准。

公共厕所的运行及维护管理应符合以下规定：

（1）公共厕所的卫生管理应符合《城市公共厕所卫生标准》GB/T 17217 有关规定的要求。

（2）厕所应由专人管理，每天进行 1 次全面清洁，全天保洁。

（3）厕内设有残疾人坐便器、老年人坐便器和婴儿座椅的，必须每天进行清洁和消毒，保持干净和卫生。保洁工具应放入工具间内，无工具间的应摆放整齐有序，不得摆放保洁工具以外的其他杂物。

（4）厕内应保持基本无蝇蛆和无臭味。一类公厕臭味强度小于 1 级、成蝇为 0、蝇蛆为 0；二类公厕臭味强度不大于 2 级、成蝇 3 只以下、蝇蛆为 0；三类公厕臭味强度不大于 3 级、成蝇 5 只以下、蝇蛆为 0。

（5）配有换气设施的一类公厕和二类公厕每小时换气次数应不少于 5 次；配有物理除臭装置的，应定时喷洒除臭剂。

（6）每日应检查水、电管（线）路及冲水阀、灯具、换气扇、烘手器等设施是否完好，对故障设施应及时进行维修或更换，存在安全隐患的，应及时报告和处理。

（7）应定期对公厕建筑结构和内外装饰进行检查，如果有墙面开裂、起层、墙砖松动、墙体沉降、玻璃松动等安全隐患，必须及时报告和排除。内、外装饰面破损的，应及时进行修补，屋面和楼面发生渗漏的，必须及时处理。

（8）金属管道应每年油漆维护1次。厕所外环境应全天保持清洁卫生，无乱搭乱建、乱堆乱放，树木、花草应管护良好，无残缺枯萎。

（9）取粪口及居民倒便处应保持清洁，无粪便污垢积存，且应加盖密闭。

（10）每年的5～10月，每周应至少进行1次消毒和灭蝇，其余时间的消毒和灭蝇，每月应不少于1次，在有传染病流行时，应按传染病防治法和政府相关规定，对公厕粪便进行消毒处理。

17.4.2 环卫工人休息点

城市环卫工人，特别是道路清扫保洁人员，大都是户外作业，劳动强度大，工作环境差，环卫工人休息点可以为环卫工人提供工间休息场所，是城市必不可少的环卫公共设施。其维护管理旨在为环卫工人提供清洁、舒适的休息场所。

为了加强休息间的规范化管理，以保持清洁、整齐的休息环境和秩序，从而保证员工得到充分的休息。休息间的环卫工人有义务保护、爱护公共物品设施，爱惜休息间的生活环境。

（1）环卫工人应自觉维护休息间安全，增强安全意识和法制观念，提高防范能力和自我管理能力。及时劝阻、制止有损休息间安全和正常秩序的不良行为。

（2）环卫工人应自觉维护休息间卫生，严禁在休息间内乱贴乱画或钉挂物品；必须保持桌椅清洁与整齐，严禁吐痰或乱扔废弃物。

（3）爱护公物，不得将桌椅等公共物品带出休息间挪作他用，环卫保洁工具应摆放整齐，不得乱堆，违者将给予相应的处罚。

（4）禁止在休息间吸烟、酗酒、打架、斗殴、赌博、吸毒等不良行为，违者将给予处罚，情节严重者予以辞退。

（5）休息间内禁止大声喧哗、制造噪声等影响他人休息的行为。

（6）举止文明、衣冠整齐，禁止出现躺在桌上等不雅行为。

（7）严禁不明身份的外来人员入内。

（8）增强消防意识。发现火警、火灾等灾害事故时，应及时采取报警、撤离现场、灭火等有效措施，将损失降到最低点。

（9）注意休息室安全，不得使用各种明火器具，严禁携入易燃易爆物品，休息间不得使用或存放危险及违禁物品。

（10）环卫休息时间严格按照规定时间休息，其他时间不得使用休息间。

（11）非人为原因造成桌椅等公共物品损坏时，休息间管理员应及时通知环卫总公司，由环卫总公司组织维修。

17.4.3　环卫停车场

城市环卫车辆种类多、数量大、作业时间长，需要建设专用的停车、维修场所，以保障环卫车辆的作业安全和使用寿命。环卫车辆有时带有异味，停止作业后应该及时停放到专用停车场，如停放路边或公共场所会给公共环境造成影响。

根据《城市环境卫生专用车辆管理规定》，城市环境卫生专用车辆场的设置应按照城市规划选择适当位置，减少空驶里程。在城市环境卫生专用车辆场内，应当设有车库（停车场）、油库、车辆通道、试车站、汽车胎库、配件库、洗车台、修理车间、办公室及职工福利等设施。寒冷地区应当有暖车库及配套的锅炉房。

17.5　设施基础资料管理

设施的维护管理[122]是设施安全、有效运行的重要保障。设施的维护管理基础是建立各类设施的基础资料库，管理范畴涵盖运行使用、日常养护以及维修管理三个项目。

为达到各类设备的规范化管理，需要进行有效的基础资料管理。基础资料的管理可以分为以下几个部分：设备的原始档案，设备的卡片及台账，设备的技术登记簿，设备的系统资料。

17.5.1　原始档案

原始档案主要包括：技术参数，合格证书，安装使用说明书，安装及调试资料。

17.5.2　卡片及台账

所有设备按照系统或部门、场所编号建立设备卡片。卡片上应包含等级设备的编号、名称、规格型号、基本技术参数、设备价格、制造厂商、使用部门、安装场所、使用日期等。按编号将设备卡片汇集进行统一登记，形成相关设备台账，从而反映各个部门全部设备的基本情况，给设备管理工作提供方便。

17.5.3　技术登记簿

各设备都应设立技术登记簿，技术登记簿作为设备的档案材料，记录了设备从开始使用到报废的全过程。包括设备台账资料、设计参数及条件、技术标准及简图、设备运行情况、配件、设备维护保养和检修情况、设备大修记录、设备事故记录、更新改造及移装记录、报废记录等。

17.5.4　系统资料

环卫设施通常需要组成系统才能发挥其作用。系统中任何设备发生故障都可能造成系统的瘫痪。因此除了对单个设备的资料进行管理之外，对系统的资料也需要加以重视。系统资料包括施工图、竣工图和系统图。

1. 施工图

施工图是表示工程项目总体布局，建筑物、构筑物的外部形状、内部布置、结构构造、内外装修、材料做法以及设备、施工等要求的图样。

2. 竣工图

在施工原则上按照施工图施工，但在实际施工过程中往往会碰到很多具体问题需要变动，在施工结束、工程验收合格后，在施工中变动的地方全部用图重新表示出来，这些图纸就是竣工图。竣工图应由资料室及设备管理部门妥善管理。

3. 系统图

按照系统或者场所把各个系统分割成若干个子系统，子系统中可以用文字对系统的结构原理、运作过程及一些重要部件的具体位置等作比较详尽的说明。表示方法灵活直观、图文并茂，使人一目了然，便于查阅。

17.6 设施日常养护管理

设施设备的日常养护是指以设施设备操作人为主，对设施设备实施的以清洁、紧固、调整、润滑、防腐为主的检查和预防性保养措施，使设施设备随时处于最佳的技术状态。

17.6.1 制定设施设备养护管理制度

根据各类环卫设施设备的系统组成、作用、特征、规格、养护知识与运行、使用规程制定环卫设施设备养护管理制度。一般应包括以下几项内容：

（1）确定维修及保养工作的类别与内容（由各单位根据设施设备的实际情况，由工程技术人员核定），具体包括：日常及周保养内容；季度、半年、年度维修保养内容以及大修内容。

（2）设施设备维修、保养的要求。

（3）特殊设施设备的预防性试验周期。

（4）设施设备操作人员应具备的证书及设施设备的使用和操作要求。

17.6.2 设施设备的三级保养制度

设施设备的三级保养制度为：

（1）日常维护保养，是指设施设备操作人员所进行的经常性的保养工作。主要包括定期检查、清洁和润滑，发现小故障及时排除，做好必要记录等。

（2）一级保养，是指设施设备操作人员与设施设备维修人员按计划进行保养维修工作。主要包括对设施设备进行局部解体，进行清洗、调整，按设施设备磨损规律进行定期保养。

（3）二级保养，是指设施设备维修人员对设施设备进行全面清洗，部分解体检查和局部维修，更换或修复磨损件，使设施设备能够达到完好状态的保养。

17.6.3　设施设备的预防性计划维修保养制度

预防性计划维护保养制度是为防止意外损坏而按照计划进行一系列预防性设施设备修理、维护和管理的组织措施和技术措施。实行预防性计划维修保养的目的，是保证设施设备能经常保持正常的工作能力，避免设施设备遭受不应有的损坏，充分发挥设施设备潜力。进行计划维修保养制度的次序和期限是根据设施设备的作用、特点、规格与使用条件确定的。

17.6.4　设施设备日常养护的巡视检查

巡视检查在环卫设施设备日常养护工作中是一个重要环节，既能在巡视检查中及时发现设施设备运行、使用中存在的问题，及时予以处理；又能预防设施设备运行中可能发生的问题。在巡视检查中要尽量避免遗漏项目，特别是重要的设施设备，巡视检查线路要结合所服务项目具体情况设置。

17.7　设施维修管理

设备在使用过程中会发生各种故障，维修管理的目的是要及时修复由于正常或者不正常原因引起的设备损坏，保障设备的正常运行。

17.7.1　制定设施设备维修管理制度

设施设备维修管理制度一般按以下内容拟订：

1. 巡检制

根据各类设施设备的使用特点，制定相关的巡回检查制度，检查仪表是否正常工作，设备运转有无异常噪声、发热，系统是否泄漏等情况，并作相应记录。

2. 分工负责制

为有效地对设备进行维修保养，应实行分工负责制，即人员分组、工作内容分项、责任落实到人。

3. 季度和年度安全检查制

除日常的巡视和实行分工负责制以外，还应进行季度和年度检查或试验，并要做好相应记录。

4. 维修报告制度

明确设备出现何种情况报告组长，出现何种情况报告技术主管，出现何种情况报告部门经理。

5. 维修工程的审批制度

对设备的中、大修与更新改造应提出计划，经上级部门批准后，安排施工。施工要严格把好工程质量关，竣工后要按规范组织验收。

17.7.2 设施设备维修的分类

设施设备的维修是指通过修复或更换磨损部件，调整精度、排除故障，恢复设备原有功能所进行的技术活动。根据设备的完损状况，分为以下几种。

1. 零星维修工程

零星维修工程是指对设备进行日常的保养、检修及为排除运行故障而进行的局部维修。通常只要修复、更换少量易损零件，调整较少部分的机件和精度。

2. 中修工程

中修工程是指对设备进行正常的和定期的全面检修，对设备部分解体修理和更换少量物业磨损零件，保证设备能恢复和达到应有的标准与技术要求，使设备能正常运转到下一周期进行修理。更换率一般在 10%～30%。

3. 大修工程

大修工程是指对设备进行定期的全面检查，对设备要全部解体更换主要部件或修理不合格的零部件，使设备基本恢复原有性能。更换率一般超过 30%。

4. 更新和技术改造

更新和技术改造是指设施设备使用到一定年限后，技术性能落后、效率低、能耗大或污染（腐蚀、排期、粉尘、噪声）问题日益严重，需更新设备，提高和改善技术性能。

第 4 篇

规划实践篇

随着人们对环境卫生问题、垃圾围城问题的关注度的不断提高，综合环卫设施规划也越来越引起人们的重视。近年来，全国各地区环卫设施规划工作体量呈爆发式增长，但目前来看，除了大城市之外，其他城市大多都没有或者缺乏系统、全面的规划编制，也没有形成定期修编的惯例。

为了便于读者们更为直观地了解这些项目开展所带来的意义和价值，本篇将以深圳市为典型，从战略规划研究开始，按照编制背景、主要内容、特色与创新以及规划实施效果，向大家介绍各个类别、各个层次的综合环卫设施规划实践成果，以便为其他城市开展同类工作提供参照。

第18章　深圳市固体废物战略规划研究^[123]

18.1　编制背景

1. 深圳市各类固体废物产生量持续快速增长，大幅突破相应专项规划的控制规模

随着经济、社会近30年的快速发展，深圳市城市固体废物的产生量也在持续不断增长。根据相关职能部门的统计，2011年深圳市各类城市固体废物的产生总量达到近4400万t，大幅突破各专项规划确定的控制规模，给城市交通和生态环境都带来了沉重压力。以生活垃圾为例，2011年深圳市生活垃圾产生总量达到481.82万t，而《深圳市环境卫生设施系统布局规划（2006—2020）》（以下简称为《06环卫总规》）所预测的2010年全市生活垃圾产生总量预测值仅为428万t（图18-1）。

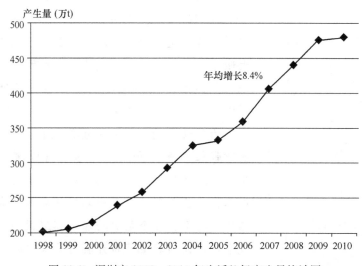

图18-1　深圳市1998～2010年生活垃圾产生量统计图

2. 各类环卫设施用地规划较齐全，但落地进展缓慢，未匹配上城市发展进程

根据《06环卫总规》，全市共建设四座环境园以集中布置城市固体废物处理设施，分别为老虎坑环境园、白鸽湖环境园、清水河环境园和坪山环境园。四座环境园的详细规划自2006年起已陆续编制完成并通过市政府的审查，但由于存在各方复杂的利益博弈，目前除老虎坑环境园外，其他三座环境园的建设进展较为缓慢，未能按规划实施时序建成相应设施。与此同时，深圳城市发展进程迅速，吸引了大量人口前来就业和居住，各类固体废物处理需求缺口在设施未能如期建成投用情况下逐步扩大，相关设施配置跟不上城市发展需求。

3. 亟待重新认识固体废物管理问题，以形成统一理念指导未来的环卫设施用地管理工作

《06 环卫总规》《污泥规划》等规划的设施有相当一部分未按期实施，并随着公民环保意识加强，"邻避效应"现象出现次数呈上升趋势，给设施选址和实施带来了一定程度的阻力。在形势倒逼下，各相关职能局欲优先建设各自处理设施，并相继向规划部门提出选址和用地申请，这在客观上要求规划部门亟待重新认识固体废物管理问题，以形成统一理念指导未来的环卫设施用地管理工作，提高设施用地的协同使用效率。

18.2 编制内容

《深圳市固体废物战略规划研究》内容包括深圳市固体废物管理现状分析（包括体制、法规、政策、模式、设施等）、潜在危机判断、案例研究与经验借鉴、战略思考、战略与行动计划、实施建议等六大部分。技术路线如图 18-2 所示[123]。

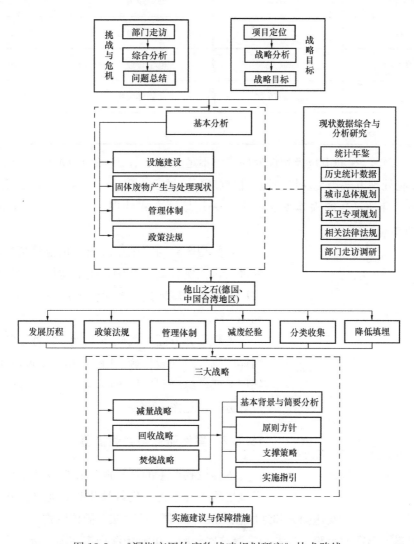

图 18-2 《深圳市固体废物战略规划研究》技术路线

18.2.1 现状概况

根据相关职能部门的统计数据，深圳市 2011 年各类城市固体废物排放总量达到约 4400 万 t，约 12.1 万 t/d（表 18-1）。其中，生活垃圾、建筑废物统计数据来源于市环卫部门（建筑废物密度按 2.0t/m³ 计）；再生资源统计数据来源于市商务部门；工业危废、医疗垃圾统计数据来源于市环保部门；污水污泥统计数据来源于市水务部门；园林垃圾和电子垃圾按照其他城市统计数据及本市统计年鉴估算。

2011 年深圳市各类固体废物产生量   表 18-1

类别	产生量（万 t）	类别	产生量（万 t）
生活垃圾	481.82	污水厂污泥	64.8
建筑废物	3100	餐厨垃圾	73
再生资源	500	园林垃圾	25
工业危废	36.93	电子垃圾	16
医疗垃圾	0.79	工业固体废物	95.66

合计：4394

截至 2011 年，深圳市垃圾焚烧处理能力不足 5000t/d，生活垃圾焚烧处理率仅 36%，主要固体废物处理方式仍是垃圾填埋。根据环保、城管、建设、水务等部门的统计数据综合分析，2011 年所产生的固体废物约 80% 采用填埋方式处理。各种处理方式所占比例，如图 18-3 所示。

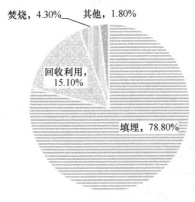

图 18-3　深圳市各种废弃物处理处置方式所占比例

各类型废弃物除医疗垃圾实现全量焚烧外，填埋处理所占比例较高。其中，生活垃圾、建筑废物、污水厂污泥采用填埋处理的比例分别约为 64%、95.5% 和 100%。

处理设施方面，截至 2011 年 12 月，共建有各类固体废物处理处置设施 24 座，其中填埋场 12 座、焚烧厂 8 座、综合利用厂 4 座。24 座固体废物处理处置设施分布，见图 18-4。

18.2.2 案例研究与经验借鉴

固体废物产生的严重问题在世界各个国家和地区发展历程中几乎无一例外地出现，尤其是在经济高速发展的初期阶段。许多发达国家和地区在发展过程中，针对城市固体废物问题，做了有益的尝试，积累了丰富的经验。参考和借鉴这些经验，可避免深圳市在固体废物管理和处置

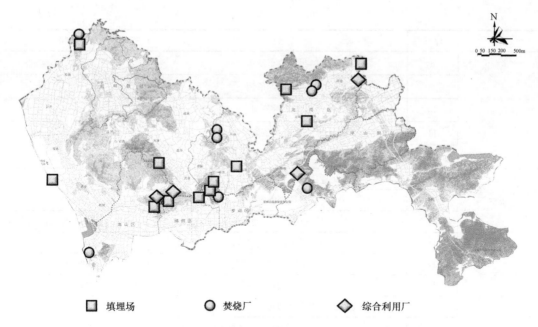

□ 填埋场　　　　　○ 焚烧厂　　　　　◇ 综合利用厂

图 18-4　深圳市各类固体废物处理处置设施布局图

问题上再走弯路。经过分析和优选，本案例选取德国和我国台湾地区，详细解读其固体废物管治经验。

德国：技术先进、法规健全、管理严格。德国的循环经济起源于垃圾处理，因此有人称德国的循环经济为垃圾经济。

我国台湾地区：与我国大陆文化接近、饮食习惯相似（垃圾组成相似）。我国台湾地区与深圳市同属南方地区，气候条件相似，其经验很有参考价值。

从德国和我国台湾地区的发展历程、政策法规、管理体制、减废经验、分类收集经验、降低填埋经验等方面开展研究，结合深圳市经济、社会和文化实际，借鉴有益经验和方法，为提出符合深圳市市情的固体废物战略提供依据和技术参考。

（1）德国经验借鉴：德国固体废物管理法律体系从 1972 年《废弃物处置法》肇始，已有 40 多年历史，是世界上最为完善、规范和明晰的固体废物管理法律体系之一。具有指导性和可操作性强的特点。一些典型的法律法规和标准规范，如表 18-2 所示。

德国主要固废相关法律法规　　　　　　　　　表 18-2

类型	序号	名称	实施时间
法律	1	联邦德国垃圾处理法	1972 年
	2	联邦德国污染物排放控制法	1974 年
	3	联邦德国垃圾处理法（修正案）	1993 年
	4	循环经济与废弃物管理法	1996 年
法规条例	5	包装条例	1991 年
	6	押金管理条例	2005 年
	7	商业废物条例	—

类型	序号	名称	实施时间
法规条例	8	报废汽车条例	—
	9	污水污泥条例	—
	10	废木材条例	—
	11	废电池条例	—
	12	废电子电器设备条例	—
规章	13	生活与工业固体废物和污泥填埋管理办法	1969 年
	14	垃圾填埋管理办法	1979 年
	15	废物防止与管理办法	1986 年
技术导则标准规范	16	空气质量控制技术规范	1986 年
	17	污染物排放控制规范	1990 年
	18	生活垃圾技术指南	1993 年
	19	垃圾机械生物处理污染控制排放标准	2001 年
	20	……	—

管理体制上，德国联邦环境署是德国固体废物管理的责任部门。环境署下辖各市环保局，具体负责各地区的固体废物管理处置工作。环境署管辖的固体废物类别包括生活垃圾、废旧电池、报废汽车、建筑废物、有机垃圾、电子废弃物、污泥、包装废物、工业固体废物等，已经涵盖大部分固体废物类别，实现了"大固废"的管理，这样的体制机制值得我国借鉴学习。

（2）我国台湾地区经验借鉴：台湾地区固体废物管理政策也较为完善，值得深圳市学习，主要分为两大类：废弃物清理类和资源回收再利用类，以《废弃物清理法》和《资源回收再利用法》为基本法律，即垃圾处理处置与垃圾回收循环利用两套体系并行。

环保署同样是台湾地区固体废物管理的主要部门，下辖各县市环保局，具体负责各区域的废弃物管理工作。环保署废弃物管理处是固体废物管理的主要科室，此外环保署法规委员会负责相关法律法规的制定；环保署环境督察总队是主要的监督管理部门；环保署资源回收资金管理委员会则主要负责台湾地区资源回收工作。

在生活垃圾收集模式上，部分地区（如台北市）建立了定时定点的收集模式，如资源垃圾回收时间及回收项目为周一及周五：废纸、干净旧衣物、干净塑料袋等平面类物品、厨余；周二、周四、周六：干净的一般瓶罐、废弃家电等立体类物品、厨余；周三、周日：不做任何垃圾清运与回收。

台北市还建立了垃圾费随袋征收制度。自 2000 年 7 月 1 日实施，至 2002 年台北市的生活垃圾总量已由实施前（1999 年）3695t/d 减量为 2649t/d，起到了较好效果。市民需购买专用的垃圾袋（带防伪设计），规格与价格如表 18-3 所示。凡垃圾未分类清运队有权拒收，未使用专用垃圾袋的可处 1200～6000 元罚款，伪造垃圾袋更可处 30000～100000 元罚款。举报者可得其中 20％作为奖金。

台北市专用垃圾袋规格及售价　　　　　　　　　表 18-3

型号	容积(L)	尺寸(mm)	厚度(mm)	包装(个/包)	售价(元/包)	备注
特小型	5	310×500	0.044	20	45	提耳式
小型	14	430×615	0.048	20	126	提耳式
中小型	25	550×750	0.050	20	225	提耳式
中型	33	630×720	0.050	20	297	平口式
特大型	76	840×900	0.058	10	342	平口式
超特大型	120	940×1000	0.100	10	540	平口式

18.2.3　规划主要成果

1. 主要成果概括

通过本研究，我们提出了系统的管理目标、发展战略与行动计划：

（1）一个目标：零废城市；

（2）六大战略观点；

（3）九项行动计划。

2. 战略观点

战略观点一：人均指标高与填埋比重过高是导致深圳市面临"垃圾围城"危机的主因；

战略观点二：生活垃圾与污水厂污泥是可能引发"垃圾围城"危机的主要固体废物类别；

战略观点三：与发达国家相比，深圳市固体废物资源化率实际已较高，可提升空间较小；

战略观点四：分类收集观之简单，实则复杂；

战略观点五：分质收集将成为深圳市分类收集的实质；

战略观点六：发达国家（地区）的固体废物管理政策与处理技术大多不能直接推广应用。

3. 行动计划

首先提出了构建深圳"零废城市"的目标，实现城市的可持续发展。并提出了减量战略、回收战略和焚烧战略。基于三大战略，融合法规、政策和经济工具，制订了相应的九项行动计划，确保战略研究的可操作性（图 18-5）。

九项行动计划

减量战略 (2)	回收战略 (4)	焚烧战略 (3)
相关法律法规完善行动	原生固体废物零填埋行动	焚烧厂正名行动
固体废物减量文化建设行动	生活垃圾分质收集行动	回馈补偿行动
	城市污泥分质收集行动	离岛处置行动
	固体废物回收体系完善行动	

图 18-5　九项行动计划概览

4. 实施建议

（1）设立固体废物综合管理机构，承担固体废物减量化、分类收集、回收利用、设施运营监督等职责；或将上述职责明确纳入深圳市固体废物管理目前相应各部门的职责范围；

（2）提高地方财政对固体废物管理领域的投入，将人均投入由约70元/（人·年）提高到200元/（人·年）（不含设施建设），以保障建设"零废城市"目标的实现；

（3）建设国内先进垃圾焚烧厂，高投入、高标准打造固体废物处理精品示范项目，例如东部环保电厂（东部垃圾焚烧处理项目，5000t/d）；

（4）在政府部门、事业单位、高档小区、高端商务酒楼试点推行生活垃圾分类收集；

（5）参照"查酒驾"行动自酝酿、发酵到成熟的整个过程及操作手法，策划垃圾分类收集宣传教育行动。

18.3　特色与创新

（1）首次从综合固体废物角度认知和研讨固体废物管理问题，从以往专项规划的单一研究某一类固体废物处理设施的布局拓展为全面审视五大类固体废物给城市建设和城市管理带来的综合影响和协同效应，避免"盲人摸象"。

（2）系统探讨了以往仅停留在原则、口号阶段的"三化"（即减量化、资源化和无害化），真正发展为社会实操的路线、方法和途径，跳出专业技术看待固体废物管理与城市运转之间的关系，注重法规、政策、经济与技术的融合。

（3）将厌恶型设施回馈补偿由单一的经济补偿拓展为休闲补偿、文体补偿、环境补偿、健康补偿与经济补偿相结合的综合补偿方案，提高设施建设的成功度，实现居民与市政设施的良性互动。

（4）大胆畅想固体废物离岛处置方案，提出通过在深圳市邻近海域建设专用的环境岛处理焚烧灰渣、飞灰以及热值不能满足焚烧要求的固体废物，在土地资源难以为继限制条件下具有现实指导意义。

（5）旗帜鲜明地指出了深圳市分类收集的本质应为分质收集，分类收集的主要目的是为了实现更好的分类处理，垃圾分类无法成为一个产业自发运转，避免重蹈以往反复强调分类是为了回收资源误导政府错将其大部分工作抛向社会的覆辙。

18.4　实施效果

（1）深圳市政府目前已采纳研究报告的建议，成立了深圳市生活垃圾分类管理事务中心，专职负责生活垃圾分类工作的组织、宣传和指导工作。

（2）居民生活垃圾分类收集在多个小区开展试点，多个餐厨垃圾分类处理设施已建成投产，清水河生物质垃圾压榨预处理设施已完成可研报告编制工作，分类处理的工作正有条不紊地向前推进（图18-6）。

图 18-6　深圳市盐田区小区生活垃圾分类行动

（3）垃圾焚烧厂正名行动计划得到政府部门和 BOT 承建单位的采纳，筹建中的东部环保电厂明确将提升烟气排放标准、按照欧盟标准建设，并以国际竞赛的形式邀请知名团队开展焚烧厂建筑外观设计工作。

第 19 章　深圳市环境卫生系统布局规划

19.1　编制背景

深圳市在城市发展与经济建设方面取得惊人成就的同时，环卫设施建设同样取得了令人瞩目的成绩。深圳市先后建成国内第一座现代化垃圾焚烧发电厂、第一座卫生填埋场。但由于深圳的快速发展，城市规模的扩张以及人口的急剧增长，各类别垃圾也以惊人的速度增长。新的城市发展定位以及城市发展速度，使得《深圳市环境卫生设施总体规划(1996—2010)》（以下简称《96 环卫总规》）已不能适应城市发展要求。

2005 年 11 月在全国率先为循环经济立法，制订了《深圳循环经济促进条例（草案)》，确立了抑制废弃物产生制度、废弃物回收制度、废弃物循环利用制度等八项重要制度。因此，应在建设循环经济理念的指导下，调整深圳市城市垃圾处理处置技术路线，注重废弃物的回收与循环利用，在环卫设施的规划与布局中努力贯彻循环经济的思想，争创全国循环经济建设之先。

基于上述背景，为创造优美宜居的城市环境，实现建设"和谐深圳，效益深圳"的总体目标，深圳市规划局与深圳市城管局于 2005 年 10 月联合委托深圳市城市规划设计研究院编制《深圳市环卫设施系统布局规划（2006—2020)》[13]。要求在对《96 环卫总规》进行检讨、总结并详细调研环卫设施现状布局的基础上，综合考虑人口、资源、发展、环境之间的辩证关系，按照统筹兼顾、合理布局、近远结合、适度超前的原则对深圳市环卫设施（隶属城管部门管理的环卫设施）的建设进行统一合理的规划。

19.2　编制内容

19.2.1　技术路线

通过现场踏勘、资料收集和部门座谈，了解深圳市固体废物产生、收运、处理情况及相关环卫设施状况；对现状资料的分析与归纳，结合相关规划解读获得的信息，识别深圳市环卫设施存在的主要问题；对相关规划进行解读，收集其中对城市综合固体废物管理和环卫设施布局的合理观点；充分借鉴日本、新加坡、中国香港地区等国内外先进固体废物管理经验，以现状问题为线索，提出垃圾收运策略与处置策略；依据深圳市具体的地理、交通条件，确定各类环卫设施的布局原则，提供初步选址建议，通过物流平衡计算，确定各类环卫设施规划及建设时序；最终提出规划实施的保障措施及相关建议（图 19-1）。

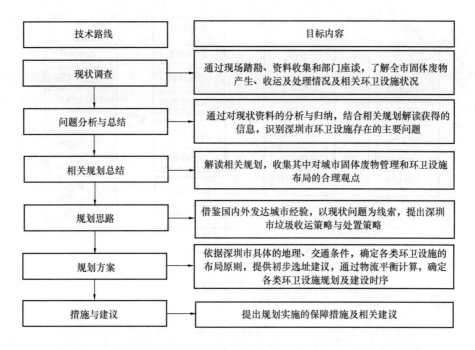

图 19-1 《深圳市环卫设施系统布局规划（2006—2020）》编制技术路线

19.2.2 规划主要内容

结合规划编制的技术路线，本规划在内容上主要分为 7 个部分，第一部分总则，明确规划背景、规划范围与期限、规划目标与原则、规划依据以及规划的内容；第二部分城市概况与发展展望，明确深圳市现状概况以及未来城市功能定位、城市人口、土地规模发展预期；第三部分环卫现状分析，概括深圳市环卫管理体制现状、固体废物产生收运与处理现状，分析现状固体废物管理存在的问题；第四部分相关规划解读，对上版规划进行解读及评价，同时对深圳市固体废物管理相关的规划进行解读；第五部分产生量预测，对生活垃圾产生量、生活垃圾清运处理量、建筑废物产生量、城市粪渣产生量进行预测；第六部分规划与对策，针对环卫设施目前所存在的主要问题，在解读相关规划并借鉴国内外经验的基础上，提出本项目的规划思路，结合现状，提出近远期发展目标以及指标体系，明确全市分类体系、收运体系，对生活垃圾收运及处理设施、建筑废物处理设施、粪渣处理设施、环卫公共设施、环卫管理机构、环卫工作场所进行规划；第七部分措施与建议，提出规划设施的保障措施以及实施建议。

19.2.3 规划主要成果

环卫设施布局规划主要囊括生活垃圾收运设施规划、生活垃圾处理设施规划、建筑废物处理设施规划、城市粪渣处理设施规划和环卫公共设施规划，重点对生活垃圾的分类体系、收运方式、收运处理设施以及环境园进行规划。图 19-2 为规划的收运处理体系，图 19-3 为环境园规划布局图。

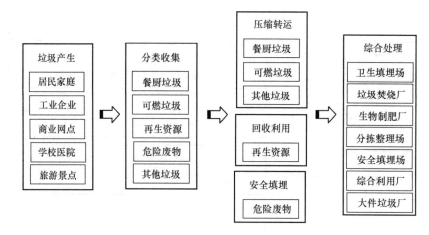

图 19-2　规划收运处理体系示意图

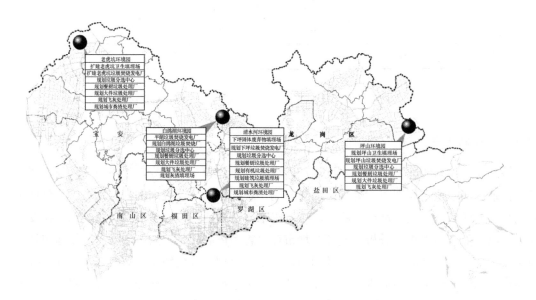

图 19-3　深圳市环境园规划布局图

19.3　特色与创新

19.3.1　项目特色

1. 系统性高

立足于解决城市长远发展的"静脉系统"瓶颈问题，以科学发展观为指导思想，一改以往仅将环卫设施视为城市发展配套设施、习惯于依照规范照搬照套的局限性，立足于全球环卫前沿领域视野、从大系统的角度综合论述了由垃圾收集体系、垃圾转运体系、生活垃圾处理体系、建筑废物处理体系和城市粪便处理体系的大环卫系统的发展方向，具有高度的系统性。

2. 可操作性强

项目在市政府的统率之下，多次组织召开由市规划局、市城管局、各规划分局、各区城管局和宝龙两区各街道办等多个相关部门组成的联席工作会议，通过编制单位的有效协调实现了规划部门、城管部门和街道办的良好互动，构建了"街道办先沟通、城管部门预选址和规划部门早介入"的工作模式，成果通过审批后仅一年多即落实了 360 座垃圾转运站的选址，充分证实了该项目的可操作性较强。

19.3.2　项目创新性

1. 国内首次提出并界定了"环境园"理念

环境园，即将破碎分选、卫生填埋、焚烧发电、生物处理、综合利用等诸多城市静脉功能集为一体并优化设计后所形成的环境友好型环卫综合基地。倡导以环境园为核心布置环卫设施具有三个方面的积极意义：一是集中预控垃圾处理设施建设用地，为城市静脉功能的顺利实现提供了重要保障；二是多种处理设施集中布局，有利于实现垃圾的综合处理；三是在降低垃圾处理设施选址难度的同时实现了环卫事业的集约化用地。可以认为，这是在紧约束条件下对城市"和谐规划"技术方法的一次重要突破。

2. 战略性地调整了深圳市城市垃圾的处理技术路线

取缔了沿用多年并在国内具有广泛应用基础的"以填埋为主"的处理方法，针对深圳市土地资源难以为继、人口规模居高不下的典型特点，借鉴中国香港地区、新加坡和日本等相似国家和地区的先进经验，对生活垃圾处理、建筑废物处理、城市粪渣处理分别拟定了"以焚烧和综合利用为主""以填海为主和综合利用为主"以及"以生物处理为主"的新技术路线，其中垃圾焚烧发电规模至规划期末将达到 150MW（发电能力大约相当于特区内所有路灯用电量的 20 倍），资源化效应显著。

有效填补了深圳市环卫领域前瞻性研究的空白，将三座卫生填埋场（现状 2 座、规划新建 1 座）的使用期限由不到 15 年延长到 50 年以上。通过关闭简易填埋场、实施生态修复等辅助性措施，有效解决了"垃圾围城"的难题，是科学发展观在环卫领域的重要体现。

3. 在环卫管理领域大力推广"全过程管理"理念

提出将环卫管理工作由以往被动地在末端处理垃圾转变为主动地在源头削减垃圾，通过应用减量化宣传、分类收集、破碎分选等过程管理技术手段，减少了最终需要处置的垃圾量（图 19-4）。

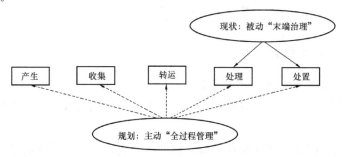

图 19-4　环境卫生"全过程管理"规划理念示意图

19.4　实施效果

19.4.1　小型压缩式转运模式的形成

规划提出在全市新建大型压缩式垃圾转运站 1 座、小型压缩式垃圾转运站 418 座，目前大型转运站现已建成并投产使用，全市建成 900 多座小型压缩式垃圾转运站，超额完成任务。形成了以小型压缩式转运为主的转运模式（图 19-5）。改善以往脏、乱、差的垃圾桶屋点和平台式转运模式，项目实施的环境效益非常显著，图 19-6 为改造前垃圾屋与改造后小型压缩式转运站对比图。

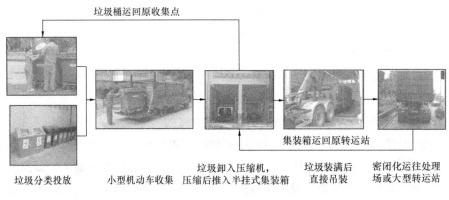

图 19-5　深圳市生活垃圾规划收运技术路线

图 19-6　改造前垃圾屋（左）与改造后小型压缩式转运站（右）对比图

19.4.2　环境园用地得到保留

在深圳市高强度开发、城市建设用地紧缺的情形下，深圳市四座环境园用地得到保留，为深圳市未来环境卫生事业发展预留空间，为全市形成高效处理、多种垃圾处理工艺有机结合的示范园区提供可能。

同时，规划在全市共设置 4 座环境园，目前已顺利开展下一层次的老虎坑环境园详细规划、坪山环境园详细规划（图 19-7）、白鸽湖环境园详细规划、清水河环境园详细规划

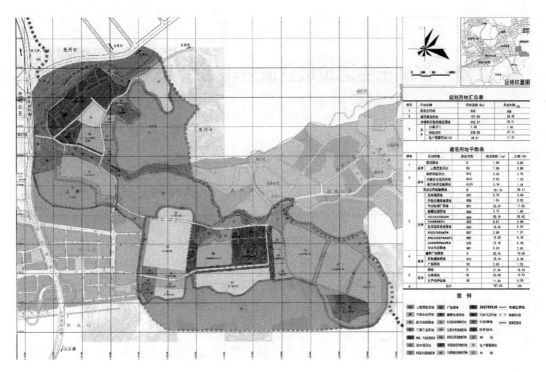

图 19-7　坪山环境园详细规划之土地利用规划图

的编制工作，环境园用地在各个层次规划中得以保留。

19.4.3　垃圾处理设施的建成

　　大型转运站和小型转运站全部按规划建成，其中小型转运站超额完成任务，焚烧厂具体厂址发生变化，但处理能力建设超规划实现。在规划的各个类别垃圾处理设施建成后，为全市生活垃圾处理处置提供服务。近年来深圳市城市发展迅速，人口以及生活垃圾产生量的增长远超过预期，但全市垃圾收运处理设施仍能保障全市生活垃圾日产日清任务的完成。

第 20 章 深圳市生活垃圾分流分类治理实施专项规划 [124]

20.1 编制背景

近年来，习近平总书记和李克强总理多次强调要实行垃圾分类，党中央、国务院高度重视，多次开展专题会议研讨并专项下发通知，垃圾分类工作上升为国家战略。至 2017 年，国家发展改革委、住房和城乡建设部发布《生活垃圾分类制度实施方案》，深圳入选全国第二次垃圾分类试点工作第一批名单，2020 年前须完成生活垃圾强制分类制度建设。2018 年 2 月 24 日，中国政府网发布《国务院关于同意深圳市建设国家可持续发展议程创新示范区的批复》，深圳市获批建设国家可持续发展议程创新示范区，垃圾分类工作是其中重要组成内容之一。

深圳的生活垃圾分类工作一直作为建设或城管部门的日常业务推进，然而缺乏顶层设计考虑，亟待系统研究。

20.2 编制内容

20.2.1 技术路线

基于深圳市生活垃圾分流分类工作实践及现状研究，梳理出深圳市生活垃圾分流分类目前面临的主要问题；结合城市总体规划确定的人口控制规模，合理预测规划期末深圳市各分流分类垃圾产生和处理量调查及增长趋势预测；借鉴美国、日本等国家（地区）及国内北京、上海等特大城市的先进经验，因地制宜地制订适宜深圳市的生活垃圾分流分类治理总体策略；依据深圳市具体的地理条件、交通条件，确定各分流分类设施的布局原则，制订不同类型区域的生活垃圾分流分类治理规划，生活垃圾分流分类治理收集运输、中转暂存、分拣处理、科普教育等全链条设施规划，并提供重点分流分类设施选址建议；根据规划期限内不同阶段生活垃圾的物流平衡计算，确定各分流分类环卫设施的规模及建设时序，并提出近期建设规划；最后提出生活垃圾分流分类治理管理体制、配套政策及经费等保障措施的规划（图 20-1）。

20.2.2 规划主要内容

本规划主要包括七部分内容，包括现状与问题，阐述并分析了深圳市目前生活垃圾的产生量、处理量、大分流以及细分类的现状，找出了深圳市目前垃圾分类难以推进所存在的问题；城市与发展，结合深圳市的发展与定位，对深圳市的未来进行了展望；对标与借鉴，研究了国内外垃圾分类先进城市的经验以及不足；回顾与评估，对第一次全国垃圾分类试点工作做出了评估与总结；愿景与蓝图，对深圳未来的垃圾分类做出了细致规划；近期建设规划，对垃圾分类近期实施规划做出了部署；下阶段工作建议，对垃圾分类下阶段需要开展的工作提出了建议。

20.2.3 规划主要成果

本规划清晰界定了垃圾分类四分体系全流程中各环节的管理模式和相关权利义务主体的关系，提出了从源头入手的城市生活垃圾真实产生规模的计算方

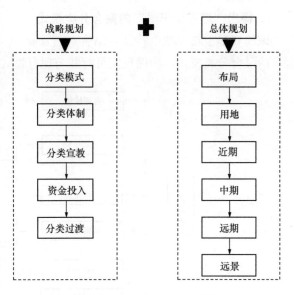

图 20-1　分类规划技术路线图

法和分类组成比例分析模型，整合了城市规划、城市管理、环境保护、经贸信息及垃圾分类多部门的管理信息；设计了涵盖分类体系、分类体制、分类宣教、分类资金和分类设施的规划蓝图，并结合深圳实际明确了生活垃圾重大集运处理设施的布局方案。

20.3 特色与创新

1. 注重顶层设计

该规划是国内首部系统性面向高度城市化地区垃圾分类顶层设计工作的专项规划，既涵盖分类体系四个环节，即分类投放、分类收集、分类运输、分类处理；同时，又囊括制度建设、宣教机制、资金投入、分类用地等多个支撑分类体系建设顺利进行的环节（图 20-2）。

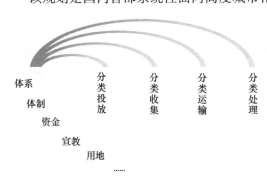

图 20-2　垃圾分类顶层设计图

2. "拨乱反正"，纠正公众对生活垃圾组分的错误认识

通过收集整理城市生活垃圾源头数据，该规划首度建立起生活垃圾源头产生的量化统计模型，将餐厨垃圾、果蔬垃圾、大件垃圾、年花年桔、绿化垃圾、废旧织物、玻金塑纸、有害垃圾、再生资源、可燃垃圾以及不可燃垃圾纳入生活垃圾源头产生量的范围，确定了生活垃圾边界，确保了规划的科学性。同时，通过研究厨余垃圾占上述整体生活垃圾产生量的比例，得出厨余垃圾占整体生活垃圾产量约 30% 的结论，纠正了公众对厨余垃圾占生活垃圾比例为 50% 的错误认识。

3. 提出"燃石十干湿"的融合分类模式

该规划基于超大城市特征，结合对首次试点失败教训的总结，创新提出"燃石十干湿"的融合分类模式，确保现实可行并与现有模式无缝衔接，分类模式如图 20-3 所示。

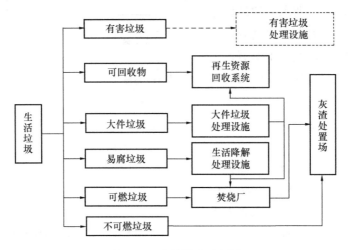

图 20-3　分类模式示意图

4. 明确界定分类体系各环节责任主体

首次提出详细的类别界定和投放指引，确保市民参与分类事务有章可循、明确清晰。同时也明确界定投放、收集、运输和处理的实施主体、管理主体和权利义务，确保分类工作执行过程中职责明确、避免推诿。

在分类投放环节，确定投放管理主体为法律法规确定的生活垃圾分类投放管理人；监管主体为城管部门主管，其他相关部门配合。同时，建议要实施实时监控、督导员督导、分错拒收、分错罚款的分类投放管理模式。

在分类收运环节，确定各类垃圾的收集频次并明确要求，对于分类不符合要求的垃圾，收运主体有权拒收。同时，也明确可分类收集主体为法律法规确定的生活垃圾分类收集管理人，如物业、清扫保洁单位等承担环境卫生管理事务的主体；运输实施主体为各主管部门招聘的经营企业；监管主体为各类垃圾所对应的主管部门，例如易腐垃圾由城管部门监管。

20.4　实施效果

（1）统筹指引了《深圳经济特区生活垃圾分类投放规定》等深圳市近十项分类技术标准规范、法律法规的编制，促进了生活垃圾分类标准规范体系的形成。具体内容如表 20-1 所示。

分类规范及法律法规列表　　　　　　　　　　　　　　　　　　　表 20-1

序号	法律法规和技术规范
1	《废旧织物回收及综合利用规范》SZDB/Z326
2	《深圳市大件垃圾回收利用管理办法》

续表

序号	法律法规和技术规范
3	《生活垃圾分类投放操作规程》 T/HW 0001
4	《大件垃圾集散设施设置标准》 T/HW 0002
5	《深圳市机关企事业单位生活垃圾分类设施设置及管理要求（试行）》
6	《深圳市生活垃圾分类和减量管理办法》
7	《深圳经济特区生活垃圾分类投放规定》
8	《深圳城市管理规范与标准（生活垃圾分类）》
9	《深圳市生活垃圾分类工作技术路线和标准指引》

（2）科学指导了《深圳市环卫总体规划修编》《深汕合作区环境科技产业园详细规划》中的分类篇章，以及《深圳市废旧家具收运处理规定》《深圳市厨余垃圾处理设施布局规划》的编制，统一了相关工作的技术思路。

（3）系统梳理了分类宣教工作，覆盖学校基础教育、公众教育和宣教基地建设，通过光盘行动、蒲公英计划等形式大大提高了宣传力度，全力构建市区联动的宣传督导体系，营造了社会参与的良好氛围。

（4）为深圳于 2019 年 5 月 13 日从全国 60 个候选城市中脱颖而出、获批成为"无废城市"建设试点之一提供了强有力的支撑。

第 21 章　深圳市建筑废物综合利用设施规划 [123]

21.1　编制背景

随着深圳市各类城市开发建设的不断加快、旧村（旧工业区）改造项目的持续增多和宝安、龙岗等区的整体城市化改造的全面开展，深圳市产生了大量以新建建筑物施工废物、旧建筑物拆建废物和装修建筑废物为主的建筑废弃物。

过去两年，深圳土地存量供应占整体供应 70% 以上，城市的发展高度依赖城市更新途径。随着城市更新建设规模不断提高，建筑废弃物排放量随之大幅增长，根据市城管部门和环保部门的统计，2014 年深圳市建筑废弃物产生规模高达 1122 万 t，在深圳市的固体废物产量中所占比例为 16.4%，是生活垃圾产量的 2 倍多，已成为深圳市除渣土之外产生量最高的固体废物。这一数据显示，如何对建筑废弃物减量控制与资源回收利用将是深圳市面临的一大问题。

不同于一般的生活垃圾，建筑废物污染性相对较小，具有显著的资源属性，如果说垃圾是被放错地方的资源，那么建筑废物就是被放错地方的土石方资源和城市矿山。目前，深圳市在建筑废物综合利用方面已经进行了大量的探索和尝试，并积累了许多宝贵的实践经验，但从成效上来看，尚没有达到与经济社会发展相匹配的程度。源头上，在城市更新过程中，原有建筑物的拆迁过程没有明确的监管部门和监管要求，开发主体基本以价格为单一指标招标确定拆迁主体，这导致拆迁主体在拆迁过程中只会以满足工期要求、回收钢筋等价值高的再生资源为出发点，部分低价值的生活垃圾被混入建筑废物，增加了建筑废物的资源化处理难度。在末端，目前深圳市建筑废物综合利用处置设施能力有限，超过综合利用设施处理能力之外的建筑废物基本运入建筑废物受纳场处置，但由于缺乏明确的监管要求和作业费用，大多与纯净余土、盾构泥浆等混合弃置，不仅占用了大量土地，造成资源浪费，而且挤占本已紧张的建筑废物受纳场的剩余空间，不利于建筑废物综合利用工作的开展。基于上述背景，为解决深圳市建筑废物综合利用工作中存在的问题，深圳市编制《深圳市建筑废物综合利用设施布局规划》以下简称《规划》。

21.2　编制内容

21.2.1　技术路线

本《规划》的技术路线如图 21-1 所示。

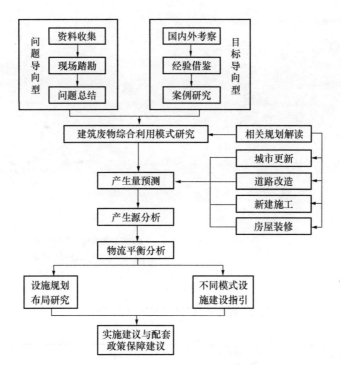

图 21-1　《规划》技术路线图

21. 2. 2　规划主要内容

《规划》的主要编制内容包括三个方面：一是针对深圳市建筑废物现状的产生特点、处理模式和管理体制，结合中国香港地区、新加坡、中国台湾地区台北市等地具体的管理实操经验，提出适宜深圳市具体情况的建筑废物就地利用模式和末端综合利用模式；二是在此基础之上，结合全市城市更新项目的建设计划、建筑废物受纳场的规模与分布以及废弃采石场的利用情况统筹安排建筑废物综合利用设施的空间布局，并参考发达国家（地区）综合利用设施实际案例提出相应的建设指引；三是就政策保障和实施建议对深圳市建筑废弃物综合利用提出具体方案。

21. 2. 3　规划主要成果

根据深圳市现有建筑废物综合利用设施的分布与设计处理能力，结合规划确定的综合利用目标（90%），评估各区建筑废物综合利用设施的缺口，从而确定在全市规划新建建筑废物综合利用设施 8 座，合计新增综合利用能力 840 万 t/年（图 21-2）。

分别对固定式场站处理和移动式现场处理提出了用地标准和布局方案（图 21-3）。论证并分别提出了建筑废物固定式场站处理的设施用地标准、设施内部布局标准方案和移动式现场处理的用地标准、设施内部布局方案，极大地便利了设施用地供给和城市更新规划协调工作，填补了国内在这方面的空白。

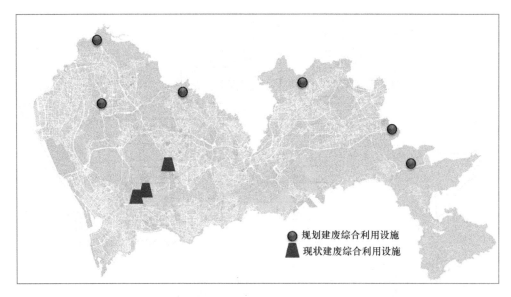

图 21-2　深圳市建筑废物综合利用设施规划

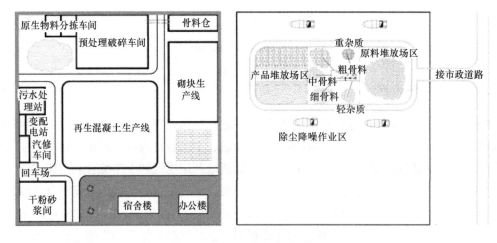

图 21-3　建筑废物场址建设指引

21.3　特色与创新

1. 从全链条的角度精准分析深圳市建筑废物综合利用存在的问题

本次规划将建筑废物从产生至处置流程分解为"原料—用地—生产—产品"四个环节，对每个环节出现的问题及其引发原因进行详细分析，分别提出针对性的体制设计、政策体系、技术指引对策，通过以上对策的实施，致力于建立一个符合现代社会经济规律、能实现自运营、产销两旺同时又兼具社会环保职责的城市建筑废物综合利用系统。

首先，对于拆除环节，旧建筑物拆除活动的管理职能不明，往往通过招投标方式以低价甚至倒付费用给建设单位的形式确定拆除工作施工单位，而对拆除活动的规范性基本没有要求。因此造成物料品质下降，资源化利用难度大。因此，为确保原料品质，应进行有人监管的体制设计。

其次，对于用地环节，设施用地全部为临时用地，用地缺乏保障，综合利用工作存在大幅倒退的风险。目前，除华全环保移动式处理厂外，其余四座均采用租赁的形式获得土地，为两年一期，并没有通过法定途径落实用地，一方面租赁时间短，无法吸引企业投资建设，另一方面用地规划依据不足，有被拆除和投诉的风险。

对于生产环节，呈现无序竞争且缺乏骨干企业，部分非法企业拿到项目后直接外运甚至弃置骗取补贴，而且低品质原料需要骨干企业消化，因此要解决此方面问题，应提出设立运营制度，明确公益定位，避免过度竞争。

对于生产的产品环节，主要是低级产品，如再生骨料等，经济效益差，而且难以储存。此外，再生产品市场尚不健全，综合利用设施存在产能闲置现象。其主要原因有三：一是再生建材产品市场目前尚不健全，公众对采用再生建材建设的建筑物内心存在一定的抵触心理；二是公共设施建设也无强制使用再生建材的要求；三是再生建材产品与采用天然原料制成的产品相比价格上也并无优势。因此提出急需再生产品技术指引，保障市场畅通，从而满足社会需求。

2. 制定"以固定式场站为主，移动式现场利用为辅"的综合利用策略

通过全生命周期成本指标量对比各类建筑废物处理技术的差别（表 21-1），科学论证建筑废物自然流向受纳场、市场失灵的经济原因，同时关注现今随大体量城市更新项目发展起来的移动式现场利用模式，分析了其与固定式场站各自的优劣，最终为深圳市制定了"以固定式场站为主，移动式现场利用为辅"的综合利用策略。

固定式场站处理与移动式现场处理对比　　　　　　　　表 21-1

模式	固定式场站处理	移动式现场处理
工艺和产品	工艺复杂，产品种类较为丰富	工艺单一，产品种类较单一
用地条件	占地面积大，需单独选址保障用地，产品和原料可暂存	无需规划用地，用地紧张，产品需在一定期限内销售完毕
环境影响	需远离城市和人群，控制污染，避免对周边环境造成影响	离居民区较近，特别需解决扬尘和噪声的问题
交通需求	需要较长距离运输，途中可能产生尘土飞扬、路面污染的现象	不需要大规模运输，灵活方便，降低了建筑废物的清运成本及二次污染

3. 综合设施能力缺口、空间平衡和用地条件，进行设施布局规划

在全市规划新建建筑废物综合利用设施 8 座，合计新增综合利用能力 840 万 t/年，以此保障创建"全国建筑废物减排和综合利用示范城市"目标的实现。

4. 项目为全国首部建筑废物综合利用设施的专项规划，丰富了市政基础设施专项规划体系

项目为全国首部建筑废物综合利用设施的专项规划。本规划一改以往将建筑废物设施建设简单纳入环卫设施规划的做法，根据建筑废物特殊的产、排、用规律，关注其产生规模巨大和来源相对简单的特征，研究适宜的处理处置技术路线。同时，不再局限于将资源化利用仅仅作为处理处置的补充手段，强调综合利用为建筑废物处置的最佳途径，这样既减少了开山取石，保护了青山绿水，又避免了建筑废物的随意弃置，维护了珍贵的生态环境，一举两得。

5. 首次在市政基础设施专项规划中引入全流程诊断工具，深度精准把握其中关键问题，确保规划的可实施性

通过借鉴 ISO 质量管理经验，将全流程诊断工具首次引入市政基础设施专项规划，将建筑废物管理工作流程划分为"原料""用地""生产"和"产品"四个环节，精准号脉，深度把握各个环节的关键问题，并对症下药，提出相对应的改善对策和措施，从而确保规划的切实可行（图 21-4）。

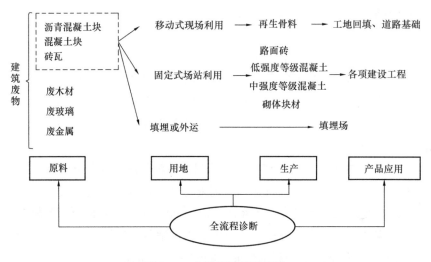

图 21-4 全流程诊断分析图

6. 跳出经验借鉴局限于技术领域的限制，深度剖析新加坡、上海、青岛等城市建筑废物管理体制，明确提出适用于深圳市的建筑废物管理体制和全领域配套政策

通过对新加坡、上海、青岛以及一些发达国家的建筑废物管理及综合利用手段进行深度剖析，在设施运营、建筑拆除、用地政策及产品应用整个流程明确提出全方位、系统性的适用于深圳市建筑废物的管理体制和配套政策。其中，在设施运营环节，实施特许经营制度，在全市共设立 10～20 个建筑废物综合利用牌照（每个区 1～2 个），该服务企业必须承诺未来一个服务期限内对本片区的建筑废物综合利用进行兜底服务，承担全部处置义务；在建筑拆除环节，明确该职能由市住房和城乡建设局指导、引入特许经营服务企业，并要求实施城市更新工作的开发商在申报城市更新项目总体规划的同时须编制《城市更新项目旧建筑拆除建筑废物排放规划研究报告》，报区城市更新部门与住房与城乡建设部门审查，不仅保障本片区建筑废物排放的规模和类别能基本掌握，而且预先统筹考虑建筑废物现场综合利用工作；在用地政策方面，将设施用地全部调整为永久性建设用地，用地性质为市政设施用地，行政划拨给职能部门；在产品应用环节，建议绿色建筑验收要求必须有再生建材产品应用，政府投资工程必须应用合理比例再生建材，城市更新项目在详细规划获批后还必须编制再生建材使用研究，出台全市施工图再生建材使用审图规定，并出台再生建材产品技术指引等。

7. 通过泥头车协会、水土保持和码头控制三个途径反复推算客观数据，首次确保在规划层面上的分区数据基本准确

由于以往对建筑废物的管理较为粗放，与生活垃圾相比，建筑废物管理缺乏完善、精准的统计体制。针对此问题，本规划在调研初期创新性地通过泥头车协会、水土保持和码头控制三个途径反复推算，互相校核建筑废物产生的客观数据，首次在规划层面上拿出了分区数据并确保是基本准确的（图21-5）。

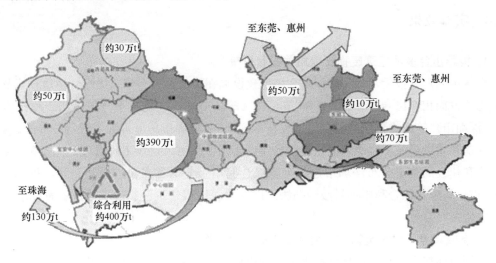

图 21-5　建筑废物处置流向图

8. 注重与300多项已批城市更新项目详细规划的衔接，较好地解决了以往建筑废物预测难以落实到空间上的问题

城市更新的建筑废物产生量一般与城市更新的建筑面积成正比，根据《深圳市城市更新总体规划（2016—2020）》得到规划期内城市更新改造规模，同时根据建筑废物主要来源于城市更新的特点，通过与300多项已批城市更新项目详细规划衔接，将建筑废物产生量分布于各个区内，从而解决建筑废物产生量预测难、落实到空间分布上更难的问题，从而科学指导了分区层面的综合利用设施规模规划（图21-6）。

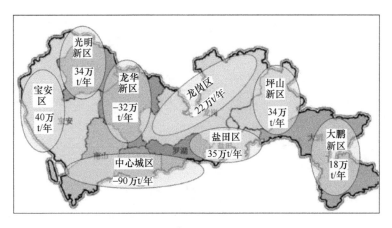

图 21-6　建筑废物产生量空间分布图

9. 对固定式场站处理和移动式现场处理首次分别提出了用地标准和布局方案，填补了国内空白

本规划结合南科大、鹿丹村等案例，首次论证并分别提出了建筑废物固定式场站处理的设施用地标准、设施内部布局标准方案和移动式现场处理的用地标准、设施内部布局方案，极大地便利了设施用地供给和城市更新规划协调工作，填补了国内在这方面的空白。

21.4 实施效果

1. 指导出台多项建筑废物管理相关配套政策

自《规划》上报后，深圳市住房和城乡建设局在设施运营、建筑拆除、用地政策及产品应用等方面相应出台了多项配套政策。如《深圳市建筑废物再生产品应用工程技术规程》《深圳市建筑废物再生产品应用工程技术规程》《深圳市房屋拆除工程管理办法》《深圳市住房和建设局关于将建筑废物受纳场建设运营项目纳入建设工程管理的通知》《深圳市住房和建设局关于公布深圳市建筑废物综合利用企业信息名录的通知》等，并开展了《深圳市建筑废物综合利用项目激励办法》以及《深圳市建筑废物分类排放收费标准》等项目的研究。

2. 有效指导了建筑废物综合利用工程的建设工作

深圳市住房和城乡建设局已按本项目的规划方案着手推动各个末端集中利用设施的建设工作，目前已将龙华综合利用厂、宝安综合利用厂、大鹏综合利用厂及坪山综合利用厂等四座设施纳入 2017~2018 年度工作计划当中，其中坪山综合利用厂已完成可行性研究和初步设计方案。此外，深圳市城市更新局已采纳本项目报告中关于现场综合利用的标准方案和政策建议，将相关内容纳入了深圳市城市更新工作总体方案中，目前正计划在水贝村、湖贝村等几个重点城市更新项目试点推行。

3. 指导各区建筑废物综合利用专项规划的开展

目前，龙岗、龙华、宝安、罗湖等区均已启动下层次专项规划的编制工作，努力将相关的基础调研、设施规划和现场综合利用试点项目进一步落实，奠定未来深圳市资源化蓝图的基本框架。

第 22 章　深圳市危险废物处理及处置专项规划 [125]

22.1　编制背景

深圳是工业发达、生产活动十分活跃的沿海发达城市，不但所产生的危险废物种类和数量很多，产生危险废物的行业也很多，根据《深圳市危险废物和严控废物产生源普查技术报告》显示，深圳市产生危险废物的企业共有 6000 多家，涉及 84 个行业，各个行业危险废物的产生量也有很大的差别。根据有关数据显示，全国危险废物涉及行业主要为天然原油和天然气开采、精炼石油产品制造、基础化学原料制造、涂料、油墨、颜料及相关产品制造、化学药品原药制造等。而深圳市主要的危险废物产生行业为电子元件制造、电子计算机制造、金属表面处理及电子器件制造、医疗机构等，这五个行业危险废物产生量占深圳市危险废物产生总量的 98% 以上，其中电子元件制造和金属表面处理行业的危险废物产生量分别占 62.09% 和 29.41%。

由于目前深圳市危险废物物流端的收集监管制度还不尽完善，同时也存在部分危险废物产生量大、种类较为单一的企业自行利用处理的情况，导致所收集的数据及其分析存在与现实不完全相符的情况。由于各类危险废物存在不同程度的持续增长和区域分布的严重失衡，对区域环境造成的压力越来越大，从而引发的各类环境问题也越来越严重。

为此，深圳市急需以危险废物"无害化、减量化、资源化"为原则，通过立法、增加设施建设及加强日常监管等措施，有效控制深圳市危险废物对环境造成的污染。

22.2　编制内容

22.2.1　技术路线

通过现场踏勘、走访，了解全市危险废物产生、收集、处理处置现状及其处理设施状况；对现状资料的分析与归纳，结合相关规划解读获得的信息，识别全市危险废物处理处置设施存在的主要问题和困难，结合产生量预测，对全市危险废物处理处置设施需求进行分析；对相关规划进行解读，借鉴国内外先进管理经验，充分了解危险废物处理处置发展和趋势。综合以上，提出危险废物处理处置策略和原则；依据深圳市具体地理、交通条件，确定危险废物处理处置设施的布局原则，进行布局规划和选址；最终提出规划实施的保障措施及相关建议。技术路线图如图 22-1 所示。

22.2.2　规划主要内容

结合规划编制的技术路线，本规划在内容上主要分为 8 个部分：第 1 部分为绪论，主

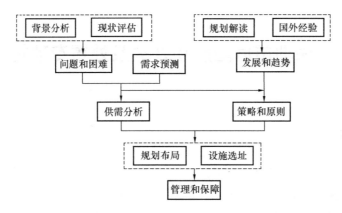

图 22-1　技术路线图

要阐述了规划背景、规划范围与期限、规划原则、规划依据和参考资料以及规划的技术路线；第 2 部分为现状分析与规划解读，主要对深圳市危险废物的产生、收集、处理处置、设施用地情况等进行分析，并对现状进行评估，同时对深圳市相关规划进行解读；第 3 部分为国内外经验借鉴，主要包括国内外危险废物处置概况、管理办法及国内外危险废物处理处置情况等的分析与借鉴；第 4 部分为发展策略研究，主要包括技术体系、处理处置体系等，确定基本策略与控制重点；第 5 部分为危险废物产生量预测和用地需求分析，对危险废物产生量进行预测，进而对供需进行分析；第 6 部分为处理处置设施布局选址，通过危险废物产生量预测和用地需求分析，结合基本处置策略，提出布局原则，进而明确规划布局和选址方案；第 7 部分为交通方案，结合与危险废物运输相关的法律法规要求，明确运输路线选择原则，并进行流向分析，提出运输路线规划以及管理措施；第 8 部分为措施与建议，提出规划设施的保障措施以及实施建议。

22.2.3　规划主要成果

（1）规划确定了危险废物处理处置体系和三"化"两"全"的基本发展策略，三"化"即为减量化、生态化、精细化，两"全"为全覆盖、全过程，同时明确了危险废物重点控制行业，即电子元件制造/电子计算机制造业、电镀行业、精细化工行业，从而能够有效指导深圳市危险废物处理处置方向。处置体系如图 22-2 所示。

（2）规划确定 6 处处理处置用地，即松岗江边犁头嘴处理基地、龙岗年丰危废处理处置基地、坪山环境园危废处理中心、老虎坑危废填埋场及社会源危废拆解整理场、马峦山易燃易爆危废处理基地、医疗废物集中处置中心扩建用地；确定 2 处备用用地（罗田、沙田）、1 处远景预留用地（福永蚝业路废旧家电整理场）。确定的 6 处处理处置设施可以满足到 2030 年的发展需求，并在处理基地和填埋容量方面留有一定余量（图 22-3）。

（3）规划确定了深圳市危险废物运输路线规划和管理措施，降低危险废物运输对城市重要水源地、生态环境敏感地区、居民聚居区造成威胁的风险。

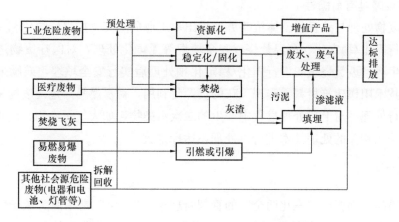

图 22-2　深圳市危险废物处理与处置体系图

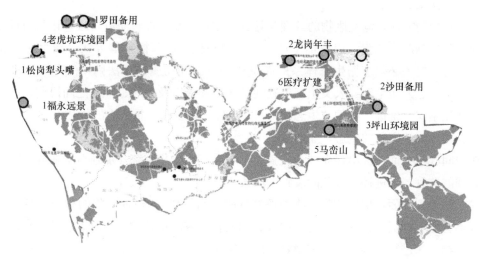

图 22-3　危废设施规划位置图

图片来源：深圳市危险废物处理及处置专项规划实施评估

22.3　特色与创新

22.3.1　项目特色

1. 用地筛选具有系统性

本着优先安排环境园内部空间原则，根据深圳市现状情况对四大环境园用地可行性和规划编制情况进行相关分析，在此前提下将原深圳市市域扣除各级水源保护区、机场周边3000m范围和集中居住用地800m范围得到预选址的结果，再进一步结合现场踏勘的结果，考虑现状地形和建筑、相关规划用地性质、现有规划选址和用地方案，进行二次筛选，结合环境园得出备选点方案，再进一步进行部门沟通与协调，得出最终方案。

2. 整体策略具有前瞻性

在危险废物处理与处置的整体策略方面提出对工业危险废物加强资源化利用，对其处理残余物进行固化/稳定化、高温焚烧或安全填埋等无害化处理，对医疗废物进行高温焚烧处理，对生活垃圾焚烧飞灰进行固化/稳定化预处理后实行安全填埋，鼓励采用烧结法或熔融法等技术用作建筑材料，实现飞灰的资源化利用，对易燃易爆危险废物采用引燃引爆的方式进行处理。对上述处理过程中产生的二次污染物，如大气污染物、废水、渗滤液等提出必须采用相关的处理技术进行再处理，达标排放。

22.3.2 项目创新

在基本策略方面提出"三化两全"的管理新理念。"三化"是指源头减量化、产业生态化及处理处置精细化；"两全"是指"全覆盖"的危险废物收集系统及"全过程"的危险废物管理体系。

在源头控制方面，危险废物的处理与处置必须从末端治理转向以"减量化"为目标的源头预防和控制源头减量，以清洁生产、原材料替代、内部循环等方式，减少污染排放量。处理与处置还必须遵循生态体系的能量流动机制和物质循环法则，注重城市景观生态、产业生态、人居生态、人文生态等之间的协同和谐以及人居、环境之间协调、友好的要求。优化结构，推进产业的"生态化"，以宏观政策推进产业结构的优化升级，走新型工业化道路，构建完整的生态工业体系。

在中间收集方面，提出建立"全覆盖"的危险废物收集系统，加强对工业源危险废物收集处理的监管，推进社会源危险废物的收集工作。

在末端治理方面，推进危险废物处理处置的"精细化"，根据废物的种类、性质不同进行分类管理，可资源化的进行物质回收、物质转换或能量转换，暂时无法综合利用的以物化或生物方法进行消毒、解毒或稳定化的无害化处理；可焚烧危险废物、医疗废物、大宗家电、生活垃圾焚烧飞灰、废弃剧毒品等都应进行分类处置，既可降低环境风险，又可降低处理成本。

最后在监管方面，提出从产生到坟墓的"全过程"管理，建立有效的管理体系，关键在于建立有效的法律法规保障体系，确保相应的运输、贮存、处理处置能力；保障充足的设施建设与处理处置资金。

22.4 实施效果[125]

自规划以来，有效推进深圳市危险废物处理处置基地建设工作。如龙岗年丰危废处理处置基地实施较好，深投环保梅林预处理基地迁建至松岗江边犁头嘴处理基地也推进较顺利。

1. 龙岗年丰危险废物处理处置基地

龙岗区工业危险废物处理基地现状一期用地，2012年投入生产，2014年完成环保验收（图22-4）。目前，一期正开展深圳市龙岗区东江工业废物处置基地等离子体处置危险废弃物示范项目，年处置各类危险废物 9000 t，环评已批，现阶段进行报建及建设用地规划许可证变更办理手续。二期填埋场项目拟列入"十四五"期间建设的危险废物处理设施项目，主要作为老虎坑环境园、东部电厂飞灰应急填埋场，处置能力分别为 11.3 万 t/a 和 6 万 t/a，项目落地情况较好。

2. 松岗江边犁头嘴处理基地

目前，地块周边为工业用地，现状为松岗的富民科技园、湾厦工业园、基达利工业园、豪丰工业园和伟业工业园（图 22-5）。按照深圳市市委市政府和有关部门的要求，为相关搬迁工作提供技术支撑，开展江碧环境生态园启动区（市危废处理站犁头嘴）选址方案规划设计条件研究。目前，《江碧环境生态园启动区选址方案规划设计条件研究》已完成。

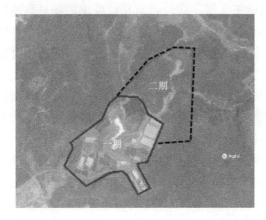

图 22-4 龙岗年丰危险废物处理处置
基地用地周边情况图

图 22-5 松岗江边梨头嘴处理基地用
地位置周边情况图

第 23 章　深圳市坪山环境园详细规划 [126]

23.1　编制背景

随着深圳经济与城市建设快速蓬勃发展，人口急剧增加，土地难以为继。截至 2008 年（坪山环境园详细规划编制当年），深圳市仅生活垃圾产生量已达到 12074t/d[127]，年城市垃圾产生总量集中堆积相当于 25 座深圳地王大厦。同时，简易垃圾填埋场总数达到 30 座，分布在宝安、龙岗两区各个街道，初现"垃圾围城"的态势[128]，位于深圳东部的龙岗区垃圾无害化处理率仅为 50%。其中，包括当年为龙岗区所属辖区街道的坪山等六个街道的垃圾长年采用简易填埋方式处理，已造成严重的环境污染。此外，深圳市可供环卫设施建设的空间选择范围越来越有限，若继续沿用现状处理模式，预计 20 年内将面临垃圾无处可填，城市发展也将因垃圾处理问题而陷入停滞的困境。由此，深圳特别是深圳东部地区，急需建设一批环卫设施，以满足城市发展的需求。

2007 年《深圳市环境卫生设施系统布局规划（2006—2020）》[13]编制完成，根据规划要求，深圳全市需建设四座环境园，其中，东部地区的环境园即为坪山环境园，建成后将承担龙岗中心组团、东部工业组团和东部生态组团的城市固体废物处理处置功能。同时，根据《珠三角区域改革发展规划纲要》中提出区域"基础设施共享"，毗邻惠州的深圳坪山环境园也可同时为惠州提供固体废物无害化处理及资源循环利用的跨区域协同。此外，深圳市已于 2005 年 11 月在全国率先为循环经济立法，制订了《深圳循环经济促进条例（草案）》，确立了抑制废弃物产生制度、废弃物回收制度、废弃物循环利用制度等八项重要制度[129]。坪山环境园的规划建设亦是积极响应发展循环经济要求、落实科学发展观的关键决策，运用循环经济理论实现城市垃圾全过程管理目标，贯彻减量化、再利用、再循环原则（即 3R 原则），以合理安排各处理设施的空间布局为基本，注重废弃物的回收与循环利用，目标引领成为现代城市垃圾管理的发展趋势。

建设坪山环境园作为破解"垃圾围城"危机的重要举措之一，实现上层次规划提出的垃圾处理与环境目标与要求，落实科学发展观与发展循环经济重要决策，建设固体废物无害化及循环利用处理设施、完善管理机制，根据深圳市政府指示要求，《深圳市坪山环境园详细规划（2009—2020）》于 2008 年 11 月启动编制工作。

23.2　编制内容

23.2.1　技术路线

深圳市坪山环境园详细规划技术路线以问题与目标为双导向，具体如下：

首先，通过现场踏勘、现状分析、资料收集和部门座谈，了解深圳市固体废弃物处理、资源循环利用情况及深圳全域特别是深圳东部地区及惠州地区的环卫设施建设、运营和管理状况；其次，对资料进行分析研判，结合上层次规划与政府相关意见与建议，识别、剖析深圳全市及深圳东部与惠州地区固体废物处理、区域协调、运行监管等存在的主要问题；再者，通过对相关规划的解读与理论总结，采纳研究各相关部门、行业、民众的观点与建议，充分借鉴了如中国香港地区、日本、新加坡、德国、瑞士等国内外先进案例经验，回答并解决问题。同时，以问题为背景，提出坪山环境园的规划目标，并以生态结构、处理模式、用地模式、空间布局、景观设计、市政工程六大板块分别提出目标策略与实施要求。分别通过生态建设与指标控制、用地布局与指标控制以及规划实施项目库三大板块构架一图一库的建设管理模式，并提出近期建设规划。最终，将技术评估作为坪山环境园详细规划具体项目建设运行监管的校核机制。

该规划技术路线以"问题"与"目标"两条线路并行推进，相互呼应，促进规划工作的顺利进行，确保规划方案的不断优化与可实施性，如图23-1所示。

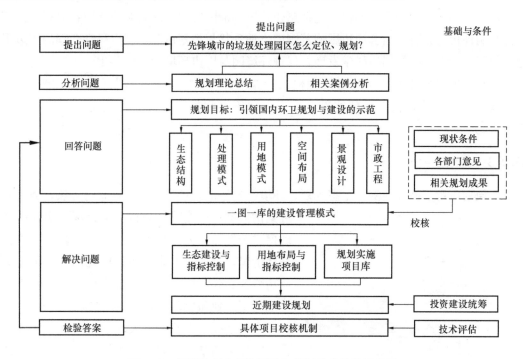

图23-1 深圳市坪山环境园详细规划技术路线示意图

23.2.2 规划主要内容

以规划编制的技术路线为牵引，本规划由三个专题研究、八大内容构成，涵盖多类固体废物处理研究，囊括生活垃圾、餐厨垃圾、污水、污泥等多种垃圾特性、处理工艺及设施、排放控制、监管运营模式的梳理研究。该规划主要内容具体包括：

（1）基础资料收集。收集与坪山环境园相关的基础资料，包括地形、地貌等工程地质资料，水文、气象等生态环境资料，已批或在编的相关规划及专题研究、规划区项目报建审批情况、用地权属、地方法规文件、管理操作程序等相关规划资料。

（2）综合功能定位。合理评价坪山环境园对周边地区的影响，明确其近远期在城市中的功能定位，制定园区发展策略。

（3）垃圾量的预测。结合规划期内城市发展的规模和城市环境卫生管理的需求，合理预测规划期内各类城市固体废物的产生量。

（4）环境容量计算。基于现状环境监测资料计算坪山环境园所在地区的环境容量，如大气环境容量、水环境容量和声环境容量等。

（5）项目选择与工艺研判。按照"建设可持续发展城市"的目标，结合国内外调研的情况合理选择坪山环境园内的环卫项目，并根据城管部门的建议综合研判各类城市固体废物的处理技术。

（6）设施布局。基于坪山环境园所在区域的地形、地貌、气候、交通等条件，系统论证园内各类环卫设施的空间布局与用地指标，解决园区内部各功能区的交通联系，配置公共配套设施。

（7）影响评价与分析。周边（包括惠州）影响范围内用地规划调整指引：对布局方案进行影响评价与分析，结合周边影响范围内土地现状与规划情况，制定科学合理的周边用地规划调整指引，引导周边科学发展，促进环境园与周边环境的和谐共生。

（8）开展"循环经济型垃圾处理模式专题研究""坪山环境园生态保护专题研究"和"规划实施风险评估专题研究"三个专题研究，为规划提供有力支持，确保规划成果先进。

23.2.3 规划主要成果

本规划应用了循环经济、生态规划、环境影响评价和景观设计等理念与方法，通过先

图 23-2 深圳市坪山环境园鸟瞰效果图

进案例借鉴、设施特性分析、契合深圳实际的处理模式选择和工艺流程组织，并结合基地及周边现状情况，对入园固体废物处理规模进行了预测及功能区划分，构建了生态安全格局，并明确了土地利用规划和处理设施的系统布局。

本规划提出了城市重大环卫工程规划实施综合风险评价的基本框架，并根据环境影响评价结果进行了布局方案的优化调整；对景观环境设计进行了深化，以提升园区景观环境品质并完善布局及设计方案；遵照"生态安全"等目标，对最终规划方案制定了有针对性的污染防治措施、风险控制策略与措施、用地控制与开发计划，实施保障策略与措施等，以确保规划方案的最优合理性与可操作性（图 23-2）。

23.3　特色与创新

23.3.1　项目特色

1. 特殊要求、专业分析、系统布局

根据《城市环境卫生设施规划标准》GB/T 50337 的规定："在详细规划中应确定各类环卫设施的种类、等级、数量、用地和建筑面积、定点位置等内容，满足环卫车辆通道要求。"坪山环境园详细规划以强调规划的专业性与系统性为重点，在梳理和协调已有规划成果相互关系、整合资源的基础上，在技术层面解决环卫设施落地问题，做好作为"城市公厕"的净化、美化、优化，实现环境园与城市的绿色有机融合。

2. 专业化角度，全球化视野

规划中基于现代城市文明评判标准，将城市环境卫生视为城市对外宣传的名片之一，明确提出"通过落实用地、合理布局、科学管理，破解垃圾围城难题的同时结合深圳城市定位和城市实际，建设引领国内环卫设施布局与环卫科技发展的示范区与样本区。"

在规划编制时，鉴于深圳以"与香港特区共建国际大都会"为发展目标，且与新加坡、日本、中国香港地区等国家或地区同样面临人多地少的困境，该规划深度探讨了以上国家或地区的城市垃圾处理技术发展历程、现状、主要应用的处理技术及其在深圳与周边地区的适用性，并通过专家咨询进一步保障了规划方案的前瞻性与可行性。

3. 改变废弃物认识，体现资源优势

规划中通过对国内外先进案例的分析，特别是新加坡和瑞士案例的解析与学习，全方位改变对垃圾的认识和对其处理的态度，打破固有观念，挖潜废弃物的资源价值，实现循环利用与绿色生态可持续的发展理念。同时，进一步明确了垃圾通过妥善处理后达到污染小、占地少的目标与要求。通过循环经济型处理工艺的设计，最大限度地利用垃圾的资源优势，如利用垃圾发电、制肥、制砖等；最大限度地降低垃圾的排放与污染，在发挥垃圾资源效益的同时，实现与城市的和谐发展、与自然和谐共生的绿色生态可持续发展模式。

23.3.2　项目创新性

1. 国内首次编制环境园用地分类与标准，为此类规划提供技术标准

为了体现环境园设施类型的特殊性及用地布局的特殊要求，针对项目编制时（2008年）采用的相关规范标准版本，如国家《城市用地分类与规划建设用地标准》GB 50137[130] 及《深圳市城市规划标准与准则（2018）》[16] 中缺乏对环境卫生设施（特别是垃圾处理）用地细分的实际情况，在尊重规范及标准的前提下，结合坪山环境园详细规划等一系列环境园规划编制时所遇到的实际情况与需求进行了创新尝试，在国内首次编制了《环境园用地分类与标准》体系，填补了此类规划缺乏标准依据的空白。该标准体系包括环卫设施用地性质细分标准和特殊的设施用地使用色块标准，以便在指导本规划工作的同时，并对后续环境园及相关规划的编制提供了示范和参考。

2. 落实循环经济理念，切实应用先进经验，形成环境园规划特有的规划方法

深圳市坪山环境园详细规划在垃圾处理设施布局及垃圾处理工艺选择方面落实了循环经济理念，促进了垃圾的资源化、减量化和污染的最小化。在规划的过程中全程应用"生态规划＋环境影响评价"的生态建设与环境保护理念，确保了规划方案的生态性、环境影响的最小化。制定生态保护策略与措施主要体现在通过结合生态安全格局、环境影响与工艺制定初步布局方案，并对初步布局方案进行评定并提出布局建议。在不断调整布局方案的过程中，通过不断讨论、反馈和调整，最终提出合理的规划方案。确定生态保护策略与措施的实质是城市规划与规划环境影响评价融合的过程。这一过程使得环评全程参与，相关人员充分交流与了解，实现了城市规划与规划环评的目标融合与过程融合，保证了规划符合生态原则和可持续发展原则。深圳市坪山环境园详细规划是城市规划、景观生态学及环境科学的跨专业合作，是城市规划生态化的有益尝试，突破了规划环境影响评价的局限，确保了规划总目标的实现。

3. 设置特殊的控制指标，重点控制指标根据设施的具体性质而定

与传统规划不同，坪山环境园规划不以开发强度为控制核心，而以设施的具体性质为根据确定重点控制指标，并就每类环卫设施或园区内其他配套设施提出针对性的特殊管控及运维要求，如：

（1）排放物数量、指数、处理标准要求等；

（2）每类运输通道的出口方向、转弯半径、对道路路面的质量要求等；

（3）设施的红线后退要求、设施与周边建筑特别是居民区的距离等；

（4）园区的生态保护目标体系、建设标准、生态指标体系、植物配置标准、绿色布置要求，植被种类选择与组合方式。

4. 将"环境园"的理念落到了实处

一改环卫设施以往的"分散布局、被动按需供地"，环境园规划秉持"集中布局，主动预先控地"的原则，既解决了环卫设施选址难的现行问题，又为城市规划管理工作保留了足够的灵活性。通过改变垃圾处理场所的环境，改变人们对垃圾及垃圾处理的传统认识，促进城市垃圾的资源化、减量化和无害化，并使垃圾处理基地成为资源节约型、环境友好型、景观优美型、生态安全型的资源循环示范性地标与城市公益活动园区。

5. 实现由"单一填埋"向"综合处理"的转变

规划目标实现生活垃圾处理模型由"单一填埋"向"焚烧＋综合利用＋生物处理＋填埋"的综合处理方向转变，并建立了一套可持续发展的垃圾处理模式，要求垃圾于进园前完成分类收集与回收，进园后的生活垃圾优先采用焚烧工艺处理，使其大大减容，体积仅为焚烧前的15%～20%，再通过综合利用，使其体积仅为焚烧前的5%左右。与采用单一填埋方式相比，园区填埋场的填埋物主要为不可再利用的焚烧底渣，对环境的长远影响非常小。同时，使填埋场使用期限由20年延长至100年以上，从而大大缓解了"垃圾围城"形势，是一种可持续的城市垃圾处理模式。

6. 为促进环境园与周边的长远和谐，制定了周边地区的规划指引

针对坪山环境园毗邻惠州的特殊区位条件，与惠州及环境园周边地区进行了多方全面协调，使得规划布局得到多方认可，并将生态与环境影响评估、污染防治及规划实施风险评估纳入规划，有利于规划实施的推进。同时，制定了周边地区的规划指引，有利于促进环境园与周边地区的长远和谐共存与跨域协作。

23.4　实施效果

1. 城市垃圾处理、跨区域协同共享新模式的探索

本规划探索了城市垃圾处理、跨区域共享协同的新模式，打破了垃圾处理设施是否能与城市和谐共存的疑虑；是破解城市垃圾处理难题、促进环境卫生事业升级发展的重要课题之一；成为环境园或垃圾处理基地规划建设有法可依的重要抓手；对于完善我国环境园等相关规划标准体系，特别是此类规划用地分类与标准体系，指导全国的环境园或垃圾处理基地类规划建设意义深远（图 23-3）。

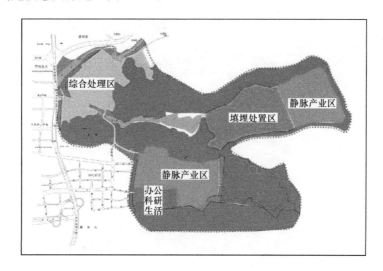

图 23-3　深圳市坪山环境园规划区共建方案功能区布局图

2. 环境园规划技术标准研究的首创与实施

依托本规划，项目组首创国内"环境园用地分类与标准"体系，包括环卫设施用地性质细分标准和特殊的设施用地使用色块标准。因其科学性和较好的适用性，已被纳入新版《深圳市城市规划标准与准则》[131]，成为地方标准，开始指导同类规划编制工作。同期开展了研究课题——"环境园规划技术标准研究"，于 2012 年 7 月被列入《住房和城乡建设部 2012 年科学技术项目计划》成为部级科研课题，引起了学术界关注。

3. 业界认可与学术影响的收获

规划成果获得了深圳市政府、深圳市规划国土委的高度认可，并得到了国内专家的高度评价，相关主管部门将该规划视为范本，相关建设按规划推进。依托该项目，相关研究在核心期刊发表文章两篇，赢得了业界的认可与关注，分别发表于《城市规划学刊》的《城市重大环卫工程规划实施综合风险评估研究》[131]及发表于《规划师》的《环境园详细规划编制探讨》[13]。

附录

　　为方便读者阅读本书以及参考本书开展环卫设施的规划工作，在本书末尾对书中所涉及的基本概念及术语进行介绍；罗列出在进行环卫设施规划时涉及的国内外的法律法规以及相关标准规范；提出在实际制图过程中使用的图例以及相关绘图要求；摘录环卫设施规划的取费标准及依据。

附录1　基本概念及术语

　　在以往的相关文件以及成果中，出现一些专业术语不一致、概念混淆的情况，为了方便读者理解，附表 1-1、附表 1-2 中对本书涉及的专业术语进行了统一定义，对部分用词进行了规范。

本书专业术语定义一览表　　　　　　　　　　　　　　　　附表 1-1

术语	定义及说明
城市综合固体废物（整体废弃资源）	亦可称为城市废弃资源，是指在城市行政区划范围内产生的各种固体废物，主要包括生活垃圾（生活源废弃资源）、工业固体废物（工业源废弃资源）、建筑废物（建设源废弃资源）、城市污泥（水务源废弃资源）、危险废物（有害类废弃资源）和再生资源（高价值废弃资源）等六大类
生活垃圾	亦可称为"生活源废弃资源"，是指城市市民在生活中产生的垃圾，是城市综合固体废物的重要组成部分。按产生地点的不同，可分为居住区垃圾、商业区垃圾、办公区垃圾、集贸市场垃圾、交通运输垃圾、道路清扫垃圾。按组成特征的不同，可分为餐厨垃圾、园林绿化垃圾、果蔬垃圾、大件垃圾、有害垃圾和其他垃圾等
工业固体废物	亦可称为"工业源废弃资源"，是指工业企业因生产活动产生的垃圾，是城市综合固体废物的重要组成部分。工业固体废物依城市产业类型的差异其组分将截然不同
建筑废物	是指建设、施工单位或个人对各类建筑物、构筑物、管网等进行建设、铺设或拆除、修缮过程中所产生的渣土、弃土、弃料、淤泥及其他废弃物，亦可称为"建设源废弃资源"。主要包括施工建筑废物、拆除建筑废物、装修建筑废物、泥浆、工程渣土等五大类
城市污泥	亦可称为"水务源废弃资源"，是指在城市生活和与城市生活活动相关的城市市政设施运行与维护过程中产生的固体沉淀物质。主要包括污水厂污泥、给水厂污泥、排水管道污泥、疏浚淤泥等四大类
危险废物	亦可称为"有害类废弃资源"，是指城市综合固体废物中列入国家危险废物名录或根据国家规定的危险废物鉴别标准和鉴别方法认定的具有危险性的固体废物。主要包括工业源危险废物、生活源危险废物、社会源危险废物、医疗废物等四大类
再生资源	亦可称为"高价值废弃资源"，是指直接具有回收利用经济价值的固体废物。主要指废纸、废金属、废橡塑、废玻璃
易腐垃圾	亦可称为"可降解废弃资源"，是指能够被微生物降解的固体废物。主要包括餐厨垃圾、厨余垃圾、果蔬垃圾、园林绿化垃圾，其中前两类微生物降解的速度快，后两类微生物降解的速度慢
餐厨垃圾	是指饭店、酒楼、食堂等场所产生的菜叶、果皮和剩饭剩菜等容易被微生物降解的固体废物
厨余垃圾	是指居民家庭生活中因烹饪产生的菜叶、果皮和剩饭剩菜等容易被微生物降解的固体废物

术语	定义及说明
果蔬垃圾	是指农贸市场、集贸市场、菜市场等场所产生的菜叶、果皮等容易被微生物降解的固体废物
园林绿化垃圾	是指公园绿化修剪、城市绿地维护、行道树修建以及园林树木自然掉落所形成的固体废物
大件垃圾	亦可称为"大尺寸废弃资源",是指城市综合固体废物中体积大、整体性强、需要拆分再处理的部分。主要指废弃家具、大型家用电器等
有害垃圾	亦可称为"生活源危险废物",是指生活垃圾中属于危险废物的部分,包括废弃药品、荧光灯管、含镉电池等
可燃垃圾	亦可称为"可燃类废弃资源",是指城市综合固体废物中热值较高、适宜采用热处理方式进行处理的部分。需要注意的是,未被污染的条状或块状塑料不属于可燃垃圾,因其具有一定回收经济价值,而若采用焚烧处理可能产生二噁英
不可燃垃圾	亦可称为"不可燃类废弃资源",是指城市综合固体废物中热值较低且难以被微生物降解,适宜采用填埋方式处置的部分。包括灰土、陶瓷、混凝土等
原生垃圾	亦可称为"原生固体废物",是指产生后未经任何预处理和处理的原状态固体废物,一般强调其仍然具有较高的可生物降解性

用词规范界定表　　　　　　　　　　　　　　　　　　　附表 1-2

名词	名词界定
固体废物产生量 (废弃资源产生量)	固体废物处理量+固体废物处置量+再生资源回收量−进入填埋场的灰渣及飞灰
固体废物清运量 (废弃资源清运量)	进入资源循环集运设施的固体废物量,一般与固体废物处理量相等
固体废物处理量 (废弃资源处理量)	进入资源循环工程设施(填埋场除外)的固体废物量+进入填埋场的原生垃圾量
固体废物处置量 (废弃资源处置量)	进入填埋场的固体废物量−进入填埋场的原生垃圾量
再生资源回收量 (高价值废弃资源回收量)	进入商务部门回收系统的废弃资源量+进入环卫部门回收系统的废弃资源量
设施处理能力	设施设计、建设时所拟定的固体废物处理规模
设施处理规模	一定时间周期内进入处理设施处理的固体废物的实际规模

附录2 综合环卫设施规划制图图例参考

为了综合环卫设施规划中图纸绘制的规范化，本书中笔者结合相关标准以及实际工作中应用的图例，总结了综合环卫设施规划制图图例，供读者参考（附表2-1）。

综合环卫设施规划制图图例参考 附表2-1

序号	图例	图例说明	颜色	线型	打印线宽	备注	
						填充	标注
1		现状或已设计垃圾转运站	5	continues	0.3	solid	名称、转运规模
2		规划垃圾转运站	1	continues	0.3		名称、转运规模
3		现状或已设计生活垃圾综合处理场	5	continues	0.3	solid	名称、处理规模
4		规划生活垃圾综合处理场	1	continues	0.3		名称、处理规模
5		现状或已设计生活垃圾填埋场	5	continues	0.3	solid	名称、处理规模、库容
6		规划生活垃圾填埋场	1	continues	0.3		名称、处理规模、库容
7		现状或已设计生活垃圾焚烧厂	5	continues	0.3	solid	名称、处理规模
8		规划生活垃圾焚烧厂	1	continues	0.3		名称、处理规模
9		现状或已设计餐厨垃圾处理厂	5	continues	0.3	solid	名称、处理规模
10		规划餐厨垃圾处理厂	1	continues	0.3		名称、处理规模
11		现状或已设计建筑废物受纳场	5	continues	0.3	solid	名称、处理规模
12		规划建筑废物受纳场	1	continues	0.3		名称、处理规模
13		现状或已设计建筑废物综合利用厂	5	continues	0.3	solid	名称、处理规模
14		规划建筑废物综合利用厂	1	continues	0.3		名称、处理规模

序号	图例	图例说明	颜色	线型	打印线宽	备注	
						填充	标注
15		现状或已设计危险废物填埋场	5	continues	0.3	solid	名称、处理规模、库容
16		规划危险废物填埋场	1	continues	0.3		名称、处理规模、库容
17		现状或已设计危险废物物化处理厂	5	continues	0.3	solid	名称、处理规模
18		规划危险废物物化处理厂	1	continues	0.3		名称、处理规模
19		现状或已设计危险废物焚烧厂	5	continues	0.3	solid	名称、处理规模
20		规划危险废物焚烧厂	1	continues	0.3		名称、处理规模
21		现状再生资源回收站再生资源回收点	5	continues	0.3	solid	名称、处理规模
22		规划再生资源回收站再生资源回收点	1	continues	0.3		名称、处理规模
23		现状或已设计再生资源分选场	5	continues	0.3	solid	名称、处理规模
24		规划再生资源分选场	1	continues	0.3		名称、处理规模
25		现状环卫停车场用地	5	continues	0.3	solid	名称
26		规划环卫停车场用地	1	continues	0.3		名称
27		现状环卫工人休息室	5	continues	0.3	solid	名称
28		规划环卫工人休息室	1	continues	0.3		名称
29		现状或已设计公共厕所	5	continues	0.3		名称
30		规划公共厕所	1	continues	0.3		名称
31		现状车辆冲洗站	5	continues	0.3	solid	名称
32		规划车辆冲洗站	1	continues	0.3		名称

附录3 环境园详细规划用地分类与标准

国家及地方制订的一系列规划技术规范和标准是指导城市规划编制和管理的重要依据。如目前实行的《城市用地分类与规划建设用地标准》GB/T 50137有关环境卫生设施及垃圾处理设施用地类别为"环卫设施用地（U22）"与"环保设施用地（U23）"。其中，环卫设施用地（U22）内容范围包括：垃圾转运站、公厕、车辆清洗站、环卫车辆停放修理厂等设施用地；环保设施用地（U23）内容范围包括：垃圾处理、危险品处理、医疗垃圾处理等设施用地。2018年5月，住房和城乡建设部组织起草了国家标准《城乡用地分类与规划建设用地标准》GB 50137（征求意见稿）并公开征求意见。在征求意见稿中，撤销了"环保设施用地（U23）"，并归入"环境卫生设施用地（U22）"。归并后，其内容范围为：生活垃圾、医疗垃圾、危险废物处理（置），以及垃圾转运、公厕、车辆清洗、环卫车辆停放修理等设施用地。

根据环境园的定义"将分选回收、焚烧发电、高温堆肥、卫生填埋、渣土受纳、粪渣处理、渗滤液处理等诸多处理工艺的部分或全部集于一身的环卫综合基地"，环境园的用地应属于垃圾处理用地（U22）的范畴，但因环境园的详细规划中将根据处理工艺和流程对不同的处理设施用地进行细分，规划编制当时现有的《城市用地分类与规划建设用地标准》GB 50137及正在征求意见阶段的《城乡用地分类与规划建设用地标准》GB 50137（征求意见稿）均无法满足规划需要，故需完善及细化用地分类标准。

为了体现环境园的设施类型的特殊性及用地布局的特殊要求，针对国家相关标准中缺乏对环境卫生设施（特别是垃圾处理）用地的细分的实际情况，本着在尊重规范及标准的前提下，深圳市城市规划设计研究院结合项目实际进行创新尝试，编制了《环境园用地分类与标准》体系，以便在指导环境园规划工作的同时，为国内同类规划提供参考。

环境园用地分类与标准编制的主要依据是《中华人民共和国城乡规划法》《中华人民共和国环境保护法》《中华人民共和国固体废弃物污染环境防治法》《城乡规划编制办法》《城市环境卫生设置标准》《城市环境卫生设施规划指南》及相关规范等，具体标准如附表3-1所示。

环境园用地分类与标准一览表　　　　　　　附表3-1

大类	中类	小类	小I类	小II类	类别名称	范围	色号
					市政公用设施用地		
					环境卫生设施		
U	U22	U22-1			雨水、污水处理用地		
		U22-2			垃圾处理用地		
			U22-2i		生活垃圾处理用地		

大类	中类	小类	小Ⅰ类	小Ⅱ类	类别名称	范围	色号
					类别代号		
U	U22	U22-2	U22-2i	U22-2i1	生活垃圾转运用地	对居民生活及工商业垃圾进行运输工具转换的场所用地	174
				U22-2i2	水上环境卫生工程设施用地	对居民生活及工商业垃圾或粪渣进行水陆转运的场所用地	144
				U22-2i3	粪渣处理用地	对粪渣进行无害处理的场所用地	124
				U22-2i4	生活垃圾卫生填埋用地	对居民生活及工商业垃圾进行防渗、导排等处理后填埋的场所用地	181
				U22-2i5	生活垃圾焚烧用地	对居民生活及工商业垃圾进行焚烧等处理的场所用地	71
				U22-2i6	焚烧底渣填埋用地	对生活垃圾、污泥等焚烧产生的焚烧底渣或对其循环利用后填埋的场所用地	181
				U22-2i7	生活垃圾堆肥用地	对居民生活及工商业垃圾进行堆肥等处理的场所用地	65
				U22-2i8	其他生活垃圾处理用地	对其他生活垃圾进行处理的场所用地	43
			U22-2ii		建筑废物处理用地		
				U22-2ii1	弃土处理用地	对单位或个人在其各类施工过程中产生的弃土进行处理的用地	54
				U22-2ii2	弃料及其他废弃物处理用地	对单位或个人在其各类施工过程中产生的弃料或其他废弃物进行处理的用地	64
				U22-2ii3	建筑废物填埋用地	对城市建筑废物（余泥渣土）进行填埋处理的用地	185
			U22-2iii		危险废弃物处理用地		
				U22-2iv1	医疗废弃物处理用地	对医疗卫生机构所产生的医疗废弃物进行储存和处置的场所用地	35
				U22-2iv2	工业危险废弃物处理用地	对工业危险废弃物进行处理的场所用地	111
				U22-2iv3	危险废弃物填埋用地	对危险废弃物进行填埋处理的用地	184
			U22-2iv		污泥处理用地		
				U22-2iv1	污水污泥用地	对污水处理厂所产生的污泥进行处理处置的用地	134
				U22-2iv2	其他污泥用地	对除污水处理厂所产生的污泥外，河道、航道等其他污泥进行处理处置的用地	244

附录 4　编制费用计算标准参考

从本书前面的内容中可以看出，综合环卫设施规划分为两类：一类是总体规划；一类是详细规划。由于编制的深度以及内容的不同，其编制费用的计算标准也不尽相同。

1. 总体规划

环卫设施规划属于市政专项规划，环卫设施总体规划又分为单一类别环卫设施规划及综合环卫设施规划，其中单一类别环卫设施规划取费可以参考《城市规划设计计费指导意见》（修订稿）（以下简称《意见》）中市政基础设施专项类别计费，具体计算标准如附表4-1所示。

计费标准　　　　　　　　　　　　　　　　　附表 4-1

序号	城市规模 （km²）	计费单价 （万元/km²）
1	20 以下	2.0
2	20～50	1.6
3	50～100	1.2
4	100 以上	0.8

注：1. 市政设施规划为国家相关专业规划编制办法所规定的深度。

　　2. 根据本计费标准，结合环境卫生工程专业情况，乘以 1.1 的系数。

　　3. 计费基价为 30 万元。

　　4. 开展相关专题研究，计费不少于 20 万元/个。且根据《城市规划设计计费指导意见》（2017 修订稿）的 1.1 节，城市总体规划层面的专题研究费用，中等城市的计费基数为 25 万元/每个。

　　5. 本计费标准不含法定规划修改费用，如需修改费用另计。

对于综合环卫设施规划则按照涉及的固体废物的类别分别进行计算后累加。

对于控规层面的规划选址研究，大型环卫设施选址为 30 万元/个，同时乘以 1.2 专业差异系数；一般环卫设施选址为 15 万元/个，可乘以 0.8～1.5 规模等级系数。此外，方案调整按照实际产生的工作量另行计费，一般不低于原设计计费的 30%。

对于土地出让阶段的规划设计条件编制，按地块控制性详细规划设计计费计取，计费基价为 15 万元（专家评审费用另计）。

此外，在参照《意见》计算规划设计费时，可根据项目难易程度、地区差异、规划设计单位资等级等情况，乘以 0.8～1.5 的调整系数。

2. 详细规划

综合环卫设施规划中的详细规划包括分区规划、环境园详细规划以及设施选址研究、规划设计条件研究。其中分区规划取费标准可参考总体规划进行取费；专题研究取费依据总体规划中专题研究的取费标准进行取费；环境园详细规划的取费则是参考修建性详细规划的取费标准来进行取费。

以广东省为例，在《广东省城市规划收费标准的建议》（广东省城市规划协会，2003）中规定了修建性详细规划的取费计算方法，具体见附表 4-2。

广东省详细规划取费标准 附表 4-2

序号	规划面积（hm²）	居住区	一般地区	重点地区、大型公建周围地区
1	≤5	9	10	12
2	20	32	36	以 2.2 万元/hm² 递增
3	30	42	48	
4	>30	1.2 万元/hm²	1.4 万元/hm²	

注：1. 规划平面每增加一个，加收 30%。

2. "城市重点地区"是指：党、政、军机关驻地的控制范围；交通节点地区（飞机场、火车站、城市铁路沿线、轻轨、汽车站、港口、桥梁、城市互通式立交）；城市中心、副中心；CBD 以及集中商业区；领事馆区；风景名胜区、国家旅游度假区；30m 宽道路两侧及交叉口、城市广场、河流两岸、公共绿地；市级以上文物保护单位的保护区、传统居民区、近现代保护建筑控制区；水源保护区、危险品仓储区、垃圾填埋场、大型电厂、变电站及高压走廊沿线。

3. "大型公建周围地区"是指：大型体育设施（例如体育场、体育馆）；大型文化设施（如博物馆、美术馆、图书馆、文化中心）；大型游乐设施（例如公园、游乐场）周围地区。

参 考 文 献

[1] 东京二十三区清扫一部食物组合. 为了实现循环型社会清扫报告(23区)[R]. 2018：2.

[2] 东京二十三区清扫一部食物组合. 为了实现循环型社会清扫报告(23区)[R]. 2018：9.

[3] 东京二十三区清扫一部食物组合. 为了实现循环型社会清扫报告(23区)[R]. 2018：14.

[4] https：//www. statistik-berlin-brandenburg. de/.

[5] Municipal Waste Management in Berlin. 2013.

[6] 数据来源于北京市城市管理委员会官方网站.

[7] 上海环境卫生工程设计院. 我国八个试点城市生活垃圾分类收集工作情况调研报告[R]. 2009.

[8] 徐志新. 台湾城市生活垃圾管理的经验做法及启示[J]. 政策瞭望，2014(12)：43.

[9] 中华人民共和国固体废物污染环境防治法(修订草案二次审议稿). 2019年12月28日起在中国人大网公开征求意见.

[10] 宋雨霖，徐文龙，樋口壮太郎. 日本废弃物处理技术政策发展历程[J]. 城市管理与科技，2017(3)：78-83.

[11] 万秋山. 德国循环经济法简析[J]. 环境保护，2005(8)：77-79.

[12] 谭笑著. 跨媒体营销策划与设计[G]. 北京：中国传媒大学出版社，2016.

[13] 深圳市城市管理和综合执法局，深圳市规划和自然资源局，深圳市城市规划设计研究院有限公司. 深圳市环境卫生设施系统布局规划[R]. 2007.

[14] 徐国祥. 统计预测和决策(第四版)[G]. 上海：上海财经大学出版社，2012.

[15] 中华人民共和国住房和城乡建设部. 城市环境卫生设施规划标准GB/T 50337—2018[S]. 2018.

[16] 深圳市规划和自然资源局. 深圳市城市规划标准与准则[S]. 2018.

[17] 唐圣钧，丁年，刘天亮，等. 以环境园为核心的城市垃圾处理设施规划新方法[J]. 环境卫生工程，2010，2(12)：55-58.

[18] Yuhong Wang Q L J T. Optimization Approach of Background Value and Initial Item for Improving Prediction Precision of GM(1，1) Model[J]. Journal of Systems Engineering and Electronics. 2014(1).

[19] Xinping Xiao Y H H G. Modeling Mechanism and Extension of GM (1，1)[J]. Journal of Systems Engineering and Electronics. 2013(3).

[20] 穆罕默德·马斯理，侯浩波，赵敏. 灰色理论在城市生活垃圾量预测中的应用分析[J]. 环境科学与技术，2005(3)：83-84＋120.

[21] 武萍，吴贤毅. 回归分析[G]. 北京：清华大学出版社，2016.

[22] 王小川，史峰，郁磊，等. MATLAB神经网络43个案例分析[G]. 北京：北京航空航天大学出版社，2013.

[23] 路玉龙，韩靖，余思婧，等. BP神经网络组合预测在城市生活垃圾产量预测中应用[J]. 环境科学与技术，2010，5(33)：186-190.

[24] 蒋建国. 固体废物处置与资源化(第二版)[G]. 北京：化学工业出版社，2007.

[25] 孙伟. 城市垃圾转运站的建设与施工管理研究[J]. 建材与装饰，2019(21)：136-137.

[26] 王强. 城市新型社区垃圾转运站规划及建设方案研究[D]. 天津大学, 2014.

[27] 倪明. 大型垃圾竖式压缩转运站工程设计[J]. 中国给水排水, 2019, 14(35): 47-51.

[28] 中华人民共和国住房和城乡建设部. 生活垃圾转运站技术规范 CJJ/T 47—2016[S]. 2016.

[29] 黄勇, 齐童, 石亚灵, 等. 村镇生活垃圾低成本收运系统空间布局方法研究[J]. 山地学报. 2018, 4(36): 628-643.

[30] 赵梦龙. 基于湖北省生活垃圾处理现状调查的村镇生活垃圾收运模式评价研究[D]. 华中科技大学, 2014.

[31] 中国城市建设研究院环境卫生工程技术研究中心. 不同地区农村生活垃圾转运的典型模式[J]. 城乡建设, 2015(1): 17.

[32] 深圳市生活垃圾分类管理事务中心, 清华大学. 家庭厨余垃圾粉碎机调研报告. 2016.

[33] 纪涛. 城市生活垃圾堆肥处理现状及应用前景[J]. 天津科技, 2008(5): 46-47.

[34] 李志刚, 杨森, 赖剑雄, 等. 海南兴隆地区黑水虻的人工繁育技术研究初报[J]. 热带农业科学, 2011, 31(6): 28-30.

[35] 魏炜. 基于城市环境卫生公共服务支持体系的垃圾转运站布局研究[D]. 华中科技大学, 2009.

[36] 陈彦, 胡晓军, 卢川, 等. 基于混合整数规划模型的垃圾收运线路优化[J]. 交通科技与经济, 2019, 1(21): 31-35.

[37] 中华人民共和国住房和城乡建设部, 中华人民共和国国家发展和改革委员会. 生活垃圾焚烧处理工程项目建设标准[S]. 建标 142-2010. 2010.

[38] 中华人民共和国住房和城乡建设部. 餐厨垃圾处理技术规范[S]. 2012.

[39] 朱东凤. 城市建筑垃圾处理研究[D]. 广东: 华南理工大学, 2010.

[40] 孙家颖, 陈家珑, 周文娟, 等. 建筑垃圾资源化利用城市管理政策研究[G]. 北京: 中国建筑工业出版社, 2006.

[41] 赵由才. 建筑垃圾处理与资源化[G]. 北京: 化学工业出版社, 2004.

[42] 唐蓉, 李如燕. 建筑垃圾的危害及资源化利用[J]. 中国资源综合利用, 2007(11): 25-28.

[43] 周文娟, 陈家珑, 路宏波. 我国建筑垃圾资源化现状及对策[J]. 建筑技术, 2009, 40(8): 741-744.

[44] 李小卉. 城市建筑垃圾分类及治理研究[J]. 环境卫生工程, 2011, 19(4): 61-62.

[45] Yuan H P, Shen L Y. Trend of the Research on Construction and Demolition Waste Management [J]. Waste Management, 2011, 4(31): 670-679.

[46] 许元, 李聪. 城市建筑垃圾产生量的估算与预测模型[J]. 建筑砌块与砌块建筑, 2014(3): 43-47.

[47] 王艳, 王长桥, 殷伟强等. 北京装饰装修垃圾处置现状及对策[J]. 环境卫生工程, 2006, 4(14): 34-36.

[48] 李建国, 赵爱华, 张益. 城市垃圾处理工程[M]. 北京: 科学出版社, 2003.

[49] 中华人民共和国住房和城乡建设部. 建筑垃圾处理技术标准 CJJ/T 134-2019[S]. 2019.

[50] 吴贤国, 李建辉等. 建筑施工垃圾的产生和组成分析[J]. 2003(2): 105-106.

[51] 深圳市住房和城乡建设局. 建筑废弃物减排技术规范[S]. 2011.

[52] 刘会友等. 房屋装修垃圾的危害与处置探究[J]. 中国资源综合利用, 2005(3): 24-27.

[53] 李蕾, 唐圣钧, 宋立岩, 等. 城市建筑垃圾资源化利用管理模式研究——以深圳市为例[J]. 环境保护科学, 2019, 5(45): 95-101.

[54] 李蕾, 唐圣钧. 深圳: 综合利用建筑废弃物实现"资源再生"[J]. 建筑, 2018(10): 24-26.

[55] 尹军，谭学军，廖国盘，等. 我国城市污水污泥的特性与处置现状[J]. 中国给水排水，2003 (S1)：21-24.

[56] 中国产业信息网. 2017 年中国污泥处理行业发展现状分析及未来发展前景预测. 2017.

[57] 何品晶，顾国维. 污水厂污泥热化学转化制油关键技术研究. 上海市环境保护科学技术发展基金项目报告[编号：沪环科(96)-005]. 上海：同济大学，1998.

[58] 蒋自力，金宜英，张辉. 污泥处理处置与资源综合利用技术[G]. 北京：化学工业出版社，2018.

[59] 廉兴格. 城市污泥的特性与输送[D]. 杭州：浙江工业大学，2013.

[60] 史昕龙，米琼，肖乐，等. 白龙港深度脱水污泥集装化运输陆运方案比较研究[J]. 环境卫生工程，2015，23(1)：56-58.

[61] 郁片红，赵国志. 浦东新区排水管道污泥处理处置规划研究[J]. 上海建设科技，2018(2)：56-57.

[62] 曾淑娟. 市政污水处理厂污泥脱水设备的选择[J]. 河南建材，2019(2)：324-325.

[63] 袁振宇. 城镇污水处理厂污泥处置策略[J]. 山西农经，2018(7)：130.

[64] 李仁芳. 城市污水处理厂污泥的处置及其综合利用[J]. 低碳世界，2018(7)：22-23.

[65] 叶新莹. 平原河网区农村河道清淤及淤泥资源化利用探讨[J]. 中国水运(下半月)，2015，15(2)：140-141.

[66] 王洪臣. 污泥处理处置设施的规划建设与管理[J]. 中国给水排水，2010，26(14)：1-6.

[67] 张超，孙丽娜. 污泥处理处置现状及资源化发展前景[J]. 黑龙江农业科学，2018(9)：158-161.

[68] 许春莲，蒋进元，靳顺龙，等. 污泥机械脱水技术发展现状及前景[J]. 环境工程，2016，34(11)：90-93.

[69] 孙海勇. 市政污泥资源化利用技术研究进展[J]. 洁净煤技术 .2015，21(4)：91-94.

[70] 城市污水处理及污染防治技术政策[R]. 建设部，科技部，国家环保总局，2000.

[71] 许玉东，陈荔英，赵由才. 污泥管理与控制政策[G]. 北京：冶金工业出版社，2010.

[72] 张霞. 城市污水处理厂污泥堆肥资源化利用的可行性研究[D]. 西南交通大学，2008.

[73] 吴雪峰，李青青，李小平. 城市污泥处理处置管理体系探讨[J]. 环境科学与技术，2010，33(4)：186-189.

[74] 李金惠，聂永丰，白庆中. 中国工业固体废物产生量预测研究[J]. 环境科学学报，1999，6(19)：626-630.

[75] 林艺芸惠，张江山，刘常青，等. 我国工业固体废物产生现状及产量预测[J]. 有色制金及设计，2007，Z1：18-21.

[76] 周炳炎，郭平，王琪，等. 北京市工业危险废物产生特性研究[J]. 环境科学与管理，2006，1(31)：323-324.

[77] 赵由才，张全，蒲敏. 医疗废物管理与污染控制技术[G]. 北京：化学工业出版社，2004.

[78] 庄伟强. 泰安市医疗废物特性研究及管理体系优化[D]. 济南：山东大学，2005.

[79] 邵芳，王强，赵由才. 国内医疗废物处置与管理探讨[J]. 重庆环境科学，2001，5(23)：53-54.

[80] 侯铁英，廖新波，胡正路. 医疗废物处理的研究进展[J]. 中国医院感染学杂志，2006，12(16).

[81] 涂光备. 医院建筑空调净化与设备[G]. 北京：中国建筑工业出版社，2005.

[82] 赵县防，王喜红. 几种医疗废物处理工艺的比较及尾气净化方法的选择[J]. 中国资源综合利用，2004(9)：13-15.

[83] Wanglc, Leewj, Leews, et al. Effect of Chlorine Content in Feeding Wastes of in Cineration on the Emission of PCDD/DFs[J]. The Science of the Total Environment, 2003, 1-3(30)：185.

［84］　李平. 危险废物处理处置技术［J］. 北方环境，2013，25(12)：132-134.

［85］　郝海松，谢毅，杨林. 危险废物处置技术及综合利用［J］. 安全与环境工程，2009，2(16)：36.

［86］　深汕环保产业园危险废物处置专项规划研究［R］. 中山大学，2018.

［87］　国务院办公厅关于印发"无废城市"建设试点工作方案的通知(国办发〔2018〕128号)［R］. 2018.

［88］　奉均衡，唐圣钧，叶彬. 垃圾焚烧项目规划选址环境因子影响研究——以深圳东部垃圾焚烧项目选址优化为例［C］. 2012.

［89］　俞露，杨守刚，唐圣钧. 浅议危险废弃物处理处置设施规划选址——以深圳市为例［J］. 城市规划学刊，2010(S1)：111-114.

［90］　李蕾，唐圣钧. 基于拆除重建项目的建筑废弃物综合利用模式研究［Z］. 杭州，2018：9.

［91］　生态保护红线划定技术指南(环发〔2015〕56号)，中华人民共和国生态环境部 http：//www. mee. gov. cn/gkml/hbb/bwj/201505/t20150518＿301834. htm.

［92］　中华人民共和国建设部. 市容环境卫生术语标准 CJJ/T 65—2004［S］. 北京：中国建筑工业出版社：2004.

［93］　林泉，宫渤海，王楠楠. 生活垃圾收集点规划与设置［J］. 环境卫生工程. 2015.

［94］　中华人民共和国住房和城乡建设部. 环境卫生设施设置标准 CJJ 27—2012［S］. 2012.

［95］　石岩. 浅究城市环卫设施建设现状与完善对策［J］. 中国新技术新产品，2018(1)：124-125.

［96］　张蕊. 城市环境卫生设施规划研究［J］. 中外企业家，2016(23)：233.

［97］　张永红. 浅谈城市生活垃圾物流收集系统中的环卫工人收集方式［J］. 科技资讯，2018，16(4)：122-123.

［98］　邹笛. 小角落　精规划——看各地"厕所革命"的顶层设计［J］. 中华建设，2018(1)：34-37.

［99］　中华人民共和国住房和城乡建设部. 宿舍建筑设计规范 JGJ 36—2016［S］. 2016.

［100］　中华人民共和国住房和城乡建设部. 住房和城乡建设部软科学研究项目——环境园规划技术标准［S］. 2012.

［101］　深圳市规划和自然资源局，深圳市特区建设发展集团有限公司，深圳市城市规划设计研究院有限公司. 深圳市东部环保电厂选址研究［R］. 2013.

［102］　赵县防，王喜红. 几种医疗废物处理工艺的比较及尾气净化方法的选择［J］. 中国资源综合利用，2004(9)：13-15.

［103］　深圳市规划和自然资源局，深圳市城市规划设计研究院有限公司. 深圳市东部环保电厂规划设计条件研究［R］. 2015.

［104］　黄延巧. 城市规划管理对城市规划设计的影响研究［J］. 居舍，2019(28)：116.

［105］　任心欣，俞露，等. 海绵城市建设规划与管理［G］. 北京：中国建筑工业出版社，2017.

［106］　韩刚团，江腾，等. 电动汽车充电基础设施规划与管理［G］. 北京：中国建筑工业出版社，2017.

［107］　周建军. 转型期中国城市规划管理职能研究［D］. 同济大学，2008.

［108］　朱锦章. 规划职能演变与新型国土空间规划体系构建［J］. 中国国土资源经济：1-7.

［109］　张京祥. 西方城市规划思想史纲［G］. 南京：东南大学出版社，2005.

［110］　王勇，李广斌. 我国城乡规划管理体制改革研究的进展与展望［J］. 城市问题，2012(12)：79-84.

［111］　付健. 城市规划中的公众参与权研究［D］. 吉林大学，2013.

［112］　谭纵波. 城市规划(修订版)［G］. 北京：清华大学出版社，2016.

［113］　石楠. 论城乡规划管理行政权力的责任空间范畴——写在《城乡规划法》颁布实施之际［J］. 城市规划，2008(2)：9-15.

[114] 林溪. 从行政审批视角看深圳市规划建设管理体制[J]. 管理观察，2018(27)：51-55.

[115] 戴慎志. 城市规划与管理[G]. 北京：中国建筑工业出版社，2011.

[116] 张亚芹，石铁矛，于路. 建设工程规划审批管理研究——以沈阳市为例[J]. 北京规划建设，2015 (5)：114-117.

[117] 孙施文. 有关城市规划实施的基础研究[J]. 城市规划，2000(7)：12-16.

[118] 傅科峰. 北京集体经营性建设用地利用规划管理研究[D]. 清华大学，2017.

[119] 李琳. 市政工程规划管理系统的设计与实现[D]. 湖南大学，2018.

[120] 银花. 建筑工程项目管理[G]. 北京：机械工业出版社，2011.

[121] 生青杰. 工程建设法规[G]. 北京：科学出版社，2004.

[122] 赵飞宇. 物业设备维护与管理[G]. 北京：中国人民大学出版社，2018.

[123] 深圳市规划和国土资源委员会，深圳市城市规划设计研究院有限公司. 深圳市固体废弃物战略研究[R]. 2013.

[124] 深圳市生活垃圾分类管理事务中心，深圳市城市规划设计研究院有限公司. 深圳市生活垃圾分流分类治理实施专项规划[R]. 2019.

[125] 深圳市规划和自然资源局，深圳市生态环境局，深圳市城市规划设计研究院有限公司. 深圳市危险废物处理及处置专项规划[R]. 2011.

[126] 深圳市规划局，深圳市城市规划设计研究院有限公司. 深圳市坪山环境园详细规划[R]. 2010.

[127] 韩刚团，丁年. 环境园详细规划编制探讨——以深圳市坪山环境园详细规划为例[J]. 规划师，2011，27(9)：108-112.

[128] 孙宝强. 深圳：建设静脉产业园区破解垃圾围城问题[N]. 深圳特区报：3-23.

[129] 深圳市人民政府. 深圳循环经济促进条例(草案)[S]. 2005.

[130] 中华人民共和国住房和城乡建设部. 城市用地分类与规划建设用地标准 GB 50137—2011 [S]. 2011.

[131] 奉均衡，唐圣钧，韩刚团. 城市重大环卫工程规划实施综合风险评价研究——以《深圳市坪山环境园详细规划》实施为例[J]. 城市规划学刊，2010(S1)：115-121.

致　谢

本书由司马晓、丁年、刘应明负责总体策划、统筹安排等工作，由唐圣钧、李峰、丁年、尹丽丹担任执行主编，唐圣钧、李峰、丁年负责大纲编写、组织协调和文稿审核等工作，尹丽丹负责格式制定和文稿汇总等工作。

本书凝结了10多位编写组成员的心血和智慧，全书共分为基础研究篇、规划方法篇、规划管理篇、规划实践篇四部分，其中，基础研究篇主要由唐圣钧、丁年、田婵娟、关键、石天华、尹丽丹等负责编写；规划方法篇以及规划实践篇中，危险废物设施规划主要由田婵娟与刘超洋（其单位为：深圳市特区建设发展集团有限公司）负责，建筑废物设施规划主要由李蕾与刘超洋负责，分类规划及再生资源设施规划主要由石天华与刘超洋负责，综合填埋场及固体废物战略规划主要由关键与丁年负责，污泥设施规划主要由丁年与唐本负责，生活垃圾转运设施、环境园规划、环卫公共设施规划主要由丁年、尹丽丹和张婷婷负责，环境园详细规划主要由韩刚团、刘超洋、夏煜宸负责；规划管理篇主要由唐圣钧、刘超洋、杨帆、关键、尹丽丹等负责编写。刘应明、李峰对本书的总体框架提出了许多宝贵意见，并承担了全书审核工作。韩刚团、杨帆、曹艳涛等多位同志完成了全书的文字校对工作。本书由司马晓审阅定稿。

本书在编写过程中，下列部门和单位为本书编写提供了重要资料和指导（排名不分先后）：

深圳市规划和自然资源局、深圳市城市管理和综合执法局、深圳市住房和城乡建设局、深圳市生态环境局、深圳市水务局。

最后，谨向所有帮助和支持我们完成本书编写的领导、专家、同事、家人和朋友表示衷心的感谢！